U0362833

LENS DESIGN FUNDAMENTALS (SECOND EDITION)

"十二五"国家重点图书出版规划项目
湖北省学术著作出版专项资金资助项目

世界光电经典译丛

丛书主编　叶朝辉

透镜设计基础
（第二版）

Rudolf Kingslake　　R. Barry Johnson　著

俞 侃　刘祥彪　译

华中科技大学出版社
http://www.hustp.com
中国·武汉

Elsevier Inc.
230 Park Avenue,
Suite 800,
New York, NY 10169, USA

Lens Design Fundamentals, 2nd edition
Copyright © 2010 Elsevier Inc. All rights reserved.
ISBN—13: 9780123743015

声　明

　　本译本由华中科技大学出版社完成。相关从业及研究人员必须凭借其自身经验和知识对文中描述的信息数据、方法策略、搭配组合、实验操作进行评估和使用。由于医学科学发展迅速,临床诊断和给药剂量尤其需要经过独立验证。在法律允许的最大范围内,爱思唯尔、译人的原文作者、原文编辑及原文内容提供者均不对译文或因产品责任、疏忽或其他操作造成的人身及/或财产伤害及/或损失承担责任,亦不对由于使用文中提到的方法、产品、说明或思想而导致的人身及/或财产伤害及/或损失承担责任。

湖北省版权局著作权合同登记　图字:17-2020-106 号

图书在版编目(CIP)数据

　　透镜设计基础:第二版/(美)鲁道夫·金斯莱克,(美)R. 巴里. 约翰逊著;俞侃,刘祥彪译. —武汉:华中科技大学出版社,2021.12
　　(世界光电经典译丛)
　　ISBN 978-7-5680-7895-5

　　Ⅰ.①透… Ⅱ.①鲁… ②R… ③俞… ④刘… Ⅲ.①透镜-光学设计 Ⅳ.①TH74

中国版本图书馆 CIP 数据核字(2022)第 009285 号

透镜设计基础(第二版) 　　　　　　　　　　　　　　　Rudolf Kingslake, R. Barry Johnson 　著
Toujing Sheji Jichu(Di-er Ban) 　　　　　　　　　　　　　　　　　　　　　　俞　侃　刘祥彪　译

策划编辑:徐晓琦　　　　　　　　责任编辑:余　涛　　　　　　　　　　封面设计:原色设计
责任校对:刘　竣　　　　　　　　责任监印:周治超
出版发行:华中科技大学出版社(中国·武汉)　　　电　话:(027)81321913
　　　　　武汉市东湖新技术开发区华工科技园　　　邮　编:430223
录　　排:武汉市洪山区佳年华文印部　　　　　　印　刷:湖北新华印务有限公司
开　　本:710mm×1000mm　1/16　　　　　　　　印　张:31
字　　数:516 千字　　　　　　　　　　　　　　版　次:2021 年 12 月第 1 版第 1 次印刷
定　　价:228.00 元

感谢我亲爱的妻子 Marianne Faircloth Johnson
和我们杰出的儿子 Rutherford Barry Johnson
对我的温柔鼓励和支持。
致我的父母 J. Ralph 和 Sara F. Johnson，
感谢他们一直对我的包容。
致 Rudolf Kingslake（1903—2003），
感谢他教会我欣赏出色光学设计的魅力。

第二版序言

　　本书第一版是对亚历山大·尤金·康拉迪教授（Professor Alexander Eugen Conrady）的专著《应用光学与光学设计》（Applied Optics and Optical Design）的扩展，因而本书第二版可视为对已 80 岁高龄的康拉迪教授的专著作进一步扩展[1]。正如第一版序言中对康拉迪著作的描述，"这是针对有志于学习镜头设计技术的学生的第一部英文实用教材，在全世界范围受到了广泛欢迎"。在此之前，很多人普遍认为光学设计工作条理混乱且计算过程难以理解。

　　1917 年，位于伦敦的帝国理工学院建立了光学技术系。由于康拉迪二十年来在设计新型望远、显微以及照相光学系统的成功经验，以及在第一次世界大战期间大量参与新型潜艇潜望镜系统和其他军用仪器的设计工作，他受聘承担该系的主要教学工作。他的最大成就在于，为学习实用光学设计技术的在校学生和相关从业者创建了系统且高效的方法。毫无疑问，康拉迪可被誉为"实用镜头设计之父"[2][3]。

　　鲁道夫·金斯莱克（Rudolf Kingslake）（1903—2003）师从康拉迪教授，并

---

　　① 　A. E. Conrady，*Applied Optics and Optical Design*，Part Ⅰ，Oxford Univ. Press，London (1929)；also Dover，New York (1957)；Part Ⅱ，Dover，New York (1960).

　　② 　R. Kingslake and H. G. Kingslake，"Alexander Eugen Conrady，1866-1944，" *Applied Optics*，5(1)：176-178 (1966).

　　③ 　康拉迪曾说明其著作仅包含英国著名电气工程师 Silvamus P. Thomson 所提的"实用光学"内容，排除了纯粹的数学计算技巧，被 Thomson 称为"检测光学"的部分（见本页脚注 1）。

取得硕士学位,在其学生阶段和职业生涯早期便获得了良好的声誉。1929年,纽约的罗切斯特大学建立了应用光学研究所,金斯莱克被聘为几何光学及光学设计助理教授。他在镜头设计和光学工程领域的贡献近乎传奇。大部分光学设计者所受到的系统专业教育均可以追溯到金斯莱克。紧随康拉迪的脚步,金斯莱克无疑可称为美国的"光学镜头设计之父"。

金斯莱克发表了大量的科学论文,获得了一系列的专利,撰写了多部著作,并在镜头设计领域从事教学工作近半个世纪[①]。这些工作对于光学镜头设计者以及光学工程师们均产生了深远的影响。其最重要的贡献应该是1978年出版的《透镜设计基础》(Lens Design Fundamentals)第一版,以及在1983年出版的《光学系统设计》(Optical System Design)。在其著作第一版出版后的若干年间,光学技术也在发生着显著的进步。

尽管在1978年来看,现在的光学发展情况可能只是个梦想,但今天的光学设备的确广泛地存在于我们生活中几乎所有领域,从而带动了光学理论、软件以及制造技术的重大发展。因此,本书在第一版的基础上做了必要的改进和扩展,主要为了满足镜头设计初学者的需要。同时,对于部分希望在相同知识背景下获得提高的实践工作者而言,第二版依然是一本非常合适的书籍,因为其中保留了50%以上的由金斯莱克在第一版中所著的文字和图片内容。

在没有原作者参与的情况下,对本书进行修改工作或多或少是一种挑战,对于哪些内容应该保留、改变、添加等,都要经过深思熟虑。在过去的35年中,本人在透镜设计和光学工程方面进行了大量的教学工作,经常使用《透镜设计基础》作为教材,深感让学生掌握实际的透镜设计的基本原理,较之单纯依赖某一透镜设计的程序,其重要性是无可比拟的。

透镜设计中的符号和标注法则在多年间不断变化,但目前几乎所有人都在使用笛卡儿右手坐标系统。在此版本的准备过程中,所有图片、表格及公式均由康拉迪和金斯莱克使用的具有颠倒倾角的笛卡儿左手坐标系统,转换成了笛卡儿右手坐标系统。学生们可能会好奇,为什么会有不同的坐标系统共存了如此多年,答案是为了最大限度地减小手工计算量。尽可能地减少负值符号,目的在于提高计算速度的同时降低误差。今天,几乎不再有人对光线追迹进行手工计算,因此使用笛卡儿右手坐标系统显得更合时宜,同时,这会使

---

① 本书附录提供了鲁道夫·金斯莱克的著作的精选书目。

得光学设计与建模、CAD 以及制造加工程序的接口更为容易。

　　自从本书第一版问世后,针对像差理论有众多书籍出版,其中部分作者认为使用波面像差来描述纵向或横向光线像差更为适宜。但实际上,这些像差形式是直接相关的(见第 4 章)。康拉迪和金斯莱克所使用的方法是使用实际光线偏差、光程差(OPD)以及($D-d$)法来进行色差校正,而并非使用泽尼克展开多项式表示的波面像差。在第二版中,出于各种原因依然采用了同样的方法,但主要原因是:经验表明,初学透镜设计的学生对于光线像差有着更为直观的理解。

　　为反映第一版后的总体变化,本书在内容上均作了修正和扩展。章节标题保持不变,除了新增了一个章节的像差综述外,所有章节均作了一定的修改扩展,如新增了案例、增加了大量的参考文献以及增加了若干主题内容。最后一章关于透镜自动设计的内容,全部进行了重新撰写。尽管书中主要光学系统的形式限于旋转对称系统,但在平面镜及折反射光学系统章节,扩展了部分具有非常规孔径的新型系统。还有部分《光学系统设计》中的内容也编入本书,但未加归属分类。细心的读者会发现,三角函数光线追迹在本版本中依然存在,原因是其中许多概念在光线追迹时加以讨论更为适宜。这些讨论和范例包含光线追迹数据,使得学生们在思考时不用自己再去总结套用。

　　书中特意省略了如何使用某一特定计算机程序进行透镜设计的内容,因为这样的程序对于学习透镜设计的基本原理是没有必要的。但是,学生会在未来探索设计实例的过程中,使用某一透镜设计程序去验证甚至可能去改善乃至改变该设计,这同样会令他们受益匪浅。学生将会在这样的实践过程中学会很多相关知识。根据康拉迪和金斯莱克的观点,本书包含了大量完整的案例供学生学习基本原理并进一步自我修习,因此学生在使用时是毫无障碍的。导师可以自行开发一些问题用以丰富其教学方式、计算资源以及教学目标。

　　透镜设计工作不仅基于科学原理,同样也需要设计者的天赋。香农曾恰如其分地将其著作命名为《光学设计的艺术与科学》[①]。本书的一个新的特点就是偶尔插入的"设计者笔记",给学生提供了某些游于基本原则和教条之外

---

　　① Robert R. Shannon,The Art and Science of Optical Design,Cambridge University Press,Cambridge (1997).

的额外的设计技巧。合理的努力使得第二版有了明显改善且更为全面。

尽管目前有许多新技术供透镜设计者们采用,但如衍射曲面、自由曲面、非对称系统、全息透镜、偏振技术、菲涅耳曲面、梯度折射率透镜、双折射光学材料、特殊扩展非球面、泽尼克曲面等,本书有意不作涉猎。一旦学生以及自学实践者们掌握了本书中的基本原理,他们便能通过学习其选择的透镜设计程序的指导书或者使用手册,具备快速掌握并使用其他技术、曲面以及材料的能力。

致谢

在 1968 年,我十分有幸地认识了金斯莱克教授,当时他在德州仪器公司进行一场关于透镜设计的系列讲座。在他的鼓励下,不久我便进入了光学学院进行研究生课程学习。他不仅仅是我的老师,更逐渐成为我的好友以及数十年的人生导师。毫无疑问,他的教学方式以及他对自己非凡学识心甘情愿的分享,对于我的光学设计职业生涯产生了非常积极的影响,这点对于其他曾有机会跟随金斯莱克教授学习的学生而言,也是一样的。对于这次整理其著作第二版的机会,我怀着无限的谦卑和感激之心,衷心希望教授能够认可我的校订工作。

在此衷心感谢珍·米切尔·塔基南博士(Dr. Jean Michel Taguenang)及艾伦·曼恩先生(Mr. Allen Mann),感谢你们认真阅读了本书手稿并提出宝贵意见,使本书更加完善;感谢布莱恩·托马森教授(Professor Brian Thompson)及马丁·斯科特先生(Mr. Martin Scott),感谢你们提供了金斯莱克教授早期工作文件的线索;感谢托马森所写的"给鲁道夫·金斯莱克的特别致辞"。非常感谢约瑟·萨珊教授(Professor Jose Sasian),提议由我承担第二版的准备工作;感谢威廉姆·斯万特博士(Dr. William Swantner)给予了许多关于实用透镜设计的建设性意见。感谢爱思唯尔公司的项目经理玛丽琳·E.拉什,在本书的编辑、校对以及出版计划等方面不知疲倦且非常专业的帮助,我衷心表示感激。

R. 巴里·约翰逊

亨茨维尔,阿拉巴马

第一版序言

  本书可以看成是由康拉迪五十年前的著作《应用光学与光学设计》(其第一版于 1929 年出版[①])经过扩展和更新而成的。康拉迪上述著作是供学习透镜设计的高年级学生用的第一本英文版教材,曾经受到全世界范围的欢迎。

  自然,在如今飞速发展的时代,任何一本 1929 年前写的科学著作,到 1977 年大概都会显得过时。20 世纪初,全部透镜计算都是用对数方法缓慢而艰苦地进行的,追迹一条光线通过一个面至少需要 5 分钟。因此,康拉迪花了许多时间和心血致力于建立通过追迹很少的光线来取得尽可能多信息的方法。

  如今用小型计算机(甚至只需用可编程的袖珍计算器)追迹一条光线通过一个面只需要几秒钟甚至更短时间,于是康拉迪提出的那些复杂化的公式就过时了,但是它们仍然是有效的,任何不怕麻烦想熟悉这些公式的人都可以使用这些公式而得益。同样,如今三级像差(赛德尔(Seidel)像差)在透镜设计中的重要性已经大不如前。但即使如此,在某些场合(如三透镜组照相物镜初始设计)中,做三级像差计算仍然会让我们节省大量时间。

  自从康拉迪时代以来,涌现出了大量新知识,创立了各种新方法,由此而论,接替康拉迪上述著作的书是来得太迟了。如今许多年轻的光学工程师在借助大型计算机用最优化的程序设计透镜,但他们对透镜的性能及其作用掌

---

  ① A. E. Conrady, Applied Optics and Optical Design, Part Ⅰ, Oxford University Press, London, 1929；Dover, New York, 1957；Part Ⅱ, Dover, 1960.

握得却很少,更何况这些最优化程序有忽略掉很多经典透镜结构形式(这些经典结构形式在近一个世纪以来已经被公认为是令人满意的)的倾向,所以这些认识尤其重要。任何一位有用人工设计透镜经验的人,都会比刚踏入这个领域的新手(哪怕后者有极好的专业基础,并且能熟练地使用计算机)能更好地发挥最优化程序的功能。

基于上述原因,一本阐述经典透镜设计方法,适合今天使用要求的教材肯定是有价值的。计算机所能做到的充其量只不过是令既定系统最优化,而设计者越聪明能干,他能给程序提供的初始结构就越好。对一个系统做初步的早期分析往往能指出理论上存在多少个解,哪一个解有希望提供最佳的最终结构形式。

本书用相当大的篇幅来探讨各种类型的透镜和反射镜系统的有效设计方法,并都附有完整的例子。力劝读者搞清楚这些例子的思路,并且真正了解是怎么一回事,尤其是要注意每一个自由度是怎样用来控制某一种像差的。当然,并非任何类型的透镜都考察到了,但是本书所提供的设计方法用来设计其他更复杂的透镜也是容易的。本书假定读者具备使用小型计算机做光线追迹的条件,否则会发觉这些计算是如此耗费时间,以致陷入无法达到既定目标的境地。

本书沿用康拉迪的符号和正负号规则,只是像差正负号按照目前的习惯反转过来。康拉迪已经做过的许多重要公式的推导,以及他已经考察过的其他问题在本书中都不再重复。最末一章(这一章的编写得到了唐纳德·费德(Donald Feder)的帮助)是关于最优化程序结构的简单介绍,提供给渴望了解这种程序要涉及哪些问题,以及怎样处理数据的读者。

作者曾经在伦敦帝国理工学院康拉迪的指导下求学,然后在伊士曼·柯达公司任光学设计主任 30 年,还在罗切斯特大学光学学院从事透镜设计教学近 45 年,本书是从这些经历中获得的成果。这些经历给了我最大的恩惠和永志不忘的教益,希望它对我的学生亦有所裨益。

R. 金斯莱克

给鲁道夫·金斯莱克的特别致辞

当鲁道夫·金斯莱克还是伦敦帝国理工学院的一名学生时，便和当时的一位教员——L. C. 马丁（L. C. Martin）合作完成了第一篇学术论文。论文名为"基于希尔格镜头检测干涉仪的色差测量"，于 1924 年 2 月 14 日收录，1924 年 3 月 13 日发表。紧随其后，H. G. 康拉迪（H. G. Conrady）小姐也发表一篇论文，彼时，她已于 1923 年毕业并成为一位研究学者。康拉迪小姐的论文名为"傅科刀口检验法应用于折射系统的研究和意义"（收录于 1924 年 2 月 21 日，发表于 1924 年 3 月 13 日）。

1917 年夏天，帝国理工学院光学专业的学位课程正式开设，并于 1920 年第一次开课。希尔达·康拉迪便是该班级的一员。她的父亲，A. E. 康拉迪，是一位光学设计方面的教授。康拉迪教授的成果主要表现在光学设计领域的教学及发表的专著。1991 年，希尔达在《光学与光电新闻》（Optics and Photonics News）撰写文章介绍了"世界第一所光学研究所"。

希尔达和鲁道夫于 1929 年 9 月 14 日结为伉俪，成为了一生的工作搭档，之后不久他们便离开了英国，因为鲁道夫被聘为纽约罗切斯特大学新成立的应用光学研究所第一位成员。有趣的是，在 1936—1937 年间，L. C. 马丁这位当时伦敦帝国理工学院光学技术系的教员，与鲁道夫·金斯莱克竟交换了教职位置。以其惯有的幽默，鲁道夫说道："马丁和我交换了所有，工作、房子和车子……当然，除了老婆。"

随着《透镜设计基础》新版的出版（最初版本问世于 1978 年），金斯莱克所出版的著作竟然跨越了 86 年！他最近的出版物为《纽约罗切斯特的摄影制造公司》，由位于乔治·伊士曼中心的国家摄影博物馆于 1997 年出版；即便以此时间点计算，他的出版物也跨越了 73 个年头！此外，我们不得不提的是，在其 80 岁后，依然活跃在教学前线，接触了数以千计的学生。他的"暑期学校"课程简直是一个传奇。

早年工作

鲁道夫·金斯莱克对于光学的兴趣始于校园时期。他在记述自己的"光学入门"时说道："我父亲有一本贝克写的相机使用手册，里面包含了许多透镜的截面图，这让我非常好奇，为什么相机的镜头需要四片、六片甚至八片透镜？"这种兴趣一直未减，他写道："所以当我得知南肯辛顿的帝国理工学院教授透镜设计课程，我便决定去那里学习。好在这所学院的学费不高，所以父亲很快同意了我的计划。"鲁道夫于 1921 年入学，1924 年毕业，随后继续攻读研究生学位，连续两年获得奖学金，并于 1926 年获得理学硕士学位。从此，他开始了其杰出的职业生涯。

金斯莱克在帝国理工学院的毕业成果非常丰富，根据其研究成果发表了一系列高水平的研究论文，如"一种新型的浊度计""初级像差的干涉模型""用于斜光像差测量的哈特曼检测法的最新进展""干涉图分析""球差存在条件下的分辨率提高"，以及"消除视觉色差的最优最小波长的实验研究"等。

毕业之后，鲁道夫受聘于霍华德·格拉布·帕森斯爵士的泰恩河畔纽卡斯尔的公司，成为一名光学设计师。他记述道："设计哈特曼板，为爱丁堡 30 英寸反射镜测量微观数据。拍摄大量照片，翻译德文文献，堪培拉 18 英寸定天镜装置，云母测试，等等。"1928 年 6 月，他在《自然》上发表了一篇论文，名为"用于堪培拉天文台的 18 英寸定天镜"。

显然，帕森斯并没有足够多的工作让金斯莱克去完成，因此，他又接受了位于伦敦以北的亨顿的国际标准电气公司的聘请。在亨顿，他"专注于电话线的通话质量问题，使用欧文电桥在 50～800 Hz 下对不同阻抗进行试验测试。这段经历对我很有益，让我对电子生意以及电话设计有所了解。当时付我的是周薪，因此我提前一周提出辞职，之后就去了美国。"

应用光学研究所

自从进入研究所，金斯莱克在位于普林斯街校区的伊士曼大楼很快开展起教学和实验工作。同样来自英格兰的 A. 莫里斯·泰勒博士（Dr. A. Maurice Taylor），在研究所里负责物理光学部分工作，其住所位于河畔校区新建的博士伦宿舍的四楼。尽管教学和规划工作非常繁重，金斯莱克依然在重要期刊上发表了一系列有影响力的论文，其中包括"摄影镜头测试的新型平台"，该论文的内容后来成为美国的国家标准；与硕士研究生 A. B. 西蒙斯（A. B. Simmons）合作发表论文"具有彗差和像散的星像投影方法"；接着发表论文"摄影物镜的研究"及"显微物镜像差的测量方法"。

该时期（1929—1937）的最后一篇论文是与其夫人希尔达·金斯莱克（当时署名仍为 H. G. 康拉迪）联合发表的，名为"一种近红外折光计"，希尔达是该成果的独立研究者。鲁道夫记述道："在这篇联合论文中，我做出了该折光计的设计，而康拉迪小姐协助完成了装配、调试和校准工作，以及对玻璃棱镜进行了大量的测量工作。"

柯达的工作经历

在柯达公司研究主管米斯博士（Dr. Mees）的邀请下，鲁道夫于 1937 年进入柯达公司，公司安排给金斯莱克一项非常重要的任务，即一半的工作时间继续进行教学工作，该工作一直持续到他退休之后。"光学设计暑期学校"一直举办到他 90 岁。

尽管在柯达公司的很多工作是保密的（在战争年代甚至是机密），他依然在主要科学和工程学会主办的专业刊物上发表了一系列有影响力的论文。当他离开柯达公司时，鲁道夫曾说他的"工程经验短暂得令人遗憾——因为若要更加胜任应用光学的教学工作，没有比实际工业工程经验更为重要的了"。他的见解无疑是非常正确的。1939 年，应用光学研究所改名，简称为光学研究所。

金斯莱克进入柯达公司后，很快在用以拍摄静态图像和动态影像的摄影镜头的设计和评价方面做出了重要贡献。研究课题包括大孔径摄影物镜、16 mm 投影物镜分辨率测试、航空摄影镜头、新型光学眼镜、变焦镜头以及许多其他研究工作（详见附录）。

一些总结性的文章很好地展现了他的设计艺术和影响力。他的文章"光学对于现代技术和上升经济的贡献"便是其在工业世界展现的优秀例子。在与其团队的两位成员合作的文章"在柯达公司的光学设计"中，他总结了自己在柯达公司的设计工作。最终在 1982 年他发表了"透镜设计五十年"。这是对他自己工作的一次精彩总结!

著作

通过撰写或编著一系列教材以及各种手册,金斯莱克在光学科学及工程学科具有相当的影响力。他的第一部独著文集《摄影镜头》于 1951 年出版,而随后于 1963 年出版的第二版成为一部经典著作。

1929 年,康拉迪教授出版了其著作《应用光学与光学设计》的第一部分,但遗憾的是,在他 1944 年去世之前,仍未能完成第二部分的出版,但却留下了"一部非常之清晰的手写原稿"。鲁道夫和希尔达共同合作对该手稿进行了整理编辑并于 1960 年出版。在第二部分的附录部分,希尔达为其父亲撰写了传记。第一部分与第二部分由多佛尔出版社一起出版发行。《应用光学》期刊刊出了康拉迪传记的修订版。之后鲁道夫为 SPSE 撰写了《摄影科学与工程手册》中的两章——"镜头的分类"和"投影系统"。后又为第十五版《莱卡技术手册》编写了"照相机光学系统"部分。

但提及其最主要的成就,一定是 1978 年学术出版社出版的《透镜设计基础》。该著作的新版本由金斯莱克和 R. 巴里·约翰逊共同撰写,在内容上做了显著的完善和拓展,体现了过去 30 年中光学设计的重要进步。学术出版社还出版了金斯莱克的另外两部专著:《光学系统设计》(1983)和《摄影镜头史》(1989)。1992 年,SPIE 光学工程出版社出版了《摄影光学系统》,这是《摄影镜头》一书的修订版。

金斯莱克的最后一部独著作品(之前提及过)《纽约罗切斯特的摄影制造公司》,由位于乔治·伊士曼中心的国家摄影博物馆出版。金斯莱克曾担任过博物馆照相机及附件收藏馆的志愿者专家馆长。根据这项工作,他在博物馆期刊《影像》上撰写了许多文章。这些文章从 1953 年持续到 20 世纪 80 年代,鲁道夫将其称之为工作笔记。

金斯莱克与学术出版社合作,启动《应用光学和光学工程》系列丛书的编辑工作。最初三部发行于 1965 年,金斯莱克在其中都有所著章节。接下来的两部分别问世于 1967 年和 1969 年,即一套两卷的《光学仪器》(第一部分和第二部分)。金斯莱克还邀请该书作者共同合编了丛书的第六部(完成其中一个章节)。该系列丛书由罗伯特·香农(Robert Shannon)和詹姆斯·怀恩特(James Wyant)持续编辑完成,金斯莱克担任顾问编辑。

鸣谢

在金斯莱克的最后几年里，他曾问我是否愿意负责他的事务。在和他的儿子和家庭律师商量过后，我同意接受他的委托，并在后来成为其遗嘱的执行者，因为他的儿子已经先于他离世了。根据他的要求，我同意将其所有的专业及个人文件在罗切斯特大学拉什里斯图书馆的珍稀图书及特殊馆藏部建立档案。

马丁·斯科特（Martin Scott），作为鲁道夫在柯达公司及国家摄影博物馆工作时长期的同事和朋友，主要帮助我完成了档案的整合工作。此外，档案管理员南希·马丁（Nancy Martin）、约翰·M（John M.）以及芭芭拉·科尔（Barbara Keil），以其无私的奉献以及广博的知识专注地投入我们的工作中，因此，该档案资料的目录已经可以在网上查阅。

这篇给金斯莱克的致辞是一篇大会报告"鲁道夫·金斯莱克的生涯和成就"的精选和修订版本，该报告在2003年9月30日至10月3日举行的法国圣艾蒂安光学设计会议上提出，发表于2004年的该会议文集（Proc. SPIE，5249:1-21）。

布莱恩·J.汤普森
罗切斯特大学名誉院长
罗切斯特，纽约

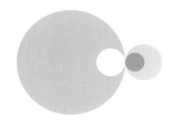

目录

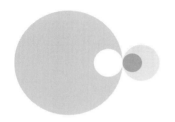

第 1 章
透镜设计者的工作

　　透镜要预先设计好后才能进入加工环节,也就是说,要预先计算或规定好各组元的表面曲率半径、厚度、空气间隔、直径以及所采用的玻璃牌号[1,2]。透镜结构之所以如此复杂,是因为人们力求使由一个既定物点发出的各种波长的光线准确地通过其像点,并且平面的像应当是平面的,直线的像应当没有畸变(弯曲)。

　　科学家们习惯于力求将复杂事物分解成几部分来处理,对透镜成像质量的分析也不例外。经过几百年的努力,人们已经认识到透镜产生的不完善像的各种所谓像差。它们可以通过改变透镜结构来改变。典型的像差有球差、色差和像散。但是在任何实际的透镜中,各种像差是混合在一起出现的,因而校正(或消除)一种像差仅限于这种像差在总像差混合体中所占的分量在一定范围内才能改善最终像质。某些像差可以仅仅借助一片或多片镜片的变形得到改善,而有些像差的改善则要求整个系统作大幅度的变动。

　　可供设计者改动的透镜参数称为"自由度",它们包括各面的曲率半径、各厚度和空气间隔、各镜片所用玻璃的折射率和色散率、孔径光阑(或镜框)的位置。在改动这些参数时,透镜焦距要经常保持在要求的数值上并且不变,否则相对孔径和像高会发生改变,以致设计者最后得到的透镜虽然质量良好,但其规格却不是原设计所要求的。因而任何一个结构改动都要辅以其他某些方面的改动,以保持焦距不变。此外,如果透镜要在固定倍率下工作,在设计过程中就必须保持倍率恒定。

"透镜"一词的含义是不明确的,它可以指单个镜片,也可以指装在照相机上的整个物镜。术语"系统"经常用来表示由诸如透镜、反射镜、棱镜、起偏器和检偏器等元件构成的组合体。"镜片"总是指两面抛光的单片玻璃,因而一个透镜通常包含一个或一个以上的镜片。有时把一组胶合的或有空气间隙的密接镜片称为透镜的一个"组元"。但是以上各术语还没有标准化,读者在其他书刊中遇到时,要注意判断它们的含义。

1.1 设计者和工厂的关系

透镜设计者必须和工厂建立良好的关系,因为他设计出来的透镜终究是要加工的。他应当熟悉各种加工方法,并且能与光学工艺师紧密合作。要时刻记住,制作镜片是要花钱的。当成本是重要指标时,更应当尽可能少用镜片。当然,有的时候像质是第一位的,此时在透镜结构的复杂性和体积方面不加以限制。在大多数情况下,要求设计者采用比较少的镜片、曲率比较小的面(因为在一盘中可以一次抛光较多的镜片)、比较便宜的玻璃、比较大的厚度(便于夹持加工),以降低成本。

1.1.1 球面和非球面之间的选择

在绝大多数情况下,设计者仅限于采用球面折射面和球面反射面(平面可以看成是曲率半径无穷大的球面)。标准的透镜加工方法[3-7]能够制造精度很高的球面,而如果为了给设计者提供更多的自由度而允许采用非球面的话,将会带来极大的加工难度,这是万不得已才采用的办法。斯密特(Schmidt)照相机中的非球面校正板就是使用非球面的一个典型例子。近年来,非球面原件如镜片、红外镜头和玻璃镜片,已经在开发制造和测试技术的商业规模上投入了大量的人力和物力[8-12]。新的制造技术,如单点金刚石车削、反应离子刻蚀、计算机控制的自由曲面磨削和抛光都大大增加了透镜设计者的设计空间。压铸成形的非球面非常实用,只要生产率足够高而使成本适宜就可以采用。它特别适用于压铸法制造的塑料透镜。用特制的机器可以在玻璃上加工出极精确的抛物面。

使用非球面除了在精密成形和抛光方面存在困难之外,还有中心方面的问题。多个球面组成的共轴透镜有一条通过所有面的曲率中心的光轴,而非球面有自己独立的光轴,必须使它和通过系统所有的其他曲率中心的轴重合。本书第一版提到过,大多数天文仪器以及少数几种照相机镜头和目镜采用了非球面,不过还是建议透镜设计者尽可能地避免采用这种曲面。

现在情况发生了重大变化,非球面镜头已经能够大量设计和生产出来,主要是因为先进的制造技术能在一个合理的时间框架内以合理的成本制备出优质的镜头。例如,佳能和尼康等公司出售的很多更好的摄影镜头就包括一个或多个非球面。透镜设计者需要知道哪些玻璃目前能以磨削或其他工艺加工成非球面并成型。如前所述,与制造商保持良好的沟通,其重要性是不言而喻的。

1.1.2　厚度的确定

负镜片的中心厚度应当为外径的 6%～10%[13],而确定正镜片的厚度则要考虑更多方面的问题。镜片的玻璃毛坯边厚不得小于 1 mm,以保证在研磨、抛光加工时便于夹持(见图 1.1)。镜片经过磨边形成实际外径时,至少要去掉 1 mm 的半径长度,还要留出至少 1 mm 供安装镜片于框上用。记住这些余量,知道面的曲率,就可以确定容许的正镜片最小中心厚度。不过上述余量界限是针对普通大小(直径为 0.5～3 in)的镜片而言的,对于小镜片可以减小一些,而对于大镜片则要增大。要尽量避免使用边缘尖锐的镜片,因为它们是很难制造和处理的。因此,与玻璃加工车间工长商讨这类问题是很有益

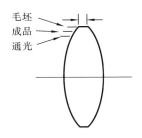

图 1.1　正镜片厚度的确定

的。注意,图 1.1 所示的处于通光和成品线段之间的空间是透镜的位置。透镜设计者需要确保安装时不会渐晕任何光线。

一般来说,弱面比强面加工成本低,因为前者使我们可以在一个盘上放比较多的镜片一起抛光。但是如果只需要加工一个镜片,不必加工多盘,此时强面就不比弱面成本高。

还有一点事情虽小但是值得注意的是,两面接近等凸的镜片在胶合或装配时容易前后面调乱。如果可能的话应当用微小弯曲的办法使它的两个面的曲率准确地一致,由此产生的像差由系统其他部分补偿。还要注意的是,两块镜片的边缘之间难以保证很小的距离,最好令它们在直径稍大于通光孔径的

圆上相接触,或令边缘距离不小于 1 mm。这样大的距离可以用隔圈或镜框上的固定结构实现。图 1.2 所示的是几种类型的镜框。要记住,为快门或可变光阑留出的空位,应按照从凹面的斜角到凸面的顶点之间的空间计算。

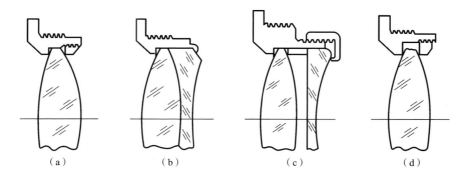

(a)   (b)   (c)   (d)

图 1.2　典型的透镜框

(a) 压圈;(b) 包边;(c) 隔圈和螺帽;(d) 镜框定心

一些典型的镜头安装形式如图 1.2 所示。当设计一个镜头时,需要记住可能采用的安装类型和对齐所需的物理调整,这样可使得整个镜头开发过程更为顺利。尤德的光学教程对广大透镜设计者是非常有益的[14-16]。在许多情况下,镜头的光学结构需要被集成到更大的系统中并确保成型后能在实际系统中实现其性能[17]。

1.1.3　增透膜

如今几乎所有玻璃-空气界面都镀增透膜,以改进透光性和消除幻像。可以把许多镜片放在钟形设备中一起镀制,能极大降低工艺成本。不过,若要在较宽的波长范围内尽可能地消除表面反射,就要镀多层膜,但却增加了成本。在过去的几十年里,镀膜工艺上的巨大进步使得可以用不同光学镀膜材料在可见光和红外光谱进行高效增透膜的设计与制备[18,19]。

1.1.4　胶合

小镜片常用加拿大树胶或某些适宜的有机聚合物将其胶合在一起。但是当镜片直径超过 3 in(1 in＝2.54 cm)时,若采用硬胶,则由于冕牌玻璃和火石玻璃的膨胀差异而往往引起扭曲变形甚至碎裂,此时可以在镜片界面之间加进软胶或液态油。但是对于尺寸大的镜片,更有效的办法是用小片锡箔或真正的隔圈把两个面隔开。胶合层在光线追迹时总是被忽略,光线直接从一种玻璃向下一种玻璃折射。

将镜片胶合起来的目的是：① 消除两个面上的反射损失；② 防止空气间隙上的全反射；③ 将两个强的镜片组合成一个弱得多的双胶合透镜，以便于安装。这两个强的镜片的定中心是在胶合时进行的，而不是在镜框中调整的。

可以将两片以上的镜片胶合，但这时很难保证全部被胶合的镜片良好地对中心。建议设计者在采用三胶合透镜或四胶合透镜之前先与加工部门做好沟通。透镜的精密胶合，其成本高，而在镜框中将空气间隔分隔开的两个面镀膜所花成本，往往比将它们直接胶合起来要低。

1.1.5 确定公差

设计者为透镜的每一个尺寸规定公差是很重要的。此事若设计者不做，必有他人代劳，而他人给的公差可能是完全不正确的。公差要求太松，透镜质量可能很差；要求太严，加工成本会不合理地增加。因此，对半径、厚度、空气间隔、表面质量、玻璃折射率和色散、镜片直径和同心度，都要注意这个问题。这些公差一般是这样确定的：给每个参数一个小误差，然后追迹足够多的光线通过这个改动过的透镜，以确定这个误差的影响。

只要知道玻璃折射率和色散率的公差要求，就能够判断是可以利用手头已有的玻璃存货，还是必须订购公差异常严格的玻璃。后一种做法会严重地耽误生产，而且提高了透镜的成本。制造单个高质量的透镜，通常是先按玻璃手册上列的折射率设计透镜，然后订购玻璃，最后按实际情况根据从玻璃厂购得玻璃的折射率重新设计。但是设计生产大批量的透镜时，必须使设计方案能适应工厂的玻璃参数的正常变化范围，即 ± 0.0005 的折射率和 $\pm 0.5\%$ 的 V 值[20]。

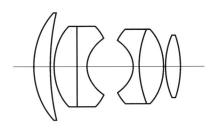

图 1.3 典型的双高斯物镜

装配时实行厚度选配是使各镜片的制造公差要求得以放松的可行（虽然是费时间的）办法。例如，在图 1.3 所示的双高斯物镜中，设计者可以按照如下方案规定两个双胶合透镜的厚度公差：

每个单透镜	± 0.2 mm
每个双胶合透镜	± 0.1 mm
两个双胶合透镜之和	± 0.02 mm

显然,这样的选配方案要求有一大批厚度有一定变化范围的镜片可供选用。如果每个镜片都做得偏厚,就无法装配。

通常最重要的公差是镜面倾斜和镜片偏心的公差。了解这些公差对镜框设计和提高系统的加工工艺性能有很大帮助。偏心的透镜通常呈现轴上彗差,而镜面的倾斜常导致像面倾斜。某些面的微小倾斜影响很小,而有些面的影响则极其显著。因此,光学工程师在着手设计镜框时需要参考倾斜系数表。

光学公差本身也可以算是一门学问,合理地规定公差并非一件简单的事。表 1.1 给出了在三种生产水平(即商品品质、精密度和加工极限)下各种光学元件属性普遍能被接受的公差数值。注塑成型聚合物的光学公差如表 1.2 所示[21]。

表 1.1 光学玻璃的加工公差

属　　　性	商品品质	精　密　度	加工极限
玻璃品质(n_d, v_d)	± 0.001, $\pm 0.8\%$	± 0.0005, $\pm 0.5\%$	熔化控制
直径/mm	$+0.00/-0.10$	$\pm 0.000/-0.025$	$\pm 0.000/-0.010$
中心厚度/mm	± 0.150	± 0.050	± 0.025
垂度/mm	± 0.050	± 0.025	± 0.010
通光孔径	80%	90%	100%
半径	$\pm 0.2\%$ 或 5 光圈	$\pm 0.1\%$ 或 3 光圈	± 0.0025 mm 或 1 光圈
不规则度-干涉仪（光圈）	2	0.5	0.1
不规则度-轮廓仪/μm	± 10	± 1	± 0.1
楔形透镜(ETD)	0.050	0.010	0.002
光楔(全内反射)/rad	± 5	± 1	± 0.1
斜角(面宽@45°)/mm	<1.0	<0.5	无
划痕-范围(MIL-PRF-13830B)	$80\sim50$	$60\sim40$	$5\sim2$
表面粗糙度(RMS)/Å	50	20	2
减反膜层(R_{ave})	MgF_2, $R<1.5\%$	BBAR, $R<0.5\%$	自定义

来源:经 Optimax Systems 公司许可再版。

表 1.2　光学塑料的加工公差

参　　　数	公差（对称组件的旋转直径小于 75 mm）
曲率半径	±0.5%
EFL	±1.0%
中心厚度	±0.020 mm
直径	±0.020 mm
元件楔形（全内反射）	<0.010 mm
S1 至 S2 的位移（穿过模界线）	<0.020 mm
表面指数误差	≤2 圈/英尺（2 圈＝1λ）
表面不规则度	≤1 圈/英尺（2 圈＝1λ）
划痕规范	40～20
表面粗糙度规范（RMS）	<50Å
深径比	<4∶1
中心厚度与边缘厚度比	<3∶1
局部间的可重复性（1 个腔）	<0.50%

来源：经 G-S Plastic Optics 公司许可再版。

1.1.6　设计方案的选择

为了达到既定目标,透镜设计者往往有多种途径可以选择,而某种设想是否成功则受这个选择的影响。有各种变通办法,例如,用反射镜系统还是透镜系统？是否可以用两个弱面代替一个强面？是否可以用两个普通玻璃的镜片代替一个高折射率玻璃镜片？是否可以用两个球面代替一个非球面？是否可以用一个视场角比较大的短焦距镜头代替一个视场角小的长焦距镜头？是否可以用能实现逐倍率变化的一组定焦距透镜代替一个变焦距透镜？当两个透镜系统排成一列使用,总倍率应如何分配于二者？忽略某些次要像差,是否仍然能够得到比较清晰的像？等等。

1.2　设计步骤

求取透镜结构参数严密的数学解（用期待的性能指标表示）实在太复杂了,超出实际可能。我们能采取的最好办法是,利用已有的光学知识,为期待的透镜设定一个大概的初始近似方案,评价其性能,作适当的修改,再评价,等等。这个过程可以用一个简单的流程图(见图 1.4)表示,本节顺次介绍图 1.4 中的四个步骤。本书提供了相当多的设计技术指导。在第 17 章中,讨论了透镜自动设计的要素,并简要讨论了光线追踪和优化方法的历史演变。

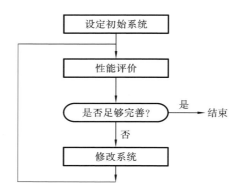

图 1.4　透镜设计流程图

1.2.1　初始系统的来源

在某些情况下(如简单望远镜的双胶合透镜),透镜的设计方案可以从基本原则出发,经过按部就班的计算求出来。但这是特殊情况,在绝大多数情况下只能通过如下几种途径设定初始系统。

(1) 凭个人的学识和经验估计设定。经验丰富的设计者可以做得很好,但是初学者一般做不到。

(2) 利用公司曾经设计过的透镜的技术档案。这是大公司最常用的办法,但是大多数没有参与透镜开发的公司则没有这样的文件档案。

(3) 购进各种透镜,分析它的结构。这种方法工作量大且费时间,但是经常被采用,尤其多为小公司所采用,因为这些小公司可供选用的设计方案储备很少。

(4) 查阅专利档案。

透镜专利很多,但是专利文献上给出的例子往往是不完整的或未校正好的,还要做大量工作才能使它变成可用的,更不用说还有专利权方面的问题。在柯克斯[22](Cox)最近的一本著作中附有 300 个透镜专利例子的分析资料,对设计者十分有用。现有成千上万的透镜设计专利,这使得传统的专利搜索工作变得相当艰巨。幸运的是,有几个数据库可以为透镜设计者在寻找一个潜在出发点时提供显著的帮助[23,24]。

1.2.2　透镜计算

一般做法是用准确的三角方法追迹足够多的光线通过透镜。起初只需要追迹两三条光线,随着设计的进展,需要追迹更多的光线,以充分评价系统。可以作出几种曲线来表示各种像差。设计者通过观察这些曲线往往就能了解系统存在的缺陷。除了光线误差图,光线的数据可以用于许多用途,包括波前误差、能量分析、线扫描、光学传递函数、点扩散函数,等等(见 8.4 节)。

在本书的第一版中,在常规成本、对任何非大型计算机系统下能够执行这些复杂的分析是不可想象的。而如今,这样的分析在一台仅花费一千美元的笔记本电脑上就能进行。在笔记本电脑、软件许可证和年度支持的成本被忽略时,每项运行成本基本上可以忽略不计。

1.2.3　透镜评价

判断一个透镜系统对于特定的用途是否已经校正得足够好,这往往是十分困难的[25]。有效的办法是从一个点光源开始,追迹大量光线,这些光线均匀分布在透镜通光入瞳上,然后作这些光线和像面的交点的"点列图"。为了真实地表现出点像的形态,需要追迹几百条光线(见 8.4 节)。追迹几个波长不同的光束,各光束进入透镜的疏密程度按照该波长的光在最后成像中被设定的加权数加以调整。这样,点列图就可以反映出色差现象。

为了揭示点列图的特点,一些设计者计算包容 10%,20%,30%,…,100% 的光线的圆的直径,作出倾斜度不同的各光束的"区域能量"曲线。另一种方法是把点列图看成是点扩散函数,用傅里叶变换使它变成 MTF(调制传递函数)对空间频率的分布曲线。这样的曲线包含许多信息,如透镜的鉴别率、粗糙物体的像的反差。计算 MTF 时还可以考虑衍射效应,因而计算结果是透镜性能可望得到最全面的表达。如果透镜的加工尺寸和设计数据吻合,就可以通过实验测定 MTF,检查透镜性能是否已经达到理论上预定的目标。

1.2.4　系统的修改

如果采用人工计算或小型计算机计算,则设计者必须判断要做哪些修改以消除透镜的像差余量,这往往是十分困难的。在以后数章中将给出许多关于怎样作试探性修改的提示。设计者常常将某些透镜参数做微小的试探性改动,算出每种像差相对于各参数变动的变化率(或者称为"变化系数")。可以通过解一个联立方程组求出可试用的一些适当的改变量,然而由于所有光学系统的非线性程度都较大,导致这种方法不如人们所希望的那么简单。

如今许多高速计算机程序能用最小二乘法同时修改几个透镜参数以改变多种像差。尽管这种方法要做大量计算,但是用现代大型计算机来做这些计算是异常便宜的(见第 17 章)。在 1955 年前进行球面斜光线每一个面的追迹需要一名有经验的人使用马钱特机械式计算机花费约 500 s 时间。而如今使用多核处理器的个人计算机计算这样一个面所需要的时间少于 10 ns,速度提高了 500 亿倍。

1.3　光学材料

目前最常用的透镜材料是光学玻璃,晶体和塑料也常被使用。反射镜则可以用任何可以抛光的材料(甚至金属)制造。经常有人提议用充液透镜,但是由于许多显然的原因,实际上从未用过[26-29]。克雷德(Kreidl)和鲁德[30](Rood)以及其他人[31,32]曾经对光学材料做过全面的探讨。

1.3.1　光学玻璃

几家著名的光学玻璃制造厂的产品手册上有关于现有玻璃的大量资料,如肖特(Schott)厂的产品手册就可谓光学玻璃及其特性的全书。

光学玻璃一般可以分为冕牌玻璃、火石玻璃、钡冕玻璃等,但是各类型之间并没有严格的分界线(见图 5.5)。从光学性质方面来说,各种玻璃之间的差别在于折射率、色散率和部分色散,而在物理性质方面则有颜色、密度、热学性质、化学稳定性、水泡含量、条纹和抛光难易程度等方面的差别。

各种玻璃的价格差别很大,从最重的镧冕玻璃到最普通的平板玻璃(在许多简单的使用场合中后者已经能够满足要求),价格比变化范围不小于 300∶1。透镜设计者最难解决的问题之一是如何合理地选用玻璃,在这当中必须权衡几个因素。高折射率会使面曲率减小,因而像差余量较小,但是高折射率玻璃一般价格昂贵,且密度大,每磅(1 磅=0.454 千克)玻璃只能做比较少的镜片;如果把透镜质量放在第一位,自然什么玻璃都可以用,但是考虑到成本,就要选用便宜的玻璃。

对于小透镜而言,材料和价格可以不重点考虑;但是对于大透镜来说,则是十分重要的因素,尤其是还要考虑到只有少数几种玻璃是制成大块供应的

(即所谓大玻璃块),每磅玻璃的价格随着玻璃块重量的不同而不同。如用密度 3.5 的玻璃制造直径为 12 in 的透镜,厚度每增加 1 mm,重量就要相应地增大约 0.75 lb,的确惊人。

玻璃的颜色主要是由杂质造成的。一些厂家以高价供应黄色比较淡的玻璃。若要求在近紫外区有高透过率,这是特别关键的。极淡的黄色对很小或很薄的透镜可以忽略不计。当然,在航空照相机镜头中,采用黄色玻璃十分适宜,因为这种镜头在使用时总是要加黄色滤色镜的。

玻璃价格随玻璃块的形状(是随意的块体还是薄圆片)、是否经过退火、是否按条纹度要求挑选过等会有很大差别。有些镜头制造厂习惯于把玻璃压铸成毛坯。这时,重要的是玻璃要经过长时间缓慢地退火,以使其折射率恢复到稳定的最大值,即厂家在随玻璃一同送来的熔炼单上所记的折射率数值。

一个在现代透镜设计方案中最有用的功能是,他们从不同供应商处录入了众多不同玻璃的光学特性以及许多塑料和红外材料的光学特性。

1.3.2 红外材料

红外材料的制造本身是一门学问,杂志上已经有许多文章涉及这些材料及其特性[33]。它们一般不能用于可见光波段,因为光在晶体边界上会发生散射。一个特例是 CLEARTRAN 公司生产的无水硫化锌材料能实现透射 $0.4 \sim 12 \ \mu m$。

1.3.3 紫外材料

能用于紫外光谱区只有相对较少的材料,包括熔融石英、石英晶体、氟化钙、氟化镁、蓝宝石、氟化锂,以及少数几种轻玻璃(薄片)。随着集成电路的出现,要求具有越来越精细的光学分辨率,使得过去数十年人们都致力于提高集成电路的掩膜和硅晶片上的图像精度。通常这些光学系统是反射式系统(见 15 章),但是有时它们也是纯粹的折射式系统。还应该认识到,这些镜片由于材料的成本、制备和加工工艺,导致其成本非常高[34-36]。

1.3.4 光学塑料

尽管缺乏适用于透镜制造的可用光学塑料,但从第一次世界大战以来,特别是从 20 世纪 50 年代初以来,塑料已经在该领域中得到广泛应用[37-39]。从那时起,数以亿计的塑料镜头被安装到廉价的相机上,并且它们目前广泛用于眼镜和许多其他应用中。伊斯曼·柯达公司于 1959 年首次制成了 $f/8$ 的塑料三透镜组镜头,这个镜头中的"冕牌玻璃"的材料是聚甲基丙烯酸甲酯,"火石玻璃"的材料是丙烯腈-苯乙烯共聚物。现有光学塑料的折射率很低,低于旧的冕-火石玻璃的折射率而与液体及几种钛火石玻璃较为接近。现有可用的光学塑料如表 1.3 所示,常用的光学塑料材料的性能如表 1.4 所示。

表 1.3　目前可用的光学塑料

塑　　料	商　品　名	N_d	V 值
烯丙基二乙二醇碳酸酯	CR-39	1.498	53.6
聚甲基丙烯酸甲酯	透明合成树脂/PMMA	1.492	57.6
聚苯乙烯		1.591	30.8
苯乙烯-甲基丙烯酸酯共聚物	泽龙	1.533	42.4
甲基苯乙烯-甲基丙烯酸甲酯共聚物	巴维克	1.519	
聚碳酸酯	莱克桑	1.586	29.9
聚酯苯乙烯		1.55	43
纤维素酯		1.48	47
苯乙烯丙烯腈共聚物	朗盛	1.569	35.7
非晶态聚对苯二甲酸乙二醇酯	APET	1.571	
专利	LENSTAR	1.557	
季戊四醇四巯基乙酸	PETG	1.563	
聚氯乙烯	PVC	1.538	
聚-α-氯丙烯酸甲酯		1.517	57
苯乙烯丙烯腈	SAN	1.436	
聚甲基丙烯酸环己酯		1.506	57
聚衣康酸二甲酯		1.497	62
聚甲基戊烯	TPX	1.463	
聚邻苯二甲酸二烯丙酯		1.566	33.5
聚烯丙基甲基丙烯酸酯		1.519	49
聚孔烯环己烯二氧化物		1.53	56
聚乙烯二异丁烯		1.506	54
聚乙烯基萘		1.68	20
玻璃树脂(100 型)		1.495	40.5
环烯烃共聚物	COC/COP	1.533	30.5
亚克力	PMMA	1.491	57.55
甲基丙烯酸甲酯、苯乙烯共聚物	NAS	1.564	
KRO3&SMMA 混合物	NAS-21 诺瓦可	1.563	33.5
聚烯烃	瑞翁	1.525	56.3

表 1.4　常用塑料光学元件特性

特性	亚克力 (PMMA)	聚碳酸酯 (PC)	聚苯乙烯 (PS)	环烯烃 共聚物	环烯烃 聚合物	聚醚酰亚胺 1010 (PEI)
折射率						
N_F (486.1 nm)	1.497	1.599	1.604	1.540	1.537	1.689
N_d (587.6 nm)	1.491	1.585	1.590	1.530	1.530	1.682
N_C (656.3 nm)	1.489	1.579	1.584	1.526	1.527	1.653
阿贝数	57.2	34.0	30.8	58.0	55.8	18.94
透射率						
(可见光区)/%	92	85～91	87～92	92	92	36～82
厚度 3.174 mm 挠曲温度						
3.6 °F/min	214 °F	295 °F	230 °F	266 °F	266 °F	410 °F
@66 psi	/101 ℃	/146 ℃	/110 ℃	/130 ℃	/130 ℃	/210 ℃
3.6 °F/min	198 °F	288 °F	180 °F	253 °F	263 °F	394 °F
@264 psi	/92 ℃	/142 ℃	/82 ℃	/123 ℃	/123 ℃	/201 ℃
最高连续	198 °F	255 °F	180 °F	266 °F	266 °F	338 °F
工作温度	92 ℃	124 ℃	82 ℃	130 ℃	130 ℃	170 ℃
吸水率						
(水中,73 °F 24 小时)/(%)	0.3	0.15	0.2	<0.01	<0.01	0.25
比重	1.19	1.20	1.06	1.03	1.01	1.27
硬度	M97	M70	M90	M89	M89	M109
雾度/(%)	1～2	1～2	2～3	1～2	1～2	—
线性函数系数/cm X 5～10/(cm/℃)	6.74	6.6～7.0	6.0～8.0	6.0～7.0	6.0～7.0	4.7～5.6
dN/dTX 5～10/(℃)	−8.5	−11.8～ −14.3	−12.0	−10.1	−8.0	
冲击强度 /(ft-lb/in)(缺口)	0.3～0.5	12～17	0.35	0.5	0.5	0.6
主要优势	耐刮擦 耐腐蚀 高阿贝数 低色散	高强度 耐高温	高透明度 成本最低	高度防潮 高模量 良好的电 气特性	低双折射 耐腐蚀 完全 非晶体	高强度 耐高温 耐腐蚀 高折射率

来源:G-S 塑料光学再版许可。

这些光学塑料材料的折射率和色散数据并不是很精确,因为它们的数值受聚合程度和温度等因素的影响。分别在 CODE V、OSLO 和 ZEMAX 等光学软件中建模并计算出聚甲基丙烯酸甲酯、聚苯乙烯和聚碳酸酯的光谱色散曲线有很大差异(最大差约 0.005)[40]。为达预期目标,镜头设计师必须确保光学材料数据的有效性。

塑料镜片有如下优点:

(1) 大批量制造容易且经济;

(2) 原料价廉;

(3) 可以一次将镜框压铸在镜片上;

(4) 容易保持镜片厚度和空气间隔;

(5) 非球面和球面一样容易压铸;

(6) 必要时可以将染料混进原料中。

塑料镜片有如下缺点:

(1) 现有塑料的折射率范围窄且数值小;

(2) 制成的镜片质软;

(3) 热胀性大(是玻璃的 8 倍);

(4) 折射率温度系数高(是玻璃的 120 倍);

(5) 平面压铸不好;

(6) 由于压铸成本方面的原因,制造小批量镜片有困难;

(7) 塑料容易捕获静电荷而吸尘;

(8) 塑料镜片不能胶合[41],可以镀膜,但是工艺上有难度[42]。

尽管存在以上问题,塑料镜片的性能还是令人满意的,因此在包括制造低成本摄像头和需采用先进材料工艺等场合都得到了应用。在某些情况下,玻璃透镜和塑料透镜被一起有效地应用于光学系统中。

1.4 折射率的内插计算

如果要知道光学材料在非玻璃手册所列的波长或非测量折射率所用的波长上的折射率,就要做一定的内插计算。这种计算一般是用一条联系 n、λ 的公式进行的。在整个可见光谱区,如下的柯西公式(Cauchy's formula)[43]可以达到很好的精度:

$$n = A + B/\lambda^2 + C/\lambda^4$$

　　实际上第三项数值很小,以致在从红端到几乎紫端的整个可见光谱区域, n 与 $1/\lambda^2$ 的关系曲线是一条很好的直线。对许多玻璃来说,这条曲线很直,所以可以作很大的图,在其上读取居间值,大致可以精确到小数点后第四位。

　　不论是采用前面的柯西公式还是采用如下康拉迪公式[44]:

$$n = A + B/\lambda + C/\lambda^{7/2} \tag{1-1}$$

都要对三种已知折射率建立一个三元联立方程组,解出系数 A、B 和 C。用这种方法在可见区内插值求取折射率,大致可以精确到小数点后第五位。

　　但是不能用外推法,因为这些公式在红端以外失效。

　　20 世纪末,塞尔梅耶(Sellmeier)、亥尔姆霍兹(Helmholtz)、凯特勒(Ketteler)和德鲁特(Drude)等人试图基于共振概念建立折射率和波长之间的准确关系式[45]。其中最常用的公式是

$$n^2 = A + \frac{B}{\lambda^2 - C^2} + \frac{D}{\lambda^2 - E^2} + \frac{F}{\lambda^2 - G^2} + \cdots \tag{1-2}$$

当 λ 等于 C、E、G 等时,这个公式中的折射率变成无穷大,这些波长值表示位于吸收带中心上的渐近线的位置。在渐近线之间折射率的变化曲线如图 1.5 所示。

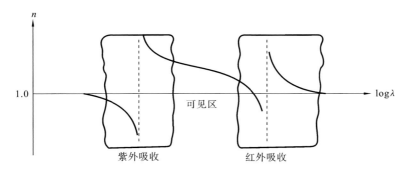

图 1.5　玻璃折射率和波长对数的关系曲线

　　对于大多数玻璃和其他透明无色介质,两条渐近线对内插法已经足够用,它们分别表示紫外吸收和红外吸收。可见光谱就是这两个吸收带之间的 λ 值。

　　按照二项式定理展开式(1-2),即得到它的近似式为

$$n^2 = a\lambda^2 + b + c/\lambda^2 + d/\lambda^4 + \cdots$$

其中,系数 a 控制红外折射率(大 λ),系数 c、d 等控制紫外折射率(小 λ)。如果在某些特殊应用中看重更远的红外光,则建议在公式中增加一两项形如 $e\lambda^4 +$

$f\lambda^6$ 的项。

赫兹贝格[46](Herzberger)曾经提出了一个颇为不同的公式[47]：

$$n = A + B\lambda^2 + \frac{C}{\lambda^2 - \lambda_0^2} + \frac{D}{(\lambda^2 - \lambda_0^2)^2}$$

其中，A、B、C、D 是因玻璃而异的系数，λ_0 对任何玻璃都一样。他发现一个适当的值由 $\lambda_0^2 = 0.035$ 给出，即 $\lambda_0 = 0.187$。这里考虑到紫外吸收，近红外由 $B\lambda^2$ 项代表。如果红外更重要，就要加上其他红外项。

在本书的第一版中，当时的肖特玻璃手册采用一个六项的公式来修匀所记折射率的数据，即

$$n^2 = A_0 + A_1\lambda^2 + A_2/\lambda^2 + A_3/\lambda^4 + A_4/\lambda^6 + A_5/\lambda^8$$

该公式在蓝紫区控制程度很高，而在 $1\ \mu\mathrm{m}$ 以外的红外区则无效。此后，肖特采用赛尔迈尔色散公式(Sellmeier dispersion formula)[48]来描述，即

$$n(\lambda) = \sqrt{1 + \frac{B_1\lambda^2}{\lambda^2 - C_1} + \frac{B_2\lambda^2}{\lambda^2 - C_2} + \frac{B_3\lambda^2}{\lambda^2 - C_3}}$$

应该指出的是，对于现在使用的一个九位玻璃代码，前三位数代表折射率，中间三位代表阿贝数，后三位代表玻璃的密度。例如，SF6 玻璃的代码是 805254.518。其折射率 $n_d = 1.805$(注意在第一个三位数前加 1.000)，$v_d = 25.4$(第二个三位数要除以 10)，密度为 5.18(第三个三位数要除以 100)。

鲍许罗姆公司(Bausch and Lomb Company)[49]采用了如下七项公式供内插法用：

$$n^2 = a + b\lambda^2 + c\lambda^4 + \frac{d}{\lambda^2} + \frac{e\lambda^2}{(\lambda^2 - f) + g\lambda^2/(\lambda^2 - f)}$$

这是一个使用不方便的非线性关系式，当为某一特定玻璃确定公式中的七个系数时会涉及相当麻烦的计算问题。

1.4.1 色散值的内插计算

使用 $(D-d)$ 消色差法时(见第 5.9.1 节)，必须知道各种玻璃在所用的特定光谱范围上的 Δn 值。对于可见区的消色差，通常 Δn 取 $(n_F - n_C)$，但对于其他光谱区，就要用不同的 Δn 值。实际上相对值 Δn 的选择是决定消色差光谱区的唯一因素。

为了计算 Δn，必须对 (n, λ) 内插公式取导数。通过取导数得到 $\mathrm{d}n/\mathrm{d}\lambda$ 值，它是 (n, λ) 曲线在某一特定波长上的斜率。期待的 Δn 值由 $\mathrm{d}n/\mathrm{d}\lambda$ 乘以适当的

$\Delta\lambda$ 值得到。实际上 $\Delta\lambda$ 的选择并不重要，因为我们力求令 $\sum(D-d)\Delta n$ 等于零，但是如果想令 $\sum(D-d)\Delta n$ 的余量和某一既定的公差比较，则所选择的 $\Delta\lambda$ 对应的 Δn 必须和玻璃的 (n_F-n_C) 大致相等。

现举一个例子。设用康拉迪内插公式(Conrady's interpolation formula)，希望透镜对某些既定的光谱线消色差。由微分式(1-1)得到

$$\frac{\mathrm{d}n}{\mathrm{d}\lambda}=-\frac{b}{\lambda^2}-\frac{7}{2}\frac{c}{\lambda^{9/2}} \tag{1-3}$$

这个公式包含所用的特定玻璃的 b、c 系数以及对其消色差的特定波长 λ。后者假设是汞 g 线。

假定选用肖特 SK-6 和 SF-9 玻璃。对两个已知的波长解式(1-1)，求得

玻璃	b	c	g 线处的 $\mathrm{d}n/\mathrm{d}\lambda$
SK-6	0.0124527	0.000520237	-0.142035
SF-9	0.0173841	0.001254220	-0.275885

对波长 0.4358 μm 用随意的值 $\Delta\lambda=-0.073$ 求得这两种玻璃的 Δn 分别为 0.010369 和 0.020140。这两个数值要和原来的 $\Delta n=n_F-n_C$ 值比较，对于上述两种玻璃，后者分别为 0.01088 和 0.01945。由此可见，与冕牌玻璃比较，火石玻璃的色散相对地增大了，这是光谱蓝端的特点。

1.4.2 折射率的温度系数

如果透镜的使用环境温度变化大，就必须考虑所用材料折射率随温度的变化。对于玻璃来说，这一般不成问题，因为折射率的温度系数很小，是 0.000001/℃ 的数量级[50]。但是晶体的折射率温度系数要大许多，而塑料的则十分大，如萤石为 0.00001/℃，塑料为 0.00014/℃。

也就是说，在正常温度范围 0~40 ℃，塑料镜片折射率要改变 0.0056，足以使焦点显著移动。在反光式照相机中，曝光之前的对焦调整会抵消这种变动，但对于固定对焦和采用独立的取景器的照相机，或依靠对焦距离标尺对焦的照相机来说，就要设法消除这种温度影响。其中一种办法是让镜头全部或大部分光焦度集中在一块玻璃镜片上，塑料镜片只作为像差校正用。

另一种办法是将镜头安装在一只补偿框上，此框用膨胀系数相差很大的两种材料制造，使得当温度变化时，镜头中某一空气间隔改变一个适当的量，

从而保持像位置总在胶卷面上。塑料的热膨胀虽然也大,但是如果照相机机身也用塑料制造,就不会产生影响。因为温度变化只会使整体膨胀或收缩,而像总保持在同一个平面上。

1.5 本书考察的透镜类型

透镜可以分成几种定义明确、为人熟知的类型,本书将考察的透镜类型如下。

(1)只在轴上清晰成像的透镜,如望远镜双透镜(小孔径)、显微镜物镜(大孔径)。

(2)在大视场上成像清晰的透镜,如摄影物镜、放映镜头、平视场显微镜物镜。

(3)视场有一定大小而光阑在远处的透镜,如目镜和放大镜、取景器、聚光器、远焦伽利略镜或变形附件。

(4)折反射(反射镜-透镜)系统。

(5)变倍透镜和变焦透镜。

这些透镜各有其独特的设计方法(实际上每一种透镜都是如此)。各种类型的透镜的折射面有多有少。某些透镜的参数很多,以至于几乎任何玻璃都可以采用,而有些透镜玻璃的选择是个重要的自由度。某些透镜系统因相对孔径大而出名,但其视场角很小,而另外一些透镜则刚好相反。

本书考察了几种典型的透镜,并对其设计特例给以详细说明。力劝初学者用心弄懂这些设计例子,因为在其中采用了许多公认有效的方法,而且这些方法常常可以有效地应用到其他设计场合中。

本书各例所用的设计方法有:

(1)镜片弯曲;

(2)在镜片之间作光焦度转移;

(3)用单参数图或双参数图改变一个参数或同时改变两个参数;

(4)利用对称性自动消除横向像差;

(5)用 $H'-L$ 曲线选择光阑位置;

(6)用 $(D-d)$ 法消色差;

(7)在设计工作之末选择玻璃色散;

(8)设计大孔径齐明镜的配合原理;

（9）用"隐蔽面"消色差；

（10）用各种方法减小匹兹伐（Petzval）和；

（11）用窄空气间隔减小带球差；

（12）用虚光截除有害的边缘光线；

（13）用四元联立方程组求校正四种像差的解；

（14）非球面在像差控制中的应用。

本书主要是为初学者而编写，所以没有涉及比较复杂的现代摄影物镜。因而大孔径透镜如双高斯镜头和索那（Sonnar）镜头、广角透镜如比阿冈（Biogon）镜头和反远摄镜头等都没有在本书进行讨论。基于同样的原因，也不讨论变焦距镜头、远焦和变形镜头附件。如今这些复杂系统都是在大型计算机上用最优化程序设计的。在接下来的章节中，偶尔在突出部分提供的额外指导是作为设计指南而存在的。

注释①

1. Rudolf Kingslake,*Optical System Design*,Academic Press,Orlando（1983）.

2. Warren J. Smith,*Modern Optical Engineering*,*Fourth Edition*,McGraw-Hill,New York（2008）.

3. F. Twyman,*Prism and Lens Making*,Hilger and Watts,London（1952）.

4. Arthur S. De Vany,*Master Optical Technology*,Wiley,New York（1981）.

5. D. F. Horne,*Optical Production Technology*,*Second Edition*,Adam Hilger,Bristol（1983）.

6. Hank H. Karrow,*Fabrication Methods for Precision Optics*,Wiley,New York（1993）.

7. W. Zschommler,*Precision Optical Glassworking*,SPIE Press,Bellingham（1984）.

8. R. Barry Johnson and Michael Mandina,Aspheric glass lens modeling and machining,*Proc. SPIE*,5874:106-120（2005）.

9. George Curatu,Design and fabrication of low-cost thermal imaging optics using precision chalcogenide glass molding,*Proc. SPIE*,7060:7060008-706008-7（2008）.

10. Gary Herrit,IR optics advance-Today's single-point diamond-turning machines can produce toroidal,cylindrical,and spiral lenses,*OE Magazine* DOI:10. 1117/2. 5200510. 0010（2005）.

11. *Advanced Optics Using Aspherical Elements*,Rudiger Hentschel;Bernhard Braunecker;

---

① 本书尾注格式式直接引用英文版对应内容。

Hans J. Tiziani (Eds.),SPIE Press,Bellingham (2008).

12. Qiming Xin,Hao Liu,Pei Lu,Feng Gao,and Bin Liu,Molding technology of optical plastic refractive-diffractive lenses,*Proc. SPIE*,6722:672202 (2007).

13. 许多红外透镜的中心厚度只有 2.5%。成本、重量和内部透射率通常是影响因素。

14. Paul R. Yoder,Jr.,*Mounting Lenses in Optical Instruments*,SPIE Press,Bellingham, TT21 (1995).

15. Paul R. Yoder,Jr.,*Design and Mounting of Prism and Small Mirrors in Optical Instruments*,SPIE Press,Bellingham,TT32 (1995).

16. Paul R. Yoder,Jr.,*Opto-Mechanical System Design*,*Third Edition*,SPIE Press,Bellingham (2005).

17. Keith B. Doyle,Victor L. Genberg,and Gregory J. Michels,*Integrated Optomechanical Analysis*,SPIE Press,Bellingham,TT58 (2005).

18. *Handbook of Optical Properties*,*Volume I*:*Thin Films FOR Optical Coatings*,Rolf E. Hummel and Karl H. Guenther (Eds.),CRC Press,Boca Raton (1994).

19. L. Martinu,Optical coating on plastics,in *Optical Interference Coatings*,OSA Technical Digest Series,paper MF1 (2001).

20. *Optical Glass*:*Description of Properties* 2009,Schott and Duryea (2009);available at *http://www.us.schott.com/advance_optics/english/download/pocket_catalogue_1.8_us.pdf*.

21. William S. Beich,Injection molded polymer optics in the 21st century,*Proc. SPIE*, 5865:58650J (2005).

22. A. Cox,*A System of Optical Design*,pp. 558-661,Focal Press,London and New York,(1964).

23. ZEBASE,ZEMAX Development Corp.,Bellevue,WA (2009). [Collection of more than 600 lens designs.]

24. LensVIEW™,Optical Data Solutions,Inc. (distributed by Lambda Research Corp.) (2009).
    包含来自美国和日本专利文献以及经典蔡司照相镜头索引的30000多个独立设计。

25. J. M. Palmer,*Lens Aberration Data*,Elsevier,New York (1971).

26. Ian A. Neil,"Ultrahigh-performance long-focal-length lens system with macro focusing zoom optics and abnormal dispersion liquid elements for the visible waveband,"*Proc. SPIE*,2539:12-24 (1995).

27. James Brian Caldwell and Iain A. Neil,"Wide-Range,Wide-Angle Compound Zoom with Simplified Zooming Structure," U. S. Patent 7227682 (2007).

28. James H. Jannard and Iain A. Neil，Liquid Optics Zoom Lens and Imaging Apparatus，U. S. Patent Application 20090091844 (2009).

29. James H. Jannard and Iain A. Neil，Liquid Optics with Folds Lens and Imaging Apparatus，U. S. Patent Application 20090141365 (2009).

30. N. J. Kreidl and J. L. Rood，Optical materials，in *Applied Optics and Optical Engineering*，Vol. I，pp. 153-200，R. Kingslake (Ed.)，Academic Press，New York (1965).

31. Solomon Musikant，*Optical Materials：An Introduction to Selection and Application*，Marcel Dekker，New York (1985).

32. Heinz G. Pfaender，*Schott Guide to Glass*，Van Nostrand Reinhold，New York (1983).

33. *Handbook of Infrared Materials*，Paul Klocek (Ed.)，Marcel Dekker，New York (1991).

34. John A. Gibson，Deep Ultraviolet (UV) Lens for Use in a Photolighography System，U. S. Patent 5,031,977 (1991).

35. David R. Shafer，Yug-Ho Chang，and Bin-Ming B. Tsai，Broad Spectrum Ultraviolet Inspection Systems Employing Catadioptric Imaging，U. S. Patent 6,956,694 (2001).

36. Romeo I. Mercado，Apochromatic Unit-Magnification Projection Optical System，U. S. Patent 7,148,953 (2006).

37. H. C. Raine，Plastic glasses，in *Proc. London Conf. Optical Instruments* 1950，W. D. Wright (Ed.)，p. 243. Chapman and Hall，London (1951).

38. Donald Keys，Optical plastics，Section 3 in *Handbook of Laser Science and Technology*，*Supplement 2：Optical Materials*，Marvin J. Weber (Ed.)，CRC Press，Boca Raton (1995).

39. Michael P. Schaub，*The Design of Plastic Optical Systems*，SPIE Press，Bellingham (2009).

40. Nina G. Sultanova，Measuring the refractometric characteristics of optical plastics，*Optical and Quantum Electronics*，35：21-34 (2003).

41. R. Barry Johnson 和 Michael J. Curley 已经演示了使用 NOA68 光学胶将丙烯酸与聚砜的平板黏合。该键能承受 $-15 \sim 60$ ℃的温度范围。光谱透射率没有明显降低。(2008 年)

42. 塑料，如聚碳酸酯、丙烯酸、苯乙烯、Ultem 和 Zeonex，可以镀单层膜层或多层膜层。参阅 Evaporated Coatings 公司资料。(2008 年)

43. A. L. Cauchy，*Me'moire sur la Dispersion de la Lumie're*，J. G. Calve，Prague (1836).

44. A. E. Conrady，*Applied Optics and Optical Design*，Part Ⅱ，p. 659，Dover，New York (1960).

45. P. Drude，*The Theory of Optics*，p. 391，Longmans Green，New York and London (1922).

46. M. Herzberger，Colour correction in optical systems and a new dispersion formula，*Opt. Acta (London)*，6：197 (1959).

47. M. Herzberger，*Modern Geometrical Optics*，p. 121，Wiley (Interscience)，New York (1958).

48. W. Sellmeier，*Annalen der Physik und Chemie*，143：271 (1871).

49. N. J. Kreidl and J. L. Rood，Optical materials，in *Applied Optics and Optical Engineering*，R. Kingslake (Ed.)，Vol. Ⅰ，p. 161，Academic Press，New York (1965).

50. F. A. Molby，Index of refraction and coefficients of expansion of optical glasses at low temperatures，*JOSA*，39：600 (1949).

第 2 章
子午光线追迹

2.1　引言

这里假定每一位打算研究透镜设计的人都已经熟悉几何光学和物理光学的基本知识。不过有几个要点还需强调,以免部分读者混淆不清或产生误解。

2.1.1　物和像

所有透镜的设计方法都是以几何光学原理为基础的。几何光学假设光沿光线行进,在均匀介质中光线是直线,光线在透镜或反射镜上受到折射或反射而成像。由于折射面和反射面的本性,以及折射介质的色散性,点的像很少是完善的点,一般都有像差缺陷。由于光的波动性,实际上点的最完善像总是一个所谓艾里斑,即一个直径达几个波长数量级,而且被一系列逐渐减弱的亮光环环绕的小光斑。

要记住,物和像都可以是"实的"或"虚的"。呈现给系统第一面的物固然总是实物,但其后各面可能接收的是会聚光或发散光,这分别表明该面得到的是虚物或实物。切勿忘记,在这两种情况下,供计算用的折射率都应当是所考察的面的入射光线所在空间的折射率。这个空间称为该面的物空间。

同样,从面上出射的光线所在空间称为像空间,实像或虚像都被认为是在这个空间中。由于存在虚物和虚像,所以必须把物空间和像空间看成是在两个方向直至无穷远处相重合的。一个被普遍接受的公约是光源从左向右传播。

2.1.2　折射定律

数千年来,人们试图用数学方法来揭示光的折射规律,但都没有取得成功。直到 1621 年,斯涅耳洞察到并成功地描述了其所需的基本方程,使得光学系统有了一个坚实的基础。1637 年笛卡儿赞同并发表了斯涅耳的发现。在过去的四个世纪里,已经开发出了很多种方法来对通过特定形状和自由曲面的光线进行追迹。著名的斯涅耳定律(Snell's law)一般表示为

$$n'\sin I' = n\sin I$$

其中,I、I' 分别是入射光线和折射光线与入射点上的法线的夹角,n、n' 分别是入射光线、折射光线所在介质的折射率。

尽管斯涅耳定律是一个优雅而简单的方程,它在实际应用中却需要巧妙地运用几何来构造。对于折射定律的第二部分是入射光线、折射光线和正入射点都处于同一个入射面内。这一部分在倾斜光线的追迹中是十分重要的(见第 8 章)。在人类的计算历史上使用过三角和对数表、牛顿平方根法和智能计算器,但采用这些计算方法在追迹一个通过单一折射面的倾斜光线甚至是子午光线所花的时间是很长的。

一个以矢量形式描述的广义斯涅耳定律是用于在三维空间进行光线追迹的。若 r 和 r' 是沿入射和折射光线方向的单位向量,n 是沿界面的法线向量,则斯涅耳定律的矢量形式为:$n'(r' \wedge n) = n(r \wedge n)$。原来一个好的计算器可以计算出具有六位精度的子午光线路径,光线经过的每个表面耗时 40～60 s[1]。在过去的数十年间,光线追迹几乎完全用数字计算机来完成,其计算速度比曾经的计算器快数十亿倍。

折射率是光在空气中的速度和在介质中的速度的比值。所有透明介质的折射率都随波长而变,蓝光折射率比红光折射率大。真空相对于空气的折射率大约是 0.9997。若透镜是在真空中使用的,则必须考虑这一点。此外,空气和透明介质的折射率是它们温度和所施加压力的函数。例如,由锗制备的红外透镜在室温下和液氮冷却时的折射率差别很大。

关于反射,只要写 $n' = -n$,因为在镜面上 I' 和 I 大小相等、符号相反。因此,如果由法线到入射光线是顺时针方向旋转,则由法线到反射光线将是角度相等的逆时针方向旋转。

2.1.3　子午平面

本书只考虑共轴系统,也就是说透镜的各球面曲率中心以及非球面的对称轴同处于一条光轴上。这样的系统也称为旋转对称系统。光轴上的物点称为轴上物点,光轴外的物点称为轴外物点。包含轴外物点和透镜光轴的平面称为子午平面,此面称为整个系统的对称面(见第 4 章)[2]。

2.1.4　各种光线

几何光学是基于光线的概念,它被假定为在任何均匀介质中的直线,在两个不同的折射率的分离介质表面产生弯曲。我们经常需要通过光学系统跟踪光线路径,这通常会包含一系列沿轴线分离的折射面或反射面。一个粗略的图形程序可用于快速光线追迹,但是使用一组连续执行的三角公式能获得更精确的解。

光线一般分为子午光线、近轴光线和倾斜光线三类。对于旋转对称系统,子午光线位于由镜头轴线和一个轴侧对象点所组成的平面内,这个平面称为子午面。如果对象点位于轴上,所有光线都是沿径向传输的。

一个具有限制性的重要光线是所谓的近轴光线,由于这种光线处处都如此靠近光轴,以至于其像差可以忽略。近轴光线的追迹公式中不含三角函数,因此适合进行代数运算处理。近轴光线只是一种数学上的抽象,因为当实际透镜的光阑缩小到只允许近轴光线通过时,它的焦深会变得很大以致不存在清晰的像,尽管理论上的像位置可以作为一种数学极限计算出来。但在第 3 章中,近轴光线实际上可以用有限的高度和角度去考虑。

倾斜光线不在子午面上,但是它们会通过子午面的前面或后面,并在点列图上穿过子午面。一条倾斜光线由于和光轴不相交,相对子午光线的追迹更为困难,这里不涉及此类光线的追迹。

如果物点位于透镜轴上,我们只追迹轴上光线;而对轴外物点则有两类光线要追迹,即在子午平面上的子午光线(见于通常的光学系统图)和空间光线。后者在子午平面的前方或后方,而且处处不和光轴相交。空间光线在物点处穿过子午平面,而在像空间又经过另一点穿过子午平面,这一点称为光线的对应点。图 2.1 中画出了两条有代表性的空间光线。

轴上光线和子午光线可以用比较简单的三角公式进行追迹。如果精度要求不高,还可以用作图法追迹。倾斜光线的追迹则要困难得多,它的计算方法

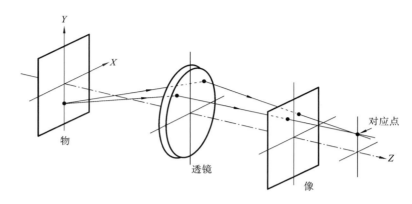

图 2.1　一对典型的倾斜光线

将在第 8 章中讨论。

对于子午面上的斜光线来说,考察这样两条无限靠近这条光线的光线是有用的,其一是在子午平面上这条光线稍微上方或下方的光线,其二是在前方或后方靠近这条光线的弧矢(斜)光线。这两条光线在计算像散时有用(见第11 章)。

2.1.5　符号和正负号规则

这是一个十分麻烦的问题,因为每位透镜设计者都有自己惯用的符号系统。尽管第二次世界大战后曾经有几个委员会作过努力,试图建立一套标准的符号系统,但至今未能成功。事实上,作者在编写本书时,仍然没有统一的符号标准。本书严格地沿用康拉迪的符号,只是像差正负号有所不同。

在康拉迪时代,人们习惯于将所有描写正透境性质的量当作正的,而今天则普遍将欠校正像差当作负的,将过校正像差当作正的。这种改变在一般情况下会导致全部康拉迪像差表达式的正负号反转,对此,习惯于早期应用光学著作的表达方式的读者要留意。在本书第一版中,左手直角坐标系被广泛使用,而在第二版中使用的则是标准的右手直角坐标系。读者在试图比较这两版书时要注意这种变化。

对于子午光线而言,坐标原点置于折射面或反射面的顶点。由这个原点算起,沿光轴(Z 轴)往右方的距离为正,往左方的距离为负(见图 2.2)。子午平面上的横向距离 Y 若在光轴的上方为正,则在下方为负。对于空间光线,垂直于子午平面的第三维度上的距离 X 一般以在子午平面后方为正,因为这样从像空间回头看透镜时,X 维度和 Y 维度处于正常方向。在共轴系统中,整个

X 维度总是对称于子午平面的,所以任何有$+X$维度的现象总是和另一个有大小相等的$-X$维度的相同的现象对应,好像整个 X 空间置于子午平面上的平面镜成像一样。

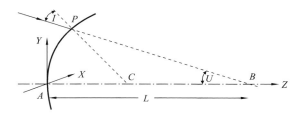

图 2.2　入射于球面的一条典型子午光线

　　关于角度,如果由光轴到子午光线是顺时针方向旋转,则认为这条子午光线的倾斜角 U 是正的;如果由法线到光线是逆时针方向旋转的,则认为入射角 I 是正的。这两种角度规则显然不一致,现在有一种令 U 的符号反过来的强烈趋势。但遗憾的是这样的改变会导致引入相当多的负号,而更大的缺点是不能作出一个参数全正的图来供推导计算公式时使用。在康拉迪系统中,近轴光线高 y 等于 lu,而在上述假定的新系统中,将变成$-lu$。出现这些负号是很不方便的,所以本书沿用康拉迪的角度规则,角度与右手直角坐标系是一致的。也就是说,光线的斜率为正时,其角度也被认为是正的。

　　最后还应该说明的是,在面左方的空间(通常是物空间)中的光线的全部数值,用不加撇号表示,而在面右方的空间中的光线的全部数值用加撇号表示。在反射系统中,物空间和像空间重合,入射光线的数值不加撇,反射光线的数值加撇,尽管实际上二者同处于反射镜一侧。反射系统将在第 15 章详细讨论。

2.2　图解光线追迹

　　在很多场合下(如设计聚光镜),用图解法追迹光线是完全可行的。这种方法的基础是斯涅耳作图法,曾经由多威尔[3](Dowell)和阿尔巴达[4](Albada)阐述过,如图 2.3 所示。首先以大尺度画出透镜系统,然后在同一张图纸上适当的地方,以 O 为中心作出一系列同心圆,各圆半径分别正比于系统所用的各种材料的折射率[5]。按照如下的尺度作图是合适的:对于空气,取 10 cm 半径;对于折射率为 1.6 的玻璃,取 16 cm 半径。

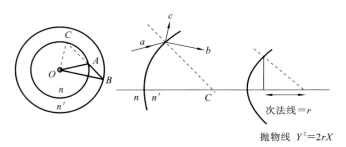

图 2.3　图解光线追迹

　　在透镜系统图上画出入射光线,然后通过 O 点作平行于这条入射光线的直线,与对应于入射光线所在介质的折射率的圆交于 A 点。下一步,过 A 点作平行于入射点上的法线的直线,与对应于另一种介质折射率的圆交于 B 点。OB 就是在介质 B 中的折射光线方向。

　　对系统每一面重复这种做法。反射镜可以这样处理,即令法线在另一端和同一个折射率圆相交(于点 C)。这样做是方便的:用墨水笔画折射率圆,用少量铅笔记号表示光线,这些记号和透镜系统图上的光线标以同样的符号。有人习惯于当下一点求出之后,就擦掉前一点,以免造成混乱。修改系统时如下的做法是方便的,即把一张描图纸覆盖在系统图上,然后在其上作出修改记号,这样就能同时看到原来的系统及其修改情况。

　　当法线方向已知时,就可以用图解法追迹光线在非球面上的通过路径。如果是抛物面就特别简单,因为它的次法线长度等于顶点半径(见图 2.3)。用图解法追迹光线既快又容易,而且随时可以用三角方法准确追迹光线,以核对

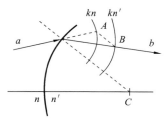

图 2.4　替换图形光线追迹法

图解追迹结果。这种方法还使设计者在追迹过程中随时了解各镜片的直径和边缘厚度。在第 11 章将讨论托马斯·杨(Thomas Young)提出的一种比较复杂的图解光线追迹法。在第 3 章提到的近轴光线也可以用图解法追迹。

　　图 2.4 所示的为可供选择的图形化光线追迹方法。该方法中,绘制两个圆,两圆的半径正比于折射率,圆环中心位于入射光线 a 与折射面的交点。每个圆的实际半径由所选定的任意常数 k 决定,根据该尺寸绘制圆。实际上,仅需绘制如图所示的圆弧。绘制步骤如下。

　　首先,从折射表面的曲率中心,至入射光线与折射面的交叉点绘制连线。

该线垂直于折射面。然后延长入射光线,直至与半径为 kn 的圆弧相交于 A 点。由 A 点出发,平行于垂线,该线与半径为 kn' 的圆弧交于 B 点。连接折射面交叉点与 B 点,绘制折射光线。通常情况下,此种光线追迹方法较简单,也更精确,某种程度上,则是由于简化了图示空间变换。

2.3 球面上的三角光线追迹

子午光线通过单球面镜,可采用成熟的方法进行精确追迹。光线由一个表面传输到下一个表面,整个过程不断重复,直至光线入射至最后的像面。

我们定义子午光线的倾角 U,若由光轴至光线为逆时针方向旋转,则 U 为正,顶点至光线的垂线距离为 Q。若光线在表面顶点以上,则距离 Q 为正。

球面的曲率半径为 r,若曲率中心位于折射面右侧,则为正,左、右介质折射率分别为 n 和 n'。沿两相邻折射面的轴向距离为 d,若光线从左至右传输,则为正。

进行光线追迹时,首先计算光线与垂线之间的入射角 I,若有垂线至光线为逆时针方向旋转,则入射角为正值。所有的入射光线需由简单的符号表示,折射光线则由相应的符号表示。如图 2.5(a)所示,半径为 $r=PC=AC$ 的球面,CN 平行于入射光线,从 A 至 Q 点的垂线距离满足下式:

$$Q=r\sin I-r\sin U$$

则

$$\sin I=Q/r+\sin U \tag{2-1}$$

或 $\sin I=Qc+\sin U$,当给定表面曲率 c,c 为半径 r 的倒数($c=1/r$)。根据折射定律,折射角 I' 为

$$\sin I'=\frac{n}{n'}\sin I$$

显然,图 2.5(a)中,入射光线与出射光线的夹角与中央夹角 $\angle PCA$ 相同,可得到第三个光线追迹方程,即

$$\angle PCA=I-U=I'-U'$$

式中,

$$U'=U+I'-I$$

根据式(2-1)得最终方程:

$$Q'=r(\sin I'-\sin U')$$

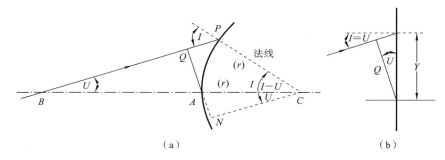

（a） （b）

图 2.5 子午光线的折射

（a）在球面；（b）在平面

给定入射光线的 U 与 Q，表面参数 r、n 与 n'，即可确定折射光线的 U' 与 Q'。

根据以上公式，即可获得表面曲率半径的有限值。显然，此方法不适用于平面，因在上式中，$I'=U'$，r 为无穷大，曲率半径为 ∞ 或 0。因此，对于平面，需采用另外的公式。

由图 2.5(b)可知，$Y=Q/\cos U=Q'/\cos U'$，故

$$\sin U'=\frac{n}{n'}\sin U \quad 及 \quad Q'=\frac{\cos U'}{\cos U}Q$$

编写程序进行光线追迹，首先必须判断 $c\,(c=1/r)$ 的值。若 c 为零，则采用平面公式；若 c 为无穷，则采用无限半径公式。

在以上两种面型下，相邻表面变换方法相同。由图 2.6 得变换公式，即

$$Q_2=Q_1'+d\sin U_1'$$

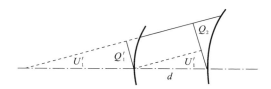

图 2.6 传播至下一个界面：$Q_2=Q_1'+d\sin U_1'$

 实例

为使用追迹方程，我们将通过图 2.7 所示的镜头跟踪与轴线平行且高度为 3.172 的光线。该透镜为典型 $f/1.6$ 投影物镜，在家庭放映机中常用于投影 16 mm 及 8 mm 的电影胶片。表 2.1 列出了透镜的各项参数、Q 和 Q' 的值

表 2.1 光线追迹实例

r	8.572	-7.258	∞	5.735	-3.807	-16.878
c	0.1166589	-0.1377790	0	0.1743679	-0.2626740	-0.0592487
d	2.4	0.4	7.738	1.8	0.4	
n	1.0	1.52240	1.61611	1.0	1.51625	1.61611	1.0
边缘光线 $f/1.6$						
Q	3.172	2.905252	2.902741	1.665901	1.299741	1.254617
Q'	3.224772	2.941579	2.880377	1.663256	1.319817	1.200372
I	21.71821	-32.23657	7.67363	-32.91271	-13.72930	
I'	14.06750	-30.15782	5.05236	-30.64266	-22.55920	
U	0.0	-7.65070	-5.57196	-9.02988	-11.65115	-9.38110	-18.21100
Y	3.172	3.020	2.917	1.648	1.381	1.280
Z	0.608	-0.658	0	0.212	-0.259	-0.049
平行光线						
y	1.0	0.903927	0.891744	0.510797	0.397768	0.376798
u	0.0	-0.040031	-0.030456	-0.049231	-0.062794	-0.052426	-0.098505

边缘 $L'=3.840978$. 平行 $l'=3.825163$. 焦距 $=10.151767$。

以及角度。入射光线的垂高 Y 与凹陷 Z 的值也在表中给出。垂高 Y 与凹陷 Z 的值由下式决定：

$$Y = r\sin(I-U)$$
$$Z = r[1-\cos(I-U)]$$

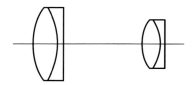

图 2.7 $f/1.6$ 投影物镜实例

根据资料,可通过小型电子计算器获得结果,正弦与反正弦可计算 8～10 位有效数字,也可采用电子表格或软件编程模拟光线追迹。需注意部分计算数值,因此,采用的角度需达 1/5 度,或弧度为 1/28。显然,该精度必须高于光学元件的加工精度,因为通常还需计算像差,类似于两个非常接近的大数也存在差异,该精度非常重要。目前,光线追迹不太寻常,因为计算机软件能够计算光线通过光学系统的传输。然而,需意识到,当其他光线追迹方法失效时,仍有必要了解光线通过光学系统的过程。

需考虑两种特殊的情况:

(1) 若 $\sin I > 1.0$,表明半径较短,光线发散;

(2) 若 $\sin I' \gg 1.0$,表明发生全反射。

将以上计算步骤编成程序时,可以调用正弦和反正弦子程序,但用开平方根的算法会更快捷些。这里利用了如下的三角公式:

$$\sin(a+b) = \sin a \cos b + \cos a \sin b$$
$$\cos(a+b) = \cos a \cos b - \sin a \sin b$$

给定 Q、$\sin U$ 和 $\cos U$ 后,编写程序需用到如下公式:

$$\sin I = Qc + \sin U$$
$$\left.\begin{array}{l} \cos I = (1-\sin^2 I)^{1/2} \\ \sin(I-U) = -\sin U \cos I + \cos U \sin I \\ \cos(I-U) = \cos U \cos I + \sin U \sin I \end{array}\right\}(A)$$

$$\sin(-I') = -(n/n')\sin I$$

$$\left.\begin{array}{l}\cos I' = \left[1 - \sin^2(-I')\right]^{1/2} \\ \sin U' = -\sin(I-U)\cos(I') + \cos(I-U)\sin(I') \\ \cos U' = \cos(I-U)\cos(-I') - \sin(I-U)\sin(-I')\end{array}\right\}(B)$$

$$G = Q/(\cos U + \cos I)$$

$$Q' = G(\cos U' + \cos I')$$

换面：

$$Q_2 = Q'_1 - d\sin U'_1$$

注意：(A)的三个公式和(B)的三个公式是相同的，只是代入的数值不同，因而只需编一段"余弦交叉积子程序"来处理这三个公式，每次调用时，只要输入适当的数据即可。但要记住负角的余弦是正的。使用这个程序时，要令 $\sin U'$ 和 $\cos U'$ 的值赋给下一面的 $\sin U$ 和 $\cos U$。

2.4　一些有用的关系式

2.4.1　测球公式

常常要知道在曲率半径为 r 的球面上的光线高度 Y 和矢高 Z 的关系。由图 2.8 易知 $r^2 = Y^2 + (r-Z)^2$，因而有

$$Z = \frac{Z^2 + Y^2}{2r} = r - \sqrt{r^2 - Y^2}$$

它可以利用二项式定理展开成下式：

$$Z = \frac{Y}{2}\left(\frac{Y}{r}\right) + \frac{Y}{8}\left(\frac{Y}{r}\right)^3 + \frac{Y}{16}\left(\frac{Y}{r}\right)^5 + \cdots \quad (2\text{-}2)$$

r 可能为无穷大，所以最好用面曲率 c 而不用半径 r 来表示 Z。令 $c=1/r$，得

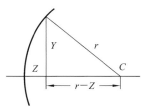

图 2.8　测球公式

$$Z = \frac{cY^2}{1 + \sqrt{1 - c^2 Y^2}} \quad (2\text{-}3)$$

这个公式永远不会变成不确定公式。对于平面情况，$c=0$，因此 $Z=0$。注意式(2-2)的第一项是抛物线，即 $Z = \frac{Y^2}{2r}$。换句话说，当 $Y/r \ll 1$ 时，一个球面和一个抛物线具有基本相同的几何形状。表面凹陷的抛物线近似具有实际的应用价值并能作为"完整性检测"。图 2.9 显示了球面和抛物线表面的凹陷误差比

率作为函数 Y/r。在给定 Y 值的条件下,抛物线的凹陷通常小于球面的。注意:当 $Y/r=0.2$ 时,凹陷误差约为 1%。

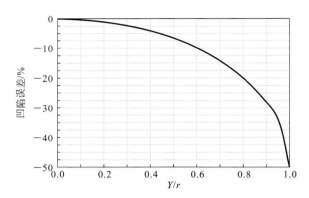

图 2.9　球面和抛物表面的凹陷误差

2.4.2　一些有用的公式

球面上的光线追迹所涉及的各量之间有许多有用的关系式,这些关系式的推导并不困难。其中一部分列在下面:

$$G=r\tan\frac{1}{2}(I-U)=PA^2/2Y$$

$$(弦)PA=2r\sin\frac{1}{2}(I-U)=2G\cos\frac{1}{2}(I-U)$$

$$Y=PA\cos\frac{1}{2}(I-U)=PA^2(\cos U+\cos I)/2Q$$

$$Z=PA\sin\frac{1}{2}(I-U)=PA^2(\sin I-\sin U)/2Q$$

$$Z=Y\tan\frac{1}{2}(I-U)=Y(\sin I-\sin U)/(\cos U+\cos I)$$

如下关系式也与光线在面上的折射有关:

$$n\sin U-n'\sin U'=Y\left(\frac{n'\cos U'-n\cos U}{r-Z}\right)=Y\left(\frac{n'\cos I'-n\cos I}{r}\right)$$

$$nL\sin U-n'L'\sin U'=r(n\sin U-n'\sin U')=n'Q'-nQ$$

$$n'\cos U'-n\cos U=\cos(U+I)(n'\cos I'-n\cos I)$$

$$\tan\frac{1}{2}(I+I')=\tan\frac{1}{2}(I-I')(n'+n)/(n'-n)$$

2.4.3　两球面相交高度

如果打算以两镜片边缘接触作为安装手段,就要适当选定轴上间隔,以使两相邻面相交处的直径在透镜通光孔径和外径之间，如图 2.10 所示。再者，如果想把大镜片的厚度减小到最低限度，就应算出这个镜片的厚度，使它的两个面按要求的直径相交（这个直径还应该加大一点，以保证有足够的边厚）。

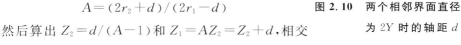

给定 r_1、r_2 和轴上厚度 d（见图 2.10），有

$$Z_1 = Z_2 + d$$

首先算出

$$A = (2r_2 + d)/(2r_1 - d)$$

图 2.10　两个相邻界面直径
为 $2Y$ 时的轴距 d

然后算出 $Z_2 = d/(A-1)$ 和 $Z_1 = AZ_2 = Z_2 + d$，相交高度 Y 为

$$Y = (2r_1 Z_1 - Z_1^2)^{1/2} = (2r_2 Z_2 - Z_2^2)^{1/2}$$

 实例

若 $r_1 = 50$，$r_2 = 250$，$d = 3$，即可算出 $A = 503/97 = 5.18556$。于是 $Z_2 = 0.71675$，$Z_1 = 3.71675$，得到 $Y = 18.917$。

2.4.4　镜片的体积

镜片体积和重量的计算分成三部分处理，即分别算出外侧的两个球冠和中间的圆柱。球冠体积可以用标准公式计算：

$$体积 = \frac{1}{3}\pi Z^2(3r - Z)$$

消去 r 之后得

$$体积 = \frac{1}{2}\pi Y^2 Z + \frac{1}{6}\pi Z^3 \tag{2-4}$$

在许多情况下可以只按式（2-4）的第一项计算。这一项表示球冠的"平均"厚度，约等于 $\frac{1}{2}Z$。因而镜片体积大约等于高度为 $\frac{1}{2}Z_1 + d - \frac{1}{2}Z_2$ 的圆柱体的体积。记住每个 Z 要和相应的 r 同号。

实例

如图 2.11 所示的镜片,$r_1 = 20$,$r_2 = 10$,直径$= 16$,边厚$= 6$,两面的矢高分别为 $Z_1 = 1.6697$,$Z_2 = 4.00$。要相加的三个体积如表 2.2 所示,即使镜片如此弯曲,近似计算的误差也只不过是 3%。

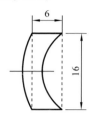

图 2.11　镜片的体积

表 2.2　镜片体积的计算

	用式(2-4)计算的准确值	近似值
凸球冠	54.2π	53.4π
圆柱体	384.0π	384.0π
凹球冠	-138.7π	-128.0π
体积	299.5π	309.4π

2.4.5　令 U' 取既定值的末面半径的求解

有时候需要为镜头寻求一个适当的末面半径,使得出射光线的倾斜角 U' 取既定值。在末面上入射光的 Q、U 值以及折射率 n、n' 是已知的。

因为
$$I' = I + (U' - U)$$
$$\sin I' = \sin I \cos(U' - U) + \cos I \sin(U' - U)$$

全式除以 $\sin I$ 得到:
$$\sin I' / \sin I = n/n' = \cos(U' - U) + \cot I \sin(U' - U)$$

因此,

$$\tan I = \frac{\sin(U' - U)}{(n/n') - \cos(U' - U)} \qquad (2\text{-}5a)$$

于是,通过 I 就可以按照式(2-5b)求出 r:

$$r = Q/(\sin I - \sin U) \qquad (2\text{-}5b)$$

2.5 双胶合物镜

在本书的大部分内容中,我们将使用如图 2.12 所示的双胶合物镜作为讨论如球差、色差、彗差等参数的基础部件。该透镜的参数如下:

$r_1 = 7.3895 \quad c_1 = 0.135327$ $\quad d_1 = 1.05 \quad n_1 = 1.517$

$r_2 = -5.1784 \quad c_2 = -0.19311$ $\quad d_2 = 0.40 \quad n_2 = 1.649$

$r_3 = -16.2225 \quad c_3 = -0.06164$

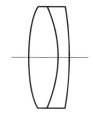

该透镜焦距为 12,且通常使用的边缘光线距光轴 2.0 高度且平行于光轴。其 f 参数为 $f/3$(在这种简单情况下,即焦距除以光圈直径 4.0)。

图 2.12 双胶合物镜

2.6 倾斜面上的光线追迹

迄今为止只考虑过各面曲率中心都在一条轴线上的透镜系统。然而有时要求考虑一个面或一个镜片的微小倾斜的影响,据此计算"倾斜公差"供车间使用。通过这样的倾斜面的子午光线要用特殊的公式来追迹。

2.6.1 光线追迹公式

设倾斜面的曲率中心在透镜轴一侧,与轴的距离为 δ。于是这个面的倾斜角 α 由 $\sin\alpha = -\delta/r$ 给出,顺时针方向倾斜时令 α 取正值。顶点保持在原来的光轴上而不发生空间位移。如果在光轴上方,则距离 δ 为正;如果在光轴下方,则距离 δ 为负。

在图 2.13(a)中,P 是光线在倾斜面上的入射点,C 是这个面的曲率中心,在下方距离光轴 δ,显然 $\angle PCA$ 等于 $I - \alpha - U$。过 C 作平行于光线的直线,交垂直线 AL 于 H。因此 Q 等于 $LH + HA$。$\angle PCH$ 等于 I,所以 LH 等于 $r\sin I$。长度 $HA = r\sin\angle HCA$,其中 $\angle HCA = \angle PCA - I = -(U+\alpha)$,于是,

$$Q = r\sin I + r\sin(-U-\alpha)$$

或
$$\sin I = Qc - \sin(-U-\alpha)$$

为了完成全部推导,再看图 2.13(b)。在图中,$\angle PCA$ 的平分线交垂直线 PN 于 O。由于 $\triangle POC$ 和 $\triangle AOC$ 全等,所以 $PO = AO = G$,$\angle APO = \angle OJA = \angle PAO = \theta$。

但是 $\theta = \angle ACJ + \angle JAC = \dfrac{1}{2}(I-\alpha-U) + \alpha = \dfrac{1}{2}(I+\alpha-U)$。因此

$\angle AON = 2\angle APO = (I + \alpha - U)$，于是，

$$Y = PN = G[1 + \cos(I + \alpha - U)]$$

$$Z = AN = G\sin(I + \alpha - U)$$

为了使线段 Q 和线段 G 联系起来，由 A 向光线作一条有用的垂直线交光线于 L，并通过 O 作一条平行于光线的直线，交 Q 线段与点 K。于是，

$$Q = LK + KA = G\cos U + G\cos\angle KAO$$

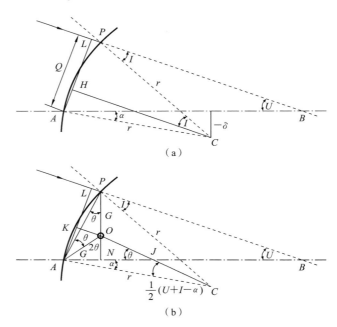

图 2.13 光线入射于倾斜面上的情况

然而，

$$\angle KAO = \angle KAN - \angle NAO = (90° + U) - (90° - 2\theta) = 2\theta + U = I + \alpha$$

因此，

$$Q = G[\cos U + \cos(I + \alpha)]$$

或

$$G = Q/[\cos U + \cos(I + \alpha)]$$

因此，光线追迹公式变为

$$\sin I = Qc - \sin(-\alpha - U)$$

$$\sin I' = (n/n')\sin I$$

$$U' = U + I' - I$$

对于短半径只需用

$$Q' = [\sin I' + \sin(-\alpha - U')]/c$$

通用的公式为

$$G = Q/[\cos U + \cos(I + \alpha)]$$

$$Q' = G[\cos U' + \cos(I' + \alpha)]$$

正常情况下,追迹都是从一个面到下一个面。在使用这些公式时,建议将一些非常规的角度值单独列出来,这些角度值有 $-\alpha - U$、$I + \alpha$、$I' + \alpha$ 及 $I + \alpha - U$,用以计算 Y 和 Z。需要指出的是,沿轴传播的光线遇到倾斜面发生折射时,即便不考虑折射面光焦度,该光线也会发生倾斜。所以此时近轴光线无意义。关于倾斜面导致的像散的计算将在第 11 章中讨论。

如图 2.14 所示,一个透镜元件向下方偏移了 Δ 距离且自身未倾斜,相当于具有了两个倾斜表面。第一个表面的倾斜角度为 $\alpha_1 = \arcsin(\Delta/r_1)$,且第二个表面的倾斜角度为 $\alpha_2 = \arcsin(\Delta/r_2)$,若透镜向光轴下方偏移,则 Δ 为负值,如图 2.14 所示。注意,计算轴向间距 d 时一定要沿着原来的系统主光轴,而非沿着透镜元件偏移后的光轴计算。实际上,由于偶然因素造成的透镜微小偏移并不影响计算,但如果某些原因需故意将透镜偏移放置,则要认真考虑以上计算。

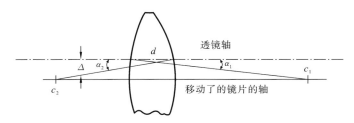

图 2.14　偏移透镜

2.6.2　倾斜表面光线追迹实例

考虑一个双胶合透镜,如 2.5 节中所述,具有以下具体参数,焦距为 12,且边缘光线高度为 2.0。

$$r_1 = 7.3895 \qquad d_1 = 1.05 \quad n_1 = 1.517$$

$$r_2 = -5.1784 \qquad d_2 = 0.40 \quad n_2 = 1.649$$

$$r_3 = -16.2225$$

如图 2.15 所示,假设最后表面以角度 $\alpha = 3°$ 发生了顺时针倾斜。我们需要追迹近轴光线、上边缘光线和下边缘光线,这三条光线在倾斜表面上的追迹方式有所不同。

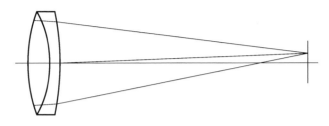

图 2.15　最后表面倾斜的双胶合透镜

为了了解最后一个表面倾斜 3°之后会产生什么效果,我们计算了近轴焦面上不同光线的投射高度:

上边缘光线　　　　　　0.429515

轴上光线　　　　　　　0.334850

下边缘光线　　　　　　0.461098

在图 2.16 中,我们将这种情况放大显示,并与表面未发生倾斜的情形做了对比。很显然成像位置整体被提高了,并且倾斜导致了较大的彗差产生。在一个设计好的光学系统中,即便是较小的倾斜和偏移都会导致成像质量的下降。因而在设计过程中,透镜设计者要特别注意倾斜和偏移的敏感度。目前大部分现代镜头设计程序都会提供某些途径帮助设计者进行敏感度分析。

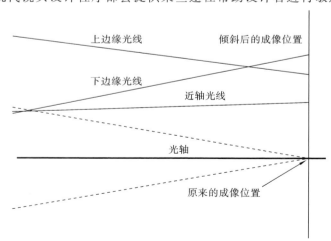

图 2.16　透镜面倾斜的结果

2.7 非球面上的光线追迹

非球面有多种表示方法,其中最简单的是把相对于某一平面的矢高用如下方式表示:

$$Z = a_2 Y^2 + a_4 Y^4 + a_6 Y^6 + \cdots$$

由于轴对称,只出现 Y 的偶次项。第一项表示一个抛物面。类似的,用式(2-2)的幂级数表示球面,如果球面比较深,即产生了明显的凹陷,就要多取几项。

用下面的公式将非球面表示成对球面的偏离往往更好:

$$Z = \frac{cY^2}{1 + (1 - c^2 Y^2)^{1/2}} + a_4 Y^4 + a_6 Y^6 + \cdots \tag{2-6}$$

式中,c 是密切球面的曲率,a_4、a_6 是非球面系数。

如果已知曲面是由圆锥截线产生的,则可以表示为

$$Z = \frac{cY^2}{1 + [1 - c^2 Y^2 (1 - e^2)]^{1/2}} \tag{2-7}$$

式中,c 是圆锥截线顶点上的曲率,e 是偏心率。表达式中的 $1 - e^2$ 可称为"圆锥常数",由于其决定着曲面的形状[6],通常用符号 ρ 来表示。但在传统光学里,"圆锥常数"则通常表示为 $\kappa = -e^2$,这两个不同的"圆锥常数"的数值列于表 2.3 中。

表 2.3　偏心率、圆锥常数和曲面类型的关系

曲面	偏心率	圆锥常数 ρ	圆锥常数 κ
双曲面	>1	<0	<-1
抛物面	1	0	-1
长球面(椭球小端)	$0 < e^2 < 1$	<1	$-1 < \kappa < 1$
球面	0	1	0
长球面(椭球侧面)	<0	>1	>0

在非球面上做光线追迹时,首先要确定入射点坐标 Y 和 Z。非球面由 Y 和 Z 之间的关系确定,入射光线则由 U 和 Q 值确定。由图 2.17 可知:

$$Q = Y\cos U - [Z]\sin U$$

上式中的 $[Z]$ 用非球面的表示式代替,从而能得到一个与该非球面具有相同

级次的含 Y 方程式。

解这个方程式时,可先假设一个适当的 Y 值,如令 $Y=Q$,然后可算出余量 R:

$$R=Y\cos U-[Z]\sin U-Q$$

显然 Y 的准确值是令 $R=0$ 的值。根据牛顿法,有

$$(较好的\ Y)=(初始的\ Y)-(R/R')$$

其中,R' 是 R 对 Y 的导数,即

$$R'=\cos U-\sin U(\mathrm{d}Z/\mathrm{d}Y)$$

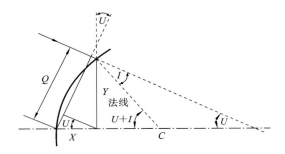

图 2.17　通过非球面的光线追迹

用这个公式做很少的几次迭代后就可以求出令 R 值小于任意规定的界限值(如 0.00000001)的 Y。在确定 Y 后,就可以从非球面方程式中直接求出 Z。光线追迹可以按照下面的步骤进行:

法线的斜率是 $\mathrm{d}Z/\mathrm{d}Y$,因此,

$$\tan(I-U)=\mathrm{d}Z/\mathrm{d}Y$$

$$\sin I'=(n/n')\sin I$$

$$U'=U+I'-I$$

$$Q'=Y\cos U'-Z\sin U'$$

往下一面的转换计算用常规的方法去处理。

 实例

假设一个非球面由下面的公式给定:

$$[Z]=0.1Y^2+0.01Y^4-0.001Y^6$$

则

$$dZ/dY = 0.2Y + 0.04Y^3 - 0.006Y^5$$

设 $n=1.0, n'=1.523$。如果入射光线的 $U=-10°, Q=3.0$，则用牛顿法相继迭代的结果如表 2.4 所示。

因此，

$$\tan(I-U) = dZ/dY = 0.343244, \quad I-U = 18.94448°$$

由于 $U=-10°$，因此，

$$I = 8.94448°, \quad I' = 5.85932°, \quad U' = -13.08516°$$

$$Q' = Y\cos U' - Z\sin U' = 3.018913°$$

表 2.4　偏心率、圆锥常数和曲面类型的关系

	Y	Z	dY/dZ	R	R'	R/R'
1	3.0	0.981	0.222	0.124772	1.023358	0.121924
2	2.878076	0.946119	0.344369	-0.001357	1.044607	-0.001299
3	2.879375	0.946566	0.343244	0		

注释

1. MIL-HDBK-141, Optical Design, Section 5.6.5.8, Defense Supply Agency, Washington, DC (1962).

2. 在本书的第一版中，使用"meridional plane"来代表"子午面"，而第二版中用的则是"meridian plane"。这些在第 4 章中将进一步讨论。由于光学系统的旋转对称性，子午面的选择是任意的。一旦一个轴外目标点被确定后，子午面就能定义了。

3. J. H. Dowell, Graphical methods applied to the design of optical systems, Proc. Opt. Convention, p. 965 (1926).

4. L. E. W. van Albada, Graphical Design of Optical Systems, Pitman, London (1955).

5. 虽然可以使用传统的绘图方式描述光线轨迹，但是也可以使用以计算机为基础的 CAD 程序，用图形方式对光线进行追迹。使用这样的 CAD 程序能提供比传统方法更高的速度和精度。

6. Warren J. Smith, Modern Optical Engineering, Fourth Edition, p. 514, McGraw-Hill, New York (2008).

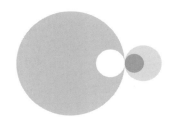

第3章
近轴光线和初始解

假定从一个既定物点出发,追迹一系列通过透镜的子午光线,其入射高由边缘光线高 Y_m 开始取值,逐步减小,直到光线十分靠近透镜轴为止。然后作曲线(见图3.1),表示入射高 Y 和像距 L' 的关系。该曲线有两个分支,分别在光轴下方和上方,二者形状相同但反转。在边缘处,各点的位置是准确的,光线很靠近透镜轴时准确性变差,而在光轴上,就完全不准确了。因此,用一般的光线追迹方法,能作出靠近光轴部分以外区域的曲线,而无法找出曲线和光轴相交的准确位置。这是由所用的数学表示式和计算方法精度有限决定的。

图 3.1 Y 和 L' 的关系图

不过上述曲线和光轴相交的准确位置可以作为一个极限求出来。处处和光轴十分靠近的光线称为"近轴"光线,于是可以把近轴像距 l' 看成是当孔径 Y 逐渐减小时 L' 的变化极限,即

$$l' = \lim_{y \to 0} L'$$

3.1 近轴光线追迹

由于任何近轴光线的高度和角度都是无穷小量,所以可以用这样一组新

的光线追迹公式来求得它们的相对大小,这组光线追迹公式是将正弦值写成以弧度为单位的角度值,将余弦值写成 1.0 而得到的。无穷小量有有限的相对大小,所以可以用任一个有限数来表示近轴量,但要记住假定每一个数都乘以一个很小的因子,如 10^{-50},这样写成 2.156878 的近轴角并不表示 2.156878 弧度,而是 2.156878×10^{-50} 弧度。不必处处写出 10^{-50},但当近轴量有其特定意义时就必须想到它的存在。当然,纵向近轴数据如 l 和 l' 不是无穷小量。

应当理解在近轴光线高度和角度为无穷小的情况下,使用近轴光线追迹成像是无像散的(忽略像差)。因此,当我们纠正为通过一个物理上可实现的透镜来成像时,将在同一位置沿光轴的近轴成像。

3.1.1　标准近轴光线追迹公式

理解前面所讲的内容之后,通过修改 2.3 节中的方程,可以导出一组用于跟踪近轴的方程。将正弦写成角度,余弦写成 1.0,并且记住在近轴区 Q 和 Q' 都退化为近轴光线高 y,就可以得到

$$\begin{cases} i=yc+u,\quad y=-lu=-l'u' \\ i'=(n/n')i \quad (近轴的折射定律) \\ u'=u+i'-i=i-yc=i'-yc \end{cases} \quad (3\text{-}1)$$

还有变换 $y_2=y_1+du'_1$。

> 注意:近轴量用小写字母表示,以区别于用于计算实际光线光路的真正高度和角度。

作为例子,再次使用 2.5 节中双胶合透镜的数据,其近轴光线追迹的数据列于表 3.1 中,以初始数据 $y=2.0,u=0$ 追迹一条近轴光线通过这个透镜。和过去的做法一样,近轴像距用末面的 y 除以出射角 u' 得到,算出 $l'=11.285849$。它和边缘光线的 L' 稍微不同,后者算出的是 11.293900。这个差别是由球差产生的。

表 3.1　双胶合透镜近轴光线追迹

c	0.1353271		-0.1931098		-0.0616427
d		1.05		0.4	
n		1.517		1.649	

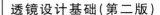
续表

y	2	1.9031479	1.8809730
i	0.2706542	-0.4597566	-0.1713856
i'	0.1784141	-0.4229538	-0.2826148
u	0	-0.0922401	-0.0554373	-0.1666665

3.1.2 （$y-nu$）法

由于近轴关系式有线性性质，很容易对近轴光线追迹公式作一些代数处理，消去部分或全部近轴角度。后者只不过是辅助量而已。例如，为了消除入射角 i 和 i'，可以令式（3-1）的第一式乘以 n，而令相应的折射光线的表示式乘以 n'，得到

$$ni = nu + nyc, \quad n'i' = n'u' + n'yc$$

近轴光线的折射定律是 $ni = n'i'$，所以令上面两个公式相等，就得到

$$n'u' = nu + y(n-n')c \tag{3-2}$$

这个公式可以和下面的公式结合，用于近轴光线追迹：

$$y_2 = y_1 + (d/n)(n'_1 u'_1) \tag{3-3}$$

注意式（3-2）和式（3-3）形式相同，两式都是令原值加上另一个变量与一个常数之积而得到新值。由此得到一种极其简单方便的光线追迹方法，即（$y-nu$）法。表 3.2 所示的是用这两个公式追迹表 3.1 中的近轴光线的结果。

表 3.2　用（$y-nu$）法追迹近轴光线

c	0.1353271	-0.1931098	-0.0616427	
d		1.05	0.4	
n		1.517	1.649	
$-\phi=$ $(n-n')c$	-0.0699641	0.0254905	-0.0400061	
d/n		0.6921556	0.2425713	
y	2	1.9031479	1.8809730	$l'=11.285856$
nu	0	-0.1399282	-0.0914160	-0.1666664
l	∞	20.632549	33.929774	
l'	21.682549	34.329774	11.285856	

计算步骤如下。计算每个 y 或 nu 时,在 y、nu 所在的横行中,取出原来的 y 或 nu 值,令它加上右方的数与此数上方的数之积。即由 y_1 和 $(nu)_1$ 开始,首先计算 $(nu)_1' = (nu)_1 + y_1(n-n')_1c_1$;然后取 y_1,使它加上 $(nu)_1'$ 与 d/n 之积以求 y_2;如此反复进行,直到最后一面。结束公式是

$$l' = (最后的 y)/[最后的 (nu)']$$

$(y-nu)$ 光线追迹表中的数自然和表 3.1 相应的数相同,表 3.1 中的数是用通常的方法追迹近轴光线而得到的。$(y-nu)$ 法的工作量和直接计算法大致相同,但我们将会看到,用 $(y-nu)$ 法追迹光线有许多优点。

因为对于从同一物点发出的任何近轴光线,像距 l' 都是相同的,所以可以随意选择任何初始 y 值或 nu 值,但是不能两者都任意选取,因为受关系式 $y = -lu$ 的约束。许多设计者总是令 $y_1 = 1.0$,算出相应的 $(nu)_1$。这样,如果物体位于第一面左方 50 单位距离处,就可以取 $y_1 = 1.0$,$(nu)_1 = 0.02$,记住当物体在面的左方时 l 是负的。正的 l 表明有一个虚物位于透镜第一面的右方,而光线是从左方进入的。

当从右到左反过来追迹近轴光线时,必须令原值减去(而不是加上)相应的积。因此,从右到左的计算有如下公式:

$$nu = n'u' - y(n-n')c, \quad y_1 = y_2 - (d/n)(nu)_2$$

3.1.3 逆计算

$(y-nu)$ 法比用 i、i' 进行直接计算优越的地方之一,是必要时可以使计算过程倒逆,即由光线数据求透镜数据。如果从其他途径知道了 y、nu 值的序列,就可以令式(3-2)和式(3-3)反转过来,从而计算透镜数据,即

$$\phi = \frac{n'-n}{r} = \frac{(nu)'-nu}{y}, \quad \frac{d}{n} = \frac{y_2-y_1}{nu}$$

这常常是极为有用的方法,而且是直接的光线追迹所做不到的。

3.1.4 求角度解和高度解法

修改透镜结构时,有时会要求用改变某一面前面的厚度来使该面上的近轴光线入射高度恢复到某个既定值,或者改变该面的曲率以令近轴光线经该面折射后的倾斜角恢复到某个既定值。这些都可以由式(3-2)、式(3-3)倒转而得到解决。求高度解时,按下面的公式确定该面前面的间隔:

$$d = (y_2 - y_1)/u_1'$$

求角度解时用下面的公式:

$$c = \left[(nu)' - nu \right] / y(n - n')$$

当希望用适当选择末面半径的办法来令透镜焦距恢复到既定值时,后一个公式特别有用。应当指出,这个公式和式(2-5)的近轴公式等效,是分别令式(2-5)中的 $\tan I$ 用 i 代替,$\sin(U - U')$ 用 $(u - u')$ 代替,$\cos(U - U')$ 用 1.0 代替,$\sin U$ 和 $\sin I$ 用 u、i 代替,Q 用 y 代替得到的。

虽然有可能通过调整透镜内部曲率以控制其最终曲率的方式来保持透镜的焦距,但这样调整需要谨慎。稍后将会解释,在设计过程中使用内部曲率焦距控制通常会因为外部像差和其他因素的影响打乱优化。

3.1.5 (l, l') 法

在推导式(3-1)时,消除了不必要的辅助量——入射角。其实还可以进一步把光线倾斜角 u、u' 也消除。为此令式(3-1)除以 y,并且注意到 $l = y/u$,$l' = y/u'$。作这样取代之后,就得到人们熟知的表达式:

$$\frac{n'}{l'} + \frac{n}{l} = \frac{n' - n}{r} = \phi \tag{3-4}$$

计算时采用如下形式:

$$l' = \frac{n'}{\phi - (n/l)}$$

其中,

$$\phi = (n' - n)/r = (n' - n)c$$

面间转换公式是

$$l_2 = l'_1 - d$$

记住 l 和 l' 分别用于面的左方和右方的光线。当然,在两面之间的空间,光线多数并不和光轴相交,这时 l 或 l' 都不是真实存在的。

3.1.6 所有角度的近轴光线

当然还有其他方法来对近轴光线进行追迹。例如,可以利用下面这些方程组来对所有角度的近轴光线进行追迹。在给定入射光线的 l、y、$c = 1/r$ 时,若 t 是不同界面之间的距离,则有

$$u = -y/l$$

$$i = yc + u$$

$$i' = \frac{n}{n'} i$$

$$u' = i' - yc$$

$$l' = -\frac{y}{u'}$$

随着传播，有

$$l_2 = l'_1 - t_1$$

汇集以上公式可以得到

$$u' = (yc + u)\frac{n}{n'} - yc$$

因此，面间转换公式为

$$y_2 = y_1 + t_1 u'_1$$

3.1.7　非球面上的近轴光线

追迹近轴光线时，各非球面项都不起作用，只需考虑曲面的顶点曲率。后者由幂级数展开式的二次项系数给出。在近轴区域，球形和抛物面的曲面方程是相同的。然而，它们典型的有限尺寸都不相同。

3.1.8　有限高度和角度内的近轴光线图解追迹

如本节中所提及和介绍的，式(3-1)、式(3-2)和式(3-3)都是在假设 y 和 u 非常之小以至成像完善的条件下推导出来的。现在将介绍如何在有限大小的高度和角度内进行近轴光线追迹，这点同样非常重要和实用。

图 3.2 所示的为一个单折射表面，沿光轴方向，物点 O 与折射面距离为 d 且像点 O' 与其距离为 d'。该折射表面在近轴区可用一平面表示。设一条光线 A 从 O 点以角度 u 发出，在折射面上投射高度为 y。其折射光线与光轴交点为 O' 且夹角为 u'。由于在式(3-1)、式(3-2)和式(3-3)中均假设 u 和 u' 非常小，因此根据几何学知识，u 和 u' 可以分别替代 $\tan u = y/d$ 和 $\tan u' = -y/d'$，如图 3.2 所示。值得注意的是，$\tan u$ 和 $\sin u$ 的级数展开式具有相同

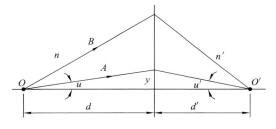

图 3.2　单折射表面的近轴光线追迹

的一阶项,也就是 u。

回顾之前的等式 $n'u'=nu+yc(n-n')$,现在可以替换式中的 u 和 u' 值,得到

$$n'\left(\frac{-y}{d'}\right)=n\left(\frac{y}{d}\right)+\frac{y}{r}(n-n')$$

等式两边均除以 y,得到

$$\frac{n}{d}+\frac{n'}{d'}=\frac{n'-n}{r}$$

该公式即为近轴区单折射面的成像公式。该公式的重要意义在于,其计算与 u、u' 和 y 均无关,即任何光线,如 B,亦能从 O 点发出而成像在 O' 点。也就是说,近轴区成像不受任何像差的影响,即使光轴以外的物点,也可以认为具有同样的完善成像性质。

在 2.2 节中,阐述了实际光线的图解光线追迹。在图解近轴光线追迹中,我们将代表介质分界面的圆圈用其在介质分界处的相切平面代替。同样,球面折射面也用切平面代替。图 3.3(a)所示的为该光路的几何构成。入射光与折射表面相交于 D 点,如图 3.3(b)所示。接下来,画一条平行于光轴的直线,根据 n 与 n' 的比例画出一对与该直线正交的平面。从 D 点出发,将入射光线投射与 n 平面相交于 A 点,接着从 A 点绘制一条直线与折射面法线 CD 相平行。最终,折射光线即为从 D 点到 n' 平面上 B 点之间的连线。

同样,$y_1= n\tan u$ 且 $y_2=n'\tan u'$。因为图 3.3(a)中直线 AB 与图 3.3(b)中直线 DC 相平行,由三角形相似性有

$$\frac{y_1-y_2}{y}=\frac{n'-n}{r}$$

将公式中的 y_1 和 y_2 进行替换,得到

$$n'\tan u'=n\tan u+yc(n-n')$$

该公式非常重要,其表明标准近轴光线追迹公式

$$y'=y+\frac{d}{n}(nu)\quad\text{以及}\quad n'u'=nu+yc(n-n')$$

可用于任何有限高度和有限角度之内的近轴光线追迹,但前提是该区域可以用 u 和 u' 值近似代替 $\tan u$ 和 $\tan u'$ 值。这种理解在使用光学设计程序时非常重要。例如,假如我们想通过求解最后一个折射面曲率实现特定的边缘光线倾角来控制系统焦距,便可以使用 $\tan u_{\text{final}}$ 作为该近轴曲面的求解形式。

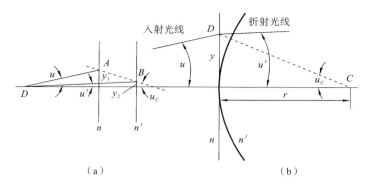

图 3.3　图解近轴光线追迹

近轴光学系统的线性特性有助于我们方便而快速画出光学系统外形图。当使用近轴公式时,我们应记住公式中的角度值应该理解为 $\tan u$。

3.1.9　近轴光线的矩阵形式

高斯和其他科学家曾经指出,基于 nu 和 y 的近轴公式的相似性,可以用矩阵的形式表示这些关系[1-3]。矩阵论的计算法则较为简单。假设有两个包含 x 和 y 的联立公式为

$$A=ax+by$$
$$B=cx+dy$$

若以矩阵形式描述则有

$$\begin{bmatrix} A \\ B \end{bmatrix}=\begin{bmatrix} a & b \\ c & d \end{bmatrix}\begin{bmatrix} x \\ y \end{bmatrix}$$

此外,两矩阵的乘积是另外一个矩阵,其元素为

$$\begin{bmatrix} a & b \\ c & d \end{bmatrix}\begin{bmatrix} e & f \\ g & h \end{bmatrix}=\begin{bmatrix} ae+bg & af+bh \\ ce+dg & cf+dh \end{bmatrix}$$

为了将矩阵形式用于透镜的近轴光线传播,我们对于透镜第一面的情况记录如下:

$$(nu)'_1=(nu)_1-y_1\phi_1$$
$$y_1=y_1$$

以矩阵形式表现,则以上公式变为

$$\begin{bmatrix} (nu)'_1 \\ y_1 \end{bmatrix}=\begin{bmatrix} 1 & -\phi_1 \\ 0 & 1 \end{bmatrix}\begin{bmatrix} (nu)_1 \\ y_1 \end{bmatrix}$$

以上方阵称为第一折射面的折射矩阵。光线向下一个折射面的传播情况为

$$(nu)_2 = (nu)'_1 \quad 以及 \quad y_2 = y_1 + (nu)'_1 (t/n)'_1$$

相应的矩阵形式变为

$$\begin{bmatrix} (nu)_2 \\ y_2 \end{bmatrix} = \begin{bmatrix} 1 & 0 \\ (t/n)'_1 & 1 \end{bmatrix}\begin{bmatrix} (nu)'_1 \\ y_1 \end{bmatrix}$$

该方阵称为第一表面到第二表面的传递矩阵。此处公式最后的矩阵为以上折射矩阵的左边部分。利用该关系进行替换后有

$$\begin{bmatrix} (nu)_2 \\ y_2 \end{bmatrix} = \begin{bmatrix} 1 & 0 \\ (t/n)'_1 & 1 \end{bmatrix}\begin{bmatrix} 1 & -\phi_1 \\ 0 & 1 \end{bmatrix}\begin{bmatrix} (nu)'_1 \\ y_1 \end{bmatrix}$$

我们对以上公式中两个方阵进行相乘,得到结果为

$$\begin{bmatrix} (nu)_2 \\ y_2 \end{bmatrix} = \begin{bmatrix} 1 & -\phi_1 \\ (t/n)'_1 & 1-\phi_1 (t/n)'_1 \end{bmatrix}\begin{bmatrix} (nu)'_1 \\ y_1 \end{bmatrix}$$

该等式与以下两公式表达的意义完全一致:

$$(nu)_2 = (nu)_1 - y_1 \phi_1$$

$$y_2 = y_1 + [(nu)_1 - y_1 \phi_1](t/n)'_1$$

我们可以将以上结论扩展到包含任意 k 个折射面的光学系统,有

$$\begin{bmatrix} (nu)'_k \\ y_k \end{bmatrix} = \underbrace{\begin{bmatrix} 1 & -\phi_k \\ 0 & 1 \end{bmatrix}}_{\text{第}k\text{面折射矩阵}}\underbrace{\begin{bmatrix} 1 & 0 \\ (t/n)'_{k-1} & 1 \end{bmatrix}}_{\text{第}k-1\text{面到第}k\text{面传递矩阵}}\underbrace{\begin{bmatrix} 1 & -\phi_{k-1} \\ 0 & 1 \end{bmatrix}}_{\text{第}k-1\text{面折射矩阵}}\cdots$$

$$\underbrace{\begin{bmatrix} 1 & 0 \\ (t/n)'_1 & 1 \end{bmatrix}}_{\text{第1面到第2面传递矩阵}}\underbrace{\begin{bmatrix} 1 & -\phi_1 \\ 0 & 1 \end{bmatrix}}_{\text{第1面折射矩阵}}\begin{bmatrix} (nu)_1 \\ y_1 \end{bmatrix}$$

式中所有方阵依次的乘积结果是另外一个方阵,用于体现镜头的光学特性。可以写作

$$\begin{bmatrix} B & -A \\ -D & C \end{bmatrix}$$

根据该矩阵确定的特性,有 $BC-AD=1.0$。矩阵中四个元素 A、B、C 和 D 称为镜头的高斯参数。其中,A 为透镜光焦度,B 为前截距与前焦距之比,C 为后截距与后焦距之比,$D=(BC-1)/A$。若得到该矩阵的四个元素,则可以通过任何光线的入射参数 $(nu)_1$ 和 y_1 立刻计算出该光线最后的 $(nu)'_k$ 和 y_k 值。

以 2.5 节中列举的双胶合透镜为例,可以计算出其高斯参数如下:

$$A = 0.0833332 = 1/f$$
$$B = 0.9800774 = -FF/f$$
$$C = 0.9404865 = BF/J'$$
$$D = -0.9390067 = (BC - 1)/A$$

利用该矩阵,以 $(nu)_1 = 0.02$ 且 $y_1 = 1.0$ 为例,可得 $(nu)'_3 = -0.063732$ 且 $y_3 = 0.959267$,该结果与直接进行光线追迹计算结果完全一致。

在实践工作中,可以非常容易地通过自左(右)向右(左)追迹近轴光线得到镜头的光焦度及焦点位置,从而可以进一步根据上述定义确定其高斯参数。对于任意由 (nu) 和 y 确定的光线,其出射光线有

$$(nu)'_k = B(nu)_1 - Ay_1$$
$$y_k = -D(nu)_1 + Cy_1$$

1. 单片厚透镜

根据 $\phi_1 = (n-1)c_1$ 和 $\phi_2 = (1-n)c_2$,可以得到单片厚透镜的高斯参数如下:

$$A = \phi_1 + \phi_2 - (t/n)\phi_1\phi_2$$
$$B = 1 - (t/n)\phi_2$$
$$C = 1 - (t/n)\phi_1$$
$$D = -(t/n)$$

 实例

假设一个双凸透镜的 $r_1 = 5.0$ 且 $r_2 = -10.0$,$t = 1.5$,$n = 1.52$,因而有 $(n-1)/n = 0.343401$,$1/f' = 0.151512$。根据以上条件有

$$f' = 6.600137$$
$$FF = -6.260163$$
$$BF = 5.920189$$

因此,

$$l_{pp} = 0.339974$$
$$l'_{pp} = -0.679948$$

以及高斯参数为

$$A = 0.151512$$
$$B = 0.948490$$
$$C = 0.896980$$
$$D = -0.984898$$

同时 $BC - AD = 1$(理论值)。

---

2. 分离薄透镜组

假如将以上矩阵形式用于空气间隔的薄透镜组,则折射矩阵变为

$$\begin{bmatrix} 1 & -\phi \\ 0 & 1 \end{bmatrix}$$

对于每个薄透镜,其传递矩阵为

$$\begin{bmatrix} 1 & 0 \\ d & 1 \end{bmatrix}$$

以表示每个透镜之间的间隔。因此,对于 2 片薄透镜系统 A 和 B,间距为 d,有

$$\begin{bmatrix} u'_B \\ y'_B \end{bmatrix} = \begin{bmatrix} 1 & -\phi_B \\ 0 & 1 \end{bmatrix} \begin{bmatrix} 1 & 0 \\ d & 1 \end{bmatrix} \begin{bmatrix} 1 & -\phi_A \\ 0 & 1 \end{bmatrix} \begin{bmatrix} u_1 \\ y_1 \end{bmatrix}$$

由于以上三个方阵的乘积结果应等于 $\begin{bmatrix} B & -A \\ -D & C \end{bmatrix}$,则对于 2 片薄透镜系统有

$$A = \phi_1 + \phi_2 - d\phi_1\phi_2$$
$$B = 1 - d\phi_2$$
$$C = 1 - d\phi_1$$
$$D = -d$$

3.2 放大率及拉格朗日定理

3.2.1 横向放大率

考察图 3.4 中的第一个折射球面。令 B 和 B' 为一对轴上共轭点,二者与折射面的距离分别为 l 和 l'。我们假设在 B 点处放置一个微小物体,然后从物体顶点处画一条近轴光线至折射面顶点处。该光线将在此处折射,此时其与光轴的夹角 θ 和 θ' 即为光线的入射角和折射角。因而有 $n\theta = n'\theta'$,同时也有

$nh/l = n'h'/l'$。等式两边都乘以 y，得到

$$hnu = h'n'u' \qquad (3-5)$$

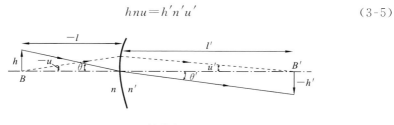

图 3.4 拉格朗日关系

以上重要关系称为拉格朗日定理，有时也称为史密斯-亥姆霍兹定理。因为某一折射面右边的 h'、n' 和 u' 即为下一折射面左边的相同对应量，所以很显然乘积 hnu 对于所有折射面之间的空间，包括物空间和像空间而言，都是一个不变量。该乘积即为拉格朗日不变量，按照现在更为普遍的说法，又称为光学不变量。

由于该定理适用于最初始的物到最终的像，显然其像方放大率为

$$m = h'/h = nu/n'u'$$

对于置于空气中的镜头，其放大率为 u_1/u'_k（假设该系统包含 k 个折射面）。由于物方和像方 nu 值的比值确定了系统放大率，因此在追迹近轴光线时，通常采用 $(y - nu)$ 法。

假如物体处于无穷远，式(3-5)变得无法确定 ($u = 0$ 且 $h = \infty$)。图 3.5 所示的是某一非常遥远处的物体，该处有 $h'n'u' = (h/l)n (lu)$。由于 $l \to \infty$，则比值 (h/l) 趋近于 $\tan u_p$ 且 (lu) 为 $-y$，此处 y 为第一主面上的光线高度（见3.3节）。因为 $y/u' = -f'$（后方焦距），则

$$h' = -\frac{n}{n'}\frac{y}{u'}\tan u_p = \frac{n}{n'}f'\tan u_p$$

式中，u_p 为入射平行光束的倾斜角。因此，无穷远处物体对应的像高等于焦距乘以物方视场角的正切值。

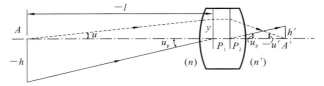

图 3.5 遥远处物体的拉格朗日等式关系

设 计 指 南

回顾前文,系统前焦距 $f = -(n/n')f'$,因此使用上文公式,可得 $h' = -f\tan u_p$ 。此处可理解为一条光线经过系统前焦点以 u_p 角度入射,显然出射光线应平行于光轴且高度为 h' 。由于角度较小时其正切值约等于其弧度值,可用以下两关系式表示焦距:

$$f' = -\frac{y}{u'} \quad 及 \quad f' = \frac{h'}{u_p}$$

以上两公式均适用于近轴光线。尽管在后继第 4 章和其他章节中会有详述,但此处仍要说明,若镜头焦距随着孔径发生变化,则该镜头产生彗差;若焦距随着镜头倾斜变化,则产生畸变。

3.2.2 轴向放大率

假设某一物体沿镜头光轴方向具有微小的轴向尺寸 Δl ,或者它沿光轴方向移动微小位移 Δl ,则相应产生的像方沿轴位移为 $\Delta l'$,因此轴向放大率 $\overline{m} = \Delta l'/\Delta l$ 。通过将式(3-4)微分,有

$$-n'\Delta l'/l'^2 = -n\Delta l/l^2$$

在等式两边乘以 y^2 ,有

$$n'\Delta l'u'^2 = n\Delta l u^2$$

这就是拉格朗日等式的轴向等效公式,其结果 $n\Delta l u^2$ 同样为不变量,则轴向放大率可写为

$$\overline{m} = \Delta l'/\Delta l = mu^2/n'u'^2 = (n'/n)m^2 \qquad (3-6)$$

对于置于空气中的镜头, $\overline{m} = m^2$ 。因此,轴向放大率永远为正值,意味着若物体自左向右移动一段距离,则像必然同样自左向右移动。而另一方面,对于平面镜而言,由于其 n 和 n' 值为等大反号,故物体自左向右移动时,平面镜成像自右向左移动。

当系统正常放大率 m 较大时,如显微物镜,则轴向放大率将非常大,因此显微系统的景深较小。反之,照相系统正常放大率较小,所以其轴向放大率非常小,因此大多数照相物镜的景深都比较大。

若物或像的沿轴尺寸较大,依然存在计算轴向放大率的有效公式。通过牛顿成像公式,物点 A 和 B (见图 3.6)的放大率分别与系统后焦点的距离 z 和 z' 相关,通过以下公式确定:

$$z'_A = -f'm_A \quad 和 \quad z'_B = -f'm_B + 81$$

图 3.6　轴向放大率

当物体从 A 向 B 移动,则像的移动距离 $A'B'$ 为

$$A'B' = z'_A - z'_B = f'(m_A - m_B)$$

而相应的物方距离 AB 有相似的形式:

$$AB = f'\left(\frac{1}{m_B} - \frac{1}{m_A}\right)$$

因此,轴向放大倍率 $A'B'/AB$ 较大,为

$$\bar{m} = \frac{f'(m_A - m_B)}{f'\left(\dfrac{1}{m_B} - \dfrac{1}{m_A}\right)} = m_A m_B$$

当轴向位移 AB 和 $A'B'$ 都较小时,放大率 m 的变化也较小,则以上轴向放大率公式简化为 $\bar{m} = m^2$。以下举例说明 m 和 $\bar{m}$ 的应用。

实例

如图 3.7 所示,设有一曲率半径为 r_o 的球面物体通过光学系统成像。物体的表达式为 $r_o^2 = y_o^2 + z^2$,其中,z 沿光轴测量,在物体曲面的中心处为 0。令自物体顶点平面测量的弧面凹陷为 ζ_o,则物体表达式变为 $r_o^2 = (r_o - \zeta_o)^2 + y_o^2$,其中 $z = r_o - \zeta_o$。在近轴区域,$\zeta_o^2 = r_o^2$,意味着 $r_o \approx y_o^2 / 2\zeta_o$。物体所成像,在其横向(或侧向)可表示为 $y_i = m y_o$ 且在其纵向(或轴向)可表示为 $\zeta_i = \bar{m}\zeta_o = \zeta_o m^2 (n_i / n_o)$。

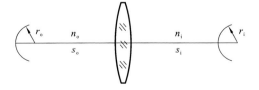

图 3.7　球面物体成像

类似地,该球面物所成像可表示为 $r_i \approx (y_i)^2 / 2\zeta_i$。此种情况下,该像面凹

陷可表示为

$$r_i = \frac{n_o y_o^2}{2n_i \zeta_o} = r_o \left[\frac{n_o}{n_i}\right]$$

因此,在近轴区域,球面物体所成像的曲率半径与系统放大率无关,而仅与物空间和像空间的折射率之比相关。

3.3 透镜系统的高斯光学

1841年,卡尔·弗里德里希·高斯(Carl Friedrich Gauss)教授(1777—1855)在光学(折射光探讨)上发表了他著名的论文。在论文中他表明迄今为止对近轴光线而言,任何复杂程度的透镜都可以被其方位基点所替换,即两个基点和两个焦点,从基点到它们各自焦点的距离就是透镜的焦距。高斯意识到,一个旋转对称的透镜系统的成像公式可以扩展为一个级次表达式,其中一阶项为其理想成像或无像散成像,三阶高次项是其像差。他将像差的计算留给了后人。

为了了解这些术语,设想有一组沿平行于光轴的方向由左方进入透镜的平行光线(见图3.8)。其中一条边缘光线 A 通过透镜后,在像空间交光轴于 J,如此等等,顺次往下移,直到近轴光线 C 交光轴于 F_2。

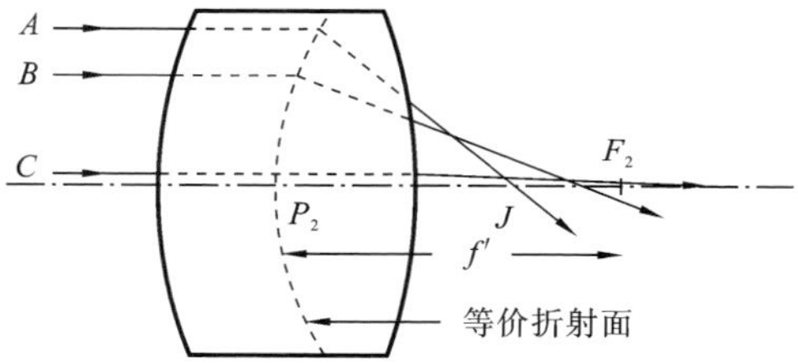

图 3.8 等效折射面

若令这些光线的入射线和出射线延长相交,就产生一个“等效折射面”,这是一个环绕透镜轴的回转面,它包含了整个平行光束所有的等效折射点。这个面的近轴部分是垂直于光轴的平面,称为主平面,其轴上点 P_2 称为主点。和无穷远共轭的近轴像点 F_2 称为焦点,P_2 到 F_2 的纵向距离是透镜的后焦距 f'。

从右方平行于光轴进入的平行光束亦类似地产生另一个等效折射面,有

其相应的主点 P_1 及焦点 F_1, P_1 到 F_1 的间隔称为前焦距 f。由透镜后顶点到 F_2 点的距离称为透镜的后截距。当然,由透镜前顶点到 F_1 点的距离称为透镜的前截距。由于历史上的原因,复合透镜的焦距常称为等价焦距,简写为 EFL,但术语"等价"是多余的,以后省掉[4]。

3.3.1 两个主平面之间的关系

如图 3.9 所示,近轴光线 A 从左向右行进,等效地在第二主平面 Q 上屈折,出射后通过 F_2;同时,类似的近轴光线 B 沿同一直线从右向左行进,等效地在 R 处屈折,和光轴交于 F_1。令光线 BRF_1 上的箭头反向,就得到从左方发出,指向 R,进入透镜的两条近轴光线,经过透镜后它们又成为从 Q 点向右方出射的两条近轴光线,所以 Q 显然是 R 的像,两个主平面是共轭的。由于 R 和 Q 相对于光轴有相同的高度,倍率是 $+1$,因此主平面有时又称为"单位平面"。

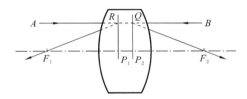

图 3.9 作为单位平面的主平面

任何任意的近轴光线从左方进入透镜后,将继续前进,落在 P_1 平面上,然后跳过两个主平面之间的"空隙",由第二个主平面上的一点(其高度与光线在第一个主平面上的交点高度相同)离开透镜(见图 3.10)。

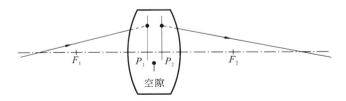

图 3.10 近轴光线通过透镜的一般情况

3.3.2 两焦距的关系

假设将一个高度为 h 的小物体放在透镜前焦平面 F_1 上(见图 3.11)。由此物顶点作平行于光轴的近轴光线,进入透镜。这条光线等效地在 Q 点屈折后出射,以倾斜角 ω' 通过 F_2。由 R 点发出,指向第一主点 P_1 的第二条光线将

由 P_2 点出射(因为 P_1、P_2 是互相成像的),并且其出射倾斜角是 ω'。因为 R 在焦平面上,所以从 R 发出的全部光线必定在透镜右边互相平行地出射。由几何图形可知,$\omega = -h/f$,$\omega' = h/f'$,因而,

$$\omega'/\omega = -f/f' \tag{3-7}$$

现在令物 h 沿光轴移到第一主平面 P_1,其像将有相同高度,并且位于 P_2。这时,已知有一条近轴光线以倾斜角 ω 入射于 P_1,以倾斜角 ω' 离开 P_2,于是可以应用拉格朗日定理得到

$$hn\omega = hn'\omega' \quad \text{或} \quad \omega'/\omega = n/n' \tag{3-8}$$

令式(3-7)和式(3-8)相等,就得到

$$f/f' = -n/n'$$

因此,任何透镜的两个焦距和外部物、像空间的折射率成正比。对于空气中的透镜 $n = n' = 1$,两焦距相等而符号相反。这个负号简要地说明如果 F_1 在 P_1 的右方,则 F_2 必在 P_2 的左方。但这并不是说这样使用的时候透镜是正的,那样使用的时候又是负的,透镜的符号和后焦距 f' 相同。透镜在水下使用时,$n = 1.33$,$n' = 1.0$,表示前焦距是后焦距的 1.33 倍。

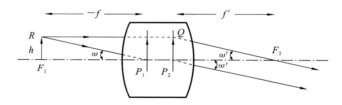

图 3.11　两焦距之比

3.3.3　透镜的光焦度

透镜的光焦度定义为

$$P = \frac{n'}{f'} = -\frac{n}{f}$$

因此,空气中的透镜的光焦度是后焦距的倒数。焦距和光焦度可以用任何单位表示,如果焦距以米为单位,则光焦度的单位就是屈光度。还要注意,透镜两边的光焦度是相同的,不管外界折射率如何。

将式(3-2)用于系统中所有面并取和,得到

$$\text{光焦度} = P = \frac{(nu')_k}{y_1} = \sum \frac{y}{y_1}\left(\frac{n'-n}{r}\right) \tag{3-9}$$

累加号内的量是各面对光焦度的贡献。括号中的表达式 $(n'-n)/r$ 是一个面的光焦度。

3.3.4 焦距的计算

1. 用一条近轴光线计算

如果一条近轴光线由左方平行于光轴，以入射高 y_1 进入透镜，以倾斜角 u' 由右方出射（见图 3.12(a)），则后焦距 $f'=y_1/u'$。前焦距 f 用类似的方法从右到左追迹一条平行于光轴的近轴光线而求得。自然，如果透镜是在空气中，就会有 $f=-f'$。从透镜后顶点到第二主平面的距离为

$$l'_{pp}=l'-f'$$

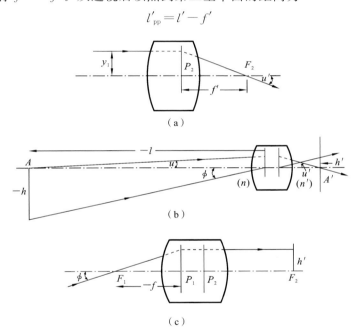

图 3.12 焦距关系

类似地还有

$$l_{pp}=l-f$$

2. 用一条斜光线计算

可以用如下的方法改造拉格朗日公式，使它适用于十分远的物体。在图 3.12(b)中，A 是很远的物体，它的像是 A'。当物距 l 变成无穷大时，像 A' 趋近后焦点。于是根据拉格朗日定理，有

$$h'n'u' = hnu = (h/l)n(lu) = -ny_1\tan\phi$$

或

$$h' = -\left(\frac{n}{n'}\right)f'\tan\phi = f\tan\phi \tag{3-10}$$

式中，f 是透镜的前焦距，与透镜外界折射率无关。这个公式是现行美国国家标准协会 ANSI 关于焦距定义的基础。实际上从图 3.12(c) 可以看出，这个关系式是显然的，在图中有一条以倾斜角 ϕ 通过前焦点的近轴光线进入透镜。

3.3.5 共轭距离关系

利用相似三角形容易证明，如果物、像与相应的透镜焦点的距离是 x、x'，则

$$m = -f/x = -x'/f'$$

因此，

$$xx' = ff' \tag{3-11}$$

这种关系称为牛顿方程或牛顿成像方程。类似地，如果物、像与对应的主点的距离是 p、p'，则

$$n'/p' - n/p = n'/f' = -n/f = 透镜光焦度，m = np'/n'p \tag{3-12}$$

对于空气中的透镜，这个公式简化为

$$\frac{1}{p'} - \frac{1}{p} = \frac{1}{f'} \quad , \quad m = \frac{p'}{p} \tag{3-13}$$

对于正透镜，将实物成实像的情况，令前面最后两式合并往往是方便的。这时候，如果忽略掉各量的符号，即将全部尺寸和倍率都看成是正的，就会得到

$$f' = \frac{pp'}{p+p'}, \quad p = f'\left(1+\frac{1}{m}\right), \quad p' = f'(1+m) \tag{3-14}$$

这些关系式常用这样的话来表达："物距是焦距的 $(1+1/m)$ 倍，像距是焦距的 $(1+m)$ 倍。"

合并以上公式得到物像距离 D 为

$$D = f'\left(2+m+\frac{1}{m}\right) \tag{3-15}$$

令这个公式倒逆，就可以根据 f' 和 D 计算倍率，即

$$m = \frac{1}{2}k = 1 \pm \left(\frac{1}{4}k^2 - k\right)^{1/2} \tag{3-16}$$

式中：$k = D / f'$。

要注意，不论光线是否真正交于透镜左方的光轴上，也不论光线是否真正确定"物"或"像"，p 和 x 都是透镜左方光线的参量。同样，p' 和 x' 是透镜右方光线的参量。如果 p'、x' 在原点（分别为第二主点和第二焦点）右方，则取正值。

3.3.6　节点

约翰·本尼迪克特·利斯廷（Johann Benedict Listing）教授（1808—1882）是高斯所带的八名博士研究生之一，毕业于 1834 年。利斯廷作为物理学教授，于 1839 年受聘于哥廷根大学，开始研究人眼光学。他于 1845 年出版了经典著作《生理光学贡献》。在该书中，利斯廷介绍了光学系统节点的概念，用以描述人眼的简单模型。他提出，具有单位角放大率的一对共轭点称为一对结节点或节点。19 世纪 80 年代，该对点被通称为节点。利斯廷利用节点（N_1 及 N_2）还推断出成像公式，并证明了距离 $P_1 P_2$ 等于 $N_1 N_2$ 且节点也包含于主点的集合之中。

因为透镜的节点是位于透镜光轴之上具有相同角放大率的一对共轭点，故任何射入第一节点的光线将从第二节点以相同倾角射出。如图 3.13 所示，光线 A 以倾角 ω 入射第一节点 N_1 后以相同倾角于第二节点 N_2 出射。假设现有一高度为 h 的物体位于 N_1。应用拉格朗日不变量，有

$$h' n' \omega = h n \omega$$

因此，该对节点的放大率表示为

$$m = \frac{h'}{h} = \frac{n}{n'}$$

类似于主平面情况，以上公式说明节平面具有大小为 $\dfrac{n}{n}$ 的放大倍率，如图 3.13 所示。

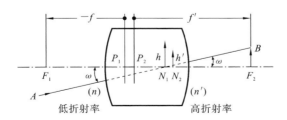

图 3.13　透镜系统的节点

由图 3.14 则很容易得到如下等式：

$$F_1 P_1 = F_2 N_2 = f, \quad F_1 N_1 = P_2 F_2 = f'$$

上式列出的即为描述透镜系统及其所在介质特性的 6 个基点。若透镜位于空气(或者物像空间介质相同,如水)中,系统两焦距相等,且系统两节点与两主点位置分别相同。

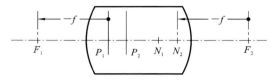

图 3.14　主点及节点

如第 3.3.1 节所述,主平面是具有相同横向放大率的一对共轭面。当 $n \neq n'$ 时,光线自第一主点以 ω 入射,将从第二主点以角 $\frac{n}{n'}\omega$ 出射。尽管成像过程使用系数 $\frac{n}{n'}$ 以及主点主面或者节点节面即可描述,但为简便习惯采取混合形式:主平面及节点。在此形式下,系统横向放大率及角放大率均为单位 1,这在进行图解法光线追迹中非常有用。应理解,尽管系统基点特性仅在近轴区域有效,但对于一些角度和高度较小的实际透镜系统也是非常有用的。

关于系统节点的一项重要应用,便是一种测量透镜系统焦距的实验方法。如图 3.15 所示,将待测透镜系统置于一个旋转平台之上,该平台旋转轴与待测透镜系统光轴正交。该平台旋转轴可沿透镜系统光轴方向任意移动。使用一台显微镜或摄像机对远处点光源成像(平行光)。光源发出光线与待测透镜系统及显微镜光轴相平行。接着旋转透镜系统(见图 3.15 中透镜系统轴上内有黑点的小圆圈)且观察成像位置。当位于图中所示位置时,成像将左右移动。

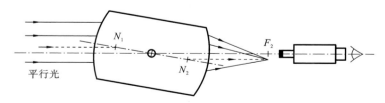

图 3.15　节点滑动法确定透镜焦距

当调整透镜系统的旋转轴与第二节点 N_2 重合时,成像将固定不动。因此,旋转轴与所成像之间的距离即为焦距($N_2 P_2$)。该装置的工作原理为,当透镜系统绕 N_2 点旋转角度 θ,则从节点 N_2 出射的光线依然沿着原始光轴(同样为显微镜光轴)方向射出。相应的节点入射光线将偏移光轴 $N_1N_2\sin\theta$。类似地,将透镜系统在旋转平台上调转方向后可测得第一节点的位置。当 $n\neq n'$ 时进行该项实验,则绕 N_2 旋转可得到系统的前焦距,而绕 N_1 旋转可得到系统的后焦距。

此外除了主平面和节点,光学系统还存在反主平面和反节点(也称为负主平面和负节点)。反主平面是一对具有负的单位横向放大率的共轭平面,且反节点是一对具有负的单位角放大率的共轭点。当一个透镜系统位于相同介质中时,反节点位于 F_1 和 F_2 相距 $\pm f$ 处。例如,若一个薄透镜工作在负的单位放大率($m=-1$)时,此时物体位于 $-2f$ 处而像位于 $2f$ 处。

3.3.7 透镜系统的光学中心

如图 3.16 所示,考虑节点入射光线穿过厚透镜系统的情况。如之前所述,自第一节点入射的光线将无偏转地穿过透镜系统(尽管转折)并从第二节点出射,则光学中心即为节点入射光线与光轴的交点[5-7]。根据各表面光线高度的比值与各表面曲率半径的比值相等,可以确定光学中心 OC 的位置,即

$$\frac{y_1}{y_2}=\frac{r_1}{r_2}$$

令第一面顶点到 OC 的距离为 t_1,第二面顶点到 OC 距离为 t_2,则该透镜系统的厚度 t 可表示为 $t=t_1-t_2$。同样可证明:

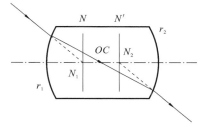

图 3.16　光学中心

$$\frac{y_1}{y_2}=\frac{t_1}{t_2}$$

以曲率半径表达 t_1,则光学中心 OC 位于:

$$t_1=\frac{tr_1}{r_1-r_2}=\frac{t}{1-\dfrac{r_2}{r_1}}=\frac{t}{1-\dfrac{c_1}{c_2}}$$

光学中心的一个重要特性即波长非相关性(折射率 n 并未出现在之前公式中),意味着 OC 的空间位置是固定的。相反地,6 个基点的空间位置由于与 n 相关,故均为波长的函数。

光学中心的位置可位于系统两节点之前、之间或之后。例如,对于一个对称双凸透镜($r_1=-r_2$)而言,其光学中心恰好位于透镜正中,两节点之间;而对

于一个 $r_1=20,r_2=5,N=1.5$ 的透镜而言,其两节点与光学中心均位于透镜之后,顺序为 N_1、N_2 和 OC。在第一例中,节点入射光线穿越透镜系统光轴时通过光学中心,而第二例中并非如此。在第二例中,需反向延长节点光线才能得到其与系统光轴的交点。同样,当曲率半径具有相同数值和符号时,其光学中心位于无穷远。

光学中心点(平面)与节点(平面)相共轭;然而,当两节点以单位角放大率相关时,则节点-光学中心放大率(m_{OC})却并非一定为单位 1。总之,m_{OC} 为节点入射光线在过第一节点与过光学中心时倾角的比值。对于单个厚透镜,放大率 m_{OC} 可以容易地由下式求出:

$$m_{OC}=\frac{r_1-r_2}{N(r_1-r_2)-t(N-1)}$$

需注意式中,若 $t\rightarrow0$,对于任何 $N,m_{OC}\rightarrow\frac{1}{N}$;若 $t\rightarrow r_1-r_2,m_{OC}\rightarrow1$。

所有旋转对称的透镜系统均有一个光学中心以及 6 个基点。由于光学中心与 N_1 和 N_2 共轭,因此毫无疑义可将光学中心同样视为一类基点。若将孔径光阑置于光学中心,则入瞳位于第一节点处,出瞳位于第二节点处,光瞳放大率为单位 1。无论所设计的透镜系统是对称或非对称的,以上结论均成立。当 $n\neq n'$,则出瞳放大率将为 $\frac{n}{n'}$ 而非单位 1。关于孔径光阑和入/出瞳的意义将在第 8 章详细讨论。

3.3.8 向普鲁条件

当一个光学系统对一个倾斜物体进行成像时,如图 3.17 所示,其所成像同样为倾斜的。借助横向及纵向放大率的概念,容易得知物平面与第一主平面 P_1 的交点高度必然和像平面与第二主平面 P_2 的交点高度相同。以上原理由匈牙利军官西奥多·向普鲁上尉(Captain Theodor Scheimpflug)在 20 世纪早期首次提出,因而被称为向普鲁条件。在近轴区可通过以下步骤证明该原理。

如图 3.17 所示,轴上物点 A 位于倾斜物平面正中,成像于光轴上点 A';点 B 位于倾斜物平面底端且成像于点 B'。经过点 A 和点 B 的一平面交第一主平面于点 C。类似有,经过点 A' 和点 B' 的一平面交第二主平面于点 D,则交点高度 P_1C 与 P_2D 为

$$P_1C=\frac{y}{z}s, \qquad P_2D=\frac{y'}{z'}s'$$

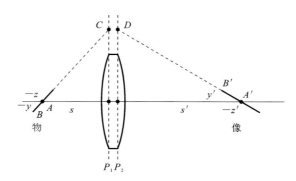

图 3.17　倾斜物体成像图解向普鲁条件

式中：y 和 z 为点 B 相对于点 A 的坐标；s 为点 P_1 到点 A 的距离。类似地，像空间坐标由加撇号字母表示。根据纵向放大率关系，有 $y'=my$，$s'=ms$，$z'=m^2z$；因此 $P_1C=P_2D$，从而证明了向普鲁条件。

考虑以下实用案例以理解向普鲁条件。对建筑物拍照时，倾斜相机会产生梯形畸变，即会让场景中的平行线条在底片或数码相片上出现会聚相交线。这种缺陷可在印刷时加以校正，通过合理放置画布及放大机镜头以使胶片平面、画布及放大机镜头主平面在满足向普鲁条件下合理相交。其成像锐度也会随之变为尽可能好。

当投影仪的胶片或 LCD/DLP 与幕布不相互平行时，也会出现梯形畸变。解决该问题的简单办法即倾斜幕布，使之与投影仪投影平面相平行。根据向普鲁条件，其交点将位于无穷远处。某些投影仪提供了一种倾斜投影平面的方法以补偿幕布与投影仪之间的位置关系。需注意的是，某些现代数码投影仪是通过扭曲所投影图像形状来实现补偿的，但这样并不能在幕布上实现精确聚焦，同样也降低了显示分辨率。

3.4　光学系统的初级像差设计

除非是特殊的物镜，大多数光学系统是由一系列互相之间有一定距离的"薄"透镜组成的，所以这里汇集一些关于单厚透镜和薄透镜组的性质关系式是有好处的。

3.4.1　单厚透镜

为厚透镜的两个面排出前述的（$y-nu$）计算表，容易证明：

$$光焦度 = \frac{1}{f'} = (N-1)\left(\frac{1}{r_1} - \frac{1}{r_2} + \frac{t}{N}\frac{N-1}{r_1 r_2}\right)$$

式中：N 是玻璃折射率。后截距为

$$l' = f'\left(1 - \frac{t}{N}\frac{N-1}{r_1}\right)$$

后主平面的位置位于：

$$l'_{pp} = l' - f' = -f'\left(\frac{t}{N}\frac{N-1}{r_1}\right)$$

前焦距和前截距有类似关系式。两个主平面之间的空隙或间隔为

$$Z_{pp} = t + l'_{pp} - l_{pp} = t(N-1)/N$$

对于一般折射率为 1.5 左右的冕牌玻璃，$Z_{pp} \approx t/3$。

3.4.2　单薄透镜

如果透镜很薄，以致做任何计算时，在要求的精度范围内都可以忽略其厚度，就可以看成是薄透镜。当然，对于精度高的设计，无所谓薄透镜。不过利用薄透镜的概念作光学系统初始设计是很方便的，所以在设计的早期阶段常常采用薄透镜公式，而最后加进厚度。

薄透镜的光焦度是它的各面光焦度之和，或是各镜片光焦度之和（如果这个薄透镜是由多个镜片构成的薄的透镜系统）。因为这时入射光线通过薄的透镜系统时，入射高 y 不变。于是对于单个透镜，有

$$光焦度 = \frac{1}{f'} = (N-1)\left(\frac{1}{r_1} - \frac{1}{r_2}\right)$$

对于薄的透镜系统，有

$$光焦度 = \sum 1/f$$

3.4.3　同心透镜

全部折射面的曲率中心重合于一点的透镜称为同心透镜。这种透镜的节点在上述公共中心。因为任何指向这个中心的光线都不会偏折，所以主点和节点亦与公共中心重合。远处的物体的像也是以公共中心为心的球面，其半径等于焦距。同心系统可以是完全折射的，也可以包括反射面。

3.4.4　平行板引起的像位移

容易证明（见第 6.4 节），如果将一块用透明材料制成的平行板放在透镜和它所成的像之间，则这个像将沿离开透镜的方向移动一段距离，表示为

$$s = t\left(1 - \frac{1}{N}\right)$$

如果 $N = 1.5$，s 等于板厚的三分之一，像的倍率为 1。这是人们所熟知的令像纵向移动而不改变其大小的方法。

放在透镜和它所成的像之间的棱镜也会使像移动同一距离，后者是沿在棱镜中的光路的方向计算的；不过真正的像的移动量取决于光路在棱镜中的往返次数，并且可以设计出这样的棱镜，把它放进或取出光路都不会使最后的像产生任何位移。

3.4.5　透镜弯曲

透镜设计者最有效的手段之一是令透镜"弯曲"，即改变它的形状而不改变光焦度。如果是薄透镜，已知其焦距为

$$\frac{1}{f'} = (N-1)\left(\frac{1}{r_1} - \frac{1}{r_2}\right)$$

可写成 $c_1 = 1/r_1$，$c_2 = 1/r_2$ 和 $c = c_1 - c_2$，于是有

$$1/f' = (N-1)(c_1 - c_2) = (N-1)c$$

显然，只要保持 c 不变，可以选定任意的 c_1 值而解出 c_2 值。如果薄的透镜系统是由几个薄透镜构成的，就可以给定 c_1，然后用下面的方法确定其他半径：c_1 给定后，则 $c_2 = c_1 - c_a$，$c_3 = c_2 - c_b$，等等。或者也可以根据既定透镜的数据，令各面曲率改变同一量 Δc。于是，

$$新\ c_1 = 旧\ c_1 + \Delta c$$

$$新\ c_2 = 旧\ c_2 + \Delta c$$

$$\vdots$$

图 3.18 所示的是一个透镜一系列的弯曲状态，其中，$c = 0.2$，起始时 $c_1 = -0.1$。每次增加 $\Delta c = 0.1$，得到图示的一系列弯曲形状。注意，正弯曲使透镜上、下端向右弯，反之向左弯。

我们用一个方便的无量纲的形状参数 X 来表示单透镜的形状，将它定义为

$$X = \frac{r_2 + r_1}{r_2 - r_1} = \frac{c_1 + c_2}{c_1 - c_2}$$

于是给定了 f' 和 X，就可以用下面的公式求出薄透镜的面曲率：

$$c_1 = \frac{1}{2}c(X+1), \quad c_2 = \frac{1}{2}c(X-1)$$

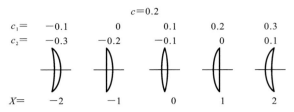

图 3.18 单个薄透镜的弯曲

或

$$c_1 = \frac{X+1}{2f'(N-1)}, \quad c_2 = \frac{X-1}{2f'(N-1)}$$

注意,等凸透镜和等凹透镜的 $X=0$。平凸透镜和平凹透镜的 X 值为 $+1.0$ 或 -1.0,X 的绝对值大于 1.0,表示弯月透镜。

如果被弯曲的是厚透镜,尤其是当它是复合透镜时,可以令它除末面以外的各面一律增加 Δc,然后再求出令最后的 u' 不变的末面曲率半径,以使透镜光焦度达到期待值。这是第 3.1.4 节中讨论过的求角度解的问题。但如果是单个厚透镜,必要时仍然可以用 X 表示透镜形状。对于焦距为 f' 的厚透镜,有

$$r_1 = (N-1)\frac{f' \pm [f'^2 + (f't/N)(X+1)(X-1)]^{1/2}}{X+1}$$

或

$$c_1 = \frac{-N \pm [N^2 + (Nt/f')(X+1)(X-1)]^{1/2}}{t(N-1)(X-1)}$$

于是可以用如下关系式求出 r_2 或 c_2:

$$r_2 = r_1\left(\frac{X+1}{X-1}\right) \quad 或 \quad c_2 = c_1\left(\frac{X-1}{X+1}\right)$$

 实例

如果 $f'=8, t=0.8, N=1.523, X=1.2$,则薄透镜公式给出 $c_1 = 0.26291$,$c_2 = 0.02390$。如果考虑到厚度影响,厚透镜公式给出 $c_1 = 0.26103$,$c_2 = 0.02373$。有限厚度的影响十分小,即使对这种弯月透镜也是这样。

3.4.6　分离薄透镜组

对于由一系列分离的薄透镜组成的系统,不能单纯用各镜片的光焦度相加来求全系统的光焦度,因为各镜片上的 y 随间隔而变。这时必须改用式(3-9),即

$$光焦度 = \sum (y/y_1)\phi$$

式中: ϕ 是各镜片的光焦度。

把前述 $(y-nu)$ 光线追迹方法用于一系列光焦度为 ϕ、间隔为 d 的分离薄透镜是方便的,注意这时 $(y-nu)$ 法中的折射率全部是 1.0。所用的公式是

$$u' = u - y\phi, \quad y_2 = y_1 + d_1' u_1' \tag{3-17}$$

作为例子,求如下系统的光焦度和像距:

$$\phi_a = 0.125, \quad \phi_b = -0.20, \quad \phi_c = 0.14286$$

$$d_a' = 2.0, \quad d_b' = 3.0$$

这个系统的 $(y-nu)$ 表如表 3.3 所示。

表 3.3　例子中系统的 $(y-u)$ 表

$-\phi$		-0.125		$+0.2$		-0.14286
d		2.0		3.0		
y		1	0.75		0.825	
u	0	-0.125		$+0.025$		-0.09286

于是焦距是 $1/0.09286 = 10.769$,后截距是 $0.825/0.09286 = 8.884$。当然, (y,u) 计算过程总是可逆的,如果已知光线应当具有的 y、u 值,就可以在表中从下到上地计算,求得能给出要求的光路的透镜系统。

作为例子,设有相距 2 in 的两个透镜,这个透镜组处于固定的相距 6 in 的物和像之间,要求倍率为 -3。问这两个透镜的光焦度应该是多少?在通常的 (y,u) 表中填上各已知量,如表 3.4 所示。因为倍率是 -3,进入系统的光线的倾斜角应当等于从系统出射的光线的倾斜角的 -3 倍,两个透镜必须把图 3.19 所示的这两段光线连接起来。

显然,两透镜之间的光线的倾斜角 $u_b = (2-6)/(-2) = 2.0$。于是 $\phi_a = (u_b+3)/6 = 5/6 = 0.8333$, $\phi_b = (1-u_b)/2 = -0.5$。因而所求的焦距分别为 1.2 in 和 -2 in。

表 3.4　有限放大双透镜系统的$(y-u)$表

	ϕ		ϕ_a		ϕ_b	
	$-d$			-2		
$l=-2.0$	y		6		2	
	u	-3	(u_b)		1	$l'=2.0$

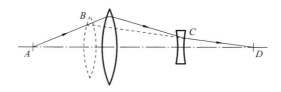

图 3.19　具有一定倍率的双透镜系统

由图 3.19 可以看出,把两段光线连接起来的任何透镜都是这个问题的解。实际上,用一个放在 AB 和 CD 交点处的单透镜(如虚线所示)就可以做到这一点。这个透镜的 $f_a=1.5$ in,$f_b=4.5$ in,$f'=1.125$ in。

3.4.7　加进厚度

为了实现某种目的,设计出一个薄透镜系统之后,下一步就是加进适当的厚度。按比例画出各镜片(假设镜片是等凸或等凹的),就可以求出各镜片适宜的厚度,不过还需要将各镜片按照原定的焦距缩放。然后计算各镜片的主点,调整空气间隔,使各主点之间的间隔等于原来各薄镜片之间的间隔。如果这些处理都正确无误,那么追迹一条来自无穷远处的近轴光线,就会求得和原来的薄透镜系统准确相等的焦距和倍率。

3.4.8　双透镜系统

图 3.20 所示的为一物体经过双透镜的一般成像问题,其物像之间存在特定的放大率及距离关系。许多成像问题可以通过采用两个等效透镜元件解决。等效透镜可以包含单透镜或者多透镜系统,之后利用单片厚透镜的主面和光焦度加以代表。从每个等效透镜元件的主点测量所有距离。简言之,图 3.20 所示的为薄透镜系统。若其放大率 m、物像距离 s 及透镜光焦度 ϕ_a 和 ϕ_b 为已知,则距离 s_1、s_2 及 s_3 的求解公式为

$$s_1=\frac{\phi_b(s-s_2)-1+m}{m\phi_a+\phi_b}$$

$$s_2 = \frac{s}{2}\left[1 \pm \sqrt{1 - \frac{4\left[sm(\phi_a + \phi_b) + (m-1)^2\right]}{s^2 m \phi_a \phi_b}}\right]$$

$$s_3 = s - s_1 - s_2$$

求解 s_2 的公式可能存在 0 解、1 解或 2 解。

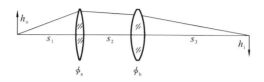

图 3.20　一般成像问题

若放大率和各距离为已知,则透镜光焦度由以下公式决定:

$$\phi_a = \frac{s + (s_1 + s_2)(m-1)}{ms_1 s_2}$$

及

$$\phi_b = \frac{s + s_1(m-1)}{s_2(s - s_1 - s_2)}$$

由公式可知,只有特定的透镜对才能同时满足放大率和间隔的要求。一般地,仅有选择特定的透镜光焦度和位置,才能满足放大率及物像距离的要求。利用以上公式,可以总结出一幅所有可能满足要求的透镜对分布区域图,如图3.21所示,其中阴影区域为 $s = -1$ 及 $m = -0.2$。

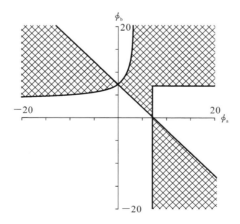

图 3.21　阴影区域所示为透镜对潜在解

该图可帮助设计者合理选择透镜组以获得更好的性能,如选择光焦度最小的透镜组。通过对透镜系统设置不同的物理约束条件,可以限制潜在解存在的空间。例如,透镜口径的容限决定了合理的系统最大光焦度。图中最大光焦度的曲线表明了解所存在的空间[8]。

当 s_1 与组合透镜有效焦距 efl 相比较大时,该组合透镜系统的光焦度为

$$\phi_{ab} = \phi_a + \phi_b - s_2 \phi_a \phi_b$$

则其有效焦距为 ϕ_{ab}^{-1},或

$$f_{ab} = \frac{f_a f_b}{f_a + f_b - s_2}$$

以及后焦距为

$$\mathrm{bfl} = f_{ab} \left(\frac{f_a - s_2}{f_a} \right)$$

两透镜之间间隔表示为

$$s_2 = f_a + f_b - \frac{f_a f_b}{f_{ab}}$$

图 3.22 所示的为厚透镜双透镜组的情况。透镜组合之后系统的主点表示为 P_1 和 P_2,透镜 a 主点为 P_{a_1} 和 P_{a_2},透镜 b 主点为 P_{b_1} 和 P_{b_2}。除了后焦距以外,图中的各距离均以各透镜或组合系统的主点为起点测量。例如,s_2 为 P_{a_2} 到 P_{b_1} 的距离。后焦距 bfl 为透镜系统最后表面的顶点到焦点的距离。

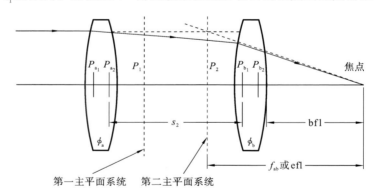

第一主平面系统　　第二主平面系统

图 3.22 双厚透镜组合系统主点及各透镜主点,有效焦距 f_{ab} 或 efl,后焦距 bfl。除后焦距 bfl 外,各距离自主点测量(来源:调整自《光学手册》(Handbook of Optics)第二版,第 2 卷第 1 章图 18。经许可使用)

3.5 变焦距系统的薄透镜设计

变焦距透镜是这样的透镜:它的焦距可以借沿光轴移动一个或一个以上

的透镜组元而连续改变,同时用某种方法(光学的或机械的)使像位置保持在一个固定的平面上。焦距变化而像面不保持固定的系统称为变倍系统。后者适用于放映镜头或反射照相机的镜头。反射照相机操作者,在曝光之前要预先观察对焦。在电影摄影机或任何需保证改变焦距时焦面不动的场合,都要采用真正的变焦距镜头。

3.5.1 机械补偿变焦距透镜

变焦距照相机镜头通常由一个顿德斯(Donders)型远焦系统装在一个普通照相机镜头前面构成(见图 3.23)。改变焦距时,令中间的负组元沿光轴移动,同时用一个往复凸轮令前组元或后组元移动,以保持焦面位置不变。

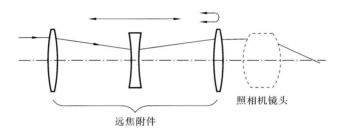

远焦附件　　照相机镜头

图 3.23　机械补偿可变焦距系统

 实例

假设要设计一个放大率可以在 3:1 的范围内变化的对称顿德斯望远镜。负组元的倍率必须从 $\sqrt{3}$ 变到 $1/\sqrt{3}$,即从 1.732 变到 0.577。负组元的焦距按下式求得:

$$焦距 = \frac{透镜移动量}{倍率改变量}$$

设 $f_a = f_c = 4$ in,$f_b = -1.0$ in,各透镜的位置如表 3.5 所示。最后一列数(像移动量)表明,为了保持像在无穷远处,远焦顿德斯望远镜的前组元或后组元必要的移动量,这个望远镜可以按接收平行光的条件装在照相机的前方。对近处的物体对焦时,要令前组元沿光轴移动,否则对近处的物体变焦规律起变化。当然,如果作为放映镜头使用,就不必保持远焦条件,也不必具备对近处物体作对焦调整。

接在顿德斯望远镜后面的照相机镜头的焦距可以是任意的,最好尽可能用大一点的远焦附件以减小像差。早期这种形式的可变焦距镜头装有简单的消色差双透镜,以作为变焦距组元。

表 3.5　顿德斯望远镜的图像与组元运动

中间组元数据			薄透镜间隔		
倍率	物距	像距	前组元	后组元	像移
1.732	1.577	−2.732	2.423	1.268	−0.309
1.4	1.714	−2.400	2.286	1.600	−0.114
1.0	2.000	−2.000	2.000	2.000	0
0.7	2.429	−1.700	1.571	2.300	−0.129
0.577	2.732	−1.577	1.268	2.423	−0.309

3.5.2　三透镜变焦距镜头

这种系统也有三个组元,按正—负—正排列,后面没有固定透镜(见图3.24)。第一个透镜是固定的,第二、第三个透镜互相反向移动。全系统的焦距等于透镜 a 的焦距乘以透镜 b 和 c 的倍率。因此,严格要求透镜 b 和 c 同时放大或缩小,否则透镜 c 的作用将会抵消透镜 b 的作用。

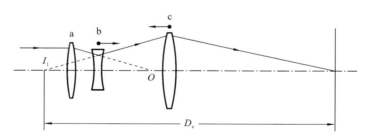

图 3.24　机械补偿三透镜变焦距镜头设计

当透镜 b 处于倍率为 1 的位置时,像 I_1 位于其可能的最右端(朝向透镜b)。当透镜 b 向右移动时,其倍率将增大,这时透镜 c 必须向左移动以使本身的倍率也增大。计算方法是简单的。令透镜 a 固定,其所成像亦固定在 O点。对于透镜 b 的每一个位置,都可以找出其所成像的位置,从而确定透镜 c 的物像距离 D_c。然后用式(3-16)计算 m_c,同时也就计算出第三透镜的共轭距离。

实例

设 $f_a = 3.0$,物体在很远处,$f_b = -1.0$,$f_c = 2.7$。透镜 a 到像平面的距离等于 10.0。各透镜的四个典型位置列于表 3.6 中。由表可见,虽然负透镜的倍率变化范围只有 2.3∶1,但焦距变化范围稍微超过 3∶1。图 3.25 表示两个透镜的移动情况。采用这些数据时,透镜 a 的焦距是可以任意的,起始物距也是可以任意的,但透镜 a 产生的像必须落在最后的像面前方 7 个长度单位的地方。这种变焦距系统用于变焦距显微镜,物镜独自在最后的像位置上产生一个虚物。

表 3.6　实例中放大透镜的位置

间隔					间隔				焦距
m_b	$1/m_b$	l_b	ab	l'_b	D_c	m_c	l_c	bc	l'_c	
1.0	1.00	2.00	1.00	-2.0	11.00	1.3117	4.7584	2.7584	6.2416	3.935
1.5	0.67	1.67	1.33	-2.5	11.17	1.4426	4.5716	2.0716	6.5951	6.492
2.0	0.50	1.50	1.50	-3.0	11.50	1.6550	4.3314	1.3314	7.1686	9.930
2.3	0.435	1.435	1.565	-3.5	11.735	1.7864	4.2114	0.9114	7.5234	12.326

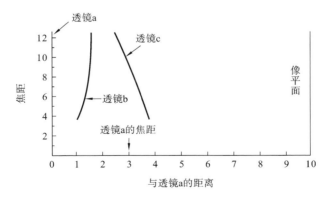

图 3.25　三透镜变焦距系统的透镜运动情况

3.5.3　三透镜光学补偿变焦距系统

这个系统在 1949 年为库维利(Cuvillier)[9] 所采用,称为潘兴诺(Pan-Cinor)

镜头。将两个可动透镜连接起来,在两者之间有一个固定透镜(一般互相连接的两个透镜都是正的,固定透镜是负的,但是也可以做别的安排)。适当选择各透镜的光焦度和间隔,就可以做到当外侧两个透镜移动时,像将几乎保持固定,而不需要凸轮,所以称为"光学补偿"系统。对近处物体对焦时,必须移动中间的负透镜,或改变两个可动透镜之间的距离。

这种系统的薄透镜初始的设计方法明白易懂,尽管涉及的代数计算是复杂的。图 3.26 所示的是这种系统的起始状态。透镜 a 和 b 的相邻焦点之间的距离是 X,透镜 b 和 c 的相邻焦点之间的距离是 S。于是可以作出如表 3.7 所示的这三个透镜的表,并用 $(y-u)$ 法追迹一条近轴光线。

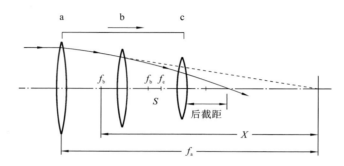

图 3.26　三透镜光学补偿变焦距系统设计

表 3.7　三透镜光学补偿变焦距系统薄透镜设计

ϕ	$1/f_a$		$1/f_b$		$1/f_c$
$-d$		$-(f_a+f_b-X)$		$-(f_b+f_c+S)$	
y	1		$(X-f_b)/f_a$		$-\dfrac{f_b^2+XS+Xf_c}{f_af_b}$
u	0	$1/f_a$		X/f_af_b	$\dfrac{-f_b^2+XS}{f_af_bf_c}$

因此,起始焦距为

$$-f_af_bf_c/(f_b^2+XS) \tag{3-18}$$

起始后截距是 $f_c+f_c^2X/(f_b^2+XS)$。注意,起始后截距与 f_a 无关。

现在假设令变倍部分(透镜 a 加透镜 c)向右移动一段距离 D。于是 X 和 S 都增加 D,但是为了使像保持在固定位置,要求后截距减小 D。因此,

$$D = (起始后截距) - (新的后截距)$$

$$= \left[f_c + \frac{f_c^2 X}{f_b^2 + XS} \right] - \left[f_c + \frac{f_c^2 (X+D)}{f_b^2 + (X+D)(S+D)} \right] \quad (3\text{-}19)$$

由此得到

$$f_b^4 + (f_b^2 + SX)(S+D)(X+D) + f_b^2 (f_c^2 + SX) - f_c^2 X(X+D) = 0$$

$$(3\text{-}20)$$

现在，这个系统要成为一个有效的变焦距镜头，它的像面位置就应不但对一个位移量 D 是固定的，而且对位移量 $2D$ 也是固定的。令式(3-20)中的 D 改为 $2D$，得到

$$f_b^4 + (f_b^2 + SX)(S+2D)(X+2D) + f_b^2 (f_c^2 + SX) - f_c^2 X(X+2D) = 0$$

$$(3\text{-}21)$$

令式(3-21)减式(3-20)，得到

$$f_c^2 = \frac{(f_b^2 + SX)(X+S+3D)}{X}$$

将它代回式(3-19)就得到

$$f_b^2 = \frac{X(X+D)(X+2D)}{S+2X+3D} \quad (3\text{-}22)$$

因而对于任何一组 X、S 和 D 的数值，都可以求出透镜 b 和 c 的光焦度。不过还可以引入"变焦比" R 来简化上述表达式。R 是起始焦距和最后焦距的比值。利用式(3-18)，得到

$$R = \frac{f_b^2 + (X+2D)(S+2D)}{f_b^2 + XS}$$

它给出

$$f_b^2 = \frac{(X+2D)(S+2D) - RXS}{R-1} \quad (3\text{-}23)$$

合并式(3-22)和式(3-23)，消去 f_b，将 S 表示成 R、X 和 D 的函数，有

$$S^2 [X(1-R) + 2D] + S[2X^2(1-R) + 3DX(3-R) + 10D^2]$$

$$- (X+2D)[X(R-1)(X+D) - 2D(2X+3D)] = 0$$

为简明起见，可以令 $D=1$，使系统规格化，解出 S，即

$$S = \frac{2X^2(R-1) + 3X(R-3) - 10 \pm [X(R+1) + 2]}{2X(1-R) + 4}$$

我们会发现，根号取负号对应的系统是可用的，由此得到

$$S = \frac{X^2(R-1) + X(R-5) - 6}{2 - X(R-1)} \tag{3-24}$$

于是，

$$f_b^2 = \frac{X+1}{R-1}(XR - X - 2), \quad f_b^2 = \frac{4R}{R-1} \cdot \frac{2+X+XR}{(2+X-XR)^2} \tag{3-25}$$

如果 $R > 1$，可动透镜是正的；如果 $R < 1$，可动透镜是负的。为了使后空气间隔 $d_b' = (f_b + f_c + S)$ 是正的，必须选择合理的 X 起始值。大致适宜的数值是

R: 5   4   3   2   0.5   0.4   0.3   0.2

X: 1.3   1.7   2.4   4.5   −7.0   −5.5   −4.5   −3.8

 实例

设计 $R=3$，$X=2.2$ 的光学补偿可变焦距镜头。由式(3-24)和式(3-25)给出

$$S = 0.3, \quad f_b^2 = 3.84, \quad f_c^2 = 11.25$$

因为 $R > 1$，两个可动透镜是正的，固定透镜是负的。开平方根之后得到

$$f_b = -1.95959, \quad f_c = 3.35410$$

设透镜 a 和 b 的起始间隔是 3.0，可求得前透镜的焦距是 7.15959，后空气间隔 d_b' 起始时应当是 1.69451。用 $(y-u)$ 法可算出表 3.8 所列数据。

表 3.8   变焦镜头的性能

变倍组元的移动量		后截距	像移动量	焦距
(起始位置)	−0.5	8.81839	−0.5357	
	0	8.85410	0	10.457
	0.5	8.41660	0.0625	
$D=$	1.0	7.85410	0	5.882
	1.5	7.31839	−0.0357	
	2.0	6.85410	0	3.486
	2.5	6.46440	0.1103	

由表 3.8 可知,像平面通过对应于 $D=0$、1 和 2 这三个原先设计时预定的位置,但是对于其他 D 值,像面偏离这个位置。如果变焦系统尺寸大,这种偏离(通常称为幅度(loop))将会十分显著。但是如果系统大小适中,并且是装在一个光焦度相当大的小固定镜头前面(例如,装在 8 mm 电影摄影机前面),上述偏离会小到可忽略的程度。还可以看到,像距和变倍移动量的关系是立方曲线关系(见图3.27)。

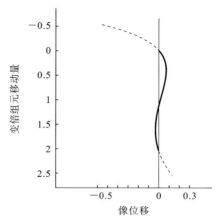

图 3.27　三透镜光学补偿变焦距系统的像位移

3.5.4　四透镜光学补偿变焦距系统

用如图 3.28 所示的四透镜装置,可以显著减小对焦像位置之间的幅度。这时采用一个固定的前透镜,后面是一对互相连接的可动透镜,两个可动透镜之间有一个固定透镜。四个透镜的光焦度和间隔的代数求解与前一节所讲的相似,但要复杂得多。

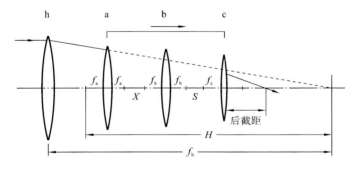

图 3.28　四透镜光学补偿变焦距系统设计

现在以 H、X 和 S 表示三个空气间隔中的相邻焦点的距离,X 和 S 的作用和前一节相同。起始透镜间隔为

$$d'_{\mathrm{h}}=f_{\mathrm{h}}+f_{\mathrm{a}}-H, \quad d'_{\mathrm{a}}=f_{\mathrm{a}}+f_{\mathrm{b}}+X, \quad d'_{\mathrm{b}}=f_{\mathrm{b}}+f_{\mathrm{c}}+S$$

起始焦距和起始后截距分别为

$$\frac{f_{\mathrm{h}}f_{\mathrm{a}}f_{\mathrm{b}}f_{\mathrm{c}}}{f_{\mathrm{a}}^2S+HXS-f_{\mathrm{b}}^2H}, \qquad f_{\mathrm{c}}+f_{\mathrm{c}}^2\left(\frac{f_{\mathrm{a}}^2HX}{f_{\mathrm{a}}^2S+HXS-f_{\mathrm{b}}^2H}\right)$$

二者分母相同。现在令可动透镜移动距离为 D，于是 S 增加 D，而 H、X 和后截距减小 D。然后以 $2D$ 和 $3D$ 代替 D，经过三次相减之后就得到如下关系式：

$$f_{\mathrm{c}}^2(f_{\mathrm{a}}^2+HX)+(f_{\mathrm{b}}^2H-f_{\mathrm{a}}^2S-HSX)(S-X-H+6D)=0 \quad (3\text{-}26)$$

假设可动透镜 a 和 c 的光焦度相等，就可使问题大为简化。这样式(3-26)变成

$$f_{\mathrm{a}}^4-f_{\mathrm{a}}^2[-HX+S(S-X-H+6D)]+H(f_{\mathrm{b}}^2-SX)(S-X-H+6D)=0$$

求出用 f_{a}^2 表示的 f_{b}^2 的解，即

$$f_{\mathrm{b}}^2=\frac{f_{\mathrm{a}}^2+HX}{H}\left(S-\frac{f_{\mathrm{a}}^2}{S-X-H+6D}\right)$$

将 f_{b}^2 代入原来联系变焦移动前后的后截距的关系式，并且注意 $S=(X-3D)$，就得到

$$\begin{cases} f_{\mathrm{a}}^4+f_{\mathrm{a}}^2(2H-3D)(H+X-3D)-H(H-D)(H-2D)(H-3D)=0 \\ f_{\mathrm{b}}^2=\dfrac{f_{\mathrm{a}}^2+HX}{H}\left[\dfrac{f_{\mathrm{a}}^2}{H-3D}+(X-3D)\right] \end{cases}$$

$$(3\text{-}27)$$

变焦比 R（起始焦距与最后焦距之比）为

$$R=\frac{-f_{\mathrm{a}}^2X+X(H-3D)(3D-X)+f_{\mathrm{b}}^2(H-3D)}{-(HX+f_{\mathrm{a}}^2)(3D-X)-Hf_{\mathrm{b}}^2}$$

如果可动透镜是负的，变焦比 R 小于 1.0。

 实例

设计一个变焦距系统，其变焦比和前一例相同，以便比较像面移动幅度的大小。

我们发现，这时候应当令 $X=3.5$，$D=1$，$H=10.052343$。上述公式给出

$$f_{\mathrm{a}}^2=25.130858 \quad \text{或} \quad f_{\mathrm{a}}=f_{\mathrm{c}}=-5.0130687$$

$$f_{\mathrm{b}}^2=24.380858 \quad \text{或} \quad f_{\mathrm{b}}=4.937698$$

$$R=0.333333(S=0.5)$$

起始空气间隔为

$$d'_{\mathrm{h}}=f_{\mathrm{h}}+f_{\mathrm{a}}-H=0.5(假设)$$

因而

$$f_h = 15.565412$$

$$d'_a = 3.424629$$

$$d'_b = 0.424629$$

采用这四个透镜时,总焦距是负的,因而必须在后面加上第五个透镜以提供必要的正焦距。为了和第 3.5.3 节中的三透镜系统比较,设起始焦距为 3.486,它要求后透镜焦距取 4.490131,开始时位于第四镜片后方 4 个长度单位处。对一系列变焦位置追迹通过系统的近轴光线,得到表 3.9 中的数据(见图 3.29)。

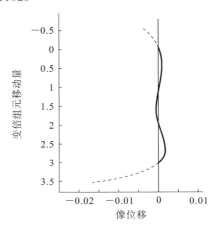

图 3.29　四透镜光学补偿变焦距
系统的像位移

注意这时的像面变化幅度只是前一种三透镜系统的五十分之一左右,现在的偏差曲线是四次的。显然,由于像面偏离这样小,自然可以设计出一个焦距变化范围宽得多(如 6∶1 或更宽)的四透镜变焦距透镜,而事实上已经有人这样做了。

表 3.9　四元件光学补偿变焦镜头的性能

变倍组元的移动量		后截距	像移动量	焦距
(起始位置)	−0.5	6.22805	−0.00383	
	0	6.23188	0	3.486
	0.5	6.23267	0.00079	
	1.0	6.23188	0	5.026
$D=$	1.5	6.23120	−0.00068	
	2.0	6.23188	0	7.253
	2.5	6.23352	0.00164	
	3.0	6.23188	0	10.458
	3.5	6.21538	−0.01650	

3.5.5　光学补偿变焦距放大镜头或印刷镜头

第 3.5.4 节所讨论的四透镜变焦距系统可以由位于三个负透镜之间的两

个一同运动的相同的正透镜构成。显然可以去掉外侧两个负透镜而构成一个三透镜变焦距印刷机或放大机系统。这种系统有四次方的偏差曲线。现在方程(3-27)变成

$$\begin{cases} f_a^4 + f_a^2(2H-3)(H+X-3) - H(H-1)(H-2)(H-3) = 0 \\ f_b^2 = \left(X + \dfrac{f_a^2}{H}\right)\left[\dfrac{f_a^2}{H-3} + (X-3)\right] \end{cases}$$

$$(3-28)$$

方程(3-28)可以用来设计一个系统,取 $f_a = f_c$ 的正根,取 f_b 的负根。H 是固定的物到前透镜的前焦点的起始距离,因而起始物距是 $(H-f_a)$。起始透镜间隔分别是 (f_a+f_b+X) 和 (f_a+f_b+X-3)。

 实例

设计 $H=-8, X=2$ 的可变焦距系统。上述公式给出 $f_a = f_c = 6.157183$ 和 $f_b = -2.667455$。起始时两个间隔分别为 4.667455 和 1.667455。当移动变倍透镜以改变倍率时,这些间隔将增加或减小。物与像之间的总距离等于 $2 \times (14.157183 + 4.667455) = 37.6493$。用 $(y-u)$ 法追迹光线,给出表 3.10 中的数据。

表 3.10　光学补偿放大镜或打印机变焦镜头的性能

变倍组元的移动量		像距	要求的像距	像移动量	倍率
(起始位置)	−0.5	17.762025	17.657184	+0.104841	
	0	17.157184	17.157184	0	−1.7520
	0.5	16.646875	16.657184	−0.010309	
	1.0	16.157184	16.157184	0	−1.2071
$D=$	1.5	15.661436	15.657184	+0.004252	
	2.0	15.157184	15.157184	0	−0.8285
	2.5	14.652316	14.657184	−0.004868	
	3.0	14.157184	14.157184	0	−0.5708
	3.5	13.680794	13.657184	+0.023610	

图 3.30 所示的是像移动曲线。注意现在是移动一对正组元,四次方曲线的弯曲方向和前一个例子相反,后者是移动一对负透镜。

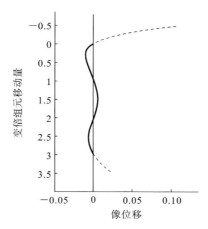

图 3.30 变焦距放大机系统的像位移

　如果想要实现比较宽的倍率范围,就要减小 H 值。如果透镜靠得太近,则 X 会有所增加。显然,对于尺寸大小是没有什么妙法可施的。如果要求不同的物像距离,必要时可以缩放整个系统。固定的负组元是十分强的,实际上常分裂成一对密接的负消色差透镜。这留给设计者自己做。

注释

1. After Rudolf Kingslake, *Optical System Design*, Chapter 5. Ⅳ, Academic Press, New York (1983).

2. W. Brower, *Matrix Methods in Optical Instrument Design*, Benjamin, New York (1964).

3. H. Kogelnik, Paraxial ray propagation, in *Applied Optics and Optical Engineering*, Vol. 7, p. 156, R. R. Shannon and J. C. Wyant (Eds.), Academic Press, New York (1979).

4. 对于 1839 年前的匹兹伐镜头,焦距这个术语仅对薄透镜有意义,并被看作是当观察一个非常远的物体时从透镜端到成像端的距离。在相当长的时间里,复杂透镜的等效焦距以其等效薄透镜的焦距表示。

5. H. Erfle, Die optische Abbildung durch Kugelflaechen, Chapter Ⅲ in *S. Czapski und O. Eppenstein Grundzuege der Theorie der Optischen Instrumente nach Abbe*, Third Edition, pp. 72-134, H. Erfle and H. Boegehold (Eds.), Barth, Leipzig (1924).

6. H. Schroeder, Notiz betreffend die Gaussischen Hauptpunkte, *Astron. Nachrichten*, 111:187-188 (1885).

7. R. Barry Johnson, Correctly making panoramic imagery and the meaning of optical center,

Current Developments in Lens Design and Optical Engineering Ⅸ,Pantazis Z. Mouroulis,Warren J. Smith,and R. Barry Johnson（Eds.）,Proc. SPIE,7060:70600F（2008）.

8. R. Barry Johnson,James B. Hadaway,Tom Burleson,Bob Watts,and Ernest D. Park,All-reflective four-element zoom telescope：Design and analysis,International Lens Design Conference,*Proc. SPIE*,1354:669-675（1990）.

9. R. H. R. Cuvillier,Le Pan-Cinor et ses applications,*La Tech. Cinemat.*,21:73（1950）；also U. S. Patent 2,566,485,filed January 1950.

第4章
像差理论

4.1　引言

在之前的章节中,所考虑的成像情况均为理想的或无像散的,即从一个点光源 P 发出的光线,经过一个光学系统传播后汇聚为唯一的高斯像点 P'。同时,点 P 所对应的波面经过光学系统后会形成以点 P' 为球心的球面波面。换言之,如之前章节中高斯成像定律所述,所有的物点均在像面处形成对应共轭的像点。实际成像与理想成像的位置偏差是由光学系统固有的缺陷或像差所导致的。

在本章中,实际像点 $\tilde{P}'$ 的位置与存在场曲和畸变但无像散的像点 P' 可能不相同。当光学系统无法在其高斯像面的位置对一物点成唯一像点时,实际成像光线不再汇聚通过同一点。且由于像差的影响,成像光线对应的汇聚波面也不再为球面波面。在本章中,首先将基于光线传播误差而非波面误差的观点,提出对称光学系统像差的数学描述方法。之后的章节再分别对各种像差的性质及其在透镜设计过程中的控制方法做进一步详述。

4.2　对称式光学系统

图 4.1 描述了一个对称式光学系统的基本构成元素。该类系统的特征是

当其围绕光轴 OA 旋转或在任意包含 OA 的平面内发生反射时,其几何光学性质不变。以上两个对称特征是一个对称式光学系统的必要条件[1]。

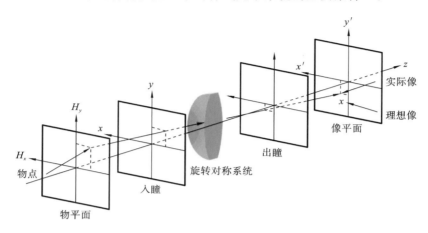

图 4.1　对称式光学系统的基本构成元素

在一个右手笛卡儿坐标系中,通常用 z 轴来表示一个光学系统的光轴[2]。理想的对称光学系统能够对一垂直于光轴的物平面(OP)内的物体,在其对应像平面(IP)内成一清晰无畸变的像。这些物平面与其像平面在光学系统成像过程中分别形成对应的共轭关系。除非特殊说明,否则本书均认为物像平面与光轴垂直。

考虑对称光学系统物空间任意一点 P 的情况下,物点 P 发出的光线束通过光学系统传播后,将不会通过像空间唯一的一点,即点 P 所成像由于像差影响会形成像散像。反之,假设点 P 所有光线能够通过像空间唯一点 P',则点 P 所成像称为无像散像[3]。根据对称光学系统的定义,显然若 P' 为某物点 P 的无像散像,则要求这两点 P 和 P' 必须位于包含光轴的同一平面内。假设令所有的物点都位于物平面 OP 内且均成无像散像,则物平面通过光学系统成像于某一个无像散像面(注意该像面并非平面)。

同样根据对称光学系统的定义,显然一个以光轴为法线的物平面 OP 所成的无像散像面,是关于系统光轴旋转对称的。若该旋转对称的像面不是一个平面,则说明此时会存在一种导致成像模糊的像差或缺陷,我们称之为场曲。假设光学系统为旋转对称且无像散的,则可任意选取某一包含光轴的平面作为参考平面。根据图 4.1,参考平面为 y-z 平面,称为切向平面或者子午平面。

假设当前某一具有几何形状的物平面在其像平面上成无像散像。若该光学系统所成像较之物体具有相同形状而仅有大小缩放,则认为该成像无畸变,或称为该物体的精确几何表达。若光学系统成像与物体形状不具备完全几何相似性,则此时成像存在畸变像差影响。当光学系统不存在畸变影响(无畸变)时,成像与相应的物体尺寸之比称为放大系数 m,如正透镜组对物体成倒立实像的情况。假设物体为一直线,起点为物平面原点,终点为图 4.1 中物平面上坐标 (H_x, H_y) 的物点,则像的大小可计算为

$$H'_x = mH_x, \quad H'_y = mH_y$$

这是因为该线段能够分别投影在各个坐标轴且独立传播,正如近轴斜光线在其正交分量上也是线性独立的,这点具有普遍意义。

通过之前的讨论,很明显,若一个物平面成理想像必须满足三个基本条件,即无成像像散、无像面弯曲以及无成像畸变。反之,即便光学系统满足了无像散成像条件,也依然存在成像畸变和像面弯曲等缺陷。

如前所述,一个理想光学系统意味着可以将一个物点发出的光线汇聚成无像散的一个像点,尽管此时可能依然存在场曲和畸变。在本节中,将从几何光学角度探讨成像质量问题。在后续章节中,将讨论衍射对成像质量的影响。

本书主要以旋转对称光学系统及其像差和结构为主要研究对象。如图 4.1 所示,该光学系统的一般结构包含五部分:物平面、入瞳、透镜组(包含光阑)、出瞳以及像平面[4]。如图 4.2 所示,可以通过物面坐标 (H_x, H_y) 以及入瞳坐标 $(\rho_x, \rho_y) = \vec{\rho}$,或极坐标 (ρ, θ) 确定一条经过光学系统传播的光线。因此,入瞳处点 P 可以表示为 $x = \rho\cos\theta$ 及 $y = \rho\sin\theta$,当 $\vec{\rho}$ 与 y 轴重合时 θ 为 0。

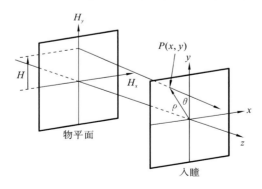

图 4.2　光线的入瞳坐标

光线在像平面上入射点为(H'_x, H'_y)，该像点相对理想像点的偏移量为$(\varepsilon_x, \varepsilon_y)$。由于该光学系统为旋转对称系统，则可以设物点始终位于物平面的y轴之上，即$H \equiv (0, H_y)$。这意味理想像点同样位于像平面的y轴之上，即$h' = mH$，其中m为成像放大系数。

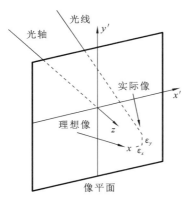

图 4.3 存在像差时的像平面坐标

实际像平面与理想像平面之间可能存在偏移量ξ。理想像平面也称为高斯像面或近轴像面。本书所述的实际像面，是指距离理想像面具有散焦位移ξ的成像平面。

如图4.3所示，由于像差影响，通常光线从出瞳出射后并不通过图中所示的理想像点位置，而是与像平面交于实际像点(x', y')。

将物点位置表示为$\vec{H} = H_x \hat{i} + H_y \hat{j}$（见图4.1），理想像点位置表示为$(h'_x, h'_y)$且实际像点位置表示为$(x', y')$。

$$x'(\rho, \theta, \vec{H}, \xi) \equiv \varepsilon_x(\rho, \theta, \vec{H}, \xi) + h'_x$$
$$y'(\rho, \theta, \vec{H}, \xi) \equiv \varepsilon_y(\rho, \theta, \vec{H}, \xi) + h'_y$$

若采用向量形式且暂时忽略散焦影响，则光线像差可以表示为

$$\vec{\varepsilon}(\vec{\rho}, \vec{H}) = \vec{\varepsilon}_s(\vec{\rho}, \vec{H}) + \vec{\varepsilon}_c(\vec{\rho}, \vec{H})$$

其中$\vec{\varepsilon}_s$和$\vec{\varepsilon}_c$分别定义为

$$\vec{\varepsilon}_s(\vec{\rho}, \vec{H}) = \frac{1}{2}\left[\vec{\varepsilon}(\vec{\rho}, \vec{H}) - \vec{\varepsilon}(-\vec{\rho}, \vec{H})\right]$$

$$\vec{\varepsilon}_c(\vec{\rho}, \vec{H}) = \frac{1}{2}\left[\vec{\varepsilon}(\vec{\rho}, \vec{H}) + \vec{\varepsilon}(-\vec{\rho}, \vec{H})\right]$$

$\vec{\varepsilon}_s$和$\vec{\varepsilon}_c$称为对称和非对称像差，分别如光线$(\vec{\rho}, \vec{H})$产生的像散和彗差[5]。这种光线像差分解方法的重要性在后续的透镜设计学习中将逐步显现。首先考虑对称像差分量$\vec{\varepsilon}_s$，意味着成像无畸变时光线像差相对理想像位置是对称的。以上性质也可解释为：当光线为$(\vec{\rho}, \vec{H})$时该分量为$(\varepsilon_x, \varepsilon_y)$；当光线为$(-\vec{\rho}, \vec{H})$时该分量为$(-\varepsilon_x, -\varepsilon_y)$。当仅有像散像差时，物点经光学系统后形成的点列图为对称图形。

反之，当ρ的符号变化时，彗形的或非对称的像差分量$\vec{\varepsilon}_c$是不变的。说明光线$(\vec{\rho}, \vec{H})$和$(-\vec{\rho}, \vec{H})$具有相同的成像误差$(\varepsilon_x, \varepsilon_y)$，即两者分别与像平面相

交于同一位置。相应地,彗差会形成非对称的点列图。此外,应该认识到像散像差和彗差分量并非相关,因此不能用以彼此平衡。该光学设计知识点的重要性在后续章节中将会进一步讨论。

　　基于光学系统的旋转对称性,将物体定义于物平面的子午面内或 y 轴之上,可使后续的像差计算和表达更为通用和简化。因此,若物体的 x 轴分量为 0,物体高度可表示为 H,理想像高为 h',则实际像的坐标变为

$$x'(\rho,\theta,H,\xi) \equiv \varepsilon_x(\rho,\theta,H,\xi)$$
$$y'(\rho,\theta,H,\xi) \equiv \varepsilon_y(\rho,\theta,H,\xi) + h'$$

目前看来,将像差分解为两部分的做法在考察 ρ 符号变化时像差如何变化方面是有效的。两部分像差分别为对称和非对称部分,两者彼此正交。由于物和像都设定在子午面内,因此所有物点发出的入瞳坐标为 $\vec{\rho}=(\rho,0°)$ 的入射光线也必在子午面内[6]。相应地,有 $\varepsilon_x=0$。通常将 ρ 归一化在 $(-1,+1)$ 内以画出光线的子午光扇像差图。图形的纵坐标即为考察光线与主光线之间的偏差。

　　图 4.4 所示的为一个子午光扇像差图的例子。此例中,设 $H \neq 0$,从而显示出光线像差的对称和非对称分量。如前所述,用 $\vec{\varepsilon_s}$ 和 $\vec{\varepsilon_c}$ 分别代表这两部分像差。图 4.4 显示了彗差及像散像差对总体像差的贡献。注意到彗差关于 ρ $=0$ 轴是对称的,换言之,任何入瞳坐标为 $(\rho,0°)$ 和 $(-\rho,0°)$ 的光线对,具有相同的光线误差,即 $\varepsilon_y(\rho,0,H)=\varepsilon_y(-\rho,0,H)$。相反地,像散像差关于该轴则是非对称的,说明任何入瞳坐标为 $(\rho,0°)$ 和 $(-\rho,0°)$ 的光线对,具有大小相等而符号相反的光线误差,即 $\varepsilon_y(\rho,0,H)=-\varepsilon_y(-\rho,0,H)$。观察该图发现,总体像差曲线既非对称也非不对称。在这个特定的例子中,彗差与像散像差均

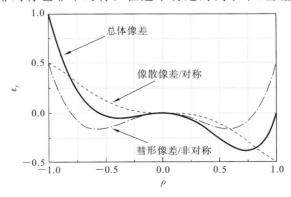

图 4.4　子午光扇的光线像差

包含符号相反的三阶和五阶项。总体像差曲线即为彗差和像散像差值之和。接下来将阐明以上曲线如何应用于透镜设计。

图 4.4 所示的曲线在透镜设计过程中具有非常重要的作用;然而,子午面内的像差曲线仅仅只反映了某一透镜设计中所有像差的一部分特征。为了增加一些像差曲线,我们还需要考察一些非子午面内的光线,一般称为斜光线。最常利用的就是入瞳坐标($\pm\rho$,90°)的斜光线,通常称为弧矢光线。一般地,我们将与主光线所在的子午面成 90°及 270°垂直的平面内的斜光线均称为弧矢光线。

弧矢平面并非贯穿光学透镜组的单一平面,当光线经过每一表面发生透射/反射后,其弧矢平面也随之发生偏转倾斜。较之主光线与近轴像面的交点位置,弧矢光线与近轴像面的交点具有垂直和水平方向的偏移,该偏移量均可利用适当的光线参数加以图示。该参数通常为光线与入瞳面的交点到子午平面的水平距离。显然之前的子午像差曲线不具备对称性,而此时两条弧矢光线曲线却是对称的。因而,弧矢光线曲线通常只显示 ρ 为正值,其表达式为

$$\varepsilon_x(\rho,90°,H,\xi)=-\varepsilon_x(-\rho,90°,H,\xi), \quad \varepsilon_y(\rho,90°,H,\xi)=\varepsilon_y(-\rho,90°,H,\xi)$$

之前已说明像差可以分解为像散像差和彗差彼此正交的两部分分量。这两部分像差可以进一步分解。对于像散像差而言,它包含了球差、像散以及散焦。类似地,彗差包含了彗差和畸变。以下光线偏差 ε_x 和 ε_y 的两公式即表现了该分解思路。其中各种像差以缩写表示,后文与本式相同。

$$\varepsilon_x(\rho,\theta,H,\xi)=\underbrace{\mathrm{SPH}_x(\rho,\theta,0)+\mathrm{DF}_x(\rho,\theta,\xi)}_{\text{像散像差部分}}+\underbrace{\mathrm{CMA}_x(\rho,\theta,H)}_{\text{彗形像差部分}}$$

$$\varepsilon_y(\rho,\theta,H,\xi)=\underbrace{\mathrm{SPH}_y(\rho,\theta,0)+\mathrm{AST}_y(\rho,\theta,H)+\mathrm{DF}_y(\rho,\theta,\xi)}_{\text{像散像差部分}}$$

$$+\underbrace{\mathrm{CMA}_y(\rho,\theta,H)+\mathrm{DIST}(H)}_{\text{彗形像差部分}} \tag{4-1}$$

式中:SPH≡球差;AST≡像散;CMA≡彗差;DIST≡畸变;DF≡散焦。注意 ε_x 的彗差部分不包含畸变项,因为假设物体位于子午平面内。

由于光线交点偏差可描述为像散像差和彗差贡献的线性组合,两者贡献可写作 H 和 ρ 的幂级数项形式。巴其道尔(Buchdahl)给出了展开式定义的大部分约定。例如,在组合 $\rho^{n-s}H^s$ 中与 ρ 和 H 相关的像差具有如下形式:

- n 阶,s 度彗差,若($n-s$)为偶数;
- n 阶,($n-s$)度像散,若($n-s$)为奇数。

为了简化,一般不讨论 ε_x 和 ε_y,除非必须要明确说明,假设散焦为 0,回顾普通斜光线的包含 θ 的函数展开式,则给出光线偏差的展开式为

$$
\begin{aligned}
\varepsilon_x = &\underbrace{(\sigma_1\rho^3 + \mu_1\rho^5 + \tau_1\rho^7 + \cdots)\sin\theta}_{\text{球差}}\\
&+\underbrace{(\sigma_2\rho^2 + \mu_3\rho^4 + \tau_3\rho^6 + \cdots)\sin(2\theta)H}_{\text{线性或圆圈彗差}}\\
&+\underbrace{\{\mu_9\sin(2\theta)\rho^2 + [\tau_9\sin(2\theta) + \tau_{10}\sin(4\theta)]\rho^4 + \cdots\}H^3}_{\text{三阶彗差}}\\
&+\underbrace{[\tau_{17}\sin(2\theta)\rho^2 + \cdots]H^5}_{\text{五阶彗差}}\\
&+\underbrace{[(\sigma_3 + \sigma_4)H^2 + \mu_{11}H^4 + \tau_{19}H^6 + \cdots]\sin\theta\rho}_{\text{线性像散}}\\
&+\underbrace{[(\mu_5 + \mu_6\cos^2\theta)H^2 + (\tau_{13} + \tau_{14}\cos^2\theta)H^4 + \cdots]\sin\theta\rho^3}_{\text{三阶像散}}\\
&+\underbrace{[(\tau_5 + \tau_6\cos^2\theta)H^2 + \cdots]\sin\theta\rho^5}_{\text{五阶像散}}\\
&+\cdots\text{含 } \rho \text{ 和 } H \text{ 项的更高阶像差}
\end{aligned}
\tag{4-2}
$$

以及

$$
\begin{aligned}
\varepsilon_y = &\underbrace{(\sigma_1\rho^3 + \mu_1\rho^5 + \tau_1\rho^7 + \cdots)\cos\theta}_{\text{球差}}\\
&+\underbrace{\{\sigma_2[2 + \cos(2\theta)]\rho^2 + [\mu_2 + \mu_3\cos(2\theta)]\rho^4 + [\tau_2 + \tau_3\cos(2\theta)]\rho^6 + \cdots\}H}_{\text{线性或圆圈彗差}}\\
&+\underbrace{\{[\mu_7 + \mu_8\cos(2\theta)]\rho^2 + [\tau_7 + \tau_8\cos(2\theta)\tau_{10}\cos(4\theta)]\rho^4 + \cdots\}H^3}_{\text{三阶彗差}}\\
&+\underbrace{[(\tau_{15} + \tau_{16})\cos(2\theta)\rho^2 + \cdots]H^5}_{\text{五阶彗差}}\\
&+\underbrace{[(3\sigma_3 + \sigma_4)H^2 + \mu_{10}H^4 + \tau_{18}H^6 + \cdots]\cos\theta\rho}_{\text{线性像散}}\\
&+\underbrace{[(\mu_4 + \mu_6\cos^2\theta)H^2 + (\tau_{11} + \tau_{12}\cos^2\theta)H^4 + \cdots]\cos\theta\rho^3}_{\text{三阶像散}}\\
&+\underbrace{[(\tau_4 + \tau_6\cos^2\theta)H^2 + \cdots]\cos\theta\rho^5}_{\text{五阶像散}}\\
&+\underbrace{\sigma_5 H^3 + \mu_{12}H^5 + \tau_{20}H^7 + \cdots}_{\text{畸变}}\\
&+\cdots\text{含 } \rho \text{ 和 } H \text{ 项的更高阶像差}
\end{aligned}
\tag{4-3}
$$

式中:5 个 σ、12 个 μ 和 20 个 τ 系数分别表示第三、第五及第七阶项。由于光学系统的旋转对称性,偶数阶项不会出现。因此,实际上有 5、9 和 14 个独立

系数分别表示第三、第五及第七阶项[7]。

以上 μ 系数之间存在三个关系式,τ 系数之间存在六个关系式。该关系为:n 阶系数的线性组合与较低阶系数组合的结果相等。例如,若第三阶系数校正为 0,则对于第五阶系数存在以下等式:$\mu_2 - \dfrac{2}{3}\mu_3 = 0$;$\mu_4 - \mu_5 - \mu_6 = 0$;$\mu_7 - \mu_8 - \mu_9 = 0$。以上系数的计算尽管较为冗繁,但采用汉斯·巴其道尔(Hans Buchdahl)提出的迭代方法,则直接且明确。通过赛德尔的著述,第三阶像差最早为人所熟知,即通常所称的赛德尔像差,而第五阶像差的最初计算出现在 20 世纪早期。

20 世纪 40 年代后期,巴其道尔发表其研究成果,说明了如何计算任意阶系数的方法。然而,近期研究表明,早在 19 世纪 30 年代后期,约瑟夫·匹兹伐(Joseph Petzval,匈牙利数学教授)已经研究出第五阶甚至第七阶球面像差的计算方法。康拉迪对于匹兹伐在光学领域的更为伟大的贡献进行了说明和证实,他写道:

> 【匹兹伐】大约在 1840 年,他对斜光像差进行了研究并且明确得出了初级乃至中级斜光束像差的完整理论;但他从未以完整形式将该方法发表,因此错失了该领域研究的领先地位。然而,从其著作的片段可以非常清楚地发现,匹兹伐本人对于匹兹伐理论的重要意义,较之其后近八十年内斜光束像差研究的继承者而言,有着更为准确的理解[11]。

很遗憾,其研究成果的先进性随着时代发展已不复存在。当今光学系统的设计与研发汇聚了众多人才对于光学像差理论的理解与贡献。而关于该领域的研究已经进行了四个多世纪,至今依然在持续地发展着。

例如,假设一条子午光线与近轴像平面相交,其入瞳坐标为 $(\rho, 90°, H, 0)$,则 ε_x 与 ε_y 可由以下公式给出:

$$\varepsilon_x = \underbrace{(\sigma_1 \rho^3 + \mu_1 \rho^5 + \tau_1 \rho^7 + \cdots)}_{\text{球差}}$$
$$+ [(\sigma_3 + \sigma_4)H^2 + \mu_{11}H^4 + \tau_{19}H^6 + \cdots]\rho$$
$$+ (\mu_5 H^2 + \tau_{13}H^4 + \cdots)\rho^3$$
$$\underbrace{+ (\tau_5 H^2 + \cdots)\rho^5}_{\text{像散}}$$
$$+ \cdots \text{含 } \rho \text{ 和 } H \text{ 项的更高阶像差}$$

以及

$$
\begin{aligned}
\varepsilon_y = & \left[\sigma_2\rho^2 + (\mu_2-\mu_3)\rho^4 + (\tau_2-\tau_3)\rho^6 + \cdots\right]H \\
& + \left[(\mu_7-\mu_8)\rho^2 + (\tau_7-\tau_8+\tau_{10})\rho^4 + \cdots\right]H^3 \\
& + \underbrace{\left[(\tau_{15}-\tau_{16})\rho^2 + \cdots\right]H^5}_{\text{彗差}} \\
& + \underbrace{(\sigma_5 H^3 + \mu_{12} H^5 + \tau_{20} H^7 + \cdots)}_{\text{畸变}}
\end{aligned}
$$

$+\cdots$ 含 ρ 和 H 项的更高阶像差

可见上式中弧矢项 ε_x 仅存在像散像差,而子午项 ε_y 仅存在彗差贡献。本章后续将介绍如何通过选取合适光线以分离光线像差的特定分量。

如前所述,实际光线在近轴像面上的高度包含两个主要成分:高斯光线高度及光线像差,如图 4.5 中的像差图谱所示。旋转对称光学系统的总体像差包含两正交分量,即像散像差及彗差。像散像差可分为视场非相关与视场相关部分,彗差可分为孔径非相关与孔径相关部分。

视场非相关像散像差包含两项贡献,分别为散焦和球差。散焦位移 ξ 与入瞳半径 ρ 线性相关,而球差与入瞳半径三阶以上奇数次项(如 ρ^3, ρ^5, $\cdots$)相关。所有视场非相关像差在光学系统全部视场上均造成成像模糊缺陷。

视场相关像差同样包含两项贡献,分别为线性像散及斜光束球差。以上两者与 H 的偶数阶项(如 H^2, H^4, $\cdots$)相关。线性像散与入瞳半径 ρ 线性相关,斜光束球差与入瞳半径三阶以上奇数次项相关。需要注意的是,散焦和线性像散含有像散像差的入瞳半径线性相关部分(ρ; H^0, H^2, H^4, $\cdots$)。同样地,球差和斜光束球差包含入瞳半径的高阶项部分(ρ^3, ρ^5, $\cdots$; H^0, H^2, H^4, $\cdots$)。

孔径非相关彗差包含两项贡献,分别为高斯像高和畸变。虽然高斯像高一般不作为实际像差考虑,但在像差图谱中仍以虚线框画出,因为高斯像高与 H 和孔径成线性比例相关。畸变同为孔径相关,但其与 H 的三阶以上奇数阶项(如 H^3, H^5, $\cdots$)相关。

孔径相关彗差也包含两项贡献,分别为线性彗差和非线性彗差。线性彗差与视场角和入瞳半径的偶次阶项(如 ρ^2, ρ^4, $\cdots$; H)线性相关。非线性彗差具有与线性彗差相同的入瞳孔径相关性,但其同时又与 H 的三阶以上奇数阶项相关,这与畸变是相同的。椭圆彗差可能是最常见的非线性彗差,但实际上非线性彗差还有很多其他表现形式。

孔径相关彗差可视为:随着入瞳孔径带的改变,像放大率发生改变。同时

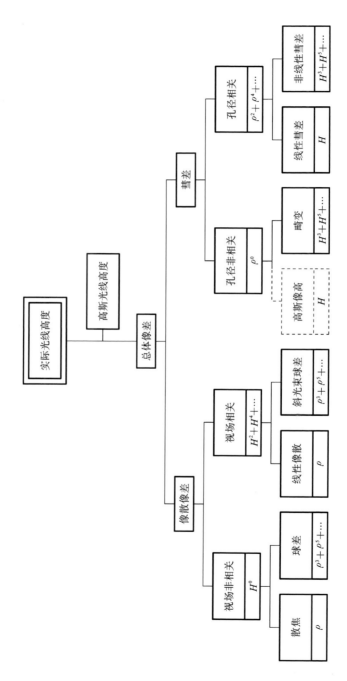

图 4.5　由像散像差及彗差组成总体像差的光线像差图谱

需要注意,由于像散像差和彗差为正交,改变像平面的轴向位置会影响到总体像差中像散像差的结果,而不会对彗差造成影响。换言之,散焦会改变总体像差的像散像差部分,而不会影响彗差部分。这点会在本章后续内容详细讨论。

有意思的是,巴其道尔像差展开式的各个系数是通过系统的一个面接着一个面分别计算,然后累加以确定最终像面上的像差系数数值的。例如,σ_1 为三阶球差系数,则其经过一个包含 n 个折射面的光学系统后的数值计算为

$$\sigma_1 = \sum_{i=1}^{n} {_i\sigma_1}$$

尽管在本次学习中我们并不打算计算出巴其道尔像差系数的总体集合,但是在光学设计过程中理解其计算关系是非常重要的。可以证明这些像差系数存在内部和外部的影响。而第三阶像差系数仅存在内部影响,即通过任意面计算所得的像差系数值与其他面的像差系数值均不相关。对于更高阶的像差系数而言,在内部影响因素的基础上还存在着外部影响因素。这意味着第 k 折射面的像差系数会受到其前面光学面的影响,而与其后继光学面并不相关。

此外对于光学设计者来说,像差系数还有两个特点非常值得了解。首先是低阶像差系数影响相似的高阶像差系数。换言之,高阶像差系数不对低阶像差系数造成影响,如 τ_1 不会改变第三阶及第五阶的像差影响。第二个特点是,随着结构参数(如半径、厚度等)的变化,高阶像差系数的变化与低阶像差系数的变化相比相对缓慢。简单地说,这说明高阶像差(如像散和彗差)较之低阶像差更为稳定。

4.3 基于光线追迹的像差计算

总体像差的各项组成因素可通过特定的光线追迹数据直接计算得到。本节将介绍这些像差系数计算以及它们之间的关系。本节所讨论的方法将散焦因素从像散像差中分离出来,以加强各种像差因素在光学设计中的作用。以下每种像差将在本章节中详细讨论。

4.3.1 散焦

散焦可以理解为一阶像差,以光学系统的近轴像面为基准进行测量。该像差仅仅与入瞳坐标相关,而与物体高度和视场角无关。散焦对整体视场的成像均产生一致的影响。散焦经常被用以平衡或增强对称(像散)像差,而对非对称(彗差)像差没有影响。图 4.6 所示的是上边缘和下边缘的两条系统出

射光线,两者汇聚在近轴像面,并在距离近轴像面 ξ 的像面上形成一个弥散光斑。因此散焦可以表示为

$$\mathrm{DF}(\rho,\xi)=-\xi\tan\upsilon'_a$$

$$=-\frac{\rho}{f}\xi \qquad (4\text{-}4)$$

式中:υ'_a 为像空间近轴边缘光线与光轴的夹角;f 为系统焦距。

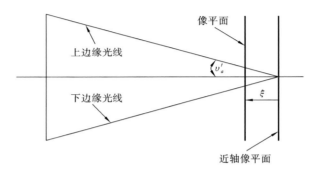

图 4.6 散焦

对于有限共轭系统而言,f 应替换为近轴像距。边缘光线与像面交点的高度为散焦的截面尺寸,则散焦弥散光斑大小为 $\left|\frac{2\xi\rho}{f}\right|$。

分量 ε_x 或 ε_y 相对 ρ 的光扇图形通常为一条直线。由于相对光轴的径向对称性,ρ 值固定时的 $\overrightarrow{\varepsilon\text{-}\theta}$ 曲线为一圆圈。如后文所述,可利用散焦改善像散像差存在时的系统成像质量,但这对彗差没有影响。

思考题:证明 $\mathrm{DF}(\rho,\xi)$ 与像高非相关,因此是一个视场非相关像差。

4.3.2 球差

球差可以定义为:像距或无限共轭系统焦距改变时,随着成像光束孔径变化而变化的像差。图 4.7 所示的为一正透镜,该透镜存在欠校正的负球差,这是正透镜的典型情况[13]。图 4.7(a)中成像区域的细节情况如图 4.7(b)所示。近轴光线在近轴焦面附近会聚,与光轴相距较远的子午光线逐步与光轴相交,其交点远离近轴像面却靠近透镜。图中近轴像面到该交点的沿轴距离称为沿轴球差或边缘光线截距。类似地,该边缘光线与近轴像面的交点到光轴的距离称为垂轴球差。

图 4.8(a)为子午光线光扇图,其中更清楚地表现出垂轴光线偏差 ε_y 与入

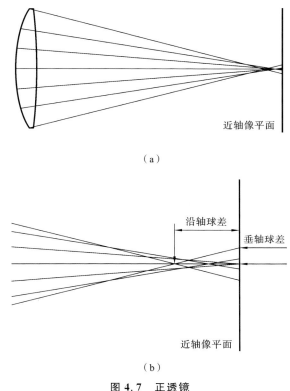

（a）

（b）

图 4.7   正透镜

（a）具有欠校正负球差的正透镜;（b）成像区域细节图

瞳半径 ρ 的函数关系。图 4.8(b)为沿轴球差作为轴向光线交点位置与入瞳半径 ρ 的函数关系图。而另一种描述光线误差的方式是球差对波像差的贡献与入瞳半径 ρ 的函数关系,如图 4.8(c)所示。后文即将说明,此处的沿轴、垂轴及波像差形式的球差,彼此之间都可以通过简单系数相互转换。每种形式的球差表示方式均有其相对适用性而并非较之其他更为优越。

近轴像面处垂轴球差的大小由一条坐标为 $(\rho, 0°, 0, 0)$ 的光线到光轴的位移所确定,可以表示为

$$
\begin{aligned}
\mathrm{SPH}(\rho, 0°, 0) &= Y(\rho, 0°, 0, 0) \\
&= \sigma_1 \rho^3 + \mu_1 \rho^5 + \tau_1 \rho^7 + \cdots
\end{aligned} \tag{4-5}
$$

式中:$Y(\rho, 0°, 0, 0)$ 为多项展开式中的实际光线数值。

图 4.9 所示的为第三阶、第五阶及第七阶球差项的一般曲线。此例中,σ_1、μ_1 及 τ_1 的数值均相同。值得注意的是,阶数越高,该项对应的曲线越平缓,随

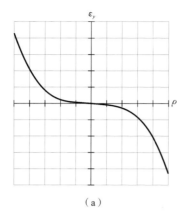

（a）

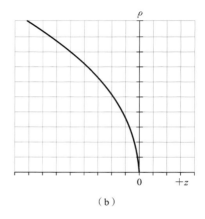

（b）

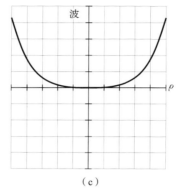

（c）

图 4.8 球差和波像差

（a）垂轴球差;（b）沿轴球差;（c）球差导致的波像差

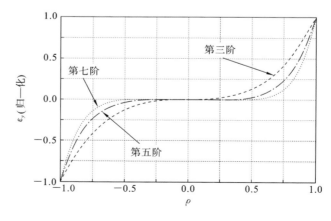

图 4.9 各阶球差

着 ρ 值逐步增大到达某点后,曲线才陡然上升。近轴像面到光线与光轴交点的距离,称为沿轴球差。假设该光线斜率为负值,则沿轴球差应为正值,此时光线交点超过近轴像面,称为过校正;反之,沿轴球差为负值,光线交点位于近轴像面之前,称为欠校正。

4.3.3 子午及弧矢像散

视场相关的像散及场曲像差两者内在相关,造成了实际像面与近轴像面的偏移。如图 4.10 所示,子午光线会聚的位置与近轴像面存在一定距离,且在弧矢面内形成一条横线,横线的长度由弧矢光扇在该点处的宽度决定。类似地,弧矢光线在子午面内聚焦成一竖线,竖线长度由该点子午光扇宽度决定。在给定 ρ 和 H 值的前提下,子午像散由三条光线的追迹来确定,分别为上方和下方轴外光线以及边缘光线。

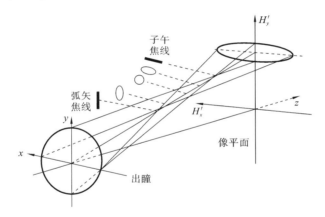

图 4.10 子午和弧矢像散

相应地,可利用光线数据在如下公式中对子午像散进行计算。

$$
\begin{aligned}
\mathrm{TAST}(\rho,H) =& Y(\rho,0°,H,\xi)-Y(\rho,180°,H,\xi)-2Y(\rho,0°,0,\xi)\\
=& 2\mathrm{AST}_y(\rho,0°,H)\\
=& 2[(3\sigma_3+\sigma_4)H^2+\mu_{10}H^4+\tau_{18}H^6+\cdots]\rho\\
&+2[(\mu_4+\mu_6)H^2+(\tau_{11}+\tau_{12})H^4+\cdots]\rho^3\\
&+2[(\tau_4+\tau_6)H^2+\cdots]\rho^5+\cdots
\end{aligned}
\tag{4-6}
$$

此外,相应的像差系数也在式中显示。注意到该多项展开式由 ρ 的奇数阶项构成,接着将说明该式的重要性。式(4-6)中包含了边缘光线的目的在于,从上下光线中去除视场非相关因素,即散焦和球差。展开式中 ρ 的线性相关部分称为线性子午像散,且具有和散焦曲线相似的光扇曲线图。图 4.11 所示的是某 H 值下 ρ、ρ^3 和 ρ^5 对应的子午像散曲线。注意到这些曲线具有和散焦、第三阶及第五阶球差相同的形式,不同的是,$\mathrm{TAST}(\rho,H)$ 随着 H 变化而变化。

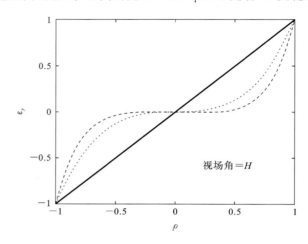

图 4.11　子午光线光扇图

类似地,弧矢像散可利用光线数据及以下公式进行计算:

$$
\begin{aligned}
\mathrm{SAST}(\rho,H)=&2\big[X(\rho,0°,H,\xi)-Y(\rho,0°,0,\xi)\big]\\
=&2\mathrm{AST}_x(\rho,90°,H)\\
=&2\big[(\sigma_3+\sigma_4)H^2+\mu_{11}H^4+\tau_{19}H^6+\cdots\big]\rho\\
&+2\big[\mu_5 H^2+\tau_{13}H^4+\cdots\big]\rho^3\\
&+2\big[\tau_5 H^2+\cdots\big]\rho^5+\cdots
\end{aligned}
\tag{4-7}
$$

将子午光线从坐标为 $(\rho,90°,H,\xi)$ 的弧矢光线的 x 分量中减去,即消除了视场非相关像散因素的影响,因为轴向子午和弧矢光线($H=0$)包含此值。弧矢光线的 y 分量用以计算弧矢彗差。系数 σ_3 表示第三阶像散,σ_4 表示匹兹伐场曲。假设除了 σ_4 外其他所有像差系数皆为 0,则显然在匹兹伐场曲面上成像是无晕散的。

思考题:当除 σ_4 外所有像差系数为 0 时,写出从近轴像面到实际像面的沿轴位移表达式。

4.3.4　子午和弧矢彗差

彗差可视为因入瞳面上视场带不同导致成像放大率变化的像差。图 4.12 所示的为子午彗差计算的基本原理。图中上下边缘光线交于近轴像面之后一定距离处。中心主光线也与近轴像面交于一点,则子午彗差的大小等于主光线在高斯像面的交点高度减去上下边缘光线在高斯像面上交点高度的平均值。图 4.12 表示了近轴像面上子午彗差的计算方法。同样也可在其他面上计算子午彗差的数值,方法依然是将该面上主光线交点的高度减去上下边缘光线交点高度的均值。计算所得的数值与高斯像面上相同,因为彗差像差不受离焦的影响。子午彗差的定义及其多项展开式如下:

$$
\begin{aligned}
\text{TCMA}(\rho, H) &= \left[\frac{Y(\rho, 0°, H, \xi) + Y(\rho, 180°, H, \xi)}{2}\right] - Y(0, 0°, H, \xi) \\
&= \text{CMA}_y(\rho, 0°, H) \\
&= \left[3\sigma_2\rho^2 + (\mu_2 + \mu_3)\rho^4 + (\tau_2 + \tau_3)\rho^6 + \cdots\right]H \\
&\quad + \left[(\mu_7 + \mu_8)\rho^2 + (\tau_7 + \tau_8 + \tau_{10})\rho^4 + \cdots\right]H^3 \\
&\quad + \left[(\tau_{15} + \tau_{16})\rho^2 + \cdots\right]H^5 + \cdots
\end{aligned}
\tag{4-8}
$$

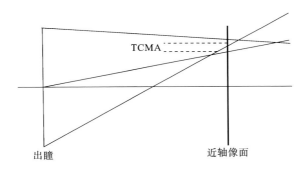

图 4.12　子午彗差

图 4.13 所示的为第二阶、第四阶和第六阶子午彗差在某视场角相对 ρ 的函数曲线。该曲线与线性彗差的第三阶、第五阶及第七阶像差系数相一致。图 4.14 所示的为不同视场角/像高 H 条件下,子午彗差各阶($H + H^3 + H^5 + \cdots$)之间的一般函数关系。考察两图可清楚看到,线性彗差在小视场角时占主导,而在某特定 H 值下 ρ^2 像差系数的情形与之类似。

根据坐标为 $(\rho, 90°, H, \xi)$ 的弧矢光线的 y 分量和主光线,可以计算确切的弧矢彗差。注意,与子午彗差计算一样,弧矢彗差的计算也在子午面内进行。弧矢彗差的定义及其多项展开式如下:

$$
\begin{aligned}
\text{SCMA}(\rho, H) &= Y(\rho, 90°, H, \xi) - Y(0, 0°, H, \xi) \\
&= \text{CMA}_y(\rho, 90°, H) \\
&= \left[\sigma_2\rho^2 + (\mu_2 - \mu_3)\rho^4 + (\tau_2 - \tau_3)\rho^6 + \cdots\right]H
\end{aligned}
$$

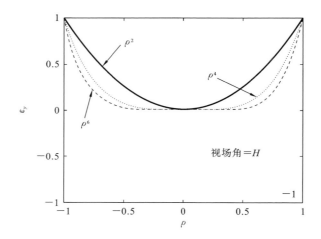

图 4.13　恒定视场角子午彗差与 ρ 的函数关系

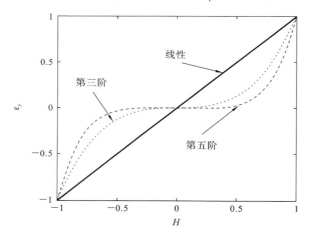

图 4.14　子午彗差与 H 的函数关系

$$+\left[(\mu_7-\mu_8)\rho^2+(\tau_7-\tau_8+\tau_{10})\rho^4+\cdots\right]H^3$$
$$+\left[(\tau_{15}-\tau_{16})\rho^2+\cdots\right]H^5+\cdots \tag{4-9}$$

一个具有彗差影响的光学系统会将一个点像晕散成一个彗星状的光斑。彗差是一种相当困扰的像差,其光斑晕散形状非对称,因此成像位置较难精确确定,这与球差造成的对称或圆圈形的光斑晕散完全不同。由于约一半的能量都位于彗形光斑的头部区域,弧矢彗差的估算较之子午彗差更为合理。若光斑彗尾位于光轴和高斯像之间,则称为负彗差或者欠校正彗差;若彗尾较高斯像更加远离光轴,则称为正彗差或过度校正彗差。

同样,正弦条件下的偏差或正弦差(OSC)由下式确定

$$\frac{\mathrm{SCMA}(\rho,H)}{Y(0,0°,H,0)}$$

该量为弧矢彗差除以近轴区主光线高度。第 2.5 节和第 5.2 节中所述的双胶合物镜的正弦差 OSC 为 -0.000173,其第一面顶点处边缘光线高度为 2.0。此处应将 OSC 值与第 9.3.2 节的两种计算方法结果相比较。当视场角略大于 1° 时,以上两种计算方法所得结果完全一致。同样可以证明,对于第三阶,正弦差 $\mathrm{OSC}\propto\sigma_2$,且对于较小倾斜角,TCMA=3SCMA。

具有三阶线性彗差的成像被限定于相交在高斯像高位置成 60° 夹角的一对直线之内。而更高阶的线性彗差所形成的晕散则形成更为扩散的光斑彗尾。如五阶线性彗差边界线夹角为 84°,七阶线性彗差边界线夹角为 97°。因此,我们可以在点列图上清楚地辨别出更高阶的线性彗差是否存在。

思考题:求证,对于第三阶,正弦差 $\mathrm{OSC}\propto\sigma_2$,且对于较小倾斜角,TCMA=3SCMA。

思考题:假设除第三阶线性彗差以外所有像差系数为 0,证明彗差表现为一族随 ρ 而变化的圆圈,其圆圈半径为 $|\sigma_2\rho^2 H|$。参照高斯像高,每个圆圈的中心位置在何处?证明这些圆圈均被限定于相交在高斯像高位置成 60° 夹角的一对直线之内。

4.3.5 畸变

如前所述,一个光学系统成理想像的要求之一是其成像必须在几何上完全相似于物,即物与像的几何尺寸之间为线性关系。假设此时成像无晕散,实际像高由主光线与近轴像面的交点所确定。一般地,像与物的几何相似性不是线性关系,该现象称为成像畸变。正如高斯像高与孔径非相关,畸变同样也为孔径非相关彗差。

图 4.5 中,将高斯像高列为孔径非相关彗差的线性部分,说明彗差与受到物高及入瞳影响的成像放大率的变化是相关联的。所以在孔径非相关像差中加入 H 的影响因素。因此,成像畸变可以认为是主光线形成的像差且定义为

$$\mathrm{DIST}(H)=Y(0,0°,H,\xi)-\mathrm{GIH}(H,\xi)$$
$$=\sigma_5 H^3+\mu_{12}H^5+\tau_{20}H^7 \tag{4-10}$$

式中:高斯像高为 $\mathrm{GIH}(H,\xi)=\mathrm{GIH}(H)+\mathrm{DF}_y(\rho,0°,\xi)$。

当实际像较理想像更接近光轴时,称为负畸变,反之称为正畸变。负畸变

像差会使正方形物成一个水桶形状的像,因此也称为桶形畸变;而正畸变情况下,会形成一个枕垫形状的像,因而称为枕形畸变;最后再重申一下,畸变是一种孔径非相关彗差。对于大部分镜头而言,三阶项以上的畸变非常小。

4.3.6　像差计算的光线选择

表 4.1 列出了计算像散和彗差的五条必要光线,均以 (ρ, H) 形式表现。注意前三条光线均在子午面内,剩余两条光线为斜射光线。弧矢像散是唯一利用光线 x 坐标数据进行计算的像差。

表 4.1　像散及彗差计算所需光线表

光线坐标	ρ $0°$ 0	0 $0°$ H	ρ $0°$ H	ρ $90°$ H	ρ $180°$ H
SPH	Y				
TAST	Y		Y		Y
SAST	Y			X	
TCMA		Y	Y		Y
SCMA		Y		Y	
DIST		Y			

4.3.7　带域像差

由于光线追迹的工作较为冗繁,早期的透镜设计者仔细筛选了要追迹的光线,主要为子午光线和少量弧矢光线。即便假设子午和弧矢光线已经完美聚焦,设计者依然会对一些一般斜射光线进行追迹,尽管这将大大增加计算的工作量,但是却是非常重要的。那么重要性何在呢?在当时,设计者们并没有较为完善的理论来得到这个结论;但是,实际工作经验告诉他们,追迹这些光线对于保障设计质量是非常必要的。

观察第七阶像差的 37 项像差系数,会发现并不是所有像差系数都被利用来计算球差、彗差、像散和畸变。被“遗漏”的像差系数为 μ_9、τ_9、τ_{14} 和 τ_{17}。为利用这些系数,一些其他成像缺陷也作为附加像差进行描述和讨论[14]。这些附加像差有子午和弧矢带域像散,以及子午和弧矢带域彗差,这些像差计算除了用到了边缘光线在参考平面上的交点数据外,还用到了坐标为 $(\rho, 45°, H, \xi)$ 和 $(\rho, 135°, H, \xi)$ 的两条光线交点数据。

4.3.8　子午和弧矢带域像散

子午带域像散和弧矢带域像散的定义多项展开式如下：

$$
\begin{aligned}
\mathrm{TZAST}(\rho,H) &= Y(\rho,45^\circ,H,\xi) - Y(\rho,135^\circ,H,\xi) - \sqrt{2}\,Y(\rho,0^\circ,0,\xi) \\
&= 2\mathrm{AST}_y(\rho,45^\circ,H) \\
&= \sqrt{2}\left\{
\begin{array}{l}
\left[(3\sigma_3+\sigma_4)H^2+\mu_{10}H^4+\tau_{18}H^6+\cdots\right]\rho \\[4pt]
+\left[\left(\mu_4+\dfrac{\mu_6}{2}\right)H^2+\left(\tau_{11}+\dfrac{\tau_{12}}{2}\right)H^4+\cdots\right]\rho^3 \\[4pt]
+\left[\left(\tau_4+\dfrac{\tau_6}{2}\right)H^2+\cdots\right]\rho^5+\cdots
\end{array}
\right\}
\end{aligned}
\tag{4-11}
$$

$$
\begin{aligned}
\mathrm{SZAST}(\rho,H) &= X(\rho,45^\circ,H,\xi) + X(\rho,135^\circ,H,\xi) - \sqrt{2}\,Y(\rho,0^\circ,0,\xi) \\
&= 2\mathrm{AST}_x(\rho,45^\circ,H) \\
&= \sqrt{2}\left\{
\begin{array}{l}
\left[(\sigma_3+\sigma_4)H^2+\mu_{11}H^4+\tau_{19}H^6+\cdots\right]\rho \\[4pt]
+\left[\left(\mu_5+\dfrac{\mu_6}{2}\right)H^2+\left(\tau_{13}+\dfrac{\tau_{14}}{2}\right)H^4+\cdots\right]\rho^3 \\[4pt]
+\left[\left(\tau_5+\dfrac{\tau_6}{2}\right)H^2+\cdots\right]\rho^5+\cdots
\end{array}
\right\}
\end{aligned}
\tag{4-12}
$$

如前所述，利用以上公式计算的像散像差含有减去了场曲像差的散焦贡献，与像面位置不相关。注意，仅有四个遗漏像差系数之一的 τ_{14} 出现在弧矢带域像散的表达式中，而无一参数出现在弧矢带域像散表达式中。这种特定像差正式定义为第七阶、第三度像散。

4.3.9　子午和弧矢带域彗差

子午带域彗差和弧矢带域彗差的定义多项展开式如下：

$$
\begin{aligned}
\mathrm{TZCMA}(\rho,H) &= \frac{Y(\rho,45^\circ,H,\xi)+Y(\rho,135^\circ,H,\xi)}{2} - Y(0,0^\circ,H,\xi) \\
&= \mathrm{CMA}_y(\rho,45^\circ,H) \\
&= (2\sigma_2\rho^2+\mu_2\rho^4+\tau_2\rho^6+\cdots)H \\
&\quad +\left[\mu_7\rho^2+(\tau_7-\tau_{10})\rho^4+\cdots\right]H^3 \\
&\quad +(\tau_{15}\rho^2+\cdots)H^5+\cdots
\end{aligned}
\tag{4-13}
$$

$$
\begin{aligned}
\mathrm{SZCMA}(\rho,H) &= \frac{X(\rho,45^\circ,H,\xi)+X(\rho,135^\circ,H,\xi)}{2} \\
&= \mathrm{CMA}_y(\rho,45^\circ,H) \\
&= (\sigma_2\rho^2+\mu_3\rho^4+\tau_3\rho^6+\cdots)H
\end{aligned}
$$

$$+ (\mu_9 \rho^2 + \tau_9 \rho^4 + \cdots) H^3$$
$$+ (\tau_{17} \rho^2 + \cdots) H^5 + \cdots \tag{4-14}$$

如前所述,利用以上公式计算的彗差与像面位置无关。注意,四个遗漏像差系数中的 μ_9、τ_9 及 τ_{17} 出现在弧矢带域彗差中,而无一参数出现在子午带域彗差中。这些像差分别正式定义为第五阶、第三度彗差;第七阶、第三度彗差;以及第七阶、第五度彗差。观察发现这些像散及彗差项具有相当高的阶数和度数,因此在设计过程中一般较难控制。

4.3.10　高阶像差

就目前来看,很明显利用实际光线数据进行像差计算是非常精确而非近似的,原因在于之前像差的定义中包含了所有的像差系数。因此在所有的设计过程中,设计者需要针对手头的设计任务适当地选取物高及入瞳坐标。此外,像散像差去除了实际像面到高斯像面离焦的相关性。彗差与像面位置非相关。同样,对像差系数的高阶分量进行估计也非常有助于设计工作。康拉迪或许是高阶像散和彗差表达式的最初提出者。

回顾图4.5,关于入瞳半径的视场相关像散像差被分为线性和非线性项。之前定义的子午像散既包含线性项也包含非线性项。其中的非线性项特指斜光束球差,这无疑是一种特别复杂的像差。但实际上若将子午像散的线性项从总体子午像散项中减去,则斜光束球差的计算会变得相当简单。该线性项根据计算入瞳半径为 ρ_0 时的子午像散而确定,此时 ρ_0 比计算子午像散本身时用到的 ρ 小得多。对该线性项进行适当缩放,并从子午像散中减去,以获得子午斜光束球差,如以下表达式所示:

$$\mathrm{TOSPH}(\rho, H) = \mathrm{TAST}(\rho, H) - \frac{\rho}{\rho_0}\mathrm{TAST}(\rho_0, H) \tag{4-15}$$

式中:$\rho_0 \ll \rho$。

类似地,弧矢斜光束球差计算式如下所示:

$$\mathrm{SOSPH}(\rho, H) = \mathrm{SAST}(\rho, H) - \frac{\rho}{\rho_0}\mathrm{SAST}(\rho_0, H) \tag{4-16}$$

显然,子午和弧矢像散的线性项

$$\frac{\rho}{\rho_0}\mathrm{TAST}(\rho_0, H) \quad 及 \quad \frac{\rho}{\rho_0}\mathrm{SAST}(\rho_0, H)$$

可分别在设计过程中加以利用。

相似地,彗差也含有孔径相关的像差形式,称为线性彗差和非线性彗差。

将适当缩放的线性子午彗差从总体子午彗差中减去,就得到了非线性子午彗差。而线性子午彗差则通过计算一个相对较小的物高(即 $H_0 \ll H$)对应的子午彗差来得到。用以计算非线性子午彗差的公式为

$$\mathrm{NLTCMA}(\rho, H) = \mathrm{TCMA}(\rho, H) - \frac{H}{H_0}\mathrm{TCMA}(\rho, H_0) \qquad (4\text{-}17)$$

式中:$H_0 \ll H$。类似地,非线性弧矢彗差为

$$\mathrm{NLSCMA}(\rho, H) = \mathrm{SCMA}(\rho, H) - \frac{H}{H_0}\mathrm{SCMA}(\rho, H_0) \qquad (4\text{-}18)$$

式中:$H_0 \ll H$。对于子午和弧矢彗差的线性项

$$\frac{H}{H_0}\mathrm{TCMA}(\rho_0, H) \quad \text{及} \quad \frac{H}{H_0}\mathrm{SCMA}(\rho_0, H)$$

可分别应用于设计过程中。

4.4 赛德尔像差系数的计算

1856 年,赛德尔在其著作中系统地提出了三阶像差的计算方法并给出了明确公式,我们通常称这些像差为赛德尔像差,依次为球差、彗差、像散、匹兹伐场曲(场曲)和畸变,在不同书籍及论文中分别以不同的符号表示之,如①σ_1至 σ_5;②SC、CC、AC、PC 及 DC;③S_I,S_II,$\cdots$,S_V;④B、F、C、P 及 E;⑤$_0a_{40}$、$_1a_{31}$、$_2a_{22}$、$_2a_{20}$ 及 $_3a_{11}$;以及其他形式。当采用任何方法确定赛德尔像差时,需要注意理解所计算的数值是像差系数,还是垂轴像差、沿轴像差或者波像差。接下来,将介绍一种计算 σ_1 至 σ_5 像差系数的方法,该方法只会简单使用到子午面内及近轴主光线数据。将这些系数乘以适当的因子,便能获得垂轴、沿轴及波像差数值,当然用符号 σ_1 至 σ_5 表示转换后的垂轴、沿轴及波像差的情况也很常见。

赛德尔像差系数可以通过多种公式计算得到。以下的计算方法是由巴其道尔提出的,此处只阐述总体方法,具体细节可以较容易推导得出。通过追迹一条近轴边缘光线和一条近轴主光线,利用式(3-2),可以证明:

$$y\overline{nu} - \overline{y}nu = yn'\overline{u}' - \overline{y}n'u'$$

式中:$\overline{y}$ 和 $\overline{u}$ 代表主光线数值。该式意味着光线在通过任何折射表面时,$y\overline{nu} - \overline{y}nu$ 是一个常量。利用式(3-3),可以证明在第 i 个表面的 $(y\overline{nu} - \overline{y}nu)_i$ 与第 $i+1$ 个表面的 $(y\overline{nu} - \overline{y}nu)_{i+1}$ 相等,意味着该项在折射面之间的空间内也为常量。因而该项称为光学不变量。

思考题:利用式(3-2)和式(3-3),证明 $y\overline{n}\overline{u} - \overline{y}nu$ 在通过不同折射面以及在折射面之间的空间内,均为不变量。

考虑当前一个物体位于子午面内,其高度 $H_y = h$ 且 $H_x = 0$,物体本身无像差。对于一个完善光学系统而言,其近轴以及实际像高必须与物高成相同的放大关系,即 $h' = mh = mH_y$。根据之前规定,非完善光学系统会受到部分光线像差的影响,其垂轴像差为 $\varepsilon_y \equiv H'_y - h'$ 及 $\varepsilon_x \equiv H'_x$。现对两条物体发出的光线进行追迹,一条发自物体的底部而另一条发自物体的头部。使用下角标"o"代表物体,显然得到 $\lambda = -hn_o u_o$,称为拉格朗日不变量。故第 i 个折射面的拉格朗日不变量为

$$\lambda_i = y_i n_i \overline{u}_i - \overline{y}_i n_i u_i = hn_o u_o$$

若像存在于第 k 个表面,则 $y_k = 0$ 且 $\lambda_k = -h' n_k u_k$。如前文所述,系统的横向放大率为

$$m = \frac{h'}{h} = \frac{n_o u_o}{n_k u_k}$$

利用拉格朗日不变量,像高可以由轴向光线最终倾斜角及拉格朗日不变量进行表示,即为

$$h' = \frac{\lambda}{n_k u_k}$$

显然,拉格朗日不变量便于表达系统的各个折射面形成的中间像。换言之,物体经系统第一个面形成的像成为第二个面的物再次成像,依此类推,直到形成最终像。

巴其道尔认识到,在一个有像差光学系统中,可利用拉格朗日不变量进行一面接一面地成像推导计算[3]。他定义了一种巴其道尔准不变量,即

$$\Lambda \equiv Hnu$$

式中:H 为实际光线像高,与近轴光 h 形成对比。若在近轴条件限制下,式中的 Λ 即退化为 λ。由于 Λ 是基于每个中间像面的实际光线高度,每个表面的像差形成了实际光线中间像的像高,这与相应的近轴光像高是有区别的,这也是巴其道尔之所以称 Λ 为准不变量的原因。现在,因为第 i 表面的像高同时也是第 $i+1$ 表面的物高,即

$$H'_i = H_{i+1}$$

且显然有

$$\Lambda'_i = \Lambda_{i+1}$$

接着,可以推出在位于第 k 表面(像面)系统最终像处,有

$$\Lambda'_k = \Lambda_1 + \sum_{i=1}^{k} \Delta\Lambda_i$$

式中:Δ 代表一个面折射/反射前后 Λ 的差异,即 $\Delta\Lambda_i = \Lambda'_i - \Lambda_i$。使用以上对 Λ 的定义,我们可以得到

$$\sum_{i=1}^{k} \Delta\Lambda_i = H'n_k u_k - Hn_o u_o$$

回顾 $H'_y = h' + \varepsilon_y$ 以及系统横向放大率定义,可以推出

$$\sum_{i=1}^{k} \Delta\Lambda_i = \varepsilon_y n_k u_k$$

对 ε_x 而言,拉格朗日不变量为 0,则光线像差可以定义为

$$\varepsilon_x = \frac{\sum\limits_{i=1}^{k} \Delta\Lambda_{x_i}}{n_k u_k}, \quad \varepsilon_y = \frac{\sum\limits_{i=1}^{k} \Delta\Lambda_{y_i}}{n_k u_k}$$

总体光线像差为各个表面像差贡献之和。了解各面对于最终像面的像差贡献较之中间像面更为重要。尽管我们可以通过局部边缘光线倾角 $n_i u_i$ 计算中间像的垂轴像差,但这些像差并不是简单累加性的,即可能不能将其累加以得到最终的像差。因而计算中间像的垂轴像差没有什么特别的作用和意义。

在第 i 面定义一条普通空间斜光线,其空间坐标为 (X_i, Y_i, Z_i),方位余弦为 (K_i, L_i, M_i)。近轴坐标 (y, nu) 可以以如下方式规划统一。之前章节已说明,某表面的近轴光线高度实际为该表面切面内的高度。此外,nu 应理解为 $n \tan u$。对于一条子午光线而言,实际光线坐标可以写成与近轴光线坐标类似的形式 (Y, U_y),其中,

$$U_y = \frac{L}{M} = \tan U$$

巴其道尔称 (Y, U_y) 坐标为经典坐标,可用于光线追迹;但其主要作用是确定每一面的 $\Delta\Lambda$。$\Delta\Lambda$ 的推算比较冗繁,我们直接写出其结果如下:

$$\Delta\Lambda = yn(U + cY)\left(\frac{M}{M'} - 1\right) + niZ\Delta U \tag{4-19}$$

式中:$\Delta U = U_{i+1} - U_i$。式(4-19)精确给出了巴其道尔准不变量通过一个折射面时变化的边界条件。

经典坐标 (Y_i, U_i) 是物方光线坐标 (Y_1, U_1) 的非线性函数。此外,用以求

解方程(4-19)的所需坐标值也未知。求解需要以经典坐标形式对 $\Delta\Lambda$ 进行一系列的展开。可以证明 $\Delta\Lambda$ 可以展开成一个奇数阶的多项式,即

$$\Delta\Lambda = \overset{1}{\Delta\Lambda} + \overset{3}{\Delta\Lambda} + \overset{5}{\Delta\Lambda} + \cdots$$

式中:$\overset{\chi}{\Lambda}$ 代表 $\Delta\Lambda$ 的第 χ 阶的展开式。因为 $\overset{1}{\Lambda} = \lambda$,所以 $\overset{1}{\Delta\Lambda} = \Delta\lambda = 0$ 且 $\Delta\Lambda = \overset{3}{\Delta\Lambda} + \overset{5}{\Delta\Lambda} + \cdots$。以上结果的前提是一阶或近轴像差为 0。现在,由于光线像差和 $\Delta\Lambda$ 线性相关,可得

$$\varepsilon = \overset{3}{\varepsilon} + \overset{5}{\varepsilon} + \overset{7}{\varepsilon} + \cdots$$

该式表明光线像差可以表示为三阶、五阶、七阶及更高阶的总和。一旦该展开式确定,可以发现 $\Delta\Lambda$ 的第三阶项仅与 Y 和 U 近似值的线性部分相关,而这些近似值的非线性部分随着第五阶及更高阶像差而上升。赛德尔及其他学者发现,第三阶像差可以通过仅仅两条近轴光线(边缘光线和主光线)数据进行计算。

在赛德尔发表其成果约 100 年以后,巴其道尔得出了一种有序迭代以获得高阶像差项的计算方法。如前文提及,通过巴其道尔和其他学者的著作,我们了解了像差系数包含内部和外部贡献[15]。第 i 表面的外部像差贡献会对后继表面的像差系数造成影响,而内部像差贡献仅对本表面有效。第三阶像差系数不存在外部贡献,这意味着这些系数彼此之间不相关联,这与更高阶像差系数是不同的。由于 Y 与 U 近似值的非线性部分,及其外部像差贡献是非线性且较难优化校正的,因此常常给光学设计工作造成困扰。

在实际工作中,光学设计者发现像差阶数越高,其对于曲率半径和厚度等结构参数所产生的变化越趋于稳定。例如,一般来说,当曲率半径变化时,三阶像差的数值较之五阶像差变化得更为迅速。所以光学设计者知道,若一个光学系统存在高阶像差时,则必须对当前光学结构做出重大改变。

通过进一步数学变形,$\Delta\Lambda$ 可以转换为 ε_x 和 ε_y 的三阶形式,ε_x 和 ε_y 可以写作近轴入射光线坐标(ρ, θ, H)的多项式,即

$$\varepsilon_x = \underbrace{\sigma_1 \rho^3 \sin\theta}_{球差} + \underbrace{\sigma_2 \rho^2 H \sin(2\theta)}_{线性彗差} + \underbrace{(\sigma_3 + \sigma_4)\rho H^2 \sin\theta}_{线性像散}$$

$$\varepsilon_y = \underbrace{\sigma_1 \rho^3 \cos\theta}_{球差} + \underbrace{\sigma_2 \rho^2 H[2 + \cos(2\theta)]}_{线性彗差} + \underbrace{(3\sigma_3 + \sigma_4)\rho H^2 \cos\theta}_{线性像散} + \underbrace{\sigma_5 H^3}_{畸变}$$

对于一个给定的光学系统,其第三阶像差系数 σ_1 到 σ_5 可以通过边缘光线

和主光线追迹得到的光线数据进行计算,其追迹计算公式如下所示。我们用带有前下角标的系数形式表示第 i 表面像差贡献。重要的是了解这些用以计算垂轴、沿轴及波像差的系数,彼此是通过缩放因子相关的。

$$\bar{i}_i = c_i \bar{y} + \frac{n_{i-1}\bar{u}_{i-1}}{n_{i-1}}$$

$$i_i = c_i y_i + \frac{n_{i-1} u_{i-1}}{n_{i-1}}$$

$$q_i = \frac{\bar{i}_i}{i_i}$$

$$i_i + u_i = i_i + \frac{n_i u_i}{n_i}$$

$$_i\sigma_1 = \frac{n_{i-1} y_i i_i^2 (n_{i-1} - n_i)(i_i + u_i)}{n_i}$$

$$_i\sigma_2 = q_i \,_i\sigma_1$$

$$_i\sigma_3 = q_i^2 \,_i\sigma_1$$

$$_i\sigma_4 = \frac{c_i (n_{i-1} - n_i)(y n_{-1}\bar{u}_{-1} - \bar{y} n_{-1} u_{-1})^2}{n_{i-1} n_i}$$

$$_i\sigma_5 = q_i (q_i^2 \,_i\sigma_1 + \,_i\sigma_4)$$

垂轴三阶像差系数的确定,是将各面像差贡献求和再乘以因子

$$\frac{-1}{2n_k u_k}$$

注意:匹兹伐场曲项 σ_4 同样乘以拉格朗日不变量 $y n_{-1}\bar{u}_{-1} - \bar{y} n_{-1} u_{-1}$ 的平方。

$$\sigma_1 = \frac{-1}{2n_k u_k} \sum_{i=1}^{k} {}_i\sigma_1 \qquad\qquad 球差$$

$$\sigma_2 = \frac{-1}{2n_k u_k} \sum_{i=1}^{k} {}_i\sigma_2 \qquad\qquad 彗差$$

$$\sigma_3 = \frac{-1}{2n_k u_k} \sum_{i=1}^{k} {}_i\sigma_3 \qquad\qquad 像散 \qquad (4\text{-}20)$$

$$\sigma_4 = \frac{-(y n_{-1}\bar{u}_{-1} - \bar{y} n_{-1} u_{-1})^2}{2n_k u_k} \sum_{i=1}^{k} {}_i\sigma_4 \qquad 匹兹伐场曲$$

$$\sigma_5 = \frac{-1}{2n_k u_k} \sum_{i=1}^{k} {}_i\sigma_5 \qquad\qquad 畸变$$

若将以上值转换为沿轴像差,必须将因子 $\frac{-1}{2n_k u_k}$ 替换为 $\frac{1}{2n_k u_k^2}$。垂轴和沿

轴像差均使用透镜单位。

若转换为波像差,则必须替换 $\dfrac{-1}{2n_k u_k}$ 因子以实现。如下所示:

$$\sigma_1 = \frac{1}{8\lambda}\sum_{i=1}^{k}{}_i\sigma_1 \qquad\qquad 球差$$

$$\sigma_2 = \frac{1}{2\lambda}\sum_{i=1}^{k}{}_i\sigma_2 \qquad\qquad 彗差$$

$$\sigma_3 = \frac{1}{2\lambda}\sum_{i=1}^{k}{}_i\sigma_3 \qquad\qquad 像散 \qquad\qquad (4\text{-}21)$$

$$\sigma_4 = \frac{(yn_{-1}\bar{u}_{-1} - \bar{y}n_{-1}u_{-1})^2}{4\lambda}\sum_{i=1}^{k}{}_i\sigma_4 \qquad 匹兹伐场曲$$

$$\sigma_5 = \frac{1}{2\lambda}\sum_{i=1}^{k}{}_i\sigma_5 \qquad\qquad 畸变$$

式中:λ 为波长,波像差以波长为单位,在出瞳边缘进行计量。

注释

1. H. A. Buchdahl, *Optical Aberration Coefficients*, Dover Publications, New York (1968).

2. 历史上,光学设计者使用过左手笛卡儿坐标系,向下弯曲的光线具有正的斜率。此举在于手工计算时,能够提供计算便利且减小误差。当前大多数光学设计及分析软件都采用右手笛卡儿坐标系。

3. 应当理解"晕散"意味着"非消晕散"。请不要和像散或其他特定的像散像差(后文讨论)搞混淆。类似地,一个"不晕"透镜意味着一个高度校正且成像完美的系统,而不是一个"消晕散"透镜(不是非消晕散)。

4. 入瞳是孔径光阑经过其之前所有光学元件所成的像;出瞳是孔径光阑经过其后所有光学元件所成的像。

5. 注意,改变 ρ 的符号,效果等同于同时改变 X 和 Y 的符号,或者将角度 θ 改变 π。

6. ρ 的取值可以是任意符号值。例如,一条光线具有入瞳坐标 $(-\rho,0°)$,等效于具有入瞳坐标 $(\rho,180°)$。

7. 第 n 阶非相关像差系数的数量为

$$\frac{(n+3)(n+5)}{8}-1$$

若 $n=1$,或者说是第一阶,则有 2 个非相关系数,即放大率和散焦。

8. G. C. Steward, *The Symmetrical Optical System*, Cambridge University Press (1928).

9. A. E. Conrady,*Applied Optics and Optical Design*,Dover Publications,New York；
   Part Ⅰ(1957),Part Ⅱ(1960).

10. Andrew Rakich and Raymond Wilson，Evidence supporting the primacy of Joseph Petz-
    valin the discovery of aberration coefficients and their application to lens design，*SPIE*
    *Proc.*6668：66680B（2007）.

11. A. E. Conrady,p. 289-290.

12. R. Barry Johnson，A historical perspective on the understanding optical aberrations，
    SPIE Proc. ,CR41：18-29（1992）.

13. 一个负光焦度单透镜具有称为过度校正的或正的球差。

14. 若主要系数可忽略,则在系统良好校正情况下,等式 $\mu_9 = \mu_7 - \mu_8$ 相应成立。

15. 外部像差贡献也称为传递像差贡献。

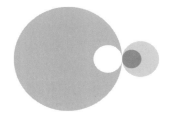

第 5 章
色差

5.1 简介

1661 年,惠更斯(Huygens)发明了一种双镜片复合的负目镜,该目镜基本校正了横向色差,即对白光照明物体成像时,令所有色光折射角度相同(见 16 章)。这一卓越的成就让惠更斯在科学会议上获得了巨大赞誉,因为当时其他目镜成像质量非常差且目镜需要由 5 片、8 片甚至 19 片镜片构成。有趣的是,当时惠更斯对于将该目镜或其他光学系统消色差并没有什么概念,然而,这无意的成果却比当时其他目镜的效果优越得多。而惠更斯对于消色差缺乏理解的原因是,当时没人了解玻璃的色散特性。

大约两年之后,牛顿(Newton)开始对玻璃的色散进行研究,继而部分地理解了惠更斯复合目镜消除横向色差的原因。值得记住的是,牛顿是提出和完善玻璃色散概念的第一人。然而,牛顿并没有指出玻璃的一项重要特性——不同的玻璃材料具有不同的色散;相反地,他提出了所有玻璃具有相同像散的概念,接着宣称任何人不可能获得消色差系统。同时,牛顿首先对球差和色差做出了区分,将球差归结于折射表面,而色差归结于材料。牛顿第一次解释了球差随着孔径的三次方变化而变化,并将结果记录在其著作《OPTICKS》中[1]。此外,牛顿也对复色像差做出了详细描述。

在牛顿的成果之后,光学像差的研究发展曾一度停滞了约 60 年。在 1729 年,切斯特·霍尔(Chester Hall)偶然发现,可以用两种不同材料制成一个正透镜和一个负透镜,再将两者胶合,便可以得到一个消色差的光学透镜。消色差,结合前文理解,并非指完全校正了复色像差,而是指显著地减小了复色像差。霍尔的发现更新了人们对玻璃材料的认知,令人认识到玻璃种类不同其色散也不相同。约翰·多兰德(John Dolland,伦敦光学家)从 1757 年开始设计和装配各种消色差镜组,此前他将各种材料的正负透镜进行组合实验,通过实验发现将冕牌玻璃的凸透镜和火石玻璃的负透镜组合能减小沿轴复色像差。如康拉迪所说,约翰·多兰德制造出了第一个消色差望远物镜,并首先为此消色差双胶合透镜申请了专利[2]。

瑞典数学家克里基斯蒂尔奈(Klingenstierna)在 1760 年首先对消色差透镜提出了一种数学模型,在当时被称为等光程透镜。克里基斯蒂尔奈的部分成果是基于约翰·多兰德对于消色差透镜的最初理解。第二年,克莱罗(Clairaut)首先解释了二级光谱的概念(见第 5.5 节),并且观察到某些冕牌和火石玻璃存在不同的局部色散。他进一步推导出了玻璃对定理,与现代光学书籍中描述的非常近似。同年,约翰·多兰德致力于使用第三种玻璃材料以校正二级光谱的研究。1764 年,达朗贝尔(D'Alembert)提出了采用三种材料的物镜形式,并据此对球差和色差的沿轴和垂轴特征进行了分析区别[3]。

在第 2 章中,我们对光的波长引起玻璃及其他光学材料折射率变化的问题进行了讨论。基于光学材料的这种特性,可以得知镜组的与其折射率相关的每一特性也会随着波长而发生改变,包括焦距、后截距、球差、场曲以及所有其他像差。在本章中,我们将探索视场非相关色差[4],而将视场相关色差(包括横向色差)放在第 11 章讨论。

图 5.1 描述了单个正透镜在白光入射成像时的复色像差情况。正如在第 5.9.1 节中说明的一样,一般选取 F(蓝)、D(黄)和 C(红)三条特定谱线用以设计和分析目视光学系统[5]。如图 5.1 所示,F 光聚焦点在 D 光形成的近轴聚焦点以内,而 C 光聚焦点在其之外。显然,由于玻璃材料对于 C、D 及 F 光的折射率逐步增大,则三种光对应的透镜光焦度 $\phi_\lambda = (n_\lambda - 1)(c_1 - c_2)$ 也逐步增大。沿轴色差由公式 $L'_{ch} = L'_F - L'_C$(见第 5.2.3 节)确定,且垂轴色差[6]由 L'_{ch} $\tan u'$ 确定。一个未校正像差的简单会聚透镜,如图 5.1 所示,其像差校正不足。假如该简单会聚透镜的像差符号相反,则其像差校正过度。当某种像差

已经为 0 或者在要求的容限之内,则称该透镜系统已经校正像差。

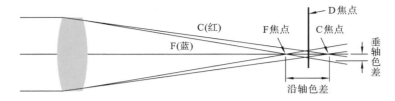

图 5.1　未校正的单透镜复色像差

5.2　双胶合透镜的色球差

图 5.2 所示的为一双胶合物镜。该透镜参数与第 2.5 节一致,描述如下:

$$r_1 = 7.3895 \quad c_1 = 0.135327$$
$$r_2 = -5.1784 \quad c_2 = -0.19311 \quad d_1 = 1.05 \quad n_1 = 1.517$$
$$r_3 = -16.2225 \quad c_3 = -0.06164 \quad d_2 = 0.40 \quad n_2 = 1.649$$

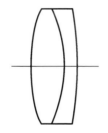

图 5.2　双胶合物镜

若以五种波长在各面追迹边缘光线、带光线及近轴光线,可得表 5.1 中的数据,表中显示各光线成像与 D 光近轴焦点的相对位置关系。

表 5.1　不同波长光线成像与近轴焦点相对距离

波　　　长	A'(0.7665)	C(0.6563)	D(0.5893)	F(0.4861)	g(0.4358)
冕牌玻璃折射率	1.51179	1.51461	1.517	1.52262	1.52690
火石玻璃折射率	1.63754	1.64355	1.649	1.66275	1.67408
边缘光线 $Y=2$	0.0203	0.0100	0.0081	0.0265	0.0588
带光线 $Y=1.4$	0.0059	−0.0101	−0.0176	−0.0153	0.0025
近轴光线	0.0327	0.0121	0	−0.0101	−0.0033

以上数据可按两种方式绘图。第一种可以分别绘制各波长光线成像的沿轴球差与孔径关系图(见图 5.3(a));第二种可以分别绘制各孔径带光线成像的像差与波长关系图(见图 5.3(b))。第一种情况下各曲线代表了球面像差的色差变化,或称为"色球差";而第二种情况下各曲线代表了以上三孔径带的色差变化。通过这些曲线我们可以看到一些特别的像差。

5.2.1　球差(LA′)

LA′是最亮的 D 光的 $L'_{边缘} - l'_{近轴}$。在本例中等于 0.0081,稍微过校正。

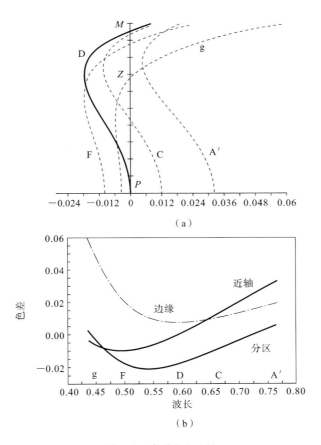

图 5.3　色差($f=12$)

(a) 球面像差的色差变化；(b) 三个区域的色差

5.2.2　带球差(LZA′)

LZA′是 D 光的 $L'_带 - l'_{近轴}$。在本例中等于 -0.0175，欠校正。边缘球差和带球差的最佳平衡状态，对于摄影物镜来说，一般是令 $LA'+LZA'=0$；但是，对目视系统最好令 $LA'=0$。

5.2.3　色差(L'_{ch})

L'_{ch}是 $L'_F - L'_C$，在不同带上大小不同，如表 5.2 所示。

如果没有指明哪一带，则通常指的是 0.7 带的色差，因为对目视系统来说，这一带上的色差等于零是最好的平衡状态。但是对于摄影镜头来说，通常取低一点的带，往往令两边缘色光的焦点在 0.4 带附近(非 0.7 带)一致比较好。

表 5.2　孔径三带色差

带	$L'_{ch}=L'_F-L'_C$
边缘	+0.0165
0.7 带	-0.0052
近轴	-0.0222

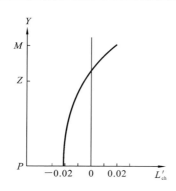

图 5.4　色差随孔径的变化

色差可以表示为光线高度 Y 的幂级数,即

$$色差=L'_{ch}=a+bY^2+cY^4+\cdots$$

常数项 a 是近轴("初级")色差。第二项 bY^2 和第三项 cY^4 表示色差随孔径的变化,如图 5.4 所示。

5.2.4　二级光谱

二级光谱通常表示为 D 线焦点到 $C-F$ 线公共焦点的距离,公共焦点在 C 和 F 曲线相交的高度 Y 处。在本节稍后介绍的例子中,C 曲线和 F 曲线交于 $Y=1.5$ 附近,在这个高度上其他波长的焦点对 $C-F$ 公共焦点的偏离如下:

谱线	A'	C	D	F	g
焦点偏离	0.005	0	-0.016	0	0.012

若没有二级光谱,图 5.3(b)所示的曲线将全部是直线。令透镜对两种色光消色差而不能兼顾其他色光的现象称为二级光谱。不要将二级光谱和第 5.2.3 节所述的二级色差相混淆。

5.2.5　色球差

这是球差的色变化,用 F 光和 C 光的边缘球差之差表示,即

$$色球差=(L'-l')_F-(L'-l')_C$$
$$=(L'_F-L'_C)(l'_F-l'_C)$$
$$=边缘色差-近轴色差$$
$$=0.0165+0.0222=0.0387$$

5.3　单个面对初级色差的贡献

为了确定单个球面对透镜近轴色差的贡献,我们调用第 3.1.5 节的公式

$$\frac{n'}{l'} - \frac{n}{l} = \frac{n'-n}{r}$$

对 F 光、C 光写为下式：

$$\frac{n'_F}{l'_F} - \frac{n_F}{l_F} = \frac{n'_F - n_F}{r}, \quad \frac{n'_C}{l'_C} - \frac{n_C}{l_C} = \frac{n'_C - n_C}{r}$$

令 C 光的公式减去 F 光的公式之后得到

$$\frac{n'_C}{l'_C} - \frac{n'_F}{l'_F} - \frac{n_C}{l_C} + \frac{n_F}{l_F} = \frac{(n'_C - n'_F) - (n_C - n_F)}{r}$$

现在令 $(n_F - n_C) = \Delta n$，于是 $n_F = n_C + \Delta n, n'_F = n'_C + \Delta n'$。由于所有光学玻璃的 n_F 和 n_C 之间的差异是 n_D 的一小部分，且 D 光线距 F 和 C 光线之间不远，因此用 $n_D = n$ 替换 n_F 和 n_C 仅会引入很小的近似误差，带撇系数也是类似的。若在分母中用 $l'_D = l'$ 替换 l'_F 和 l'_C，不带撇的系数也是如此，则可以得到

$$\frac{n'}{l'^2}(l'_F - l'_C) - \frac{n}{l^2}(l_F - l_C) = \Delta n\left(\frac{1}{r} - \frac{1}{l}\right) - \Delta n'\left(\frac{1}{r} - \frac{1}{l'}\right)$$

然后全式乘以 y^2，注意 $(1/r - 1/l) = i/y$，于是有

$$n'u'^2 L'_{ch} - nu^2 L_{ch} = yi\Delta n - yi'\Delta n' = yni(\Delta n/n - \Delta n'/n')$$

对每一面写出此式并叠加起来。因为 $n'_1 = n_2, u'_1 = u_2$ 和 $L'_{ch1} = L_{ch2}$，许多量可以相消。结果就得到（设有 k 个面）

$$(n'u'^2 L'_{ch})_k - (nu^2 L_{ch})_1 = \sum yni(\Delta n/n - \Delta n'/n')$$

全式除以 $(n'u'^2)_k$ 之后得到

$$L'_{ch_k} = L_{ch_1}\left(\frac{n_1 u_1^2}{n'_k u'^2_k}\right) + \sum \frac{yni}{n'_k u'^2_k}\left(\frac{\Delta n}{n} - \frac{\Delta n'}{n'}\right) \tag{5-1(a)}$$

$\sum$ 内的量就是各面对纵向近轴色差的贡献，第一项是物的色差。因此，纵向近轴色差可以写成

$$L'_{ch}C = \frac{yni}{n'_k u'^2_k}\left(\frac{\Delta n}{n} - \frac{\Delta n'}{n'}\right) \tag{5-1(b)}$$

物的色差（如果有的话）按照通常的纵向放大规则传递到像（见第 3.2.2 节），并且和透镜各面产生的色差相加。

在表 5.3 中，用上述公式计算了双胶合透镜三个面的近轴色差贡献，这个透镜的数据已经多次被引用过。各面贡献之和是 -0.022255。令此值与表 5.1中的 $l'_F - l'_C = -0.022178$（用比表 5.1 中更多的有效数字表示）比较后可

见,各面色差贡献公式的计算结果和实际的近轴光线追迹结果是十分接近的(大约相差 0.35%),虽然在推导色差贡献公式的过程中曾经作了各种近似处理。

表 5.3　初级色差贡献

y	2	1.903148	1.880973
n	1	1.517	1.649
i	0.270654	−0.459757	−0.171386
$1/u_k'^2$	36	36	36
$n_F - n_C = \Delta n$	0	0.00801	0.01920	0
$\Delta n/n$	0	0.005280	0.011643	0
$(\Delta n/n - \Delta n'/n')$	−0.005280	−0.006363	0.011643	
$L_{ch}'C$	−0.105746	0.312485	−0.228994 $\sum = -0.022255$	

5.4　系统中的薄镜片的近轴色差贡献

薄透镜的物距和像距的经典关系式为

$$\frac{1}{l'} = \frac{1}{l} + (n-1)c$$

此处,$c = c_1 - c_2 = \Delta c$,称为总曲率或镜片曲率。对 C 光和 F 光写出这个公式,并且令 F 光的公式减去 C 光的公式,就得到

$$\frac{l_C' - l_F'}{l'^2} - \frac{l_C - l_F}{l^2} = (n_F - n_C)c = \frac{1}{fV} \tag{5-2}$$

乘上 $-y^2$,得到

$$L_{ch}'\left(\frac{y^2}{l'^2}\right) - L_{ch}\left(\frac{y^2}{l^2}\right) = -\frac{y^2}{fV}$$

或

$$L_{ch}'u'^2 - L_{ch}u^2 = -\frac{y^2}{fV}$$

对系统中每个镜片写出这个公式并且叠加起来,经过多次相消之后得到(设系统共有 k 个镜片)

$$L_{ch_k}'u_k'^2 - L_{ch_1}u_1^2 = -\sum \frac{y^2}{fV}$$

最后,令全式除以 $u_k'^2$,得到像的色差表达式为

$$L'_{ch_k} = L_{ch_1}\left(\frac{u_1}{u'_k}\right)^2 - \frac{1}{u'^2_k}\sum\frac{y^2}{fV} \tag{5-3}$$

在上述各公式中，f 表示各薄镜片的焦距；V 表示阿贝数即色散系数，表示为

$$V = \frac{n_D - 1}{n_F - n_C}$$

V 值的大小变化范围是 25（最重的火石玻璃）～75（最轻的冕牌玻璃）。每种玻璃可以用在一张联系中间折射率 n_D 和 V 数的图上的一点代表（见图 5.5）。在 $V=50$ 处的垂直线是冕牌玻璃和火石玻璃的分界线，虽然这些玻璃的名称早已失去意义，但至今仍用来大概地表示色散率相对地比较低或比较高的玻璃。该图沿用了《镜头设计原理》第一版中用过的发表于 1973 年的肖特玻璃目录，虽然如今有些特定的玻璃已经被删除，有些又被加入。

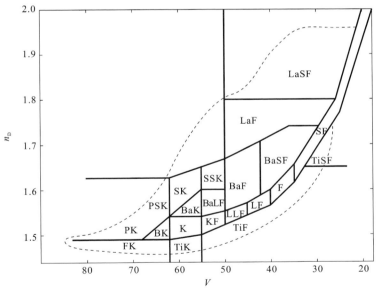

图 5.5 玻璃图

在图 5.5 中由冕牌玻璃、轻火石玻璃、火石玻璃和重火石玻璃组成的一条狭窄的带包括了全部旧的碳酸钠-碳酸钙——二氧化硅玻璃，其铅含量渐次增大。在此带上方的是钡玻璃，然后是 1983 年以后出现的、占据宽阔范围的镧玻璃和稀土玻璃。在 20 世纪 70 年代初，出现了一些钛火石玻璃，位于旧的冕-火石带下方。在左端有最近出现的氟冕玻璃和磷冕玻璃，其中的一些有其

特殊性质。各种光学玻璃价格相差悬殊,从每磅几美元至 300 美元。透镜设计者在为特定透镜选用玻璃时必须认真地查阅价目表。

在随后的几年中,一些新配方的出现使得各家玻璃制造商能生产出更多生态上能被接受的玻璃。例如,从这些玻璃中去除了铅、砷和/或一些放射性材料。在 20 世纪 90 年代初,被广泛关注的深冕 Tik 玻璃(碱基铝硼硅酸盐)、钛短火石玻璃(钛碱基铝硼硅酸盐)被肖特玻璃库删除。然而,日本小原(Ohara)S-FTM16 和豪雅(Hoya)FF5 玻璃已被作为 TiFN5 肖特玻璃的材料。

使用铅、砷和其他材料制备玻璃被认为在生态上是不可接受的,现在使用较少材料制作的玻璃就能实现高性能光学特性并对设计带来帮助。随着 20 世纪 70 年代污染减排要求更严,玻璃制造商开始探索去除镉、砷等有毒物质在玻璃中的使用。这些玻璃公司的挑战仍然是如何开发出生态上可接受,又能够为镜头设计者提供足够丰富光学性能的新玻璃组合材料。

玻璃制造商取得了一些重要的成功,新开发的组合材料使得玻璃的发展能继续满足光学性能、可制备性和低成本的目标。尼康就是这些综合性公司中的一个杰出代表,它能用自己生产的玻璃制备各种光学元件和各种光学产品。在 1990 年左右,大约有 100 种类型的光学玻璃含有砷和铅。到了 1999 年尼康公司在其光学设计部门已经使用了生态上可接受的新材料玻璃。在 2000 年尼康公司新的消费光学设计产品(相机、望远镜等)基本上没有使用新的玻璃材料,而到了 2008 年使用新的光学玻璃材料的比例已经高达 100%。

现在回到式(5-3),可以看到,在空气中单独一个薄透镜的近轴色差由下式给出:

$$L'_{ch} = -\frac{y^2}{fV}\left(\frac{l'^2}{y^2}\right) = -\frac{l'^2}{fV}$$

如果物体位于很远处,这个公式简化成

$$L'_{ch} = -f/V$$

因而对于远处的物体,单个薄透镜的色差等于透镜焦距除以玻璃的 V 数,也就是说在焦距的 $\frac{1}{75} \sim \frac{1}{25}$,因所用玻璃而异。

对于密接薄透镜系统(见第 3.4.6 节),可以对各镜片写出式(5-2),并且叠加起来,从而得到

$$\left[\frac{L'_{ch}}{l'^2} - \frac{L_{ch}}{l^2}\right] = -\sum c\Delta n = -\sum \frac{\phi}{V}$$

左边的量称为色差余量 R，用于实物成像的消色差透镜的 R 为零。如果薄透镜系统的总光焦度是 Φ，则

$$\Phi = \sum \phi = \sum (Vc\Delta n), \quad R = -\sum (c\Delta n)$$

对于使用十分普遍的薄双透镜，这两个公式变成

$$1/F' = \Phi = V_a (c\Delta n)_a + V_b (c\Delta n)_b$$

$$-R = (c\Delta n)_a + (c\Delta n)_b$$

由此解出 c_a 和 c_b 就得到重要的关系式：

$$c_a = \frac{1}{F'(V_a - V_b)\Delta n_a} + \frac{RV_b}{(V_a - V_b)\Delta n_a}$$

$$c_b = \frac{1}{F'(V_b - V_a)\Delta n_b} + \frac{RV_a}{(V_b - V_a)\Delta n_b}$$

（5-4）

这就是所谓 (c_a, c_b) 公式，在开始设计任何消色差薄双透镜时都要用到。

在大多数实际情况中，色差余量 R 为零，只有第一项要考虑。这时消色差条件与物距无关，也就是说薄的透镜系统的消色差对于物距是"稳定的"。还需注意 c_a 和 c_b 随每种材料的折射率不同而变化。

因为对薄透镜有 $f' = 1/c(n-1)$，所以可以将 (c_a, c_b) 公式变换为相应的焦距公式（当 $R=0$），即

$$f'_a = F' \frac{V_a - V_b}{V_a}, \quad f'_b = F' \frac{V_b - V_a}{V_b}$$

（5-5）

对于 $V_a = 60$ 的普通冕牌玻璃和 $V_b = 36$ 的普通火石玻璃，有 $V_a - V_b = 24$，可知冕牌玻璃镜片的光焦度是整个透镜组光焦度的 2.5 倍，而火石玻璃片的光焦度则是透镜组光焦度的 -1.5 倍。因此，为了令一个薄透镜消色差，所用的冕牌玻璃镜片的光焦度要等于原来的薄镜片光焦度的 2.5 倍（见图 5.6）。

所以，虽然孔径为 $f/1$ 的单透镜不算太

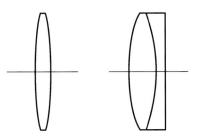

图 5.6 $f/3.5$ 单透镜和焦距相同
的消色差透镜

强，但制造相对孔径数比 $f/1.5$ 大许多的消色差透镜实际上是不可能的。

必须注意，色差只与透镜光焦度有关，而与弯曲及表面形状无关。试图用手工修磨某一面的方法来改变色差校正状态一般会失败，因为这要令透镜作很大的改动才能显著改变色差。

5.5 近轴二级光谱

迄今为止,都是把消色差透镜看成是 C 光焦点和 F 光焦点重合的透镜。然而正如前面所述,在这种情况下同一带的 D 光(黄色)的后截距偏短,g 光(蓝色)的后截距偏长。为了确定 C 光和 F 光焦点重合的透镜的近轴二级光谱大小,将单个薄透镜对 λ 和 F 两种波长的色差贡献写成

$$L'_{ch}C(\text{从 }\lambda\text{ 到 }F) = -\frac{y^2 c}{u'^2_k}(n_\lambda - n_F) = L'_{ch}C\left(\frac{n_\lambda - n_F}{n_F - n_C}\right)$$

括号中的量是玻璃的另一个固有特性,称为从 λ 到 F 的相对色散,通常写成 $P_{\lambda F}$,因为对于任何一系列薄镜片有

$$l'_\lambda - l'_F = \sum P_{\lambda F}(L'_{ch}C) = -\frac{1}{u'^2_k}\sum \frac{Py^2}{f'V} \tag{5-6}$$

对于消色差薄双透镜,两个镜片的 y 相同,并且式(5-5)表明,$f'_a V_a = -f'_b V_b = F'(V_a - V_b)$,因而

$$l'_\lambda - l'_F = -F'\left(\frac{P_a - P_b}{V_a - V_b}\right) \tag{5-7}$$

对于任何一对波长,如 F 和 g,都可以作出现有各种玻璃的 P_{gF} 与 V 的关系曲线,如图 5.7 所示。全部普通玻璃差不多落在一条直线上,这条线对应于

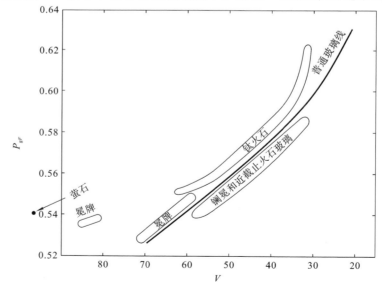

图 5.7 光学玻璃的相对色散与色散率的关系

特重火石玻璃的部分稍微上偏。在它下方的是"近截止"玻璃,这类玻璃的投射光谱带的蓝端截止很近,大多数镧冕玻璃和所谓近截止火石玻璃(KzF 和 KzFS 类)都属于这一类。在它的上方有一些"遥截止"冕牌玻璃,透过的蓝光谱带延伸得很远。这一区域还有一些塑料和晶体,如萤石。由图中还可以看到,钛火石玻璃也落在这条直线上方。

如果在这张图上,在构成消色双透镜的两种玻璃的点之间连接一条直线,其斜率由下面的公式给出:

$$\tan\psi = \frac{P_a - P_b}{V_a - V_b}$$

显然二级光谱由 $F'\tan\psi$ 决定。大多数普通玻璃落在一条直线上。这个事实表明,无论怎样选择玻璃对,二级光谱都是差不多相同的。例如,若选用肖特 N-K5 和 N-F2 玻璃,可算出如下一系列波长的二级光谱(设焦距是 10):

		$r-F$	$d-F$	$g-F$	$h-F$
N-K5	$V_a = 59.48$	$P_a = -1.17372$	-0.69558	0.54417	0.99499
N-K2	$V_b = 36.43$	$P_b = -1.16275$	-0.70682	0.58813	1.10340
		$l'_\lambda - l'_F = 0.00476$	-0.00488	0.01907	0.047033

为了减小二级光谱,可以选用一种遥截止冕牌玻璃,如令萤石[7]和钡冕玻璃(作火石玻璃镜片[8])配对,这时二级光谱如下:

		$r-F$	$d-F$	$g-F$	$h-F$
萤石[9]	$V_a = 95.23$	$P_a = -1.17428$	-0.69579	0.53775	0.98112
N-SK5	$V_b = 61.27$	$P_b = -1.17512$	-0.69468	0.53973	0.98690
		$l'_\lambda - l'_F = -0.00025$	0.00033	0.00058	0.00170

显然,这里的二级光谱比采用普通玻璃时的小得多。反之,如果令普通的冕牌玻璃和一种遥截止火石玻璃(如 N-SF15)配对,二级光谱将增大:

			$d-F$	$g-F$
N-K5		$V_a = 59.48$	$P_a = -0.69558$	0.54417
N-SF15		$V_b = 30.20$	$P_b = -0.71040$	0.60366
			$l'_\lambda - l'_F = 0.00506$	-0.02032

这时二级光谱余量约为上述采用普通玻璃时的 1.5 倍。

单从二级光谱不可避免这一点考虑,可能会不理解为什么非消色差不可。只要看一看图 5.8,这个问题自然会得到解答。在图中按照相同的比例画出了图 5.3(b)所示例子的近轴二级光谱曲线,以及用冕牌玻璃 N-K5 构造的简单透镜的二级光谱曲线,两者的焦距都是 $f'=10$。

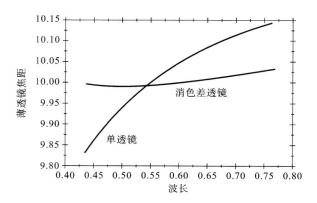

图 5.8　消色差透镜和单透镜的比较

如果透镜有小的初级色差余量,二级光谱曲线将倾斜。图 5.9 所示的三条曲线就具体说明了这种情况。由图中可以看到,当色差欠校正,后截距最短的波长向蓝端移动,对于 C-F 消色差透镜,此波长在黄绿区;而对于过校正透镜,此波长移到红端。用于近红外区的透镜必须果断地令它过校正;而透镜若打算用于色盲片或溴化银印相纸,则应当令它色差欠校正。

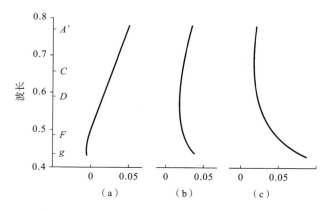

图 5.9　双胶合透镜的色差余量的影响($f'=10$)

(a) 欠校正 -0.03;(b) 消色差;(c) 过校正 $+0.03$

在任何大孔径的消色差透镜中,色球差和其他像差余量会比二级光谱大得多,以至于后者往往可以完全忽略。然而,在小孔径的长焦距透镜(如天文望远镜物镜)中,除了二级光谱之外,各种像差余量或在设计时已经校正好,或已手工消除。这时二级光谱成了唯一突出地存在的像差余量,因而考虑选择适当的特种玻璃来消除二级光谱的可能性就变得非常重要了。通常萤石就是为此目的而用于显微镜物镜的。

5.6　复消色差薄三透镜的初始设计

用萤石减小二级光谱有许多实际困难,所以往往更多的是用三种玻璃使三种波长有公共焦点。

对于在很远处的物体,消色差并且校正二级光谱的薄透镜系统满足如下三个关系式:

$$\sum (Vc\Delta n) = \Phi \quad (\text{光焦度})$$

$$\sum (c\Delta n) = 0 \quad (\text{消色差})$$

$$\sum (Pc\Delta n) = 0 \quad (\text{二级光谱})$$

对于复消色差薄三透镜组,这些方程式可以展开成

$$V_a(c_a\Delta n_a) + V_b(c_b\Delta n_b) + V_c(c_c\Delta n_c) = \Phi$$

$$(c_a\Delta n_a) + (c_b\Delta n_b) + (c_c\Delta n_c) = 0$$

$$P_a(c_a\Delta n_a) + P_b(c_b\Delta n_b) + P_c(c_c\Delta n_c) = 0$$

由此可以解出如下三个曲率:

$$c_a = \frac{1}{F'E(V_a - V_c)}\left(\frac{P_b - P_c}{\Delta n_a}\right)$$

$$c_b = \frac{1}{F'E(V_a - V_c)}\left(\frac{P_c - P_a}{\Delta n_b}\right)$$

$$c_c = \frac{1}{F'E(V_a - V_c)}\left(\frac{P_a - P_b}{\Delta n_c}\right)$$

注意各下标是循环排列的,而且三个括号前面的系数相同。

E 的意义如下:在如图 5.10 所示的 P-V 图上作出代表所选用玻璃的三个点,用直线连接成三角形,E 就是中间玻璃的点在垂直方向上至连接外侧两种玻璃的点的直线的距离。如果中间的玻璃在此直线下方,E 取负值。E 按如

下公式计算:

$$E = \frac{V_a(P_b - P_c) + V_b(P_c - P_a) + V_c(P_a - P_b)}{V_a - V_c}$$

$$= (P_c - P_a)\left(\frac{V_b - V_c}{V_a - V_c}\right) - (P_c - P_b)$$

由于 E 出现在三个 c 的表达式的分母中,所以如果三种玻璃落在一条直线上,三个透镜就变成无限强;反之,所用的玻璃组的 E 值越大,三个镜片越弱。通常用冕牌玻璃做透镜 a,用很重的火石玻璃做透镜 c,用近截止火石玻璃或镧冕玻璃做中间透镜 b。只要算出三个透镜的总曲率,它们的排列次序就可以是任意的。

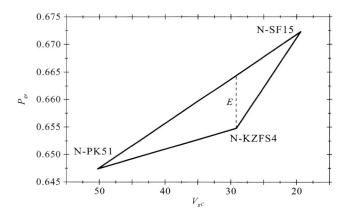

图 5.10　用于消色差三透镜组的玻璃 P-V 图

作为应用这些公式的例子,选用构成如图 5.10 所示的宽三角形的三种玻璃,即肖特 N-PK51、N-KZFS4 和 N-SF15。算出的曲率取决于各 P 数之差,所以已知的 P 值必须准确到小数后许多位,这就要求知道的各折射率准确到大约小数后第七位,这是超出任何测量方法能力的。因而采用现行肖特玻璃手册中的六位内插公式来计算折射率至必要的精度。这一步若做不好,将会得到一些离散点,以至完成的设计不能作出一条光滑的色差曲线。

使用如表 5.4 所示的参数值使 C、e 和 g 光线有公共焦点。在这种情况下,$V_{gC} = \frac{n_e - 1}{n_g - n_C}$,类似于常用的 C、D 和 F 光线的阿贝公式,$P_{ge} = \frac{n_g - n_e}{n_e - n_C}$。使用这些有点人为的数值,能算出 E 值等于 -0.009744,据此可推出当 $C_a = 0.5461855$,$C_b = -0.3830219$,$C_c = 0.0661602$ 时,焦距为 $F' = 10$ mm。如图

5.10 所示,E 值为负意味着具有中间色散的玻璃位于连接其他两个玻璃的线
下方。

表 5.4　复消色差三透镜组凹面和部分凹面玻璃

透镜	玻璃	n_e	$\Delta n = n_g - n_C$	$n_g - n_e$	P_{ge}	V_{gC}
a	N-PK51	1.5301922	0.0105790	0.0068488	0.6473933	50.117231
b	N-KZFS4	1.6166360	0.0214990	0.0140786	0.6544848	28.682091
c	N-SF15	1.7043784	0.0371291	0.0249650	0.6723844	18.971081

　　利用其他色光的折射率(也是用内插公式算出来的),可以作出色差曲线,
如图 5.11 所示。当然按照要求,这条曲线上的 C、e 和 g 对应点有相同的横坐
标。可以看到这时的三级光谱余量很小,D 和 F 光线的焦点位于后和前。曲
线的两端向透镜内部迅速移动。在这种特殊的结构中,四分之一交叉发生于
0.39 mm 处。此复消色差透镜的余量峰值色散为

$$\frac{0.00015}{10} \times 100\% = 0.0015\%$$

其值是微不足道的。通过比较,对于一个如图 5.8 所示的普通透镜的余量峰
值色差为 0.2% 或是该复消色差透镜残余色差的 100 倍。

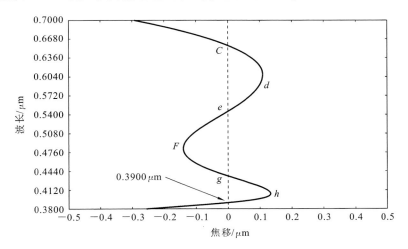

图 5.11　复消色差三透镜的三级光谱(C、e、g 光线有公共焦点)

　　根据选择的玻璃,对于一个复消色差透镜的色差曲线可以变成如图 5.11
所示的其他形状。在这种情况下,D 和 H 光线的焦点都稍微从后向 E 光线聚
集。请注意,如果图像平面稍微偏离镜头,将再次获得四波长的共同焦点,并

减少残余色差。

这个系统应当成为"超消色差"系统,因为所用的三种玻璃满足四种波长有公共焦点的赫兹伯格条件[10]。若不满足这个条件,则一般在可见区只有三个焦点相同的波长,第四个焦点相同的波长将落在红外区。在第 7.4 节中,加进适当的厚度,选择适当的形状以同时校正球差之后,这个复消色差透镜的设计即告完成。

设 计 指 南

前面已经解释过,纵向或轴向色差是一阶像差。当使用计算机程序进行镜头设计时,设计师可以有效利用轴向颜色操作数来定义一个优化缺省项,即两个所选波长之间的轴向图像距离。对于消色差镜头,设计师可以选择 C 和 F 线来统一它们的焦点。在复消色差的情况下,可以通过测量如 g 和 e、g 和 C 以及 e 和 C 之间的轴向图像距离,使得 g、e 和 C 光线的焦点统一,从而形成缺省项。在设计中,正确选择镜片材质至关重要,而镜片的弯曲基本上对一阶色差没有影响。

5.7 消色差分离薄透镜(双分离透镜)

在 19 世纪初,由于很难获取较大的火石玻璃基材,使得用于天文望远镜物镜的大消色差双合透镜很难制造出来。当时有人提出了一种比较适宜的方案来解决这个问题,这个方法目前已不再使用。当时的方案称为"分离物镜",由一个冕牌玻璃凸透镜和一个较小的火石玻璃凹透镜组成,两透镜以合适的距离分开放置。这实际上是一个长焦镜头,因为镜头长度[11]明显小于有效焦距。当用作望远镜物镜时,分离透镜的优点在于物镜的两侧都暴露在大气中,从而允许更快和更均匀的热跟踪保持图像的清晰度和空间稳定性。高斯认为,通过选择一个适当的两透镜分离间隔,有可能校正两种不同颜色的球面像差[12]。

令消色差透镜的两个镜片分开一段小的有限距离(这样构成的透镜称为双分离透镜),图 5.12 所示的是这种消色差双透镜的两个镜片,两者相距 d,就会发现火石玻璃镜片必须特地变强些。用距离 d 与冕牌玻璃透镜焦距之比 k 来代替距离本身作为参数会带来方便,即令 $k = d/f_a'$。消色差透镜两个镜片的色差贡献之和必须为零,所以

$$\frac{y_a^2}{f_a V_a} + \frac{y_b^2}{f_b V_b} = 0$$

由图 5.12 可见，$y_b = y_a(f_a' - d)/f_a'$ 或 $y_b = y_a(1-k)$。两式合并之后得到

$$f_b V_b = -f_a V_a (1-k)^2$$

系统聚焦 F' 是预先规定的，所以有

$$\frac{1}{F'} = \frac{1}{f_a'} + \frac{1}{f_b'} - \frac{d}{f_a' f_b'} = \frac{1}{f_a'} + \frac{1-k}{f_b'}$$

合并最后两个关系式，得到两组元的焦距为

$$f_a' = F'\left[1 - \frac{V_b}{V_a(1-k)}\right], \quad f_b' = F'(1-k)\left[1 - \frac{V_a(1-k)}{V_b}\right] \tag{5-8}$$

显然，$\dfrac{y_a}{F'} = \dfrac{y_b}{l'}$，因此镜头后截距 l' 可由 $l' = \dfrac{y_b}{y_a} F'$ 计算得出。

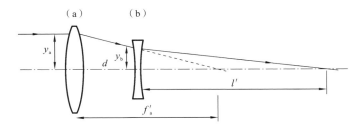

图 5.12 由凸透镜(a)和凹透镜(b)组成的分离镜头

作为一个例子，设 $V_a = 60, V_b = 36$，于是得到的两个焦距和 k 值的关系如下：

k	0	0.1	0.2	0.3
f_a'	$0.4F'$	$0.333F'$	$0.25F'$	$0.143F'$
f_b'	$-0.667F'$	$-0.45F'$	$-0.267F'$	$-0.117F'$
d	0	$0.033F'$	$0.05F'$	$0.043F'$

随着 k 增大，两个透镜的光焦度变大（负透镜的光焦度比正透镜增加得更快）。当 $k = 0.225$ 时，两个透镜的光焦度相等，两个焦距为 $0.225F'$。消色差双分离透镜的这种性质在双分离型四片照相物镜的初始设计（参见第 13.2 节）中得到利用，效果良好。当 $V_a(1-k) = V_b$ 时，两镜片无限强，这时的 k 值是界限值，在上述例子中，当 $k = 0.4$ 时会出现这情况。

康拉迪提出了一种解决分离问题的更普适的方案[13]。在方案中，他推导出在有限距离而不是无穷远处的物镜方程。当调整两个透镜之间的距离使得

在特定物距下有消色差时,物镜在任何其他位置下,分离透镜都将出现色差。

5.7.1 双分离透镜的二级光谱

由式(5-6)可知,对一列薄透镜有

$$l'_\lambda - l'_F = -\frac{1}{u'^2_k} \sum \frac{Py^2}{Vf'}$$

将双分离透镜的 f'_a、f'_b 和 y_b 值代入,有

$$l'_\lambda - l'_F = -\frac{F'(1-k)}{V_a(1-k)-V_b}(P_a - P_b) \qquad (5-9)$$

对于双胶合透镜 $k=0$,此式蜕化为用于消色差薄双透镜的公式(参见式(5-7))。

实际上不论是消色差关系式(5-8)还是二级光谱表达式(5-9),都不是严格准确的,因为在其推导过程中假设对所有波长都有 $y_b = y_a(1-k)$。由于前镜片的色散和两镜片之间有一定距离,结果使蓝光的 y_b 比红光的小。因而按式(5-8)设计的双分离透镜会稍微色差过校正,要令火石玻璃镜片的光焦度稍微减小一点以实现消色差。同理,二级光谱会稍微小于由式(5-9)决定的量。

作为一个例子,假设用如下的玻璃设计一个双分离薄透镜,如表 5.5 所示。当 $F'=10$,$k=0.2$ 时,应用式(5-8)算出

$$f'_a = 2.21783,相应地 \ c_a = 0.866581 \quad (因为 \ c = 1/f'(n-1))$$
$$f'_b = -2.27991,相应地 \ c_b = -0.706781$$
$$d = 0.443566$$

用薄透镜的 $(y-u)$ 法追迹通过这个系统的 C、e、F 光近轴光线,得到

$$l'_C = 8.008113, \quad l'_e = 8.0, \quad l'_F = 8.008431$$

有少量近轴色差余量等于 0.000298,过校正了。为了消除这个色差余量,要稍微减弱火石玻璃镜片,令 $c_b = -0.706449$,这样修改之后有

$$l'_C = 7.994955, \quad l'_e = 7.986857, \quad l'_F = 7.994962$$

表 5.5 分离的薄透镜玻璃

玻璃	n_C	n_e	n_F	$\Delta n = n_F - n_C$	$V_e = \dfrac{n_e - 1}{n_F - n_C}$
冕牌	1.51554	1.52031	1.52433	0.00879	59.193
火石	1.61164	1.62058	1.62848	0.01684	36.852
					$V_a - V_b = 22.341$

现在 $F—C$ 色差已经校正好，e 像往透镜一侧靠近，其二级光谱等于 -0.008103。用相同的玻璃制造的焦距相同的消色差薄胶合透镜的 $D-F$ 二级光谱是 -0.004820，大约只有双分离透镜的二分之一（见图 5.13）。

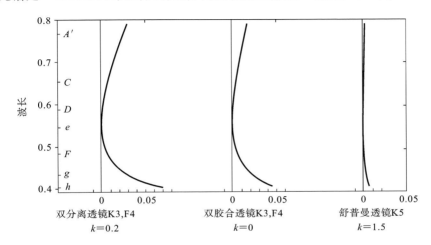

图 5.13　三种二级光谱曲线

5.7.2　一种玻璃构成的消色差透镜

人们早就知道，用一种玻璃来设计有空气间隔的消色差透镜实际上是可能的[14]。如果在式(5-8)中令 $V_a=V_b$，就可以得到由一种玻璃构成的消色差透镜，其两个镜片的焦距如下：

$$f'_a=\frac{kF'}{k-1}, \quad f'_b=-kF'(k-1), \quad d=kf'_a, \quad l'=-F'(k-1) \quad (5-10)$$

这里仍然假设物体在很远处，并且都是薄透镜。因为空气间隔 d 必须是正的，所以 k 必须和 f'_a 同号，$k-1$ 必须和 F' 同号。

对于正透镜，k 必须大于 1.0，这时构成一个很长的系统（见图 5.14），称为舒普曼(SChupmann)透镜，这种透镜很少用，因为像在系统之内（在透镜之间）；然而，它可以用于目镜或更复杂的光学系统的一部分（见第 15 和 16 章）。

对于负的系统，$k-1$ 必须为负，所以 k 必须小于 1.0。如果前镜片是正的，k 必须为正，因而必定在 0 和 1 之间。这样就得到了一个紧凑的系统（见图 5.15(a)）。如果前面的镜片是负的，k 必须是负的，但是可以取任意值。如果 k 小，则系统短；如果 k 大，系统会变得很长（见图 5.15(b)、(c)）。这种由一种玻璃构成的负的消色差透镜有各种用途，如可以作为远摄镜头的后组。

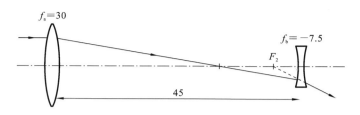

图 5.14　舒普曼透镜

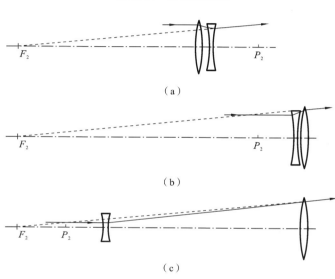

图 5.15　由一种玻璃构成的负双分离透镜（$f'=-10$）

（a）$k=0.2, f_a=2.5, f_b=-1.6, d=0.5$；（b）$k=-0.2, f_a=-1.66,$
$f_b=2.4, d=0.33$；（c）$k=-5.0, f_a=-8.33, f_b=300, d=41.7$

设计舒普曼双分离透镜时，由于空气间隔长，各种色光在后面的组元上是分离的，原来的简单公式已经不能保证完善的消色差，必须调整后镜片的光焦度以实现消色差。此外，因为两个镜片色散相同，似乎可以期待二级光谱为零。但是由于类似的原因，实际上是稍微欠校正的。

作为一个例子，在两个组元中用 K-5 玻璃设计一个焦距 10.0 的舒普曼双分离透镜。取 $k=1.5$，由式(5-10)给出

$$f'_a=30, \quad f'_b=-7.5, \quad d=45, \quad l'=-5$$

K-5 玻璃的折射率是

$$n_C=1.51981, \quad n_D=1.52240, \quad n_r=1.52857$$

因此，$c_a=0.063808, c_b=-0.255232$。对这些波长的追迹可通过这个薄透镜

解的近轴光线给出

$$l'_F = -4.998653, \quad l'_C = -4.999746$$

色差余量是 +0.001093。为了消除这个色差余量，应减弱火石玻璃镜片，为此，令 $c_b = -0.250217$。作这样的修改之后，一系列波长的后截距如表 5.6 所示。

表 5.6　例中舒普曼双分离透镜的残余色散

	波长	后截距	对 D 光的偏离
A'	0.7682	−5.06442	+0.00194
C	0.6563	−5.06577	+0.00059
D	0.5893	−5.06636	0
e	0.5461	−5.06447	−0.00011
F	0.4861	−5.06578	+0.00058
g	0.4359	−5.06353	+0.00283
h	0.4047	−5.06058	+0.00578

由这些数据作出的曲线如图 5.13 所示，与由普通玻璃对构成的消色差双胶合透镜和双分离透镜相应的二级光谱曲线进行了比较。

另一种形式的单透镜消色差透镜是一个厚的单透镜，其厚度和玻璃类型是用来纠正近轴色差的[15]。其第一面是凸的，具有曲率 c_1，第二个面是平面。厚度由下式给出：

$$t = \frac{n_F n_C}{c_1(n_F - 1)(n_C - 1)}$$

当平行光进入镜头，根据第 5.1 节的解释会形成一个实焦点。随后光将在玻璃内发散形成一个无轴向色差的虚焦点，有趣的是其二次光谱相当小。由于这两个焦点都位于透镜内部，因此该透镜可以用作光束扩束器或以凹面镜为主元件的望远镜系统的二次元件。镜头的虚焦点和主元件的焦点应该是重合的，这在第 15.4.8 节有相关讨论。

5.8　色差公差

5.8.1　单透镜

在 17 世纪，天文学家用焦距很长的简单透镜作为望远镜物镜。他们试图采用这种方式将色差影响减小到不可察觉的程度。这种处理方法是从如下想法产生的:简单透镜的色差等于 f/V,而基于衍射理论的焦深等于 $\lambda/\sin^2 U' = 4\lambda f^2/D^2$,其中 D 是透镜直径。假定由于人眼对深红和深蓝色的灵敏度下降而允许色差达到两倍焦深,就有

$$f/V = 8\lambda f^2/D^2$$

$\lambda \approx 1/50000$,如果 $V = 60$,则这个公式表明:为了满足上述关系,在透镜直径单位是厘米的条件下,焦距最短可以取到透镜直径平方的 40 倍左右(在透镜直径单位是英寸的条件下,焦距最短可以取到透镜直径平方的 100 倍左右)。因而对于 10 cm 孔径的物镜,如果焦距大于 40 m,它的色差可以忽略不计。

5.8.2　消色差透镜

出于类似的想法,可以确定为了使观察者觉察不到二级光谱,消色差望远镜物镜的焦距最短可以取多少。现在令 D 光的二级光谱等于总焦深,即

$$f/2200 = 4\lambda f^2/D^2$$

其中,大约有 $f = 2D^2$(如果以厘米为单位)或者 $f = 5D^2$(如果以英寸为单位)。于是对于 10 cm 孔径的消色差物镜,如果焦距大于 2 m(或 80 in),其二级光谱将可以忽略。消色差处理带来的巨大好处是十分明显的。

5.9　有限孔径上的色差

由图 5.3 中的曲线可见,透镜的色差(用 $L_F' - L_C'$ 表示)随孔径大小而变,图 5.4 所示的是色差的入射高 Y 的关系曲线。因此,通常的消色差透镜对近轴光线有一定的欠校正色差,对边缘光线有同等程度的过校正色差,而对 0.7 带光线则完全校正了色差。所以令有限孔径的透镜消色差时,应对要求其焦点重合的两种波长追迹带光线,为此可试验性地改动其中一个半径直到上述两种波长的焦点重合为止。

5.9.1　康拉迪的 $(D-d)$ 消色差法

虽然这种方法现在并不常使用,是因为强大的镜头设计程序可以在台式计算机上操作。但是 1904 年康拉迪[16]提出的令透镜消色差的这一非常有用且简单的方法,将使得透镜设计的学习者获得更多有价值的光学设计知识。这个方法基于这样的事实,即在一个消色差透镜中,

$$\sum (D-d)\Delta n = 0$$

式中:D 是追迹出来的最亮光的边缘光线由一面到下一面的路程长度;d 是这两个面之间的轴上间隔;Δn 是要求焦点重合的两个波长的光在被考察的两个面之间的材料中的折射率差。对于空气 Δn 为零,计算时只需考虑玻璃透镜。上述关系式的证明如下。

假设有某一波长的许多光线从一个轴上物点发出,通过透镜。波前上的各点沿光线移动,最后从透镜后方走出,移动着的波前时刻保持和光线垂直(马吕斯(Malus)定理)。

因为出射波前有这样的性质:光线由光源到波前上任何一点所需的时间是相等的,所以知道(见图 5.16)时间 $= \sum (D/v)$,其中,v 是在长度为 D 的每段光路上的光速。因而时间 $= \sum (D/c)(c/v)$,其中,c 是光在空气中的速度。折射率 n 等于光在空气中的速度与其在玻璃中的速度之比,所以时间 $= (1/c) \sum (Dn)$。$\sum (Dn)$ 是所追迹的光线由起始物点到出射波前的光程长度,而既定波前上的任一点的 $\sum (Dn)$ 值是相同的。

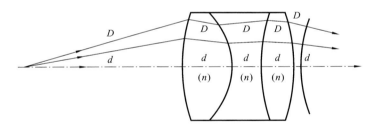

图 5.16 从透镜出射的波前

然后康拉迪进而假设,在一个有若干球差余量和色球差的透镜(大多数透镜是这样的)中,最佳的消色差状态是 C 光和 F 光(红光和蓝光)的出射波前在轴上和在透镜孔径边缘相交,如图 5.17 所示。因为这时 C 光波前和 F 光波前在 0.7 带附近互相平行,带上的 C 光线和 F 光线重合,通过轴上同一点。在这种情况下,沿边缘光线有

$$\sum (Dn)_C = \sum (Dn)_F$$

然而因为波前上任意点的 $\sum (Dn)$ 值相同,自然在消色差透镜中就有

$$\sum (D-d)n_C = \sum (D-d)n_F \quad 或 \quad \sum (D-d)(n_F - n_C) = 0$$

$$(5-11)$$

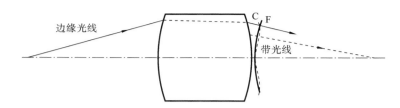

图 5.17 从消色差透镜出射的波前

这就是关于带有其他像差余量的透镜的最佳消色差状态的康拉迪条件。再看其他像差的作用,例如,由于有色球差,使 C 光和 F 光的出射波前在光轴和孔径边缘之间的部分是分离的,而球差则使波前取非球面形状。

在说到康拉迪条件时,默认了这样的假设:全部镜片中 C 光和 F 光的 D 值是相等的。这当然不是事实,但是如果对最亮光(对于 $C-F$ 消色差,它通常是 D 光或 e 光)追迹边缘光线,沿着这条光线计算距离 D 的话,只会引入很小的误差。如果在非消色差或只是部分地消色差的分离组元之间有很长的空气间隔的话,上述论断失效,但是在大多数情况下是准确的。

如果必须从起始物点到出射波前计算每一段光路的 D 值的话,$(D-d)$ 关系式就难以应用,幸而由于空气的色散 $\Delta n = n_F - n_C$ 等于零,所以只需计算在玻璃中的边缘光线段的 $D-d$,长度 D 用以下通常的公式计算:

$$D = (d + Z - X_1)/\cos U_1'$$

其中,$Z = r[1 - \cos(I - U)]$,这两个公式在第 2.3 节已给出过。应根据要求在消色差的光谱区域来选择色散值。对于通常的目视消色差,追迹 D 光或 e 光的光线,采用 $\Delta n = n_F - n_C$;对于摄影消色差,最好是追迹 F 光的边缘光线,而采用 $\Delta n = n_g - n_D$ 作为色散值。在第 1 章中提出的色散内插计算方法在这里是有价值的;然而,所有现代透镜设计程序包含了用于光学材料的数据表和用于每个材料的适当的色散内插方程。

5.9.2 通过调整镜头半径消色差

为了令透镜消色差,必须用某种方法令 $\sum (D-d)\Delta n$ 等于零。通常是计算出满足这个要求的透镜末面的半直径;或者也可以用任何合适的折射率来设计透镜,末了再从玻璃表中选用其色散值令 $(D-d)\Delta n$ 和等于零的玻璃。用前一种方法时,假设在最后的镜片之前的全部镜片的 $(D-d)\Delta n$ 和是 $\sum_0$。要求最后的镜片满足

$$\sum (D-d)\Delta n = -\sum_0$$

这样就知道了为了实现消色差,最后镜片的 D 值应该是多少,进而算出倒数第二面的 Z 值和 Y 值为

$$Z_2 = D\cos U_1' + Z_1 - d, \quad Y_2 = Y_1 - D\sin U_1'$$

(下标 1 和下标 2 表示最后镜片的第一、第二面)最后一面的曲率半径由下面的公式给出:

$$r = \frac{(Z^2 + Y^2)}{2Z}$$

至此问题已经解决。为了核对这些计算,追迹 F 光和 C 光通过整个透镜的带光线。如果处处计算正确,这两条光线在像空间交光轴于同一点。

5.9.3 $(D-d)\Delta n$ 和的公差

康拉迪[17]提出,在目视系统中,$(D-d)$ 和的公差约为半个波长。不过如果透镜有相当大的色球差的话,按照 $(D-d)$ 法的要求令 0.7 带光线完全消色差是没有必要的,因为这样做会很麻烦。我们发现比较合理的公差是透镜中冕牌玻璃镜片或火石玻璃镜片的 $(D-d)$ 和贡献的 1% 左右。如果两个镜片的色差贡献小,表明色球差也小,可见 $(D-d)$ 和的公差取严一点是合理的。

 实例

作为应用 $(D-d)$ 法的例子,回到第 2.5 节中作为光线追迹例子的双胶合透镜,沿边缘光线的追迹计算 $(D-d)\Delta n$ 和(见表 5.7)。可以看到 $(D-d)\Delta n$ 和有不大的余量,即 -0.0000578,大约是冕牌玻璃镜片或火石玻璃镜片各自贡献的 1%。我们认为这个透镜是明显色差欠校正的。这是图 5.3(a) 中 C 曲线和 F 曲线交于稍微高于 0.7 带孔径处的原因。

表 5.7 $(D-d)\Delta n$ 和的计算

C	0.1353271		-0.1931098		-0.0616427
Z	0.2758011		-0.3865582		-0.1149137
D		1.05		0.4	
$\cos U$		0.9955195		0.9985902	
D		0.3893853		0.6725927	

续表

$D-d$	-0.6606147	0.2725927
Δn	0.00801	0.01920
Prod.	-0.0052916	0.0052338 $\quad \sum=-0.0000578$

如果想令这个透镜完全消色差,可以按照第5.9.1节所述的方法求出最后一面的曲率半径,从而得知令最后一面的半径取-16.6527将使$(D-d)$和准确为零。这个半径与原来的半径-16.2225显著不同。由此再次看到,若想改变色差校正状态,必须显著地改动透镜。

另一种消色差方法是,计算出冕牌玻璃或火石玻璃应取怎样的Δn值才能使$(D-d)$和为零。由表5.6可知,对于既定的冕牌玻璃,如果采用$\Delta n=0.01941$的火石玻璃就可以消色差,相应的V数是33.43,而不是原来的33.80。或者可以保留原来的火石玻璃而寻找一种$\Delta n=0.00792$的冕牌玻璃,相应的V数是65.26,而不是原来的64.54。两种选择方法所要求的V数改变量只比一般工厂在连续熔炼玻璃时玻璃V数的变化量稍微大一点。这说明这个透明不大的色差余量几乎是微不足道的。

5.9.4 $(D-d)\Delta n$ 和与通常的色差的关系

D. P. 费德[18]曾经指出,对于透镜的任何带,F 光和 C 光在近轴焦平面上的垂直位移量接近为

$$H'_{\mathrm{F}}-H'_{\mathrm{C}}=\frac{\partial \sum}{\partial(\sin U')}$$

式中:$\sum$ 是沿所讨论的带光线计算出来的和数 $\sum(D-d)\Delta n$;$\sin U'$是同一条光线的出射斜率。因此,如果可以令 $\sum$ 表示成如下的多项式:

$$\sum = a\sin^2 U' + b\sin^4 U' + c\sin^6 U' \qquad (5\text{-}12)$$

则

$$H'_{\mathrm{F}}-H'_{\mathrm{C}}=2a\sin U'+4b\sin^3 U'+6c\sin^5 U'$$

算出透镜三个带上的 $\sum$,就可以求出三个系数 a、b 和 c,并且发现与式(5-13)能很好符合。

忽略掉式(5-12)中的 $\sin^6 U'$ 项就可以得出 $(H'_F - H'_C)$ 和 $\sum$ 之间的一个简便但只是近似的关系式。作这样的近似处理之后,就可以用如下方法令 0.7 带的色差和边缘的 $\sum$ 联系起来。

写出：

$$S = a\sin^2 U' + b\sin^4 U'$$

作为沿任何一带光线的 $(D-d)$ 和,如果在某一带上 C 光和 F 光的夹角是 α,然后计算 S 相对于 $\sin U'$ 的导数(见图 5.18),我们发现：

$$L'_a = \frac{\mathrm{d}S}{\mathrm{d}\sin U'} = 2a\sin U' + 4b\sin^3 U'$$

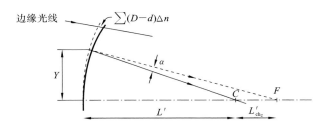

图 5.18 $(D-d)$ 和与带色差的关系

此带上的纵向色差近似由下式给出：

$$L'_{ch} = L'_a/\sin U' = 2a + 4b\,\sin^2 U'$$

因而 0.7 带上的色差由下式给出：

$$L'_{ch_z} = 2(a + 2b\,\sin^2 U'_z)$$

由于近似地有 $U'_z = \sin U'_m/\sqrt{2}$,而算出的边缘的 $\sum (D-d)\Delta n$ 和为

$$\sum = S_m = a\,\sin^2 U'_m + b\,\sin^4 U'_m$$

所以

$$L'_{ch_z} = 2\sum/\sin^2 U'_m \qquad\qquad (5\text{-}13)$$

为了检验这个结果,调用前述望远镜双胶合透镜的 $\sum$ 余量 -0.000578, $\sin U'$ 等于 0.16659。据此可以估计带色差是 -0.00417。通过实际光线追迹可以求出

$$\text{带上的 } L'_F = 11.27022$$

$$\text{带上的 } L'_C = 11.27523$$

$$\text{所以 } F - C = -0.00501$$

两个结果微小的不一致是由于前面曾经在 S 的表达式中忽略了 $\sin^6 U'$ 项。

5.9.5　薄镜片的近轴 $(D-d)\Delta n$

我们可以容易地导出单个薄镜片的 $(D-d)$ 表达式的近轴形式。在近轴区长度 D 变成

$$D=d+Z_2-Z_1=d+\frac{Y^2}{2r_2}-\frac{Y^2}{2r_1}$$

因此，

$$(D-d)=\frac{Y^2}{2}\left(\frac{1}{r_2}-\frac{1}{r_1}\right)=-\frac{Y^2}{2f'(n-1)}$$

$$(D-d)\Delta n=-\frac{Y^2}{2f'}\left(\frac{\Delta n}{n-1}\right)=-\frac{Y^2}{2f'V}$$

根据式(5-13)得到

$$近轴色差=\frac{2\sum}{u'^2}=-\frac{Y^2}{f'Vu'^2}$$

和式(5-3)完全符合。

设 计 指 南

当前的光学设计程序允许镜头设计师指定用于测量用户所需波长下主光线光程差(OPD)的操作数。在确定有限孔径处的色差时，镜头设计师可以选择轴向(相对)入瞳坐标为 $\rho=1$ 和 $\theta=0$ 的 F 光和 C 光 OPD 操作数，然后从 OPD_F 中减去 OPD_C。通过变化 $\rho=0.707$，可以计算出带孔径处色差。当使用康拉迪的 $(D-d)$ 方法进行消色差时，目的是使 $\sum(D-d)\Delta n=0$，应该重申的是这个方程需在 D 光下进行计算[19]。如前所述，这可能导致一些误差，但也在合适的范围内。上述 OPD 方法当然是准确的，且可用第5.9.3节中阐述的公差。

注释

1. Sir Isaac Newton, *OPTICKS*, Reprint of Fourth Edition (1730), Dover Publications, New York (1959).

2. A. E. Conrady, p. 143.

3. 介绍材料部分源于：R. Barry Johnson, A historical perspectiveon understanding optical aberrations, *Lens Design*, Warren J. Smith (Ed.); Criticalreviews of optical science and

technology，*Proc. SPIE*，CR41：18-29（1992）。

4. 在第 4 章讨论过，轴向色差类似于离焦，是一种一阶像差畸变场。

5. 本书中用到的氦和钠的谱线是 $0.5876\ \mu$m 和 $0.5893\ \mu$m。值得注意的是，玻璃制造商在玻璃代码中使用阿贝数和 d 值作为基准折射率。例如，肖特 N-FK5 玻璃的代码是 $487704(n_d = 1.487, v_d = 70.4)$。

6. 词汇"横向轴色差"通常和词汇"横向色差"是一个意思。本书中"横向轴色差"在图 5.1 所示的上下文中使用。

7. I. H. Malitson，A redetermination of some optical properties of calcium fluoride，*Appl. Opt.*，2：1103（1963）。

8. 虽然 N-SK5 具有火石玻璃的功能并具有更高的阿贝数，但是实际上它属于冕牌玻璃。

9. 肖特 LITHOTEC-CAF2.

10. M. Herzberger，Colour correction in optical systems and a new dispersion formula，*Opt. Acta*（*London*），6：197（1959）。

11. 追迹长度是从镜头系统前到图像平面的距离。

12. A. E. Conrady，p. 177.

13. A. E. Conrady，pp. 175-183.

14. Prof. Ludwig Schupmann（German，b. 1851，d. 1920），Optical Correcting Device for Refracting Telescopes，U. S. Patent No. 620，978，March 14（1899）。

15. William Swantner，private communications（2009）。

16. A. E. Conrady，p. 641. See also A. E. Conrady，On the chromatic correction of object glasses (first paper)，*M. N. Roy. Astron. Soc.*，64：182（1904）。

17. A. E. Conrady，p. 647.

18. D. P. Feder，Conrady's chromatic condition（research paper 2471），*J. Res. Nat. Bur. Std.*，52：47（1954）。

19. 注意 d 和 D 在不同上下文中的使用。

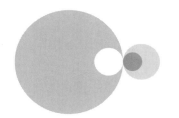

第 6 章
球差

在第 4 章中,我们曾讨论并以图 4.5 说明,视场非相关的像散像差包含离焦及球差,意味着它们并非视场角的函数且在全部视场为恒定像差,以上全体像差的横向像差形式为入瞳半径 ρ 的奇数幂函数,即

$$\underbrace{\rho}_{\text{散焦}} + \underbrace{\rho^3 + \rho^5 + \rho^7 + \cdots}_{\text{球差}}$$

本章中我们将考虑离焦以及球差。在第 4.3.1 节中,距离近轴像面 ξ 的像平面上离焦量表达式为

$$\mathrm{DF}(\rho,\xi) = -\xi \tan v_a'$$

$$= -\frac{\rho D_{\text{入瞳}}}{2f}\xi \,(\text{当物体位于无穷远处时})$$

$$= -\frac{\rho}{2f_{\text{数}}}\xi \tag{6-1}$$

式中:v_a' 为像空间边缘近轴光线倾角;ρ 为归一化入瞳半径;f 为焦距。图 6.1 为轴向子午光线典型光扇图。光线被离焦像平面所截,形成一条绕原点旋转的直线。可见,边缘光线交点 $\varepsilon_y(=\mathrm{DF}(1,\xi)$ 乘以 $2f_{\text{数}})$ 等于离焦距离 ξ。

直接计算球差较为简单。由物到像通过透镜既定的带追迹一条子午光线,求出像距 L',直接使它和由同一物点发出的对应近轴光线的像距 l' 比较,就可得到

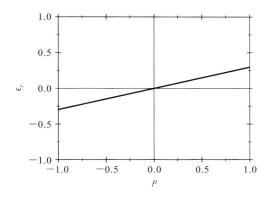

图 6.1　近轴像面上的横向离焦像差

$$纵向球差＝LA'＝L'－l' \tag{6-2}$$

历史上,使用轴向球面像差有几个原因。首先,子午面内光线与光轴的交点直接给出了像距 L';其次,使用手工计算方法简单合理;最后,轴向球差对于离焦而言是固有独立的[1]。

图 5.3(a)所示的为不同色光形成轴向球差的一种典型情况,即曾经提及过的色球差。在后续讨论中,我们仅考虑 D 光情况。透镜所求某孔径带的横向球差以子午光线与近轴像面的交点高度($\varepsilon_y＝－LA'\tan U'$)来表示;然后,实际像面可能与近轴像面存在 ξ 的偏移,因此,该交点高度同时包含球面像差和离焦两方面因素。图 6.2 所示的为像面处于近轴交点时的光线曲线,以及所形成的正的初级球差。注意该复合像差(离焦与球差之和)光线曲线图由于离焦的存在而旋转。

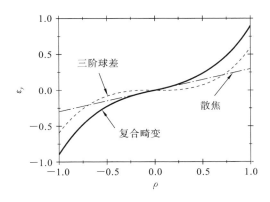

图 6.2　像面位于近轴焦点具有正值初级球差时的横向像差曲线

如第 4 章所述,离焦会影响其他像散像差导致的弥散斑,但对彗差毫无作用。考虑在初级球差情况下,合理放置离焦像面以获得最小的弥散斑直径。图 6.3 所示的为近轴像面处三阶球差曲线。该像差可表达为 $\varepsilon_y(\rho,0,0,0)=0.6\rho^3$,其中 $\sigma_1=0.6$。显然该弥散斑直径为 1.2(透镜单位)。图 6.3 所示的中间虚线代表离焦像差。假如将该虚线视为像面内 x 轴,则合理放置初级球差曲线可获得最小弥散斑直径。平行虚线限制了初级球差曲线,容易看出最小离焦弥散斑直径为近轴像面处大小的 $\frac{1}{4}$,即 $\frac{1}{2}\sigma_1$。根据式(6-1),所需的离焦量为 $\frac{3}{4}\mathrm{LA}'_{\text{边缘}}$。如图 6.3 所示,最佳聚焦像面实际位于近轴像面之外。

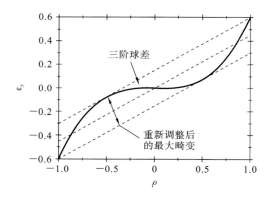

图 6.3　近轴像面处三阶球差曲线图

6.1　各面球差贡献公式

式(6-2)给出的简单关系式往往不适用,因为它将球差表示为两个大数的微小差值,而且不能揭示球差是从哪里产生的。因而下面将球差表示成各面的球差贡献之和来计算的方法有用得多。德拉诺[2](Delano)已经给出了作这种计算的一种方便的公式。推导这个公式时可参考图 6.4。请注意,这些各面球差贡献是针对所有的球差,而不仅仅是初级球差。在图 6.4 中有一条边缘光线和一条近轴光线入射到球面上。S 是由近轴物点 P 向边缘光线引的垂直线的长度。边缘光线用 Q 和 U 规定,近轴光线用 y 和 u 规定。于是有

$$S=Q-l\sin U$$

所以,

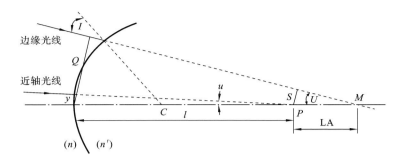

图 6.4　球差贡献

$$Su = Qu - y\sin U$$

等式右边的 u 用 $i - yc$ 代替，$\sin U$ 用 $\sin I - Qc$ 代替，其中，c 是面曲率。以 n 遍乘全式后得到

$$Snu = Qni - yn\sin I$$

为折射光线写出同样的等式（各量加撇号），令不加撇号的等式减去加撇号的等式就得到

$$S'n'u' - Snu = (Q' - Q)ni$$

为每一面写出这样的等式，叠加起来。按照 $(S'n'u')_1 = (Snu)_2$ 逐次相消之后得到（设共有 k 面）

$$(S'n'u')_k - (Snu)_1 = \sum (Q' - Q)ni \qquad (6\text{-}3)$$

由图 6.4 可知，

$$\text{LA} = -S/\sin U, \quad \text{LA}' = -S'/\sin U'$$

所以，

$$\text{LA}' = \text{LA}\left(\frac{n_1 u_1 \sin U_1}{n'_k u'_k \sin U'_k}\right) - \sum \frac{(Q' - Q)ni}{n'_k u'_k \sin U'_k} \qquad (6\text{-}4)$$

$\sum$ 号内的量就是各面对这一特定光线的球差的贡献（见第 4.4 节），第一项表示物的球差经过透镜往像空间的传递，可以理解成物对总球差的贡献。

　　现在以第 2.5 节使用的透镜为例说明上述公式的应用。在该章节已经追迹过一条来自无穷远处，入射高为 2.0 的边缘光线，又追迹过一条相应的近轴光线；其他用德拉诺公式计算时所需的数据如表 6.1 所示。我们看到，各面球差贡献之和与由光线追迹直接算出的球差 $L' - l'$ 符合得很好。计算结果如下：

$$L' = 11.29390$$

$$l' = 11.28586$$

$$LA' = L' - l' = 0.00804$$

表 6.1　各面球差贡献

c	0.1353271		-0.1931098		-0.0616427	
d		1.05		0.40		
n		1.517		1.649		
近轴光线数据						
u	0		-0.0922401		-0.0554372		-0.1666664
$yc + u = i$	0.2706542		-0.4597566		-0.1713855	
边缘光线数据						
Q	2.0		1.9178334		1.9186619	
Q'	2.0171179		1.9398944		1.8814033	
$Q' - Q$	0.0171179		0.0220610		-0.0372586	
ni	0.2706542		-0.6974508		-0.2826147	
$-n'_k u'_k \sin U'_k$	-0.0277643		-0.0277643		-0.0277643	
球差贡献	-0.1668701		0.5541815		-0.3792578 $\sum = 0.0080536$	

　　不过 L' 和 l' 值大约只准确到小数点后第五位的一个单位,而各球差贡献值则准确到小数后第七位的一个单位,显然后者比较准确。

　　注意这个透镜第一、第三面提供的是欠校正球差,第三面虽然曲率比较小,但是提供的球差却是第一面的 2 倍;第二面提供的过校正球差比外侧两面的欠校正球差之和还大,虽然第二面两侧的折射率差是小的。

　　球差贡献公式还有另一种形式,有时会有用。它是根据 Q 和弦 PA 的关系推导出来的(见图 6.5),在 $\triangle APB$ 中有

$$\frac{PA}{\sin U} = \frac{-L}{\sin(\alpha + I)}$$

因此,

$$PA = \frac{-L \sin U}{\sin(\alpha + I)} = \frac{-Q}{\sin(\alpha + I)}$$

然而,

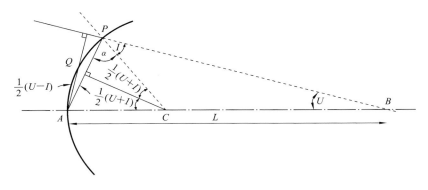

图 6.5 $Q = PA\cos\frac{1}{2}(-U-I)$ 的证明

$$\alpha = 90° - \frac{1}{2}(I - U)$$

所以，

$$\alpha + I = 90° - \frac{1}{2}(-I - U), \quad Q = PA\cos\frac{1}{2}(-I - U)$$

于是有

$$Q - Q' = PA\left[\cos\frac{1}{2}(-I - U) - \cos\frac{1}{2}(-I' - U')\right]$$

$$= PA\left[-2\sin\left(\frac{1}{2}\mathrm{sum}\right)\sin\left(\frac{1}{2}\mathrm{diff}\right)\right]$$

$$= 2PA\sin\frac{1}{2}(I' + U')\sin\frac{1}{2}(I' - I)$$

所以球差贡献公式可以写成

$$\mathrm{LA}' = \mathrm{LA}\left(\frac{n_1 u_1 \sin U_1}{n'_k u'_k \sin U'_k}\right) + \sum \frac{2PA\sin\frac{1}{2}(I' - I)\sin\frac{1}{2}(I' + U)ni}{n'_k u'_k \sin U'_k}$$

$$(6\text{-}5)$$

其中，

$$I' - I = U' - U, \quad I' + U = I + U'$$

6.1.1 面的球差贡献为零的三种情况

在下列特殊情况下,式(6-5)中连加号内的量为零:

(1) $PA = 0$;

(2) $I' = I$;

（3）$i=0$；

（4）$I'=-U$。

在情况（1）时物和像都在面的顶点。在情况（2）时边缘光线在面上没有折射，当物体处在面的曲率中心时就会出现这种情况，（3）也属于这种情况。折射面两侧的折射率相等（这是无意义的）也属于（2）的情况。若 $I'=-U$ 或 $I=-U'$ 就出现（4）的情况，这种情况十分重要，必须进一步考察。

由式（2-1）看到

$$\sin I = Qc + \sin U = \sin U - \frac{L\sin U}{r} = \left(1 - \frac{L}{r}\right)\sin U$$

但是 $\sin I = (n'/n)\sin I'$，而且在特殊情况下，$I'=-U$，所以得到 $L/r-1=n'/n$。亦即

$$L = r(n+n')/n$$

相应地，还有

$$L' = r(n+n')/n'$$

还可以指出，这一对特殊的共轭点还满足如下关系：

$$Q=Q', \quad nL=n'L', \quad 1/L+1/L'=1/r$$

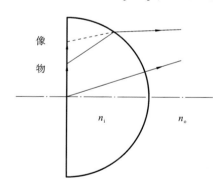

图 6.6　消球差半球放大镜，物体和图像
　　　　位于球面的曲率中心

举个例子有助于更好地理解情况（2）。考虑图 6.6 所示的半球放大镜，对于左边是空气右边是折射率为 1.5 的玻璃的凸面，我们得到

$$L=2.5r, \quad L'=1.6667r$$

该图像没有列出所有的球差、三阶彗差和轴向色差。这类放大器具有放大倍数 n/n'，可以作为接触放大镜或一个浸没透镜。

图 6.7 中标出了这一对共轭点 B 和 B'。物空间中指向 B 的全部光线经过折射之后都通过 B'，而不论这些光线以怎样的角度进入折射面。这一对共轭点称为该面的齐明点。注意这两个点和面曲率中心的距离分别为 $B=r(n'/n)$ 和 $B'=r(n/n')$。这种类型的齐明面在多种透镜中得到了应用，尤其是应用在高倍显微镜物镜和浸没透镜中，能使探测成像更大。

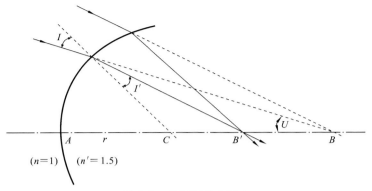

图 6.7　折射面的齐明点

　　一个类似的放大镜可以用于超半球形和如图 6.8 所示的平面。其横向放大率是$(n'/n)^2$。这种被称为分透镜的镜头，是基于第四种消球差的情况。图像不受球差、三阶彗差和三阶像散的影响。这些放大镜经常被用来作为桌面放大镜，具有大约 2.5 倍的放大率。

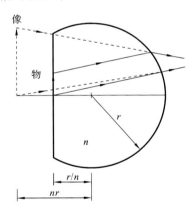

图 6.8　消球差透镜超半球形放大镜或阿米西物镜的齐明点

设 计 指 南

　　要记住，齐明面只能增大会聚光束的会聚度或增大发散光束的发散度。会聚度或发散度越大，齐明面的作用就越大。对于平行入射的光，齐明面是平面，不改变会聚度。

6.1.2　齐明单透境

可以令单透镜第一面是齐明面，第二面垂直于边缘光线，从而构成一个用于会聚光束的齐明单透镜。这种透镜增大会聚光束的会聚度,在某些场合下有用,在平行光中的齐明透镜只不过是一个平行板。在发散光束中齐明透镜是一个负弯月形透镜,只增加光束发散度而不引入球差。

6.1.3　物距对面上产生的球差的影响

在前一面已经看到,当(虚)物在图 6.7 中的 A、C 或 B 点时,单个折射面的球差贡献为零。于是会提出这样的问题:若物位于这些点之间将会怎样?这里规定光总是从左方进入。考察这样的情况:折射面半径为 10,左边是空气,右边是折射率为 1.5 的玻璃。令一条光线以固定的倾斜角 $11.5°$(按其正弦等于 0.2 取值)入射到此面,计算物体沿光轴移动时像的球差。计算结果如图 6.9 所示。

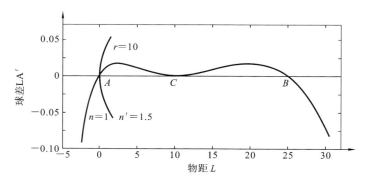

图 6.9　物距对球差的影响

若物体在折射面 A 和齐明点 B 之间,这种会聚面提供过校正球差。这是难以预料到的,但是很有用。在上述情况下,当物距大约等于面曲率半径 2 倍时,这个过校正球差达到峰值。由图 6.9 可以看到,这个过校正球差峰值位置靠近齐明点,而要想令其落在此点上,必须使面曲率半径稍大于齐明半径。还有另一个峰值,它靠近面本身,相应的 L 值约为面半径的 0.2 倍。这个峰值的用处少得多。一般规则是,当面左边为空气,右边为普通玻璃时,如图 6.9 所示,若 r 大约取齐明半径 $L(1+n')$ 的 1.2 倍,就会得到最大的过校正球差。

6.1.4　透镜弯曲的影响

改变透镜球差最好的方法之一是令透镜“弯曲”(见第 3.4.5 节)。如果透镜很薄,令其各面曲率改变同一数值就会起改变透镜形状而保持焦距和色差不变的效果。选择适当的形状参数如 c_1,作出的球差和这个参数的关系曲线

（也就是球面随弯曲而变化的规律），一般是抛物线。令正薄透镜向左或向右不断弯曲，其球差总可以变成是欠校正的，在某一中间弯曲状态球差达到其数学极大值。对于远处的物体，单个薄透镜的球差永不为零，但正消色差透镜在极大值及其附近有一个过校正区域。弯曲厚透镜时，通常令除最后一面以外的各面的曲率全部改变一个既定的量 Δc，而最后一面的半径用通常求角度解的方法（见第 3.1.4 节）确定，以保证近轴焦距不变。

设 计 指 南

当然，这种方法对色差稍有影响，只是对球差的影响比对色差的影响大得多。不过要注意，球差处于极大值时，即使令透镜显著弯曲，也是很少或不影响球差的。尽管如此，仍然可以用弯曲来改变其他像差，如彗差或场曲等。

6.1.5　球差取极小值的单透镜

可以用逐步弯曲（每次弯曲之后都调整最后一面的半径以保持焦距不变）的办法令正的单透镜对某一波长的球差变到最小。经过这样的弯曲之后，会发现所得到的透镜两面的球差贡献差不多相等，其中第一面（平行光入射）的贡献比第二面的稍微大一点。

作为例子，假设要设计一个球差取极小值的薄单透镜，要求焦距为 10，孔径为 $f/4$，玻璃折射率为 1.523，厚度取 0.25。在 $c_1 = 0.1648$ 处两面贡献相等，在这样的弯曲状态下总球差是 -0.15893。小心作图就会发现真正的最小值出现在 $c_1 = 0.1670$ 处，对应的球差是 -0.15883。它和前一球差值的差别完全是无关紧要的，因此以两面贡献相等作为球差最小的弯曲状态是不会引入显著误差的。只是对于用高折射率材料制造的红外透镜，这种误差会变得大得多。

按 $Y_1 = 1.25$ 作光线追迹，其结果如下：

c_1	0.15	0.16	0.17	0.18
按焦距不变解出的 c_2	-0.041742	-0.031639	-0.021519	-0.011380
球差贡献（1）	-0.05977	-0.07267	-0.08730	-0.10376
球差贡献（2）	-0.10434	-0.08705	-0.07174	-0.05828
总计	-0.16411	-0.15972	-0.15904	-0.16205

6.1.6　球差取极小值的双透镜系统

将两个相同的、焦距等于所需焦距 2 倍的透镜密接地装在一起，可以使球差大为减小。按前面的例子,这种双透镜(焦距缩放至 10)的球差是 -0.0788,大约是原来单透镜的一半。然而,如果弯曲第二个透镜,使四个折射面各自的球差贡献相等,系统会得到很大改进。这里必要的条件是各面的 $(Q'-Q)ni$ 值应相等,因为正是这个乘积决定各面的像差贡献。各面曲率通过几次试探计算确定,若所得的焦距偏离要求值,就令整个透镜缩放到符合要求值为止。

作为例子,在第 6.1.5 节求得的球差取极小值的单透镜后面加上另一个透镜。用试探法确定 c_3 和 c_4,使四个面的球差贡献相等。这样算出来的透镜数据如下(见图 6.10):

c	d	n	球差贡献($Y_1=1.25$)
0.1648			-0.01703
	0.25	1.523	
-0.02678			-0.01702
	0.05	(空气)	
0.3434			-0.01703
	0.25	1.523	
0.1216			-0.01700

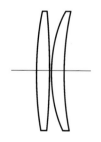

图 6.10 球差取极小值的双透镜系统

这个系统的焦距变成 4.6155,孔径为 $f/1.85$。将透镜缩放到焦距等于 10.0,然后以 $Y_1=1.25$ ($f/4$)追迹一条光线,求得的总球差是 -0.0310,大约等于单个镜片的五分之一。值得注意的是,现在两个镜片的焦距并不相等,分别是 21.7 和 18.4。

这里往往会产生这样的误解,以为为了保证球差取极小值,就必须令边缘光线在四个面上的偏转角相等。为了说明这种想法和实际情况相差有多远,且看上述例子中各面上光线的偏转角:

面	U 角/(°)	U' 角/(°)	偏转($U'-U$ 角)/(°)
1	0	1.877	1.877
2	1.877	3.318	1.441
3	3.318	6.019	2.071
4	6.019	7.195	1.176

第三面的折射作用如此大而没有引入过多的球差,这是因为这个面十分接近齐明条件。

应该指出,用折射率高于 2.5 左右的材料(如硅或锗)设计一个两片型的红外透镜时,会发现:若选择适当的 r_3 使其球差处于最大的过校正状态,就足以补偿掉前面球差取极小值的透镜的欠校正球差,因而可以完全校正好球差。最后一面的半径这样选择:使它的曲率中心和最后像点重合,以保证在其上不产生球差。

作为例子,设计一个用折射率是 3.4 的硅构造 $f/1$ 透镜。根据上述方法,得到如图 6.11 所示的结果。该图是这个透镜的截面图。强的后镜片是很

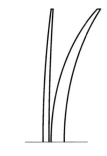

图 6.11　$f/1$ 硅透镜

弯的弯月形透镜。硅和锗等高折射率材料会表现出对只熟悉普通玻璃透镜的人十分惊讶的特性。

c	d	n	球差贡献	
0.02790			-0.006017	$f' = 10.283$
	0.25	3.4		
0.01572			-0.006004	$l' = 9.717$
	0.05	(空气)		
0.12632			$+0.012009$	孔径 $= 10(f/1)$
	0.50	3.4		
0.10291			0	

前组元焦距为 33.99,后组元焦距为 14.88

6.1.7　四透镜单色物镜

第 6.1.2 节已经介绍,在平行光中使用的单个齐明透镜其实是一块平面平行板,而不是透镜。然而,用产生微小过校正球差的办法(这种微小过校正球差可以用稍微弱于真正的齐明面的凸面来产生),可以构成一个适用于远处物体的齐明系统。具体做法是,将一个球差取最小值的透镜放在前面,在这个透镜后方的会聚光束中放置一系列过校正的弯月形透境。

作为例子,采用第 6.1.5 节的球差取极小值的 $f/4$ 单透镜,后接三个弯月形透镜,各弯月形透镜的第一面都取球差过校正量最大的形状,第二面则垂直

于边缘光线。弯月形透镜第二面偏离这个严格垂直的条件没有任何好处,因为它是发散面,在任何一侧偏离都会导致欠校正球差出现,而这正是要极力避免的。

经过几次试探性计算,取得最大的过校正球差,再按 $f' = 10$ 缩放之后(相对孔径等于 $f/2$),得到如下的系统:

c	d	n	球差贡献$(f/2)$	
0.066014[a]			-0.020622	
	0.3	1.523		
-0.0103636[a]			-0.020610	-0.041232
	0.05	(空气)		
0.082192			$+0.002463$	
	0.3	1.523		
0.055672			0	
	0.05	(空气)		
0.113932			$+0.005962$	
	0.3	1.523		
0.077543			0	
	0.05	(空气)		
0.158867			$+0.014476$	
	0.3	1.523		
0.109134			0	
		总计	-0.018331	

[a] 平行光的交叉透镜(见第 6.3.2 节)。

这时第一个透镜本身的焦距是 24.969。由表可知,三个弯月形镜片也不能完全补偿掉第一个透镜的欠校正球差。

但是如果以第 6.1.6 节中的两片型透镜的球差极小值为出发点,在这个两片型透镜后面只放两个弯月形透镜,就可以得到很好的结果。用这种方法可以设计出一个用于平行光中的四片型消球差系统,相对孔径为 $f/2$。按照 $f' = 10$ 缩放之后成为如下的结构:

c	d	n	球差贡献$(f/2)$
0.041520			-0.005090
	0.3	1.523	

续表

c	d	n	球差贡献($f/2$)
−0.06726			−0.005098
	0.05		
0.084883			−0.005106
	0.3	1.523	
0.029164			−0.005098
	0.05		
0.113764			+0.005966
	0.3	1.523	
0.077891			0
	0.05		
0.159353			+0.014387
	0.3	1.523	
0.109941			−0.000016
	总计		−0.000068

这个透镜如图 6.12 所示。这里前两个透镜的焦距是 18.380。这个系统已用于石英的单色显微镜物镜中,在紫外区的单一波长中使用。其设计曾经为富尔策(Fulcher)探讨过[3]。

6.1.8 消球差非球面平凸透镜

这里有两种可能的结构:一种是非球面面对远处的物体;另一种是平面面对物体。1637 年,笛卡儿描述和解释了凹透镜和凸透镜的应用特性,并突破性地加以组合使用。他成为创造数学公式对球差进行解释的第一人。笛卡儿还对椭球面及双曲面,特别是平双曲面透镜进行了详细研究。笛卡儿及其同事投入了大量的财力和精力,试图造出一种没有球差的单透镜。

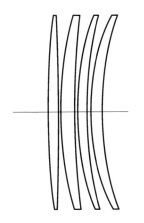

图 6.12 四片型 $f/2$ 齐明物镜

尽管他们付出了努力,但当时并不具备生产该透镜的工具和方法。幸运的是,现代科学技术已经可以制造高质量的椭球面透镜及双曲面透镜。从一点到另一点的完善成像最早由费马原理解决,即完善共轭成像时,所有通过共轭点的光线,具有相同的光程。根据费马原理,伦博格[4](Luneburg)在1944年公布了一种四阶曲面,即以雷内·笛卡儿命名的笛卡儿椭球面。

1. 凸面向前

图 6.13(a)中左侧为椭球面 - 平面透镜表面轮廓的椭球面部分,其成像位于该透镜的后部平面之上。该透镜以设计波长的平行光入射时校正了球差,但存在色球差。系统用以追迹光线的坐标系以椭球面左侧表面顶点为坐标原点。z 轴为椭球体长轴,且 x 轴与 y 轴确定顶点切平面。自切面开始表面顶点处凹陷或沿 z 轴的位移可由一个常用的圆锥曲面数学表达式说明,即

$$z = \frac{y^2 c}{1 + \sqrt{1 - (1+\kappa)c^2 y^2}}$$

式中:y 为光线与表面交点坐标;c 为曲面顶点处曲率(曲率半径之倒数);κ 为圆锥系数(见式(2-7))。该公式形式一般用于光学设计程序,以 c(或 r)和 κ 为输入表面参数。

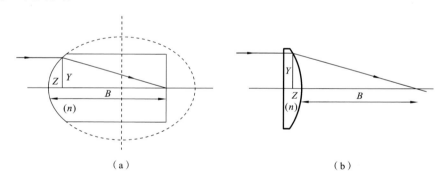

（a）　　　　　　　　　　　　　　（b）

图 6.13　消球差的非球面单透镜

图 6.14 描述一个椭圆的基本参数[5],包括了长轴与短轴长度以及焦点。以距离 d 表示椭圆透镜的焦距,其大小等于长轴半长度 a 与焦点到椭圆中心距离 c 之和。

任一圆锥截面可以表示为

$$\frac{\left(x - d\frac{n_1}{n_0+n_1}\right)^2}{d^2\left(\frac{n_1}{n_0+n_1}\right)^2} + \frac{z^2}{d^2\frac{n_1-n_0}{n_0+n_1}} = 1$$

若 $n_1 > n_0$,上式为椭圆表达式;若 $n_0 > n_1$,为双曲线表达式。该表面称为旋转

对称表面。检验该方程式可知,长轴半长
度 a 和短轴半长度 b 可用下式计算:

$$a^2 = d^2 \left(\frac{n_1}{n_0 + n_1}\right)^2$$

及

$$b^2 = d^2 \frac{n_1 - n_0}{n_0 + n_1}$$

根据基本几何原理,其焦点距离为

$$c^2 = a^2 - b^2$$

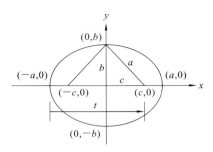

图 6.14 椭圆的几何参数

根据以上各式消去 a^2 和 b^2,可得

$$c^2 = d^2 \left(\frac{n_0}{n_0 + n_1}\right)^2$$

几何学中偏心率为 $\varepsilon = \frac{c}{a}$,根据以上公式有 $\varepsilon = \frac{n_0}{n_1}$。圆锥系数 κ 可定义为

$$\kappa = -\varepsilon^2 = \frac{-n_0^2}{n_1^2}$$

再次根据几何知识(半通径),顶点曲率 r 为

$$r = \pm\frac{b^2}{a} = d\left(\frac{n_1 - n_0}{n_1}\right)$$

显然,利用近轴光学和纯球面折射面可确定 r、t、n_0 和 n_1 之间的关系。该结果
在孔径非常小的情况下即可出现。式中的圆锥系数将表面变为椭球面,并不
改变透镜的一阶特性,但确实降低了球面折射面的固有球差。

设有一例,其 $n_0 = 1$,$n_1 = 1.5$ 且 $d = 20$ mm,则有

$$\kappa = \frac{-n_0^2}{n_1^2} = \frac{-1}{1.5^2} = -0.44444$$

$$r = d\left(\frac{n_1 - n_0}{n_1}\right) = 20 \times \frac{0.5}{1.5} = 6.66666$$

这种表面已长期用于公路反光镜"按钮"[6]。相同的表面轮廓可用来形成一枚
柱面透镜,具有多方面的应用。多枚这种透镜可形成一组透镜阵列,通常用于
印刷工业,以使印刷物具有 3D 效果,或使印刷物在旋转时显示出不同的
画面[7]。

考虑当椭球面-平面透镜与一种或多种材料相连接的情况。例如,将探测
器阵列以光学胶粘贴在透镜的平面上,光学胶与透镜具有不同的折射率。透

镜的厚度要做相应地减少以补偿光学胶的厚度。根据基本像差理论,透镜和基底材料的折射率不同,这是由于光束会聚会引入额外的球面像差(见 6.4 节)。

为了补偿不同折射率,将 r、n 和 d 相关的公式进行修改,以确定一种或多种材料构成复合光学元件时,透镜的曲率 r 为

$$r = (n_1 - 1)\left(\frac{d_1}{n_1} + \frac{d_2}{n_2} + \cdots + \frac{d_n}{n_n}\right)$$

该公式可以通过近轴光线追迹推导得到。注意每种基底材料均假设为平板。括号内部分之和为组件的有效光学厚度。若基底厚度与透镜厚度 d_1 相比较小,则圆锥系数可用 $-n_1^{-2}$ 进行估算。

如果基底厚度为透镜厚度的较大部分,则圆锥系数的估算更为复杂,还需要对有效折射率进行估算。假设一条近轴光线有 $n_0 u_0 = 0$,与折射面相交高度为 y_1,u_0 为光线与光轴的夹角。此光线在光学组件中传播,其与各基底相交的高度分别为 $y_2, y_3, \cdots, y_n$。有效折射率 n_{eff},依据积分计算均值定理,可以表达为

$$n_{\mathrm{eff}} = \frac{\sum\limits_{i=1}^{n} y_i t_i n_i}{\sum\limits_{i=1}^{n} y_i t_i}$$

以及相应的圆锥系数为 $-n_{\mathrm{eff}}^{-2}$。

图 6.15 所示的为包含一个球面折射面和两种基底的透镜系统,图 6.16 所示的为具有等效圆锥系数的相同透镜系统。以上透镜系统的具体参数如表 6.2 所示,两者唯一差别仅为圆锥系数。通过观察图 6.15,发现具有球面折射面的透镜系统存在明显的球差。而图 6.16 所示的系统由于等效圆锥系数,能有效地减小了球差。

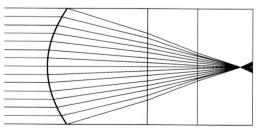

图 6.15　具有复合基底和球面折射面的透镜系统

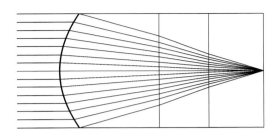

图 6.16　具有复合基底和椭球折射面的透镜系统

表 6.2　图 6.15 及图 6.16 所示透镜系统参数

表面	曲率半径	厚度	折射系数	边缘光线高度	圆锥系数
物面	∞	∞	1		
1	10	10	1.8	6	-0.34542
2	∞	5	1.4	3.33333	
3	∞	5.396825	1.6	1.61905	
像面	∞			0	

利用以上数据,可以制成一个用于无焦望远镜的实体光学(没有空气间隔)透镜系统。将两片椭球-平面透镜的平面端相对放置,以一定厚度的平板材料置于两者之间,调节材料后以使两透镜的焦点相重合。两透镜可有不同材料和曲率,其角放大率即为两者有效焦距之比。

2. 平面向前

如图 6.13(b)所示,令透镜后方空气中的光程相等,得到

$$B+nZ=[Y^2+(B+Z)^2]^{1/2}$$

式中:

$$\frac{[Z+B/(n+1)]^2}{[Bn/(n+1)]^2}-\frac{Y^2}{B^2(n-1)/(n+1)}=1$$

两种情况明显相似。平面在前的透镜取双曲面形,如图 6.13(b)所示,其半长轴等于 $B/(n+1)$,半短轴等于 $B[(n-1)/(n+1)]^{1/2}$,其偏心率等于折射率 n 且圆锥系数 $\kappa=-n^2$。

利用$(y-nu)$光线追迹,表明该平面-双曲面透镜系统的焦距为 $\dfrac{-r}{n-1}$ 并不重要,故在图 6.13(b)中用 B 表示。为构造一个具有有限放大率的实体光学

元件,可将双曲面用于双凸透镜的两面,令其焦距之比即为其曲率半径之比。显然两表面间光线必然为准直,故透镜厚度不再产生影响。无论所需口径多大,此时轴向成像均不产生球差;然而,透镜的视场依然由彗差所限制。

6.2 带球差

已经知道,可以用正、负镜片组合,设计出边缘光线焦点和近轴像点重合的透镜,这个透镜球差为零。然而,通过透镜中间带的光线的焦点一般要比近轴像点更靠近透镜,偶尔亦会比近轴像点离透镜更远。可以作出入射高 Y 和球差的关系曲线,如图 6.17 所示。这种沿带分布的球差余量通常称为带球差,它可以表示为只含 Y 的偶次项的幂级数,即

$$LA' = aY^2 + bY^4 + cY^6 + \cdots$$

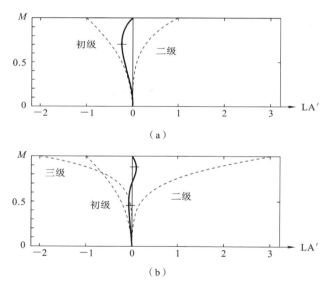

图 6.17　各级球差的作用

(a) 初级和二级球差;(b) 初级、二级和三级球差

这个幂级数各项顺次称为初级球差、二级球差等,当然它们不是单独存在的,实际球差是所有各项之和。但是可以给各项单独作图以揭示它的变化规律(见图 6.17)。如果 Y 小,二级和更高级的项很小则可以忽略,初级项反映了全部球差。随着 Y 增大,首先是二级球差增大,然后是三级球差增大,先后占据主导地位。

在图 6.17(a)所示的例子中,初级项是负的,二级项是正的。对于边缘光线两者相等但符号相反。考虑到当只有前两项存在且边缘光线的球差为零,即当 $\rho=1$ 时,有 $LA'=a\rho^2+b\rho^4=0$。这意味着 $a=-b$。因此,余量峰值可以通过方程 $\dfrac{dLA'}{d\rho}=2a\rho+4b\rho^3=0$ 求解。将 $a=-b$ 代入,能推出 $2a+4b\rho^2=-2b+4b\rho^2$,并解出 $\rho=1/\sqrt{2}=0.707$。在一个实际的透镜系统中,带球差余量峰值出现在 ρ 等于边缘光线的 ρ_m 乘以 0.7071 处。在考虑三阶和四阶球差时,这里的带球差余量峰值等于透镜边缘带上的初级量的四分之一,即 $LA'_{0.707}=a/4$。

三级球差和二级球差相差不大,它可能是正的,叠加到二级球差上,这时最大的带球差余量落在高于 0.7 带的地方,并且边缘像差增加得很快。反之,若三级球差是负的,与二级球差相消,因而有可能同时消除边缘球差和带球差,如图 6.17(b)所示。注意这时的二、三级球差比图 6.17(a)所示的简单情况大得多,但是总像差曲线却接近平直,在 0.7 带上方和下方小量的球差余量大小相等而符号相反。通过分析可知,球差余量的极大值和极小值落在如下 ρ 值上:

$$\frac{\rho}{\rho_m}=\sqrt{\frac{1\pm1/\sqrt{3}}{2}}=0.8881 \quad 和 \quad 0.4597$$

图 6.17(b)中用短横线标记出了这两个位置。

设 计 指 南

由偶数阶(纵向形式)球差展开性质推论,事实上系数 a、b 和 c 的符号必须正负交替以实现边缘光线校正。在图 6.17(a)中仅可见初级及二阶球差,而图 6.17(b)中则存在三阶球差。认真观察透镜的光线曲线图可知,系统存在何种阶次的球差,以及它们是否具有可被校正的正确符号。

当仅有初级球差时,重聚焦的情况如图 6.3 所示。假设当初级和二阶球差都存在的情况下重聚焦,情况显然要复杂得多。当仅存在初级球差时,显然重聚焦具有最佳效果。而当初级和二阶球差存在时,其最佳重聚焦则不那么简单了。

图 6.18 所示的为横向光线偏差及归一化入瞳直径。当 $\rho=1$ 时,边缘球差为 0(曲线 A);当 $\rho=1.12$ 时,边缘球差为 0(曲线 B)。第一种情况代表了镜头设计者企图达到的效果,即在近轴像面处边缘光线偏差为 0($\varepsilon_y=\sigma_1\rho^3+\mu_1\rho^5$

=0,当 ρ=1 时)。图中的重聚焦边界代表了弥散斑直径且包含 100% 能量。此情况下,若采取不同的重聚焦(边界线的斜率表示重聚焦的程度),可获得更加明亮的光束中心。由于边界线与曲线 A 相交于约 $\rho=\pm0.9$ 处,此光亮区域中心包含约 80% 能量且可提高系统分辨率。

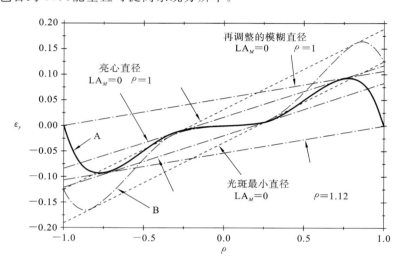

图 6.18 当 ρ=1(曲线 A)及 ρ=1.12(曲线 B)边缘球差为 0 时,
三阶及五阶球差的几何弥散

剩余 20% 能量在光亮中心周边晕散形成弱光区域,其直径为中心区域的 5 倍以上。再考虑图 6.18 中曲线 B 所表示的第二种情况。当 ρ=1.12 时, $\varepsilon_y=\sigma_1\rho^3+\mu_1\rho^5=0$,重聚焦时可得最小 100% 弥散斑直径,其大小约比曲线 A 光亮中心区域大 50%。设计者必须为特定应用确定最佳的重聚焦程度。需要注意的是,在近轴像面处使得边缘光线偏差为 0 并不一定总是适宜的。

6.3 初级球差

6.3.1 一个面上的初级球差

为了分离出初级项,必须使 Y 取无限小,这时不能用式(6-4)计算球差,而且不能用原来的光线追迹公式追迹近轴光线。然而,初级项可以作为一个极限来确定,即

$$\text{LA}'_{初级}=\lim_{y\to 0}(\text{LA}'_y)$$

求极限时,用近轴光线数据代入式(6-5)中的各量。作这种代换之后,得到初

级球差公式：

$$\mathrm{LA}'_p = \mathrm{LA}_p\left(\frac{n_1 u_1^2}{n'_k u'^2_k}\right) + \sum \frac{2y \cdot \frac{1}{2}(i'-i) \cdot \frac{1}{2}(i'+u)ni}{n'_k u'^2_k}$$

这里 LA_p 是物的初级球差（如果有的话），它按通常的纵向倍率关系传递到最后的像上。$\sum$ 内的量就是各面产生的初级球差。

这些面贡献值（SC）可以写成

$$\mathrm{SC} = \frac{yni(u'-u)(i+u')}{2n'_k u'^2_k} \qquad (6\text{-}6)$$

计算这个公式只需要用到近轴光线数据。为了解释它，我们注意纯初级球差

$$\mathrm{LA}'_p = aY^2$$

此外图 6.17 中的球差曲线在其与光轴相交处的曲率半径为

$$\rho = \frac{Y^2}{2\mathrm{LA}'_p} = \frac{1}{2a}$$

因此，初级球差系数 a 等于球差曲线在其与透镜轴相交处的曲率半径的 2 倍的倒数。所以追迹一条近轴光线不但能找出近轴像点的位置，而且能判断球差曲线在其与光轴的交点（即近轴像点）处的形状。以这样少的光线追迹工作量取得这么多的信息，确实令人惊讶。

作为使用上述公式的例子，计算第 2.5 节中多次用过的双胶合透镜的三个面的初级像差贡献值，我们已经使用过几次（见表 6.3）。

表 6.3　初级球差的计算

y	2	1.9031479	1.8809730
n	1	1.517	1.649
$yc+u=i$	0.2706542	-0.4597566	-0.1713855
u	0　　　　-0.0922401	-0.0554372	-0.1666664
y	2	1.9031479	1.8809730
ni	0.2706542	-0.6974508	-0.2826147
$u'-u$	-0.0922401	0.0368029	-0.1112292
$i+u'$	0.1784141	-0.515938	-0.3380519
$1/2u'^2_k$	18	18	18
Product＝SC	-0.160349	0.453014	-0.359792　$\sum = -0.067127$

令这些初级球差贡献值和第6.1节的准确的球差贡献值比较是很有意义的,如下面的数字:

面	1	2	3	总和
准确的球差贡献	-0.16687	$+0.55418$	-0.37926	0.00805
初级球差贡献	-0.16035	$+0.45301$	-0.35979	-0.06713
差值(高阶量贡献)	-0.00652	$+0.10117$	-0.01947	

每一面上的实际球差贡献值和初级球差贡献值大小差不多而且符号相同,只是在胶合面上两者的差别最大。这是由于在该面上出现了显著的二级和更高级的球差,而在两侧的面上表现出的高级球差很小。在胶合面上出现大量高级球差是这个透镜带球差大的原因。在图 5.3(a)中的曲线 D 的检查表明,球差几乎完全由一级和二级贡献值组成。

6.3.2 薄透镜的初级球差

将薄镜片两面的 SC 值合并,就会发现,系统中的薄透镜或密接薄透镜组在最后像产生的初级球差为

$$\text{SC} = -\frac{y^4}{n'_0 u'^2_0} \sum (G_1 c^3 - G_2 c^2 c_1 + G_3 c^2 v_1 + G_4 cc_1^2 - G_5 cc_1 v_1 + G_6 cv_1^2)$$

(6-7)

式中:下标 0 表示最后像的参量;$\sum$ 内各项表示各镜片的贡献;c、c_1 的意义和前文一样,即 $c_1 = 1/r_1$,$c = 1/f'(n-1)$;v_1 是镜片的物距的倒数;各个 G 是折射率的函数,即

$$G_1 = \frac{1}{2}n^2(n-1), \quad G_2 = \frac{1}{2}(2n+1)(n-1)$$

$$G_3 = \frac{1}{2}(3n+1)(n-1), \quad G_4 = (n+2)(n-1)/n$$

$$G_5 = 2(n^2-1)/n, \quad G_6 = \frac{1}{2}(3n+2)(n-1)/n$$

这些公式的细节已经被康拉迪[8]详细推导过。在式(6-7)中,只有当薄透镜包含一片以上的镜片(如薄的双透镜或三透镜)时,它才需要用连加号,否则可以去掉。若镜片超过一片,胶合面都要用很薄的空气层代替。c_1 是各片第一面的曲率,v_1 是空气中的物距的倒数。因此对于双胶合透镜,它的第二个镜片有

$$(c_1)_b = (c_1)_a - c_a, \quad (v_1)_b = (v_1)_a + c_a(n_a - 1)$$

如果是空气中的一个单独的薄镜片或薄的透镜系统,而不是更复杂系统的一部分,则 $n_0' = 1, u_0' = y/l'$。物的像差(如果有的话)也要传递到像方,叠加到透镜产生的新像差上。因此,这时有

$$\mathrm{LA}_p' = \mathrm{LA}_p \left(\frac{l'}{l}\right)^2 - y^2 l'^2 \sum (G\ 和数)$$

(G 和数)表示式(6-7)括号中的六项式。

利用 G 和数公式可以作图表示薄透镜的初级球差怎样随弯曲状态的变化而变化的(见图 6.19)。对于单个正的薄透镜,这是一条竖置的抛物线,它的顶点与表示球差等于零的直线接近而不相交。

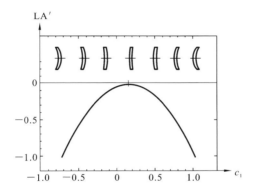

图 6.19　弯曲对球差的影响

初级球差取最小值的单薄透镜称为正交透镜,它的形状可以通过令 G 和数相对于 c_1 取导数得到:

$$c_1 = \frac{\frac{1}{2}n(2n+1)c + 2(n+1)v_1}{n+2}$$

对于无限远处物体的情况,$v_1 = 0$,可得 $c_1/c = n(2n+1)/2(n+2)$,$c_2/c_1 = (2n^2 - n - 4)/n(2n+1) = r_1/r_2$。若折射率为 1.6861,则最小球差透镜近似平凸透镜。然而,采用其他折射率,则偏离平凸结构。红外介质的高折射率将导致最小球差透镜呈深弯月形曲面。

众所周知,透镜的球面像差是表面形状系数或弯曲度的函数。前面已讨论了几类表面形状系数(见第 3.4.5 节),常用的定义为

$$\chi = \frac{c_1}{c_1 - c_2} \tag{6-8}$$

其中，c_1 与 c_2 为透镜的曲率，第一个面与物面相邻。调节透镜弯曲度，使球差具有极小值。

薄透镜的光学倍率或焦距的倒数满足以下公式：

$$\phi = \frac{(n-1)c_1}{\chi} \tag{6-9}$$

当物体位于无限远处时，最小球差的表面形状系数表示为

$$\chi = \frac{n(2n+1)}{2(n+2)} \tag{6-10}$$

及

$$\frac{c_2}{c_1} = \frac{2n^2 - n - 4}{n(2n+1)}$$

边缘光线的三阶球差，以角度为单位，有

$$SA3 = \frac{n^2 - (2n+1)k + (1+2/n)\chi^2}{16(n-1)^2(f\text{ 数})^3} \tag{6-11}$$

或经数学变换为

$$SA3 = \frac{n(4n-1)}{64(n+2)(n-1)^2(f\text{ 数})^3} \tag{6-12}$$

当物体位于有限距离 s_0 处时，表面形状系数及剩余球差公式更复杂。回顾以上章节，放大倍率 m 为物距与像距之比，若物体位于透镜的左边，则物方截距为负，物距与放大倍率关系为

$$\frac{1}{s_0\phi} = \frac{m}{1-m} \tag{6-13}$$

此时，若物距与透镜光学倍率符号相反，则 m 为负值。$1/(s_0\phi)$ 减小，或 ϕ 归一化与物距倒数 v_1 呈倒数关系，即 s_0 以焦距 ϕ^{-1} 为单位测量。对应最小球差的表面形状系数为

$$\chi = \frac{n(2n+1)}{2(n+2)} + \frac{2(n^2-1)}{n+2}\left(\frac{m}{1-m}\right) \tag{6-14}$$

边缘光线的三阶球差以角度为单位，有

$$SA3 = \frac{1}{16(n-1)^2(f\text{ 数})^3}\left[n^2 - (2n+1)\chi + \frac{n+2}{n}\chi^2 + (3n+1)(n-1)\left(\frac{m}{1-m}\right)\right.$$

$$\left. - \frac{4(n^2-1)}{n}\left(\frac{m}{1-m}\right)\chi + \frac{(3n+2)(n-1)^2}{n}\left(\frac{m}{1-m}\right)^2\right] \tag{6-15}$$

及

$$c_1 = \frac{\frac{1}{2}n(2n+1)c + 2(n+1)v_1}{n+2} \qquad (6\text{-}16)$$

当物体位于无限远处时,放大倍率为零,则上式结果明显地降低。

　　图 6.20 表明,表面形状系数与物距倒数 v_1 的关系,折射率从 1.5 到 4,f 数 $=1^{[9]}$。注意,不管折射率为何值,当放大率为 -1 或 $v_1 = -0.5$,透镜的表面形状系数为 0.5。对于表面形状系数,所有透镜均具有双凸面,以及相同的半径。若物体位于无限远处时,折射率为 1.5,透镜具有双凸面,第二个表面半径为第一个表面半径的 6 倍。

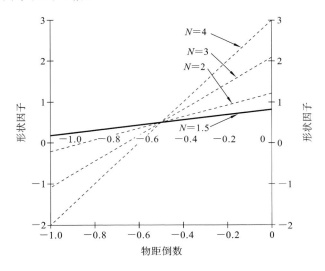

图 6.20　单透镜的表面形状系数与物距倒数 v_1 的关系,
给定折射率,以焦距为单位进行量度

　　因为选择最小球面透镜可获得特定的放大率,球差将随着物像距离的变化而变化。例如,折射率为 1.5 的透镜,令 $m=0$($v_1 = 0$,像在 f 处),则球差呈现实质性的增长,此时透镜的放大率为 -1。图 6.21 所示的为球差的变化,为折射率及物距倒数的函数,镜面弯曲,获得最小球差。由图 6.21 可见,当 $m = -0.5$ 及 $m = 0$ 时,球面像差的比率随着 n 值增加而增加。

　　图 6.22 所示的为球差的变化,放大率为 -1,镜面弯曲,获得最小球面像差。图 6.23 所示的为球差的变化,采用平凸透镜,平面镜面靠近像。当透镜被翻转,物距与像距互换,图形也适用。对于这些曲线,像差值由离散像差值确定,由(f 数)^3 值显示。

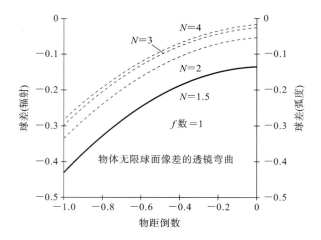

图 6.21 不同折射率情况下,球差的变化为物距倒数 ν_1 的函数。当物体位于无限远时,调整透镜的面型获得最小球差。特定 f 数值下的球差,由离散的像差值(f 数)[3] 决定

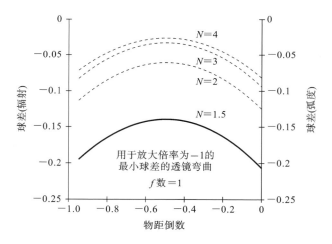

图 6.22 不同折射率下,球差的变化为物距倒数 ν_1 的函数。当放大率为 -1 时,调整透镜的面型获得最小球差。特定 f 数值下的球差,由离散的像差值(f 数)[3] 决定

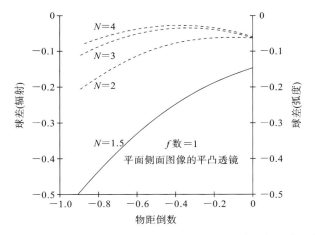

图 6.23　各折射率下,球差的变化为物距倒数 ν_1 的函数。当透镜为
　　　　平凸面,平面镜面靠近物。特定 f 数值下的球差,由离散的
　　　　像差值(f 数)³ 决定

6.4　平面平行板引起的像位移

如图 6.24 所示,将一块厚的平面平行板放进会聚角为 U 的光路中,由此
引起的纵向像位移 $S = BB'$ 由下式确定:

$$S = \frac{Y}{\tan U'} - \frac{Y}{\tan U} = \frac{Y}{\tan U'}\left(1 - \frac{\tan U'}{\tan U}\right)$$

$Y/\tan U' = t$ 等于板的厚度,因而,

$$S = t\left(1 - \frac{\tan U'}{\tan U}\right) = \frac{t}{N}\left(N - \frac{\cos U}{\cos U'}\right)$$

图 6.24　加入平行板引起的像位移

透镜设计基础(第二版)

式中:N 是平行平板材料的折射率。对于近轴光线,这个公式简化成

$$s = \frac{t}{N}(N-1)$$

因为 $\sin U = n\sin U'$ 和 $\cos^2 U' + \sin^2 U' = 1$,可以得到

$$\frac{\cos U}{\cos U'} = \frac{n\cos U}{\sqrt{n^2 - \sin^2 U}}$$

准确的球差为

$$S - s = \frac{t}{n}\left(1 - \frac{n\cos U}{\sqrt{n^2 - \sin^2 U}}\right)$$

玻璃平板比它的"等效空气厚度"占据较多的空间。所谓玻璃平板的"等效空气厚度"定义为这样的空气厚度,近轴光线在等效空气中通过后减小或增加的光线段长度和在这块玻璃平板中通过后减小或增加的光线段长度相同,因此,

等效空气厚度＝玻璃厚度/折射率

设 计 指 南

光学系统中包含一个玻璃平板可以影响到最终的图像质量。以盖玻片和红外探测器杜瓦窗口为例,玻璃平板引起的像差应该考虑。考虑在第6.1.8 节"平面在前"中的玻璃平板放在双曲面透镜之间的情况下,通过稍微削弱镜头的圆锥常数可以有效地降低增加的球面像差。

6.5 球差的公差

6.5.1 初级球差

康拉迪曾经指出[10],如果透镜只有小量纯粹初级球差,则最佳拟合参考球面将与出射波面交于中央和边缘,最佳焦面将在边缘光线焦点和近轴光线焦点之间的中点上。如果像差比瑞利界限值大许多,则主要从光线的几何结构方面来考虑问题。用几何方法确定的最小弥散圆是最佳焦点。不过还有靠近近轴焦点的第二个最佳焦点,这是由实验充分证实了的[11]。

在只有初级球差的情况下,在这个最佳焦点上 OPD 的最大值应当等于瑞利四分之一波长界限值,即

$$\text{LA}' = 4\lambda/\sin^2 U'_m = 16\lambda(f\,\text{数})^2 \tag{6-17}$$

式中:f 数＝焦距/孔径直径。

这个像差公差较大,是焦深的 4 倍。对于 $\lambda = 0.0005$ mm,有如下典型数据:

f 数	4.5	6	8	11	16	22
初级球差公差/mm	0.2	0.3	0.5	1.0	2.0	3.9

6.5.2　带球差

康拉迪曾经指出[12],如果透镜已经对边缘光线校正球差,如下大小的带球差余量和瑞利界限值对应:

$$LZA = 6\lambda / \sin^2 U'_m \qquad (6\text{-}18)$$

这时只有初级球差时的公差的 1.5 倍。

设 计 指 南

望远物镜、显微物镜和放映镜头等目视系统的边缘球差最好不要过校正(尽管令边缘球差过校正能使带球差减小),因为过校正球差会使像出现讨厌的光晕,况且带球差公差是很大的,一般不至于被超过。实际上许多放映物镜甚至有意令边缘光线欠校正,以得到最大的反差、最清晰的像。但对照相物镜则一般令球差过校正量等于带球差欠校正量的 2~3 倍。过校正光晕往往太弱而不会记录在胶卷上,曝光时间很短时尤其是这样,而且照相镜头通常总是光圈稍微收缩一点使用的。这就会截除掉边缘过校正球差,余下小量的带球差往往不起作用。

与此相关,应当指出,照相机用调动前面镜片的方法来调焦时,会使球差迅速变成欠校正。这会导致清晰度下降和焦面移动(小孔径时),只是这种做法给照相机设计带来的方便多于以上的缺点。如果预定镜头是供这样对焦使用的,就应该设计成有大量的过校正球差。可能的话,应当使它的球差对 15~20 ft 的对焦距离得到最佳校正。

6.5.3　康拉迪的 OPD'_m 公式

判断透镜带球差的校正是否适当的最好方法,可能是计算出射波前和某一个中心在边缘光线像点上的参考球面之间的光程差。康拉迪[13]已经给出了计算透镜各面的 OPD(光程差)贡献值的公式:

$$OPD'_m = \frac{Yn\sin I\sin\frac{1}{2}(U-U')\sin\frac{1}{2}(I-U')}{2\cos\frac{1}{2}(U+I)\cos\frac{1}{2}U\cos\frac{1}{2}I\cos\frac{1}{2}U'\cos\frac{1}{2}I'} \qquad (6\text{-}19(a))$$

参考式(6-5),可知利用 Q 法追迹光线时,康拉迪的表达式可以大大简化成

$$\text{OPD}'_m = \frac{(Q-Q')n\sin I}{4\cos\frac{1}{2}U\cos\frac{1}{2}I\cos\frac{1}{2}U'\cos\frac{1}{2}I'} \qquad (6\text{-}19(b))$$

这个 OPD 值和各面的球差贡献值符号相同。如果透镜对边缘光线校正好球差,则各面 OPD 值的和数是带球差的量度,这个和数为正时对应于负带球差。采用 OPD 公式的好处在于 OPD 和的公差已知为两个波长,因而可以直接估计带球差余量的影响程度。这要比第 6.5.2 节中简单的带球差公差公式准确得多,后者则只有初级和二级球差时才成立。

若边缘与 0.7 带上的球差都为零,如图 6-17(b)所示的情况,则可以通过计算边缘光线的 OPD 和(应当为零)与沿 0.7 带光线的 OPD 和来确定留下的两个球差小带的影响程度。

注释

1. 横向场独立像散是关于 ρ 的奇数阶函数,而纵向场独立像散是关于 ρ 的偶数阶函数。因此,纵向场分量独立像散并没有散焦部分,而是用公式 $\rho^2 + \rho^4 + \cdots$ 描述的纯粹的球面像差形式。

2. E. Delano, A general contribution formula for tangential rays, *J. Opt. Soc. Am.*, 42: 631 (1952).

3. G. S. Fulcher, Telescope objective without spherical aberration for large apertures, consisting of four crown glass lenses, *J. Opt. Soc. Am.*, 37:47 (1947).

4. R. K. Luneburg, *Mathematical Theory of Optics*, pp. 129-133, University of California Press, Berkeley(其油印的笔记在 1944 年由布朗大学许可转载)(1966).

5. Robert C. Fisher and Allen D. Ziebur, *Calculus and Analytical Geometry*, pp. 167-201, Prentice-Hall, Englewood Cliffs (1963).

6. 这不应该与利用球形玻璃的所谓猫眼标志的反射镜混淆。前面尾注中的 ρ 可以用 $d = 2r$ 替换,反射时 $n=2$。然而,如果有一个 $n=2$ 的材料可用,球差将会破坏反射光束,因为它将在照射的一些重要视角上产生一个标志。如使用 $n=1.75$ 的玻璃可以使光束发散。

7. R. Barry Johnson and Gary A. Jacobsen, Advances in lenticular lens arrays for visual display (Invited Paper), *Proc. SPIE*, 5874:06-1-11 (2005).

8. A. E. Conrady, p. 95.

9. Figures 6.20 to 6.23 after R. Barry Johnson, Lenses, Section 1.10 in *Handbook of Optics*, *Second Edition*, Chapter 1, Vol. Ⅱ, McGraw-Hill, New York (1995).

10. A. E. Conrady,p. 628.

11. H. G. Conrady,"An experimental study of the effects of varying amounts of primary spherical aberration on the location and quality of optical images," *Phot. J.*,66:9 (1926).

12. A. E. Conrady,p. 631.

13. A. E. Conrady,p. 616.

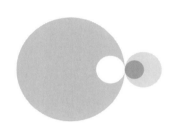

第 7 章

消球差的消色差透镜的设计

透镜色差只与光焦度有关,球差则随弯曲状态的变化而变化,所以令消色差透镜选择适当的弯曲状态以提供期待的球差(在一定界限内)显然是可行的。为此有两种设计方法:第一种方法是四光线法,这种方法不必对透镜的光学特性有多少了解;第二种方法以初级像差理论为基础,通过研究薄透镜的性质,直接求得问题的解答。后一种方法更好,能指出该问题存在多少个解。

7.1 四光线法

选定一个估计能校正好的初始结构(实际上这个结构可能和最终解的差别相当大),追迹 D 光的边缘光线和近轴光线确定球差,追迹 F、C 光的 0.7 带光线计算色差。保持 c_1 不变,试探性地改变 c_2、c_3,在这当中利用"双参数图"来判断 c_2、c_3 应当怎样改变才能达到期待的解。这种简单而有效的方法有时称为强迫改变法。如果有小型计算机可供光线追迹用,则这种方法会特别方便。

作为一个例子,用这种方法设计一个焦距为 10,孔径为 2.0($f/5$)的消色差双透镜,所用的玻璃如表 7.1 所示。在第 5.4 节的消色差透镜的薄透镜(c_a,c_b)公式给出

$$c_a = 0.5090, \quad c_b = -0.2695$$

令冕牌玻璃镜片为等凸透镜,就得到下面的初始系统:
$$c_1 = 0.2545, \quad c_2 = -0.2545, \quad c_3 = 0.0150$$

表 7.1   消色差双透镜使用的玻璃

	n_C	n_D	n_F	Δ_n	V
(a)冕牌	1.52036	1.523	1.52929	0.00893	58.6
(b)火石	1.61218	1.617	1.62904	0.01686	36.6
					$V_a - V_b = 22.0$

通过按比例绘制透镜图来选定适当的厚度:冕牌玻璃镜片取 0.4,火石玻璃镜片取 0.16。以 A 表示这个方案,光线追迹结果如表 7.2 所示。

表 7.2   方案 A 的失焦

$Y = 1$	$Y = 0.7$
$L'_D = 9.429133$	$L'_F = 9.426103$
$l'_D = 9.429716$	$L'_C = 9.430645$
球差 $= -0.000583$	色差 $= -0.004542$

然后试探性地将 c_3 改动 0.002,得到方案 B。后者的球差 $= +0.001304$,色差 $= -0.001533$。再令 c_2 作试探性地改动 0.002,得到方案 C,它的球差 $= -0.002365$,色差 $= -0.003027$。再在以球差为横坐标、色差为纵坐标的坐标系上表示以上三个方案的像差变化,如图 7.1 所示。下一步,线 AB 显示了 Δc_3 的变化,以及线 BC 显示了 Δc_2 的变化。

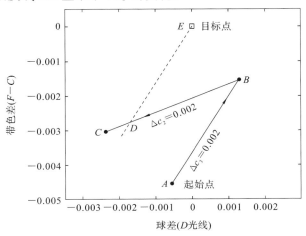

图 7.1   设计双胶合透镜的四光线法

然后通过目标点$(0,0)$作平行于AB线的直线,交BC线于D。据此就能判断,应当以方案 B 为起点,作如下改动:$\Delta c_2 = 0.00164$,原来的c_2是-0.2545,故应令$c_2 = -0.25286$;$\Delta c_3 = 0.00181$,原来的c_3是0.0170,故应令$c_2 = 0.01881$。最后得到如下的结构方案:

c	d	n_D	V
0.2545			
	0.4	1.523	58.6
-0.25286			
	0.16	1.617	36.6
0.01881			

　　对这个方案作光线追迹,得到$f' = 10.0916$,$l' = 9.6288$,$\mathrm{LA}'(f/5) = -0.00005$,$L'_{ch} = +0.00004$。显然这种形式的透镜的像差变化是高度线性的。在要同时改动两个透镜参数来校正两种像差的场合,这个"双参数图"方法是大有用处的。

7.2　薄透镜分析设计法

　　设计普通的双胶合透镜时,首先确定c_a、c_b值以满足薄透镜色差校正要求。然后按第 5.4 节所述,写出薄的透镜系统的初级球差 G 和数表达式。因为要用c_1作为弯曲参数,所以各项用c_1表达。对于冕牌玻璃镜片,c是c_a,c_1仍然是c_1,ν_1是物距的倒数。对于火石玻璃镜片$c_3 = c_1 - c_a$,由于两片相胶合,c是c_b,$\nu_3 = \nu_1 + (n_a - 1)c_a$,这里两个 G 和数之和是$c_1$的二次式,可以用计算或图解的方法找出满足要求的两个c_1值。可以看到,实际上有两个,也只有两个解。前一节所讲的四光线法只给出最接近人为设定的初始结构的那个解,另一个解完全被忽略了。

　　作为例子,采用类似于前一节四光线法的例子所用的玻璃,给出$c_a = 0.5085$,$c_b = -0.2679$。若冕牌玻璃在前,有$f^2 y^2 = 100$,$\nu_1 = 0$,$c_3 = c_1 - 0.5085$。用这些值构成 G 和式如下:

$$\mathrm{SC}_a = -30.759c_1^2 + 27.357c_1 - 7.9756$$
$$\mathrm{SC}_b = 18.543c_1^2 - 23.698c_1 + 7.8392 \tag{7-1}$$
$$\mathrm{total} = -12.216c_1^2 + 3.659c_1 - 0.1364$$

对一系列的 c_1 值计算这个等式,作出球差和 c_1 的关系图(见图 7.2)。从图中可以找出存在的两个解。有必要再次指出,这个图是不准确的,理由有三点:假定了系统是薄透镜;只考虑到近轴消色差;只考虑到初级球差。然而得到的两个解却意外地接近最终解。

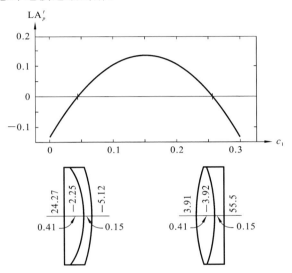

图 7.2　冕牌玻璃在前的薄透镜方案

7.2.1　加大厚度

因为要求球差为零,所以取如下两个解:

$$c_1 = 0.044 \quad 或 \quad c_1 = 0.256$$

按比例作出这个系统的图,分别加入适当的厚度 0.415 和 0.15。下一步是追迹 D 光边缘光线,用第 5.9.1 节中所述的 $(D-d)$ 法能完全实现消色差,并可以此确定末面半径。我们追迹边缘光线和近轴光线,就可以求出实际的球差。但这并非期待的数值(虽然一般是十分接近的),所以利用微分式求出 dLA'/dc_1,并用它的系数确定为消除剩余球差 c_1 应改变多少。上述两个解的计算结果如表 7.3 所示,最终设计方案如表 7.4 所示。

按比例作这两个系统的图,如图 7.2 所示。哪一个方案比较好要由带球差决定。左手方案的带球差差不多等于右手方案的 4 倍,而且右手方案各面比左手方案的弱,加工经济。再者,冕牌玻璃镜片几乎是等凸的,应做成真正的等凸,以简化胶合操作。为此应稍微向左方弯曲,但会带来少量过校正球差,

表 7.3　冕牌玻璃在前的左右手配置球面像差

c_1	0.044	0.256
精确的 LA′	0.0072	−0.0007
$dLA′/dc_1$	2.584	−2.596
Δc_1	−0.0028	−0.0003
新的 c_1	0.0412	0.2557
新的 LA′	−0.0001	0.0000
LZA′	−0.0171	−0.0045

这时最好改变末面半径以恢复球差校正状态,而保留微小的色差余量。最后,计算三个波长的边缘光线、带光线和近轴光线,作出色球差曲线,如图 7.3 所示。

表 7.4　冕牌玻璃在前的配置方案

左手方案			右手方案		
c	d	n	c	d	n
0.0412			0.255755		
	0.412	1.523		0.415	1.523
−0.4442			−0.255037		
	0.15	1.617		0.15	1.617
−0.1953			0.018021		
$f'=9.9943$			$f'=9.99398$		
($f/5$)　$l'=9.9545$ $\begin{cases} LA'=-0.00007 \\ ZA=-0.01705 \end{cases}$			($f/5$)　$l'=9.52719$ $\begin{cases} LA'=-0.0000 \\ LZA=-0.00450 \end{cases}$		

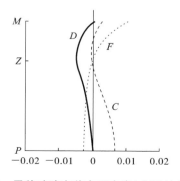

图 7.3　冕牌玻璃在前右手方案($f/5$)的色球差

7.2.2 冕牌玻璃在前的方案

冕牌玻璃在前并无绝对优越之处,而事实上在某些场合下会选用火石玻璃在前的方案。以火石玻璃为 a,冕牌玻璃为 b,重复前面的做法,给出

$$球差 = -12.2162c_1^2 + 5.6493c_1 - 0.5399 \qquad (7\text{-}2)$$

相应的关系曲线如图 7.4 所示。据此图找出两个消球差方案,如表 7.5 所示,两个火石玻璃在前的最终设计方案如表 7.6 所示。

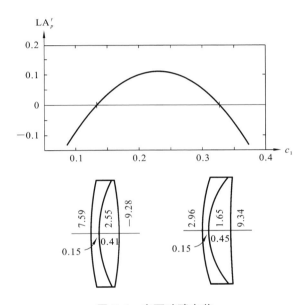

图 7.4 火石玻璃在前

表 7.5 火石玻璃前置的左右手球差方案

c_1	0.135	0.327
精确的 LA′	0.0078	0.0242
dLA'/dc_1	2.351	−2.340
Δc_1	−0.0033	0.0103
新的 c_1	0.1317	0.3373
精确的 LA′	−0.0002	0.0004
精确的 LZA′	−0.0052	−0.0194

表 7.6　火石玻璃前置方案

左手方案			右手方案		
c	d	n	c	d	n
0.1317					
			0.3373		
	0.15	1.617		0.15	1.617
0.3917			0.6052		
	0.414	1.523		0.454	1.523
−0.1079			0.108114		

$(f/5)$	$f'=9.9963$ $l'=9.7994$ LA$'=-0.00015$ LZA$=-0.0052$		$(f/5)$	$f'=10.0564$ $l'=9.4056$ LA$'=0.00037$ LZA$=-0.0194$	

设 计 指 南

　　考察全部四个解后可以清楚地看到,右边的冕牌玻璃在前方案从各方面来看都是最佳的,虽然左边的火石玻璃在前方案的带球差也并不大很多。同时,曲率半径比较大,而且可以使冕牌玻璃镜片做成等凸形状。这都是冕牌玻璃在前方案更受欢迎的重要原因。

　　近年来,为了开发一种基于计算机的方法,发现了获得"最佳性能"的镜头配置,尽管这将在后面的章节中讨论,但此处提出几个相关要点是必要的。镜头设计师艰难的任务之一就是构建镜片设计程序使用的优化函数。最佳性能被加入引号,表明构成最佳性能的一些不确定性。双透镜系统可能需要相同的基本光学性能,如 f 数、分辨率、光谱带宽和视场,但是透镜系统实际上是不同的,其原因可能是操作环境、尺寸和重量限制、成本、制造公差等方面的差异。

　　透镜设计师经常需要将这些因素纳入优化函数,并且通常需要与机械工程师和光学机车加工人员进行交互。优化函数可以被视为多维空间中的一个巨大的片段,具有奇怪的拓扑结构,包括可以被认为是山脉、山谷、平原和常见的凹陷。可能的解决方案在凹陷中找到,因为它们具有较低的功能值。通过常规优化程序,光学设计程序只是试图找到当前位置的局部底凹陷。然而,这个凹陷的底部可能不是最低的,因此不是最佳解决方案(最优的,我们的意思是具有最小优化函数值的光学配置解决方案存在于超空间中的任何地方;换句话说,就是全局解决方案)。

如今的许多光学设计程序都包括一些通常被称为全局优化的形式。这些程序使用的每种搜索方法的目的是找到最佳解决方案,或给设计人员提供各种潜在的解决方案。有时,通过允许元素和材料的数量变化就可以发现"新的"配置。刚刚提出的消色差研究表明,所定义的优化函数有四个完美的解决方案。可以通过光学设计程序的一个简单的测试来找到这四个解决方案。已知至少有一个光学设计程序能够自动找到这些解决方案。

7.3 带球差的校正

如果透镜系统的带球差过大,则将它分裂成两个透镜(各透镜的光焦度为原来透镜系统的一半)常常可以使带球差减小。做法和减小单透镜边缘像差的做法类似(见第 6.1.6 节)。

在胶合系统中则常常采用另一种办法,即用一个狭窄的空气隙代替胶合面。要使这个办法有效,在空气隙中必须出现大量球差,使边缘光线比 0.7 带光线下偏得快得多,因而空气隙使边缘球差欠校正量的增加比带球差的快。由于这时候入射高减小,后面的负镜片的作用不如胶合面被取代之前大,所以要调整末面半径,以恢复色差校正状态(通常是用($D-d$)法)。但这样做会使球差强烈欠校正,为此采用弯曲整个透镜的办法来恢复校正状态。用这种方法常常可以同时校正边缘球差和带球差。

为了正确确定空气间隙的厚度和透镜的弯曲程度,由一个任意窄的平行空气间隙代替胶合面,用($D-d$)法求出最后一个面的半径。然后令整个透镜作实验性的弯曲,直到边缘球差校正好为止,并算出带球差。如果带球差仍然是负的,就要扩大空气间隙,作出适当的图线,这时很容易找出要求的空气间隙和弯曲值。

作为例子,可以考虑如下三个 $f/3.3$ 系统。它们的焦距都是 10,由 K-3 和 K-4 玻璃构成,末面半径分别用通常的($D-d$)法确定,如表 7.7 所示。

系统 A 是通常的双透镜,球差已校正好,只是为了说明问题,相对孔径取得比通常的大。它的球差曲线如图 7.5 所示。加入空气间隙并用($D-d$)法减小末面半径,得到系统 B。加入这个空气间隙后带来的球差变化如下:

$$比值\ 3.3 \begin{cases} \Delta LA'_{边缘} = -0.116115 \\ \Delta LA'_{带} = -0.034857 \end{cases}$$

表 7.7　三个 $f/3.3$ 消色差系统

A			B			C		
c	d	n	c	d	n	c	d	n
0.259			0.259			0.236		
	0.75	1.51814		0.75	1.51814		0.75	1.51814
−0.2518			−0.2518			−0.2748		
	0.25	1.61644		0.0162	(空气)		0.0162	(空气)
0.018048			−0.2518			−0.2748		
				0.25	1.61644		0.25	1.61644
			0.022487			−0.005068		
$LA_{marginal}=0.001252$			−0.114863			−0.000211		
$LA_{zonal}=-0.024094$			−0.058951			0.000345		

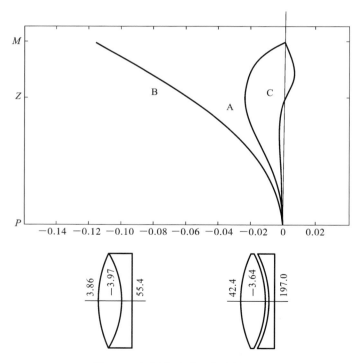

图 7.5　窄气隙对球面像差的影响

系统 A:胶合双透镜;系统 B:引入狭窄气隙的效果;系统 C:最终解决方案

现令全系统向左弯曲使 $\Delta c = -0.023$，以恢复球差校正状态。这时球差变化量如下：

$$比值\ 1.93\begin{cases} \Delta LA'_{边缘} = 0.114652 \\ \Delta LA'_{带} = 0.059296 \end{cases}$$

如果一切都理想，只有初级和二级球差，这个比率应为 2.0。由此可见，弯曲造成的球差改变是线性的。曲线 C 显示存在三次像差。

遗憾的是，虽然系统 C 的边缘球差和 0.7 带球差实际上已经减小到零，但是仍然保留有一定大小的居间带球差余量。在不同高度上追迹几条附加的带光线，就可以作出这个系统的球差曲线（见图 7.5 中曲线 C）。不过可以看到，这些不可避免的球差余量比原来的胶合系统 A 的 0.7 带球差要小得多。设计人员应小心调整气隙，以避免引入更高阶的像差项。通过将零带状像差点移动到更高的 ρ 值，可以实现更好的性能。可能出现的一个问题是至少会出现五次色差，并具有相当大的值。高阶像差的存在使得透镜对制造和对准误差的容忍性较差。

当系统 A 引入一个小空气间隙，与前面的过程一样，与一个典型的透镜设计程序使用相同的标准进行优化，最终的设计被发现是非常相似的，气隙约为系统 C 的三分之一。图 7.6 显示了纵向像差，应与图 7.5 中的曲线 C 进行比较。值得一提的是，有许多类似的设计具有与气隙变化基本相同的性能，并且曲率被重新调整。

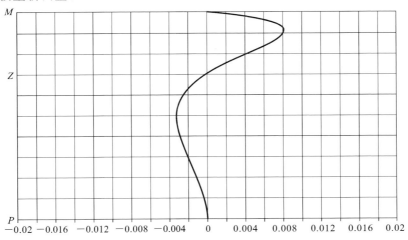

图 7.6　具有形状记忆合金的消色差双透镜的纵向球差

设 计 指 南

还可以用类似的步骤将镜片加厚,以减小带球差(只要在玻璃中出现大量的欠校正球差),在照相物镜(如大孔径双高斯镜头)中经常这样做。当然,通过破坏胶合面来引入空气隙可以与元件增厚一起进行。

7.4 复消色差物镜设计

7.4.1 双胶合透镜

选择玻璃时,令它们的相对色散相等,就可以使双胶合透镜实现复消色差。第 5.5 节中提及的萤石和重钡冕玻璃就是其中一种可能的组合。另一个例子是由如下两种新的肖特玻璃构成的双透镜,如表 7.8 所示。这里两个 V 值之差很大(27.99),使得两个镜片弱,减小了带球差。

表 7.8 消色差双胶合透镜性质

Glass	n_e	$\Delta n = (n_F - n_c)$	$V_e = \left(\dfrac{n_e - 1}{n_F - n_c} \right)$	P_{Fe}
FK-52	1.48747	0.00594	82.07	0.4562
KzFS-2	1.56028	0.01036	54.08	0.4562

7.4.2 复消色差三透镜组

这个复消色差物镜在轴上是否具有优异的性能或者有一个有用的视场呢? 图 7.7 所示的是横向光线扇形,包括轴上,1°、2°和 3°超轴像点。离轴行为将在后面的章节中讨论,但回顾第 4 章中的讨论,可以证明:① 横向色差随着场角增加而增大;② 负彗差在 1°具有非常轻微的负线性散光;③ 线性散光开始成为 3°的主导。当然,外部图像质量的可接受程度取决于如何应用。下面是一种薄透镜的初始方案(焦距为 10):

$$c_1 = 0.56 \text{(猜测值)} \quad r_1 = 1.79 \text{(近似值)}$$

$$c_a = 1.0090432$$

$$c_2 = c_1 - c_a = -0.4490432 \quad r_2 = -2.23$$

$$c_b = -0.7574313$$

$$c_3 = c_2 - c_b = 0.3083881 \quad r_3 = 3.24$$

$$c_c = 0.1631915$$

$$c_4 = c_3 - c_c = 0.1451966 \quad r_4 = 6.89$$

追迹通过这个透镜的近轴光线(各片厚度取为零)就得到图 5.11 中事先绘出的像距曲线。

这种复消色差三透镜组孔径的上限是 $f/8$,所以按照直径 1.25 作图,据此分别确定适当的厚度:0.3、0.13 和 0.18,如图 7.7(a)所示。下一步是逐面追迹 e 光通过这个厚透镜系统的近轴光线,并且同时修改各面曲率,使各镜片的近轴色差贡献恢复到原来薄透镜的数值。各面色差贡献由下面的公式表示:

$$L'_{ch} C = y n i \left(\frac{\Delta n}{n} - \frac{\Delta n'}{n'} \right) \bigg/ u_k'^2$$

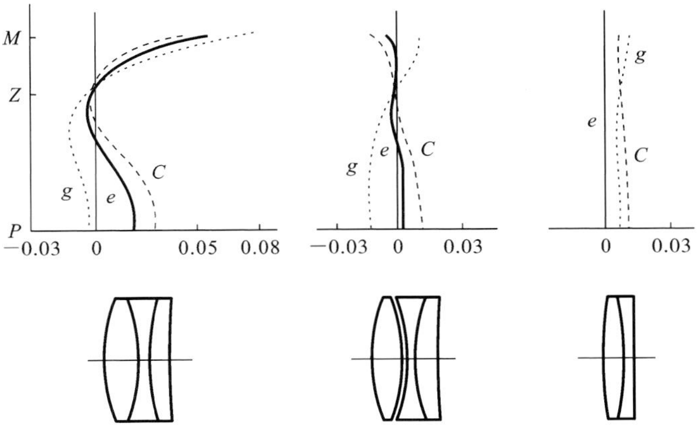

图 7.7　复消色差三透镜组物镜

可见,要使各片色差贡献不变,只需保持各面上的乘积(yi)不变。为此该面应取的曲率数值可通过解如下的方程组求得:

$$i = \frac{\text{thin} - \text{lens}(yi)}{\text{actualy}}, \quad c = \frac{u+i}{y}$$

经过这样的处理之后,得到的厚透镜近轴方案如下:

c	d	n_e
0.40580124		
	0.4148	1.4879366
−0.36858873		
	0.17975	1.6166383
0.24679727		

续表

c	d	n_e
	0.2489	1.7043823
0.11469327		
$f'_e = 10.000$	$l' = 9.0266$	

若用其他波长追迹近轴光线,只表现出对薄透镜系统很小的偏离。后者是在式(5-1(b))的推导过程中的近似假设所引起的。

下一步要用$(D-d)$法令带光线消色差。取$(n_g - n_c)$作为Δn值,因为现在是致力于令C、e和g光有公共焦点。作这样的消色差处理之后,第四面的曲率半径成为0.14697738,焦距缩短为9.7209,而球差变成+0.35096,必须令透镜向右弯曲以消除它。以$c_1 = 0.6$重新设计,还加上三个波长的边缘光线、带光线和近轴光线的追迹,得到图7.7(a)所示的复消色差曲线。带球差和色球差都明显太大,因而在第一片之后加进窄空气间隔。

这样会立刻使球差欠校正,所以回到前面的结构方案,但是这时加进空气间隙,再次用$(D-d)$法确定末面半径,得到如下方案:

c	d	n_e
0.39011389		
	0.4307	1.4879366
−0.35496974		
	0.0373	(空气)
−0.35496974		
	0.1866	1.6166383
0.23767836		
	0.2584	1.7043823
0.11045547		
$f'_e = 10.000$	$l'_e = 8.8871$	

这个方案的色球差曲线如图7.7(b)所示,整个状况得到显著改善。这大概是所能做到的最大限度的改进了。进一步增大空间隔会带来相当大的过校正带球差余量,结果变坏而不是变好;然而,如果空气空间大大增加,则可以按如下所述找到不同的解决方案。

但首先,令这个复消色差系统和由普通玻璃构成的简单双透镜进行比较是有趣的。用通常的方法设计一个$f/8$的双透镜,所用的玻璃如下:

	n_C	n_e	n_g
(a)Crown	1.52036	1.52520	1.53415
(b)Flint	1.61218	1.62115	1.63887

所得的系统如表 7.9 所示。球形色素曲线如图 7.7(c)所示。

表 7.9　图 7.7(c)中的双透镜描述

c	d	
0.2549982		
	0.2	(crown)
−0.2557933		
	0.1	(flint)
0.00964734		

　　显然,这个方案的带球差可以忽略,真正的缺点是二级光谱。然而为了校正后者而设计的三片或复消色差透镜却使带球差和色球差增大,令人怀疑最后生成的像是否真正得到改善。只当有办法消除大的色球差时(这是上述三片式复消色差透镜的特性),复消色差透镜才是有用的。

7.4.3　复消色差的空气隙透镜物镜

　　如果气隙明显增大的话,c_2 和 c_3 可以有所差别,空气隙透镜在这些表面之间形成。采用计算机优化应用程序对 g 和 C 谱线消除色散,在 g 和 e 级谱线修正第二光谱,在 e 谱线修正边际和球带,为 g 和 C 谱线修正边际色球差,由此可以得到衍射性能极限。代表性的透镜如图 7.8 所示,在 $f/8$ 工作,并有以下设定:

c	d	n_e
0.49149130		
	0.4286	1.4879367
−0.30739277		
	0.3593	(空气)
−0.45082004		
	0.1857	1.6166386
0.29139083		
	0.2571	1.7043829
0.14851018		
$f'_e = 10.0086$	$l'_e = 7.4947$	

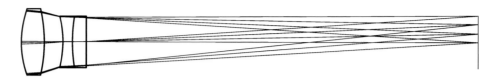

图 7.8　ƒ/8 复消色差物镜镜头布局(显示离轴 1°、2°、3°的光线路径)

这个例子中使用的玻璃是肖特 N-FK51、N-KZFS4 和 N-SF15。图 7.9 所示的是复消色差物镜可实现的谱带宽度。需要注意光谱末端中央部分和快速欠矫正色散的形状特征。

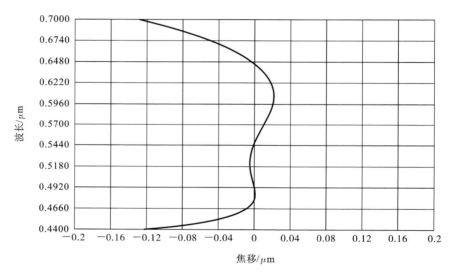

图 7.9　色度偏移

如图 7.10 所示,440 nm 到 700 nm 的光,纵向子午光线误差在 20 nm 处。上述优化准则产生了高度校正的透镜系统。可以看出,有些纬向像差虽然很小,但仍然是存在的,边缘和轴向的色差是可以忽略的。色球差包括初级、次级、第三级部分,分别有负、正、负的符号特征。另外,需要注意图像中的截距是取决于波长的,这意味着每个像的正、负纬向像差都是波长相关的。e 谱线正、负纬向畸变的量基本上是平衡的(见图 7.10 中的箭头)。

这个复消色差物镜在轴上是否具有优异的性能或者有一个有用的视场呢? 图 7.11 显示了轴向 1°、2°和 3°离轴像点的射线扇形路径。离轴行为将在后面的章节中讨论,但回顾第 4 章中的讨论,可以证明:① 横向色差随着场角

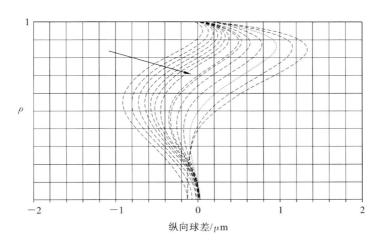

图 7.10 从 440 nm 到 700 nm 步长为 20 nm 的纵向子午光线

增加而增大;② 负彗差在 1°具有非常轻微的负线性散光;③ 线性散光开始成为 3°的主导。当然,外部图像质量的可接受程度取决于我们如何应用。

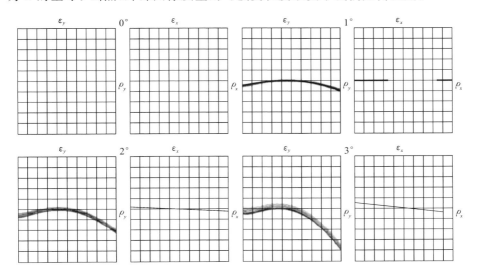

图 7.11 轴物点为 1°、2°、3°,大小为 ±20 μm 轴向横向射线扇形

  将空气透镜技术应用在光学系统已经有很长一段时间了。事实上,人们可以把透镜之间的空气空间看成空气透镜。空气镜头没有色差,这是 $(D-d)$ 法可以消色差的一个原因。图 7.12 展示了一个具有可能性的空气透镜。光源位于折射率为 n_1 的材料中,并且该像成于折射率 n_2 的材料中。材料之间的

空间形成空气透镜,如图 7.12 所示。如果一个或两个结合的空气透镜表面做成圆锥面,则有可能极大地控制边缘和纬向球面像差大小一致。

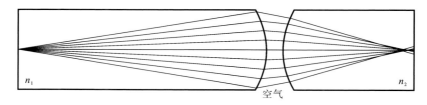

图 7.12　空气透镜

有趣的是,在 2004 年,美国 6785061,B2 号专利题为"会聚空气透镜结构",其基本透镜与图 7.12 所示的透镜类似,只是在空气空间放置了光圈、光阑。空气透镜的概念已被应用于各种镜头(如 Angenieux 变焦透镜),可以补偿温度、振动、压力。空气空间被另一种光学材料所取代,由此产生的光学系统形成一个完整的成像系统,通常被称为立体视。这种系统有各种专门的应用程序。

应该指出的是,上述解决方案并非是唯一设计三重复消色差透镜的方式。我们可以按任何顺序组装薄透镜的三个部分;也可以在其他接口引入空气隙。当然,我们也可以用完全不同的一套玻璃来设计。任何认真参与设计这样一个系统的人都应该尝试一些其他可能性方案。

注释

1. 应该理解,使用光学设计程序并通过适当配置评价函数来自动优化透镜;然而,遵循所介绍的过程可以深入了解透镜的参数含义。

2. 金斯莱克的同事贝内特博士建议采用这一程序。

3. H. D. Taylor,Br. Patent 17994 (1892).

4. Allen Mann,Infrared Optics and Zoom Lenses,Second edition,pp. 84-85,SPIE Press,Bellingham (2009).

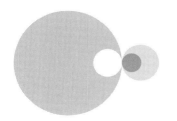

第8章
斜光束

由轴外物点发出的光束包含子午光线和大量不在子午面上的空间光线。子午光线可以用前述一般计算方法追迹。每一条空间光线在物点和子午面相交,然后在像空间的对应点和子午面再次相交,此后就不再相交了。空间光线要用特殊的方法追迹,这将在第8.3节讨论。这些方法比子午光线追迹复杂,在电子计算机出现之前很少采用,而现在已经是任何透镜设计者的常规追迹计算了。

在第4章中,我们讨论了轴向和离轴/非轴差异,而不是因果关系。最近几章对轴向像差进行了详细研究。本章开始更详细地研究场依赖性散光和彗形像差。我们首先考察彗差和散光的起源,然后在透镜系统中使用不同类型的停止点。本章的其余部分讨论一般光线跟踪和偏斜光线像差的图形表示。

8.1 斜光束在球面上的通过

8.1.1 彗差和像散

光束倾斜地通过球面折射时,会出现光束在透镜轴上时所没有的一些新的像差。为了了解其中的原因,考察图8.1。图8.1给出了一个折射面和一个孔径光阑,后者让一个从轴外物点 B 发出的光锥进入光学系统。我们用方位角标志图中通过孔径边缘的光线。这个角度从顶端起沿顺时针方向(从像空

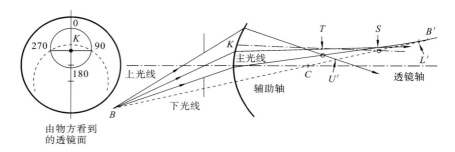

图 8.1　彗差和像散的来源

间观察)上光线开始计算,即 $0°$,下光线为 $180°$,前、后弧矢光线分别为 $270°$ 和 $90°$,连接物点 B 和折射面曲率中心 C 的直线称为"辅助轴"。十分明显,光束相对于辅助轴有旋转对称性,正如轴上物点发出的光束对透镜轴有旋轴对称性一样。

此外,由于这种对称性,由物点 B 发出,通过孔径光阑的每一条光线,在像空间必定和辅助轴相交。若从 B 点起追迹一条辅助轴的近轴光线,它必将在 B' 形成 B 的像。然而,由于折射面产生球差,其他光线和辅助轴的交点将会全部沿此轴向折射面移近,这个移动量近似正比于光线相对于辅助轴的入射高的平方。设上光线交辅助轴于 U',下光线交辅助轴于 L'。显而易见,上、下光线并不在主光线上相交,而一般是在它的上方或下方相交,这个交点在上方或下方偏离主光线的高度称为子午彗差(过去习惯称它为子午相切线,因为它们形成切线焦线)。

在确定 $90°$ 和 $270°$ 的两条弧矢光线和辅助轴的交点时,发现它们是属于以辅助轴为中心的空心光锥上的光线,这些光线全部走向辅助轴上的同一焦点。这个空心光锥的上光线通过折射面上的 K 点,在主光线上方稍微高一点的地方,因而这条光线的球差稍大于主光线的球差,在辅助轴上 S 处成像。图中 S 位于主光线下方,这表明有若干负的弧矢彗差,但没有前述的子午彗差那么大。实际上可以指出,当孔径和倾斜度很小时,子午彗差是弧矢彗差的 3 倍,虽然作图夸大了,图中又没有准确表示出这个数量关系,但至少表明了两种彗差是同号的。

由此可见,边缘带上上端和下端的光线交于焦点 T,前端和后端的光线交于另一个焦点 S。S 和 T 的纵向距离称为像的像散。显然,不论彗差还是像散都是当光束倾斜于面折射时发生的。应当指出,透镜每一面都有不同的辅助轴,因而彗差和像散的比例逐面变化,若有足够多的自由度,则有可能在透镜系统中分别独立地校正好彗差和像散的。

在第 4.3.3 和第 4.3.4 节中,提出了利用精确光线跟踪和像差系数的关系计算散光和彗差的附加信息。在第 9 章中,我们将讨论彗差、阿贝正弦条件、反正弦条件。第 11 章将更深入地研究散光、科丁顿方程、匹兹伐定理、失真和侧向颜色,并将介绍重要的对称性原理。

8.1.2 主光线、光阑和光瞳

在这一点上,有必要定义几个重要的术语。透镜的孔径光阑或透镜的光阑是与透镜相关联的限制孔,其大小可通过透镜的轴向光束来确定。光阑可以是透镜系统内的元件或诸如盘中的孔的机械元件,是可以改变其开口尺寸的机械止动件,也称为虹膜。

边缘射线(也称为边缘线)是从物体的轴向点穿过边缘的极端射线。如第4.2 节所述,入射光瞳是从物方空间观察时由其前面所有镜头形成的光阑的图像。它也是用于定义射线坐标的参考表面,即(p,θ,H_y)。按惯例,入射光瞳是无差异的。以类似的方式,出射光瞳是从图像空间观察时由其后的所有透镜形成的光阑的图像。出射光瞳用作从镜头射出波前的参考表面。由于光瞳畸变,入射瞳孔的光线常常不会直线地映射到出射光瞳上。

考虑映射误差,适当地计算图像能量分布、MTF 和衍射是必要的。这两个光瞳和光阑是互为彼此的几何图像。入射和出射光瞳可以分别是位于有限距离处或无限远处的孔径光阑的实像或虚像,这取决于在光阑之前和之后的光学装置。例如,如果在物体和单个透镜之间放置孔径光阑,并且比焦距更靠近透镜,则入射光瞳显然是实像,并且光阑是虚像。通常,瞳孔相对于光阑的空间位置是按顺序排列的(如[出光,入光,光阑],[入光,出光,光阑]和[入光,光阑,出光])。

主光线被定义为从穿过光瞳中心的离轴对象点发出的光线。在没有光瞳畸变的情况下,主光线也穿过入瞳和出瞳的中心。当主光线的倾斜角度增加时,包括透镜部件的限定孔可以限制进入光束中的一些光线通过,从而使得光阑不会被光束填充。离轴光束未能填充孔径光阑的现象称为渐晕。定义以倾斜光束的上、下光线为中心的光线称为主光线。当物体移动到大的离轴位置时,入射光瞳的形状通常高度变形,可以纵向和横向倾斜或移位,并且不再垂直于透镜轴线。

实际上,如果入瞳没有这种倾斜,在物空间,对视场达±90°的鱼眼镜头来说在视场边缘就不会有光线进入。由于渐晕和光瞳畸变,主光线和主要光线可能会相互偏离。在某些情况下,只要光线以可接受的倾斜角度穿过透镜,主要光线就会渐晕,而主光线从不晕影。主要射线和主射线的术语可互换使用;然而,一旦发生渐晕现象,必须作出区分。

设 计 指 南

透镜设计师了解如何使用光学设计程序来处理主要光线的目标是非常重要的。通常,主光线瞄准(渐晕)入瞳的中心,这在设计的早期阶段是普遍可以接受的。在后期阶段,主要射线应瞄准(渐晕)光阑的中心,这样做的原因是需要额外的计算时间来瞄准(渐晕)光阑。由于光阑是一个真实的表面,入瞳可能会畸变。如果入瞳看作是无像差的,那么光阑在理论上至少可能是有像差的。使用无像差的入瞳可能看起来会相当令人满意,但在实际情况中执行会很不一样,因为实际的光阑是没有像差的,从而改变了实际通过透镜系统的光线!请记住,渐晕光阑由各种镜头元件的实际光阑和边界的部分组成(见第8.1.3节)。

视场光阑是限制主光线的通道超出一定视场角的孔。当从物空间中查看时,该场光阑的图像称为入射窗口,当从像空间中查看时称为出射窗口。视场光阑有效地控制了镜头系统的视野。如果视场光阑与透镜系统内或由透镜系统形成的图像重合,入射窗口和出射窗口将位于物体或图像上。

远心光阑是位于使得入射和/或出射光瞳位于无限远的孔(见第12.5.3节),通过将孔放置在焦平面中来实现。考虑放置在镜头的前焦平面上的光阑。光阑图像位于无限远处,主光线平行于光轴离开透镜。由于与传统的透镜系统相比,测量误差减小,因此即使焦点变化,模糊的质心仍保持与光轴相同的高度,该特征通常用于度量。

8.1.3 渐晕

对于许多透镜(尤其是轴向长度相当大的透镜),斜光束在其中通过时可能部分地受透镜两端的镜片的孔径遮挡。现以图8.2所示的三片型透镜为例,20°斜光束的上光线被后透镜镜框遮挡,下光线被前透镜镜框遮挡,使光束不能充满光阑,这种现象称为"产生渐晕"。斜光束在物空间的一个垂直于轴的平面上的投影形状如图8.2所示。照相机胶卷上各点的照度随该点和光轴的距离增大而下降,这种现象的原因之一就是渐晕。其他原因还有:① $\cos^3$ 定律;② 光束倾斜度很大时入瞳的畸变;③ 像的畸变。后面这些因素的影响作者在其他著作中已经探讨过。

作透镜渐晕图时,用试追光线的方法找出上、下"界限"光线是容易的,不过还是要确定上、下界限弧的半径。显然,下弧线半径与前镜片孔径半径相等,上弧则是通过透镜看到的后透镜孔径的像。上弧半径与轴上入射光束半径之比等于后镜片孔径直径与轴上出射光束直径之比。

倾斜光束除了受与前后镜片孔径对应的圆限制之外,还受光阑限制,因而光阑像要和后镜片孔径像一同变换到物空间。为了确定光阑像的位置,再取一条平行于上、下界限光线并通过光阑中心的光线。将这条中间光线投影到渐晕图中,如图 8.2 所示。绕这条光线作一个圆,它的直径等于轴上入射光束直径(因为轴上光束必须完全充满光阑)。经过遮挡后余下的倾斜光束的面积用阴影线表示。"渐晕因子"就是倾斜光束的这个面积与轴上光束面积之比。这里的"面积"都是指光束在垂直于光轴的某一平面上的截面面积。这里假设光阑像和镜片孔径的像都是圆,而实际上二者更接近椭圆。

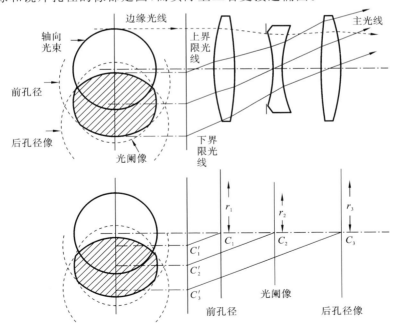

图 8.2 渐晕图

图 8.2 下半部分表示作渐晕图的另一种方法。首先分别从后孔径中心和光阑中心开始,从右到左追迹近轴光线,确定投影到物空间的后孔径像和光阑像的位置和大小。前孔径和这两个像的中心分别用 C_1、C_2 和 C_3 表示,计算出来的半径分别是 r_1、r_2 和 r_3。现在可以用这三个圆代替透镜,令它们的中心按某一个既定的倾斜度投影到一个垂直的参考平面上,如图 8.2 所示。知道了这些圆的中心位置和大小,直接作出渐晕图就是一件简单的事情了。当然,这种方法不如前一种方法准确,但是简单得多,而且在大多数场合下已经足够准确。这种简单方法不适用于广角镜头或鱼眼镜头,因为这些镜头的光瞳有显著的畸变和倾斜。

可以使用的另一种方法,该方法依赖于近轴光线跟踪的线性特性。如果已经通过透镜系统跟踪了两个近轴光线,并且在每个表面上已知 y 和 $\bar{y}$,则可以在没有光线跟踪的情况下计算任何表面上其他光线的截距高度 $\bar{\bar{y}}_i$。一般方程式是

$$\bar{\bar{y}}_j - \bar{y}_j = (\bar{\bar{y}}_i - \bar{y}_i)\frac{y_j}{y_i} \tag{8-1}$$

计算入射光瞳的任何光线的坐标($j=1$),在第 i 个表面具有坐标 $\bar{\bar{y}}_i$,有 $\bar{y}_1=0$,则方程(8-1)变成

$$\bar{\bar{y}}_1 = (\bar{\bar{y}}_i - \bar{y}_i)\frac{y_1}{y_i} \tag{8-2}$$

表 8.1 所示的是具有内部光阑的简单双镜头系统的光线追踪数据。透镜 A 的直径为 3.0,透镜 B 的直径为 2.0,光阑的直径为 2.0。从表 8.1 可以看出,入射光瞳距镜头 A 的距离为 2.5(或者在光阑右侧为 0.5)。跟踪边缘射线和两个主光线($u=0.1$ 和 0.2)。入射瞳孔的大小可以从表 8.1 中的数据采用多种方式确定。首先,对于光阑半径 1.0,边缘射线的高度为 1.25。请记住,近轴光线跟踪的线性特性意味着 0.80 的光阑直径或形成入射光瞳的光阑点的放大倍数为 1.25。第二种方法是观察入射光瞳的角度为 0.1,在光阑处为 0.125。因此,形成入射光瞳的光阑的放大倍率为 1.25(u_3/u_1)。为了计算第 i 个元素的投影中心到入射光瞳的移动,通常称为剪断,设置 $\bar{\bar{y}}_i=0$ 并使用公式与表中的数据。确定镜片入射光瞳的投影尺寸后再次使用公式。

图 8.3 所示的为表 8.1 中包含的光阑和两个透镜的圆形孔。其中,图 8.3(a)用于轴向物体,图 8.3(b)用于具有场角为 0.1 的远距离物体,图 8.3(c)用于具有场角为 0.2°的远距离物体。阴影区域表示可以以这三个角度传递光的

表 8.1　渐晕透镜系统的光线轨迹数据

	入射光瞳	透镜 A	光闸	透镜 B
表面 #	1	2	3	4
$-\phi$	0	−0.1	0	−0.1
t		−2.5	2	1
y ⎫ u ⎭ 边缘光线	1.25	1.25	1	0.875
	0	−0.125	−0.125	−0.2125
	0	−0.2500	0	0.125
$\bar{y}$ ⎫ $\bar{u}$ ⎭ 主光线	0.1	0.125	0.125	0.1125
	0	−0.5000	0	0.2500
$\bar{y}$ ⎫ $\bar{u}$ ⎭ 主光线	0.2	0.25	0.25	0.2250

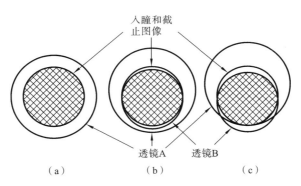

图 8.3　表 8.1 中所示的透镜系统的渐晕图

（a）用于轴向物体；（b）用于具有场角为 0.1 的远距离物体；（c）用于具有视场角为 0.2°的远距离物体

透镜部分。请注意，在图 8.3(b) 中，透镜 B 开始渐晕，而透镜 A 距渐晕相对较远；在图 8.3(c) 中，透镜 B 渐渐渐晕，透镜 A 刚开始渐晕。渐晕的入瞳似乎向下移动并变成椭圆形。

8.2　斜光束的子午光线追迹

由已知物点发出（若物体在无穷远处，则是按一定的光束倾斜角发出）的特定的子午光线,要用某些方便的光线参数来规定。这些参数可以是光线和透镜前顶点上的切面的交点高度 A,也可以是光线相对于前镜片的截距 L。若光线从左到右向上翘,从光轴上方进入透镜,则 A 是正的,L 是负的。

不论采用怎样的光线参数,都要用适当的"起始公式"将给定的光线数据变换成 (Q, U) 值,以供光线追迹用。

1. 物体在近距离处

若物点用 H 和 d_n 值规定(见图 8.4),则

$$\tan U = (A - H)/d_n, \quad Q = A\cos U$$

若光线用 L 值规定,则

$$\tan U = H/(L - d_0), \quad Q = L\sin U$$

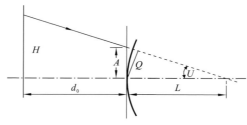

图 8.4　起始公式

2. 物体在远距离处

这时全部入射光线的倾斜角度相同,都等于主光线倾斜角 U_{pr},此时用前面第二个起始公式求 Q。

3. 结束公式

追迹倾斜的光线通过透镜之后,一般希望知道它与近轴像平面的交点高度。这个高度由图 8.5 给出,即

$$H' = (Q' - l'\sin U')/\cos U'$$

4. 两条出射光线的交点

有时候希望知道追迹出来的两条出射光线交点的坐标,这两条光线的 L' 或 Q',以及倾斜角 U' 已知(见图 8.6(a))。计算公式如下:

$$L'_{ab} = \frac{L'_a \tan U'_a - L'_b \tan U'_b}{\tan U'_a - \tan U'_b}$$

式中:
$$L' = -Q'/\sin U' \tag{8-3(a)}$$

$$H'_{ab} = -(L'_a - L'_{ab})\tan U'_a = -(L'_b - L'_{ab})\tan U'_b$$

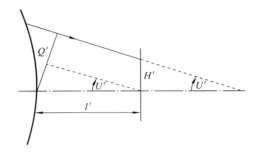

图 8.5　结束公式

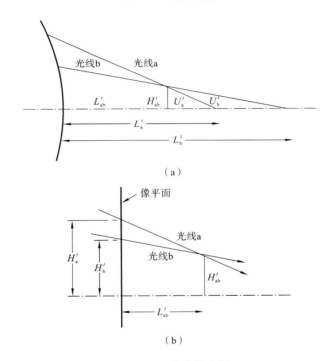

（a）

（b）

图 8.6　两条光线坐标

由既定物点开始,追迹斜光束的一系列子午光线通过透镜之后,要用某种方法把结果用图线表示出来,以全面演示在像中存在的各种像差。这些像差包括球差,当然还有轴外像差,如彗差和子午场曲。在这种图线中不反映像散,因为没有弧矢光线,后者不属于子午光束。如果要反映两种色差,就要追迹各色光的轴外子午光线。

通常的做法是,以光线在近轴像面上的截高 H' 作为纵坐标,以某一适当的光线参数作为横坐标作图。这个光线参数可以取光线在第一个透镜面上的 Q 值,或光线在前顶点的切面上的入射高 A,或光线相对于第一个透镜面的截距 L。有时候采用光线在近轴入瞳或光阑上的高。然而,有充分理由说明,应当以光线在像空间的倾斜角 U' 的正切作为横坐标。这样,完善像点对应一条直线,它的斜率表示从近轴像面到轴外像点的距离,其理由如图 8.6(b) 所示。图中有轴外光束的两条光线,它们在像面上的高分别是 H'_a、H'_b,出射倾斜角分别是 U'_a、U'_b。从像面到这两条光线的交点的纵向距离 L'_{ab} 由下式给出:

$$H'_{ab} = H'_a + L'_{ab}\tan U'_a, \quad H'_{ab} = H'_b + L'_{ab}\tan U'_b$$

消去 H'_{ab} 之后得到

$$L'_{ab} = \frac{H'_a - H'_b}{\tan U'_b - \tan U'_a} \tag{8-3(b)}$$

如果把两条光线的数据记在关系图上,则连接以上两条光线点的直线的斜率直接表示成 L'_{ab}。如果光束中全部光线的 L'_{ab} 相同,则相应的全部光线点都落在一条直线上,下界限光线对应于它的左端,上界限光线对应于它的右端。主光线的点落在这两点之间的中点附近。像面平坦的完善透镜的图线是一条直线(见图 8.7(a))。像面内弯的完善透镜的图线是一条从左到右向下倾斜的直线(见图 8.7(b))。初级慧差表现为一条抛物线,若慧差是正的,则两端上弯(见图 8.7(c));若慧差是负的,则两端下弯(见图 8.7(d))。初级球差表

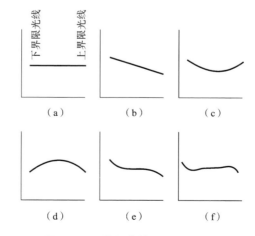

图 8.7　一些经典的 H-$\tan U$ 曲线

(a) 理想透镜;(b) 内弯视场;(c) 正慧差;(d) 负慧差;(e) 球差未校正;(f) 混合球差

现为一条立方曲线，如果沿主光线的像在近轴像面上，则立方曲线的中部是水平的（见图 8.7(e)）。带球差表现为曲线有两处弯曲，它是初级球差的立方曲线和二级球差的五次方曲线的混合体（见图 8.7(f)）。当然，这些像差会以可以想象得到的方式混合出现，有经验的设计者可以根据曲线形状迅速判断各种像差出现的情况。

8.3　空间光线追迹

空间光线是指由轴外物点发出，在子午平面前方或后方进入透镜的光线。应当注意，每一条空间光线都存在另一条空间光线，后者好像是前者被放在子午平面上的平面镜所成的像。所以追迹一条空间光线实际上相当于追迹两条空间光线，一条在子午平面后方，另一条在子午平面前方，两者相对应。这两条空间光线在同一个对应点上相交（见图 2.1）。

追迹空间光线时，用 X_0、Y_0、Z_0 表示光线上一个已知点，用 K、L、M 表示光线的方向余弦。当然，在物空间，点 X_0、Y_0、Z_0 会是原物点，还要用某种方式表示要追迹的特定入射光线的方向余弦。后者常常用入射光线和透镜前顶点上的切平面的交点来确定。知道了 X_0、Y_0、Z_0 和 K、L、M，就可以确定光线和后面的透镜面的交点 X、Y、Z，经过折射之后，得到一组新的方向余弦 K'、L'、M'，这样逐面计算。于是光线追迹分成两步：光线由已知点向下一面的传播，以及光线在下一面上的折射。

8.3.1　换面公式

直线的方向余弦定义为直线上两点的 X、Y、Z 坐标之差除以两点之间的距离，所以由图 8.8 可知

$$K=\frac{X-X_0}{D}, \quad L=\frac{Y-Y_0}{D}, \quad M=\frac{Z-Z_0+d}{D}$$

式中：D 是在光线上从 X_0、Y_0、Z_0 点到入射点 X、Y、Z 的距离；d 是两面之间的轴上距离。由这些关系式可以得出

$$X=KD+X_0, \quad Y=LD+Y_0, \quad Z=MD+(Z_0-d) \quad\text{(8-4(a))}$$

下一个折射面的方程式是已知的。对于半径为 r 的球面，它是

$$X^2+Y^2+Z^2-2rX=0 \quad\text{(8-4(b))}$$

将式(8-3(a))代入式(8-3(b))，得到求 D 的方程式为

$$D^2-2rF\cdot D+rG=0$$

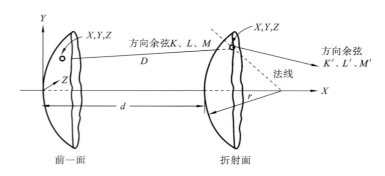

图 8.8 空间光线从一个表面转移到下一个表面

式中：

$$F = M - \frac{KX_0 + LY_0 + M(Z_0 - d)}{r}$$

$$G = \frac{X_0^2 + Y_0^2 + (Z_0 - d)^2}{r} - 2(Z_0 - d)$$

(8-5)

它的解是

$$D = r\left[F \pm \left(F^2 - \frac{G}{r}\right)^{1/2}\right]$$

根号前不确定的符号表示光线和半径为 r 的整个球面有两个交点。因为只有一个解有用，所以要适当选择符号。记住 D 永远要取正值。求得 D 之后代回式(8-4(a))，计算入射点坐标 X、Y 和 Z。对于平面，有

$$D = G/2F = -(Z_0 - d)/M$$

8.3.2 入射角

根据人们熟知的方向余弦的性质，两条相交直线的夹角由下式给出：

$$\cos I = Kk + Ll + Mm$$

式中：K、L、M 是光线的方向余弦；k、l、m 是入射点上的法线的方向余弦。对于球面，有

$$k = -\frac{X}{r}, \quad l = -\frac{Y}{r}, \quad m = 1 - \frac{Z}{r}$$

(8-6)

因此，

$$\cos I = F - \frac{D}{r}$$

$$\cos I' = \left[1 - (n/n')^2(1 - \cos^2 I)\right]^{1/2}$$

(8-7)

对于平面,$\cos I = K$。

8.3.3　折射方程式

推导折射方程式时,将先前图解光线追迹所用的图 2.3 复制到图 8.9。矢量三角形 OAB 中,$\overrightarrow{OA}$ 是在入射光线方向上长度为 n 的矢量,$\overrightarrow{OB}$ 是在折射光线上长度为 n' 的矢量,$\overrightarrow{AB}$ 是在法线方向上长度为 $n'\cos I' - n\cos I'$ 的矢量,因而可以建立起矢量方程式:

$$n'\boldsymbol{R}' = n\boldsymbol{R} + (n'\cos I' - n\cos I)\boldsymbol{N}$$

其中,$\boldsymbol{R}'$、$\boldsymbol{R}$ 和 $\boldsymbol{N}$ 是单位矢量的分量,就是矢量的方向余弦,所以可以将这个矢量方程式分解成它的三个分量方程式,即

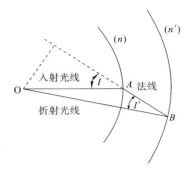

图 8.9　空间光线的折射

$$n'K' = nK + (n'\cos I' - n\cos I)k$$
$$n'L' = nL + (n'\cos I' - n\cos n\cos I)l \qquad (8\text{-}8)$$
$$n'M' = nM + (n'\cos I' - n\cos I)m$$

法线的方向余弦 k、l 和 m 由式(8-6)给出。因而式(8-8)变成

$$n'K' = nK - JX$$
$$n'L' = nL - JY \qquad (8\text{-}9)$$
$$n'M' = nM - J(Z - r)$$

式中:$J = (n'\cos I - n\cos I)/r$。可以用 $K'^2 + L'^2 + M'^2 = 1$ 来验证,说明上述推导正确无误。当在平面上折射时,上述方程式变成

$$M = \cos I, \quad M' = \cos I'$$
$$n'K' = nK, \quad n'L' = nL, \quad J = 0$$

8.3.4　往下一面变换

这种变换已经叙述过。方向余弦 K'、L'、M' 成为新的 K、L、M,再顺次计算,确定新的入射点。

8.3.5　起始公式

1. 远距离物体

这时有平行光束入射进透镜,光束和透镜轴所成的角度是 U_{pr},于是

$$K = 0, \quad L = \sin U_{pr}, \quad M = \cos U_{pr}$$

必须用某种方法确定空间光线的入射点,以求出 X、Y、Z。通常用光线在第一面顶点上的切平面上的交点来规定光线,这样就可以方便地把这个切平面看成第一个透镜面(两侧是空气),并且用通常的方法,利用通用的变换公式实现由切平面到第一个折射面的过渡。

2. 近距离物体

还是在第一个透镜面上作一个切平面,标出空间和这个切平面的交点的坐标 Y、Z。物点坐标 X_0、Y_0、Z_0 已知,物体和前顶点之间的距离 d 也已知,于是

$$K=\frac{X-X_0}{D},\quad L=\frac{Y-Y_0}{D},M=\frac{d}{D}$$

式中:

$$D^2=d^2+(X-X_0)^2+(Y-Y_0)^2$$

8.3.6 结束公式

对于空间光线来说,结束公式是多余的,因为可以用通常的变换公式令光线传到最后的像面上。由此直接给出光线和像平面的交点的坐标 X'、Y'。这时 d 正是由透镜后顶点到像面的距离,即后截距。

8.3.7 对应点位置

在某些场合下,要确定空间光线的对应点位置。如前面所述,对应点是空间光线通过子午面的点。对应点的 Z 坐标是零,还要求出其他两个坐标。从图 8.10 很容易发现

$$L'_d=-X'M'/K',\quad H'_d=Y'-(X'L'/K')$$

式中:K'、L'、M' 是光线由透镜出射时的方向余弦;X'、Y' 是光线和像面交点的坐标;L'_d、H'_d 分别是所求的对应点相对于像平面中心点的坐标和相对于透镜光轴的坐标。

8.3.8 空间光线追迹实例

追迹一条通过一个双胶合物镜(这是曾经多次引用过的透镜例子)的空间光线,以演示用前述公式组人工追迹空间光线时需要记下的数据项目。光线以 $3°$ 向上倾斜射向透镜,通过子午平面后方距子午平面单位距离的一点,这个点和主光线在同一高度上。把第一个顶点上的切平面看成是一个折射面,在这个面上的起始数据为

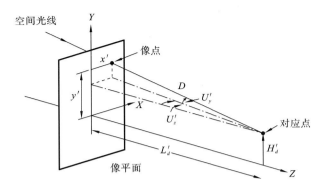

图 8.10 对应点计算

$$Z=0, \quad M=\cos(-3°)=0.9986295$$
$$Y=0, \quad L=\sin(-3°)=-0.0523360$$
$$X=1, \quad K=0$$

我们用通常的方法将光线由切平面变换到第一个折射球面上。追迹结果如表 8.2 所示。

表 8.2 手动追迹斜光线

	切平面				像平面
∞	∞	7.3895	-5.1784	-16.2225	
d	0	1.05	0.4	11.28584	
n	1	1.517	1.649	1	
$(n/n')^2$		0.4345390	0.8463106	2.719201	
F	0.9986295	0.8000638	0.9673926	0.9952001	
G	0.1353271	1.584704	0.9077069	22.627015	
D	0.0680706	0.8939223	0.4623396	11.368061	
X	1	1.0	0.9584830	0.9457557	-0.0033456
Y	0	0.0035625	0.0342546	0.0491091	0.6289086
Z	0	0.0679773	-0.0895928	-0.0276675	0
$\cos I$		0.9894178	0.9726889	0.9958924	
$\cos I'$		0.9954155	0.9769360	0.9887907	
J		0.0704550	-0.0261467	0.0402796	
K	0	-0.0464436	-0.0275280	-0.0834884	
L	0.0523360	0.0343342	0.0321289	0.0510025	
M	0.9986295	0.9983305	0.9991040	0.9952011	

8.4 空间光线像差的图示

8.4.1 弧矢光线图

弧矢光线通常指的是 $90°$ 和 $270°$ 的空间光线,它们都在包含主光线而且垂直于子午平面的平面上。在光线通过透镜的过程中,这个平面的取向不是不变的,而是在每一个面上折射后都改变倾斜方向(见图 8.1)。弧矢光线和近轴像平面的交点相对于主光线和这个平面的交点会有垂直偏差和水平偏差。我们可以作出这两种偏差与某一个适当的光线参数相关的图线。这个参数通常取 $\theta=90°$ 时入瞳光线或从子午平面到入射光线穿透第一透镜顶点切线平面点的水平距离 x。图 8.11 显示了焦距为 10 的 $f/2.8$ 三片型照相物镜的一组典

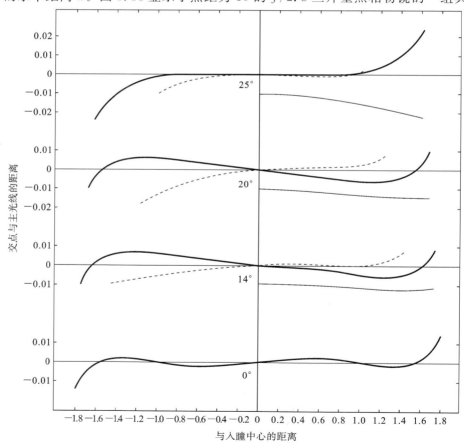

图 8.11 三片型透镜典型的光线图

型的子午光线图和弧矢光线图。图 8.12 显示了具有以下布局的该透镜子午和矢状射线图集。

半径	t	n	V
4.7350			
	0.6372	1.7440	44.9(LaF2)
148.835(光阑)			
	1.0015	(air)	
−5.8459			
	0.2705	1.7400	28.2(SF3)
5.1414			
	0.9253	(air)	
33.1041			
	0.6979	1.7440	44.9(LaF2)
−4.4969			
	8.4894	(air)	

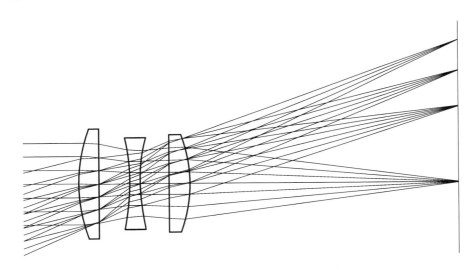

图 8.12　$f/2.8$ 的三片型照相物镜典型的点列图

虽然子午光线没有对称性,但是两个弧矢光线具有对称性。对于在子午线前、后相等距离进入的射线的垂直误差是相同的,这些误差是弧矢面彗差的形式。水平误差是反对称的,所以误差为 90° 的射线相当于 270° 的水平误差射线;这些误差代表弧矢面曲率和矢状斜向球面像差,严格类似于普通子午线图中切向场曲率和切向斜球面像差的影响。

8.4.2 点列图

前面讨论过的子午光线和弧矢光线只考虑到经过一个十字形孔径通过透镜的光线,为了包括每一条可能的空间光线,要将透镜孔径划分成方格网,追迹通过这个方格网上的交叉点的每条光线。假设每条光线携带的光能相同,则这些光线和近轴焦平面的交点的集合,将会正确表现出检验制成的透镜时所得到的像的形态。

为了使得到的图像和实际像很近似,应追迹大量光线(如 100 条)。不过只需追迹子午面一侧的光线,因为子午面两侧的光线是对应相同的,只是在像面上要把两侧的光线的交点都作出来。这样制作的图像称为点列图。在能采用高速计算机作光线追迹之前自然是不会作这种图的。

图 8.12 是一个 $f/2.8$ 的三片型照相物镜典型的点列图,其中使用了矩形图案。对于这种模式,超过 1000 个斜光线通过镜头光圈在每一侧进行跟踪。图 8.13(b)所示的是除使用六极图案之外的相同的点图,并且在图 8.13(c)中使用了抖动图案。抖动模式通过入射光瞳跟踪射线的伪随机分布。使用抖动图案的目的是减少由于使用矩形或六极图形所引起的对称假象。

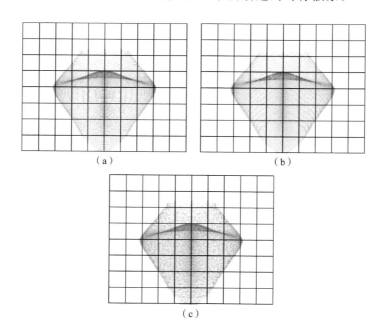

图 8.13 针对离轴 $14°$ 的 d 光 $f/2.8$ 三重态透镜的典型点图

图 8.13(a)、(b)和(c)比较清楚地表明存在这种伪影及其缓解。应该认识到,没有完美或最好的射线模式。此外,透镜设计者应该谨慎地对透镜中的像差进行推测,这是观察这种诱发的伪像的结果。最后,点图是严格的几何;然而,可以计算和显示占据像差和衍射的点源的图像。图 8.14 给出了图 8.13 中相同图像的点扩散函数(PSF)。注意它们之间的相似之处和差异,并意识到 PSF 更接近实际观察到的内容。

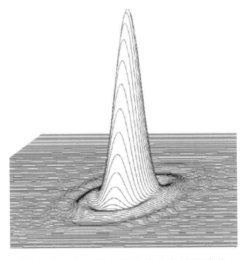

图 8.14　相同镜头和物体的点扩散功能

设 计 指 南

经常被称为"三对一规则"的粗略经验法可用于决定衍射或几何像差是否占主导地位。如果均方根几何模糊直径小于衍射模糊直径的三分之一,则衍射占主导地位;相反也是如此。在"中间"区域,两者都必须考虑。3:1 的比例可以是 5:1,或者无论设计者的设定数值为多少,但不得低于 3:1。

8.4.3　区域能量曲线

在点列图上作一系列半径逐个增加的圆,利用计算机程序计算这些圆各自包含的光线数,就可以作出特定透镜倾斜度不同的几个光束的"区域能量"曲线。这里假定每条光线携带的光能相等。如果光线在透镜入瞳上是按照方格网的分布入射的,则这种假定是合理的。若要反映颜色影响,则要追迹许多其他颜色的光线。对于各种波长的光,方格的大小取决于用该透镜的接收器的光谱响应特性。

图 8.15 显示了 $f/2.8$ 三片型透镜的区域能量曲线。这样的一张曲线图全面地反映出透镜对于几种不同倾斜度的轴外光束的特性。应注意，图 8.15 仅基于几何光线跟踪数据。可以在几何数据乘以衍射极限值的情况下作出环形能量图，以产生可能观察到的更好的结果。还可以产生适当地考虑衍射和像差的衍射环绕的能量图；然而，计算过程比其他版本更耗时。

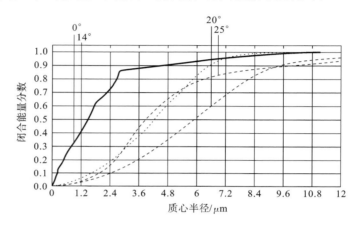

图 8.15　区域能量曲线

8.4.4　调制传递函数

透镜设计工具的重要补充是光学系统的调制传递函数（MTF）的发展。人们对 MTF 的强烈兴趣始于 20 世纪 50 年代；而直到 20 世纪 70 年代，才被大多数实践者所接受。现在，MTF 可以说是描述镜头性能的主要方法。威廉姆斯和贝克隆德提出了光学传递函数（OTF）的综合历史和研究[10]，MTF＝|OTF|，其中 OTF 是复数值。类似于电子通信系统，光学系统也可以被认为是线性系统并且使用类似的理论。在电气系统中，MTF 本质上是作为频率函数的线性系统的输出与输入的比率（例如，MTF(f)＝output(f)/input(f)）。

以类似的方式，透镜的 MTF 是 MTF(ν)＝output(ν)/input(ν)，其中，ν 是空间频率，并且可以是多维的，不同于电子学中使用的时间频率。在简单的意义上，MTF 是透镜形成的图像对对象的保真度的度量。虽然测量应该并且已经使用正弦空间目标，但是通常使用交替的黑色和白色条来测量 MTF。所得到的 MTF 称为方波 MTF，并且图与正弦波 MTF 不同。图 8.16 显示了三角形透镜的几何 MTF 乘以衍射受限透镜的 MTF。将该 MTF 与图 8.17 中的

MTF 进行比较,该图显示了基于衍射的 MTF。可以观察到,轴向几何 MTF
被低估了,而对 14° 的估计过高,对于较大的离轴对象点是大致相同的。仅当
几何模糊不大于衍射模糊的约三分之一时,才应使用衍射受限透镜的 MTF 对
几何 MTF 的乘法。

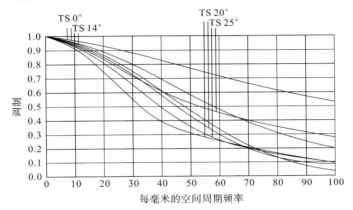

图 8.16　几何 MTF 乘以衍射极限 MTF

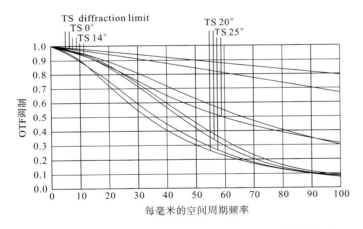

图 8.17　基于衍射的 MTF 以及衍射受限 MTF 的比较曲线

　　当透镜在一些有限的光谱带宽上使用时,已经确定了用于估计多色源和
无像差透镜系统的模糊尺寸和形状的方法。多色点源的图像辐照度分布可以
写成

$$E(r) = C_1 \int_0^\infty R(\lambda) \left[\frac{2J_1(kD_{ep}r/2)}{kD_{ep}r} \right]^2 d\lambda$$

式中:$R(\lambda)$ 是峰值归一化频谱加权因子;C_1 是缩放因子。通过调用中心极限

定理,以及用高斯函数近似该分布,得到

$$E(r) \approx C_2 e^{-(r^2/2\sigma^2)}$$

式中:C_2 是缩放常数;σ^2 是辐照度分布的估计方差。当 $R(\lambda)$ 在谱间隔 λ_{short} 到 λ_{long} 之间时为 1,否则为零,且有 $\lambda_{short} < \lambda_{long}$ 时,估计值可以写为

$$\sigma = \frac{M\lambda_{long}}{\pi D_{ep}}$$

式中:$M = 1.335 - 0.625b - 0.25b^2 - 0.0465b^3$。$R(\lambda) = \lambda/\lambda_{long}$ 应在谱间隔 λ_{short} 到 λ_{long} 之间,否则为零,这近似于量子检测器的结果,$M = 1.335 - 0.65b + 0.385b^2 - 0.099b^3$。

对于 $b = 0.5$,残差的高斯估计小于百分之几,即使 $b \to 0$ 时仍有效。该衍射受限多色透镜系统的调制传递函数的有用估计,即

$$\text{MTF}(\nu) \approx e^{-2(\pi\sigma\nu)^2}$$

式中:ν 是空间频率。这种近似值可以为预期的性能限制提供有用的判断。

8.5 来自透镜某一带上的光线的分布

追迹通过透镜某一带上光线族(不论是属于轴上光束还是轴外光束),可以更好地了解透镜各种轴外像差的性质。以多次引用过的望远镜双胶合透镜为例,从中选出半径为一个单位长度的一带。若是在轴上,这个带的全部光线将交于一点而形成一个完善的焦点。但是只要光束稍微倾斜,这个带上的光线就会形成一系列复杂的回线(见图 8.18),与前述一样,上、下界限光线以 0° 和 180°表示,两个弧矢光线则以 90° 和 270°表示。据此,子午焦点在 0° 和 180° 的光线上。

参考图 8.18,切线焦点在光线的交点上,有子午慧差 0.000084。弧矢焦点在 90°和 270°光线的交点上,有弧矢慧差 0.000035,约为子午慧差的三分之一。可以证明,若没有高级像差,这个比率应当准确等于 3:1。场曲表现在子午焦点和弧矢焦点不像这个带的轴上像那样在一个平面上。透镜的每一带都产生这样一系列图像。显然,如果所有各带一起敞开,得到的像必定是十分复杂的。

注意,图 8.18 还给出了该带的对应点的轨迹。它被弧矢像点分成两部分,两端分别在上、下子午光线上。康拉迪把这个对应点轨迹称为带的"特征焦线"。

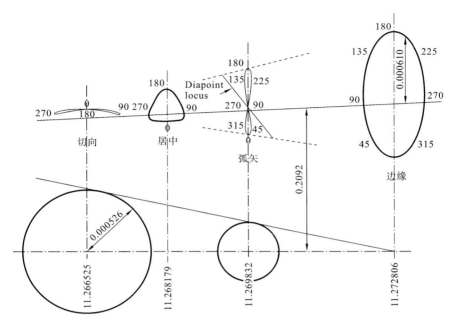

图 8.18　透镜一带上的光线分布

注释

1. A. E. Conrady, pp. 284, 742.

2. vignetting 一词的发音为"vǐn yet'ting"。当倾斜角度增加时,由于光束中越来越多的光线被渐晕,因此形成的图像逐渐向边缘变暗。

3. MIL-HDBK-141, *Optical Design*, Section 6.11.8, Defense Supply Agency, Washington, DC (1962).

4. R. Kingslake, Illumination in optical images, in *Applied Optics and Optical Engineering*, Ⅱ:195, Academic Press, New York (1965).

5. MIL-HDBK 141, *Optical Design*, Chapter 5, Defense Supply Agency, Washington, DC (1962).

6. Daniel Malacara and Zacarias Malacara, *Handbook of Lens Design*, Chapter 2, Marcel Dekker, New York (1994).

7. C. Baur and C. Otzen, U.S. Patent 2,966,825, filed in February (1957).

8. "子午面之后和之前"的上下文是指,人们以光线从左向右传播的一侧观察透镜。"之前"是观察者和子午面之间的空间,包含 y 值从 $0\sim180$ 的入瞳坐标。

9. 高速计算机在 20 世纪 70 年代问世后,当时绘图仪往往不容易获得,速度也相当缓慢。因此,设计了一种巧妙的方法,使用文本打印机生成有用的点图。该技术是将每个打印字符位置视为光线 bin,并将字符分配给每一个 bin,以表示射线"击中"该 bin 的数目。当然,空白表示没有光线,但计数为 1,2,3,…,9,A,B,C,…,Z。虽然这样的点图不如今天的点图,但镜头设计师很快就学会了"阅读"这种基于字符的点图。即使在 20 世纪 50 年代,打印机的速度也相当快,当时计算机主要用于政府部门和商业企业。

10. Charles S. Williams and Orville A. Becklund, Introduction to the Optical Transfer Function, Wiley, New York (1989).

11. R. Barry Johnson, Radar analogies for optics, *Proc. SPIE*,128:75-83 (1977).

12. R. Barry Johnson, Lenses, in *Handbook of Optics*,Second Edition,Vol. Ⅱ,Chapter 1,pp. 1.39-1.41,Michael Bass (Ed.),McGraw-Hill,New York (1995).

13. 提示:考虑第 4.2 节中的光线像差展开方程,假设除三阶彗差(σ_2)外,所有像差为零,并考虑 $\theta=0°$ 和 $90°$ 的 ε_y 值之比。

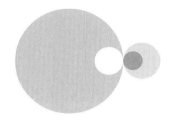

第 9 章
彗差和正弦条件

9.1　光学正弦定理

　　光学正弦定理与边缘光线的拉格朗日定理相似,但后者只适用于近轴光线。正弦定理给出一个关于通过透镜某一带的一对弧矢光线所形成的像高的表达式。这个表达式对于任意大小的带都适用,只是光束的倾斜度应很小。后一个限制实际上排除了彗差以外的一切像差,而彗差表示为特定带的像高与由拉格朗日定理确定的近轴像高之差。第 4.3.4 节讨论过的彗差可以看成是从一个区域到另一区域放大率的变化。

　　为了推导光学正弦定理,让我们看图 9.1(a)所示的斜视图,图中有一对弧矢光线,并通过一个折射面。再看图 9.1(b),图中有通过同一带的边缘光线的光路。按照惯例,入射和出射光线的倾斜角分别用 U 和 U' 表示。

　　第 8.1.1 节曾经指出,弧矢光线对相交于通过物点和折射面曲率中心的辅助轴上,因而利用图 9.1 中的相似三角形可以得到

$$\frac{h'_s}{h}=\frac{CS}{CB_0}=\frac{L'-r}{L-r}=\left(\frac{P'}{\sin U'}\right)\left(\frac{\sin U}{P}\right)=\frac{n\sin U}{n'\sin U'}$$

因此,

$$h'_s n'\sin U'=hn\sin U \tag{9-1}$$

h'_s 是特定带上的弧矢像(即 $90°$ 和 $270°$ 光线的交点)的高,而并非此带上

任何其他光线的高,更不是子午光线的高。记住这一点是很重要的。

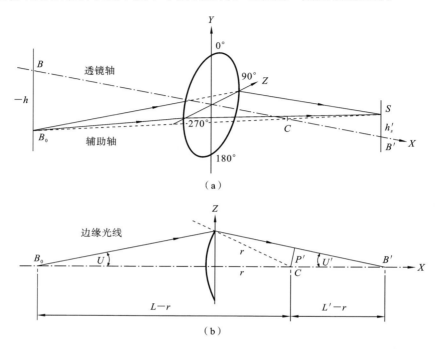

图 9.1　正弦定理的推导

(a) 斜视图;(b) 平面图

9.2　阿贝正弦条件

阿贝把彗差看成是透镜各带的光线的像高差异所造成的结果,因此他领悟到,对于球差已经校正好的透镜(当时是显微物镜)来说,如果近轴倍率 $m = \dfrac{nu}{n'u'}$ 和边缘倍率 $M = \dfrac{n\sin U}{n'\sin U'}$ 相等,即

$$\frac{u}{u'} = \frac{\sin U}{\sin U'} \tag{9-2}$$

则在视场中心附近将没有彗差。式(9-2)称为阿贝正弦条件。

对于远处的物体,正弦条件取不同形式。如第 3.3.4 节中曾指出过的,对于远处的物体,拉格朗日公式为

$$h' = -\left(\frac{n}{n'}\right) f' \tan U_{\mathrm{pr}}$$

式中:f' 是沿近轴光线测量的、从后主平面到后焦点的距离,即 $f'=y_1/u'_k$。对于边缘光线的焦距,可以写出类似的等式:

$$F'=Y_1/\sin U'_k \qquad (9\text{-}3)$$

式中:F' 是沿边缘光线测量的、从等效折射点到此边缘光线和透镜轴的交点的距离。因而对于球差已经校正好的透镜,当物体在远处时,阿贝正弦条件可简化为

$$F'=f'$$

该关系式说明,这种透镜(阿贝称为"齐明透镜")的等效折射面是一个以焦点为中心的半球的一部分。所以齐明透镜可能的最大孔径是 $f/0.5$,虽然后者实际上不可能达到。最大的实际孔径大约是 $f/0.65$,这时候出射光线的倾斜角为 50°左右。

对用于近距离成像的齐明透镜(如显微镜物镜)没有相应的规则。必要时可以假定:在这种情况下,两个主平面是以轴上两个共轭点为中心的球面的一部分;还可以同样假设,边缘光线沿着一条平行于透镜轴的直线从一个主"平面"移动到另一个主"平面",正如在图 3.10 中关于近轴光线曾经指出过的那样。

若物空间或像空间的折射率不等于 1.0,则 f 数的表达式应包含实际折射率:

$$f\,数=\frac{焦距\ f'}{入射孔径\ 2y}\left(\frac{n}{n'}\right)$$

于是,如果像空间充满折射率为 1.5 的介质,可能的最大相对孔径将是 $f/0.33$。为了得到大孔径的好处,接收器(如胶卷、CCD 或光电池)必须真正浸在光密介质中。与此类似,照相机在水下拍照时,透镜的有效孔径应除以 1.33(水的折射率)。

当对象不是位于无穷远时,等效 f 数可以用如下表达式:

$$f\,数_{等效}=f\,数_\infty(1-m)$$

例如,一个使用统一放大率的透镜($m=-1$),$f\,数_{等效}=2f\,数_\infty$,其数值孔径为 $NA=n'\sin U'$。若是消球差透镜,$f\,数_{等效}=\dfrac{1}{2NA}$。

第 6.1.1 节曾经指出,有三种球差为零的情况:① 物体在折射面上;② 物体在折射面的曲率中心;③ 物体在齐明点上。在这些场合下,都满足阿贝正弦条件,所以应该说它们都是齐明的。因为在上述三种情况下,$\sin U/\sin U'$ 都

是常数。因此有以下情况：

(1) 物体在折射面上：$U=I,U'=I'$，因而 $\sin U/\sin U'=n'/n$；

(2) 物体在曲率中心：$U=U'$，因而 $\sin U/\sin U'=1$；

(3) 物体在齐明点上：$I=U',I'=U$，因而 $\sin U/\sin U'=n/n'$。

第 6.1.2 节讨论过的齐明单透镜的球差和彗差都得到校正，称为齐明透镜是完全正确的。应当补充说明的是，这样的透镜会带来色差和像散。这是单正透镜固有的特性。

9.3 对正弦条件的违反，OSC

显然，若知道了近轴倍率和边缘倍率，尽管透镜存在某些球差，应该能够导出一些关于彗差大小的有用信息。情况如图 9.2 所示。图中 B' 表示当轴外光束倾斜度极小的时候，在透镜近轴像平面 P 上的轴外像点，它的高 h' 由拉格朗日公式决定。点 S 表示透镜某一带所形成的弧矢像，它的高 h'_s 按照正弦定理计算。假设点 S 和边缘像 M 处于同一个焦平面上。这里假设物点光束倾斜度很小，主光线应当按近轴公式追迹，如图 9.2 所示，它通过出瞳 EP' 的中心出射。

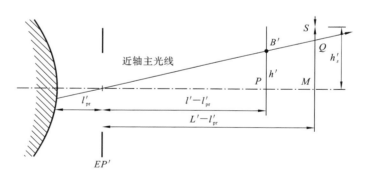

图 9.2 对正弦条件的违反

我们可以用边缘像面上的无量纲比率 QS/QM 表示弧矢彗差的大小，把它称为"对正弦条件的违反程度"，或写成 OSC（另见第 4.3.4 节和式(10-3)）。因而有

$$\text{OSC}=\frac{QS}{QM}=\frac{SM-QM}{QM}=\frac{SM}{QM}-1$$

SM 的长度是 h'_s，由正弦定理给出，长度 QM 可以由近轴像高 h' 求得，即

$$QM = h'\left(\frac{L'-l'_{pr}}{l'-l'_{pr}}\right)$$

因而有

$$\mathrm{OSC} = \frac{h'_s}{h'}\left(\frac{l'-l'_{pr}}{L'-l'_{pr}}\right) - 1$$

对于近距离处的物体,分别用拉格朗日定理和正弦定理代入 h'、h'_s 值,得到

$$\mathrm{OSC} = \frac{u'}{u}\frac{\sin U}{\sin U'}\left(\frac{l'-l'_{pr}}{L'-l'_{pr}}\right) - 1 = \frac{M}{m}\left(\frac{l'-l'_{pr}}{L'-l'_{pr}}\right) - 1 \qquad (9\text{-}4)$$

式中:M 和 m 分别是有限孔径的光线和近轴光线的像的倍率。

括号内的量包含了与透镜球差以及出瞳位置有关的数据,可以直接改写成如下形式:

$$\left(1 - \frac{\mathrm{LA}'}{L'-l'_{pr}}\right)$$

对于很远的物体,M/m 可以用 F'/f' 代替。因此对于远处的物体,式(9-4)变为

$$\mathrm{OSC} = \frac{F'}{f'}\left(1 - \frac{\mathrm{LA}'}{L'-l'_{pr}}\right) - 1 \qquad (9\text{-}5)$$

康拉迪[1]宣称,对于望远镜、显微镜,允许的最大 OSC 公差是 0.0025。允许这么大的 OSC 公差,是由于对这些仪器来说,最感兴趣的物体可以移到视场中心作细致地考察。对于照相物镜采用的公差要小得多。

9.3.1　对既定的 OSC 求光阑位置

在 OSC 公式中出现出瞳位置(l'_{pr}),所以如果透镜有若干球差,沿轴移动光阑将会改变 OSC。若球差已经校正好,则移动光阑不会影响彗差。改造式(9-4)和式(9-5),就可以求得提供某一既定的 OSC 值的 l'_{pr}。

对于近处的物体,有

$$l'_{pr} = L' - \frac{\mathrm{LA}'}{(\Delta m/M) - (m\mathrm{OSC}/M)}$$

对于远处的物体,有

$$l'_{pr} = L' - \frac{\mathrm{LA}'}{\Delta F/F' - (f'\mathrm{OSC}/F')}$$

这两个公式在设计简单目镜和廉价照相机的风景镜头时用得着。

9.3.2　各面的 OSC 贡献

用类似于确定各面的球差贡献的方法(见第 6.1 节)可以导出一个求各面

OSC 贡献值的公式,在这当中,需追迹一条边缘光线和一条近轴主光线。利用第 6.1 节的推导结果,有

$$(Snu_{pr})'_k - (Snu_{pr})_1 = \sum (Q - Q')ni_{pr} \tag{9-6}$$

由图 9.3 可知, $S' = (L' - l'_{pr})\sin U'$,对入射光线有类似的等式。令式(9-6)除以拉格朗日不变量,并且代入 S 和 S' 的表达式,得到

$$\left[\frac{(L'-l'_{pr})\sin U' n'u'_{pr}}{h'n'u'}\right]_k - \left[\frac{(L-l_{pr})\sin U nu_{pr}}{hnu}\right]_1 = \sum \frac{(Q-Q')ni_{pr}}{(h'n'u')_k} \tag{9-7}$$

这里 $h'/u'_{pr} = l' - l'_{pr}$, $h/u_{pr} = l - l_{pr}$。再由拉格朗日定理和正弦定理,可得

$$\left(\frac{\sin U'}{u'}\right)_k = \frac{hn\sin U}{h'_s n'}\left(\frac{h'n'}{hnu}\right) = \frac{\sin U_1}{u_1}\left(\frac{h'}{h'_s}\right)_k$$

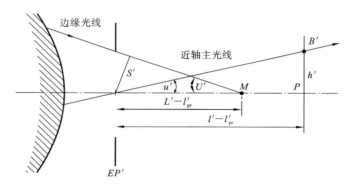

图 9.3　各面的 OSC 贡献

将这些等式代入式(9-7),得到

$$-\left[\left(\frac{L'-l'_{pr}}{l'-l'_{pr}}\frac{h'}{h'_s}\right)_k \frac{\sin U_1}{u_1}\right] + \left[\frac{L-l_{pr}}{l-l_{pr}}\frac{\sin U}{u}\right]_1 = \sum \frac{(Q-Q')ni_{pr}}{(h'n'u')_k} \tag{9-8}$$

由图 9.2 可知

$$\left(\frac{L'-l'_{pr}}{l'-l'_{pr}}\frac{h'}{h'_s}\right)_k = \frac{QM}{SM} = \frac{SM-QS}{SM} = 1 - \frac{coma'_s}{SM} = 1 - OSC \quad (\text{近似})$$

因而式(9-8)变为

$$(OSC-1) + \left(\frac{L-l_{pr}}{l-l_{pr}}\right)_1 = \frac{u_1}{\sin U_1}\sum \frac{(Q-Q')ni_{pr}}{(h'n'u')_k}$$

于是,

$$OSC = \left(1 - \frac{L-l_{pr}}{l-l_{pr}}\right)_1 + \frac{u_1}{\sin U_1}\sum \frac{(Q-Q')ni_{pr}}{(h'n'u')_k}$$

$$= \frac{-LA_1}{(l - l_{pr})_1} + \frac{u_1}{\sin U_1} \sum \frac{(Q - Q')ni_{pr}}{(h'n'u')_k} \qquad (9-9)$$

应当指出,物方球差导致 OSC 贡献。对于远处的物体,因子 $u_1/\sin U_1$ 变成 y_1/Q_1。

 实例

为了演示上述各面贡献公式的应用,再次引用已经为我们所熟知的望远镜双透镜(见第 2.5 节),以 $-5°(\tan(-5°) = -0.0874887)$ 的倾斜角追迹一条主光线通过前方顶点,结果如表 9.1 所示,因此,

$$l'_{pr} = 0.9580946$$

$$\text{OSC} \frac{u'}{\sin U'}\left(\frac{l' - l'_{pr}}{L' - l'_{pr}}\right) - 1 = -0.000171$$

用 OSC 的面贡献公式计算时,从表 9.1 中取得边缘光线数据,给出表 9.2 所示的表格。

表 9.1 近轴主光线追迹

$y_{pr}(nu)_{pr}$	0	0.0605558	0.0821525	
$(nu)_{pr}$	-0.0874887	-0.0874887	-0.0890323	-0.0857457
u_{pr}	-0.0874887	-0.0576721	-0.0539916	
$i_{pr} = (y_{pr}c - u_{pr})$	0.0874887	0.0459782	0.0489275	

表 9.2 以双胶合透镜为例的 OSC 计算

$Q - Q'$	-0.017118	-0.022061	0.037258	
n	1	1.517	1.649	
i_{pr}	0.0874887	0.0459782	0.0488275	
常数	5.715023	5.715023	5.715023	
OSC 贡献	-0.008559	-0.008794	0.017179	$\sum = -0.000173$

公式中的拉格朗日不变量 $(h'n'u') = 0.1749774$。直接计算与按各面贡献计算的结果是十分一致的。从第 4.3.4 节可知,另一个 OSC 公式使用来自弧矢光线和主光线的 Y 坐标射线的截距数据:

$$\frac{Y(\rho,90°,H,\xi)-Y(0,0°,H,\xi)}{Y(0,0°,H,\xi)}$$

9.3.3 各级彗差

在有一定大小的孔径和视场的光束的彗差,可以分解成如下的幂级数(见第 4.3.4 节):

$$\begin{aligned}
coma ={} & a_1 Y^2 H' + a_2 Y^4 H' + a_3 Y^6 H' + \cdots \\
& + b_1 Y^2 H'^3 + b_2 Y^4 H'^3 + b_3 Y^6 H'^3 + \cdots \\
& + c_1 Y^2 H'^5 + c_2 Y^4 H'^5 + c_3 Y^6 H'^5 + \cdots \\
& + \cdots
\end{aligned}$$

第一项 $a_1 Y^2 H'$ 是初级项,它随孔径平方和倾斜度一次方变化。整个第一行的项包括在 OSC 中,因为 OSC 是适用于任何孔径且限于小视场的。高级项表示大孔径、大倾斜角的照相镜头的彗差情况。

9.3.4 彗差的 G 和数

与初级球差类似,薄透镜的初级彗差也有一个 G 和数表达式[2]。初级彗差随孔径平方和像高一次方变化。物体的彗差(如果有的话)以通常的横向倍率传递到最后的像面,而初级球差(纵向量)则是以纵向倍率传递的。

要注意,这个彗差 G 和数表达式只当光阑在薄透镜上时才是正确的,即

$$coma'_s = coma_s(h'/h) + h'y^2\left(-\frac{1}{4}G_5 cc_1 + G_7 cv_1 + G_8 c^2\right) \tag{9-10}$$

式中:$G_5 = 2(n^2-1)/n$; $G_7 = (2n+1)(n-1)/2n = G_2/n$; $G_8 = n(n-1)/2 = G_1/n$。

与前面的做法一样,对于薄双透镜,假设两个镜片之间有一层无限薄的空气层,令它们的 G 和数直接相加,即

$$OSC = coma'_s/h' = y^2\left[(G\ 和)_a + (G\ 和)_b\right]$$

9.3.5 球差和 OSC

现在应当清楚,透镜的球差取决于光线和透镜轴的交点位置,而彗差则取决于光线在像上的倾斜角。如果透镜的形状做得使等价折射面过分平,则边缘焦距太长,OSC 是正的。薄透镜向左弯就会满足这个条件。类似地,如果透镜向右弯,OSC 将是负的。作反映透镜的球差和 OSC 随弯曲而变的图线,如图 9.4 所示。

应当指出,对于任何薄透镜来说,球差达到代数极大值时的弯曲状态,几乎也就是 OSC 等于零的弯曲状态。对于单薄透镜的初级像差,这很容易证明,只要将令 $\partial LA'_p / \partial c_1 = 0$ 的 c_1(第 6.3.2 节)和令 $coma_p = 0$ 的 c_1(见式(9-10))进行比较即可。这样做会发现,对于各种折射率和物距,零彗差的 c_1 都稍大于球差取极大值的 c_1。

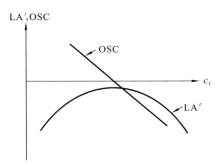

图 9.4　单薄透镜弯曲影响的典型情况

设 计 指 南

当然,对于非齐明系统,是没有孔径限制的。例如,抛物面反射镜对于远处的轴上物点的球差为零,但是各条光线的焦距是沿此光线测量的从镜面到像点的距离。这个焦距连续地随入射高度的增大而增大,表明放大率也在变化(见第 4.3.4 节)。因此,图像受彗差的强烈影响。选择 $f/0.25$ 抛物面镜,如图 9.5 所示。注意,初始边缘光线朝向像面,正交于光轴,与消球差透镜相似(见第 9.2 节)。然而,消球差透镜的焦距恒定,为入射高度的函数。而抛物面镜边缘光线焦距为轴上焦距的 2 倍。

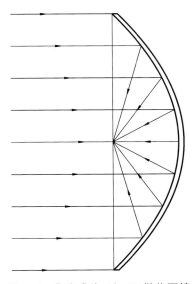

图 9.5　非消球差 $f/0.25$ 抛物面镜

图 9.6 为 $f/0.26$ 抛物面镜的几何点列图,近轴像位于距离光轴的艾里斑半径的 1/3 处。图像的小圆为艾里斑。正如图所见,不考虑像差,虽然物体的移动存在衍射的影响,但彗差相对衍射弥散更为显著(包括许多高阶项)。这表明,任何计算依赖于光学系统的类型,即使线性系统也会被严重影响。相比而言,良好特性的系统存在像差,随着角度的变化相对缓慢,故在像面上存在空间稳定的区域,使得点源像点的形状(像差或波前)在至少几个艾里斑直径范围内保持恒定。该图形区域称为等晕区或斑点。注意,部分光学设计仅一味地基于 MTF 函数及点扩散函数等的衍射,由于没有采用正确的模型,生产的产品存在误差。采用普通的原理检测设计,以及近似的案例进行假设,可获得有效的结论[3]。

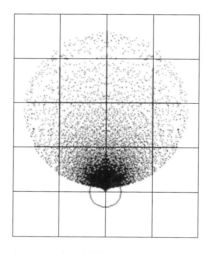

图 9.6 点源的像,位于艾里斑半径
1/3 处。圆环为艾里斑

9.4 误差说明

正如设计需知,抛物面镜不存在球面像差,但存在近轴彗差。从图9.7 可知,光线扇形图像位于离轴 2.25°,$f/1.7$ 抛物面镜的焦距为 12。图 9.8 为面镜的点列图。两图形均表明,存在初级彗差以及三阶线性彗差(σ_2)。通过图形可知,二阶彗差超过像差系数 20 倍。

在第 4.3.4 节中,采用实际光线计算横向彗差。切向部分满足下式:

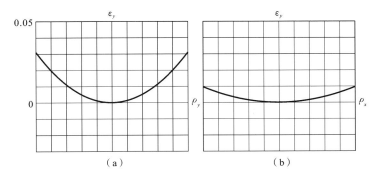

图 9.7 $f/1.7$ 的抛物面镜,焦距为 12,离轴 2.25° 的光线扇形图

(a) 切向彗差;(b) 弧矢彗差

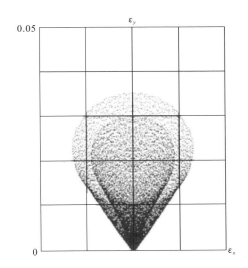

图 9.8 焦距为 12,$f/1.7$ 抛物面镜,离轴 2.25° 的点列图

$$\text{TCMA}(\rho, H) = \left[\frac{Y(\rho, 0°, H) + Y(\rho, 180°, H)}{2} \right] - Y(0, 0°, H) = 0.031504$$

弧矢彗差由下式决定:

$$\text{SCMA}(\rho, H) = Y(\rho, 90°, H) - Y(0, 0°, H) = 0.010164$$

与图 9.7 相比,TCMA/SCMA=3.099,约为线性彗差的 3 倍(见第 4.3.4 节)。朝面镜稍微移动 0.02,则出现少量的像散。图 9.7(a)中曲线末端具有不同的值(见图 4.4)。

为了观察由抛物面镜彗差引起的图像失真,采用透镜设计方式中的分析特性获得光学模拟图像。图 9.9(a)为原始图片,图 9.9(b)为抛物面镜产生的图像。彗差随着视场角呈线性变化。需注意,图 9.9(b)所示图像的中心无球差。然而,由于存在彗差,远离图像中心存在严重的划痕及图像模糊。比较这些图像,由于存在像散,模糊呈二阶变化。

（a）　　　　　　　　　　　　（b）

图 9.9　(a) 原始图像[4];(b) $f/1.7$ 抛物面镜产生的彗差图像

注释

1. A. E. Conrady,p. 395.

2. A. E. Conrady,p. 324.

3. R. B. Johnson and W. Swantner,MTF computational uncertainities，*OE Reports*,104，August (1992).

4. Circa 1910.

第 10 章
齐明物镜设计

前面已经说过,阿贝把球差和 OSC 都校正好的透镜系统称为齐明系统。以后我们用术语"齐明透镜"表示相对薄的、球差和 OSC 都校正好(因而满足阿贝正弦条件)的消色差透镜。已经知道,双胶合透镜有三个自由度,分别用来满足保证焦距和控制球差与色差的要求。若还要校正 OSC,就要增加一个自由度,它可以用各种方法得到,现在来考察各种齐明透镜。

10.1 分离密接型

设计这种齐明透镜时,首先按色差校正要求用 (c_a, c_b) 公式(见式(5-4))确定两个镜片的光焦度,然后将它们分别弯曲,以校正球差和 OSC。显然,这种透镜不能是胶合的。这种结构形式主要用于大尺寸的透镜。可以根据各面的赛德尔像差贡献做一个薄透镜设计方案,但是增加一定的厚度后,原来的设想就会落空。

因为弯曲透镜对球差的影响最大,对 OSC 的影响小得多,而色差几乎不受影响,所以这样选择消色差双透镜的弯曲状态,可使它对应于球差曲线的峰值(已知它是接近零 OSC 点的)。然后将两个镜片分别试行弯曲,利用双参数图,以两个弯曲参数 c_1 和 c_3 校正 LA' 和 OSC。

现在用上述方法处理(见图 7.2)。图中的消色差透镜(冕牌玻璃在前)的

透镜设计基础(第二版)

曲线在 $c_1 = 0.15$ 处达到最大值。然后根据 $c_a = 0.5090$ 算出 $c_2 = c_1 - c_a = -0.3590$。先令 $c_3 = c_2$,并添加一个厚 0.01 的窄空气间隔。对于通光孔径为 2.0 和外径为 $2.2(f/5)$ 的两个镜片的厚度,以分别取 0.42 和 0.15 为宜。当然,每一次试验性修改之后所得到的系统都经过消色差处理(用 $(D-d)$ 法修改末面半径)(参见第 5.9.2 节)。这样得到的初始系统 A 有

$$LA' = 0.1057, \quad OSC = 0.00062$$

OSC 公式中的 l'_{pr} 取零值,即假定光阑和末面重合。

下一步是作双参数图。此时可令两个镜片的弯曲各自改动 0.01。在弯曲冕牌玻璃镜片时得到系统 B,于是有

$$LA' = 0.1057, \quad OSC = -0.00270$$

将 c_1 恢复到原来的数值后,弯曲火石玻璃镜片得到系统 C,于是有

$$LA' = -0.1245, \quad OSC = 0.00304$$

把上述数值记在图 10.1 上,图中横坐标表示 LA',纵坐标表示 OSC。利用图 10.1 就可以判断,为了达到目标点 $(0,0)$,假定所有像差都是线性的。这个过程需要从目标点作一条平行于 AC 的线,该平行线与 AB 的延长线相交于目标点 G。我们将原方案 A 中的 Δc_1 和 Δc_3 作如下改动:

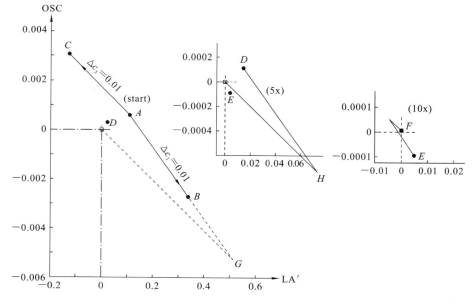

图 10.1　用双参数图求解分离密接型齐明透镜

$$\Delta c_1 = \frac{AG}{AB} \times 0.01 = 0.0172 \quad c_3 = \frac{G(\text{目标点})}{AC} \times 0.01 = 0.0212$$

做了这些改动(取 $c_a = 0.5090$,并且用 $(D-d)$ 法修改末面半径)之后,得到系统 D,有

$$LA' = 0.01522, \quad OSC = 0.00010$$

此时彗差令人满意,但是球差仍然太大。

在原来的双参数图中,这个点太接近目标点 $(0,0)$,难以继续作图,所以将两个坐标轴都放大 5 倍,在新坐标系上分别作两条平行于原坐标系上的两直线的直线($HE // AC$ 和 $AB // DH$)。据此判断,系统应做如下修改:

$$\Delta c_1 = 0.0025, \quad \Delta c_3 = 0.0031$$

修改后得到系统 E,有

$$LA' = 0.0052, \quad OSC = -0.00010$$

为了消除这些剩余像差,还需作更大的图(再放大 10 倍)。作同样的处理后,求出

$$\Delta c_1 = -0.00045, \quad \Delta c_3 = -0.00020$$

修改后得到系统 F,有

$$LA' = -0.00027, \quad OSC = 0$$

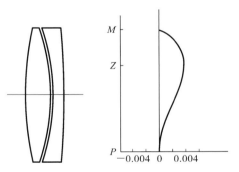

带球差是 $+0.0040$,为过校正型,与一般情况不同。正如第 7.3 节指出的,这可以从透镜中有窄空气间隔这个事实预料到。注意,在这种情况下,更常见的是带球差。

图 10.2　分离密接型齐明透镜

现将最后得到的系统(见图 10.2)参数列于下表中:

c	d	n_D	V
0.16925			
	0.42	1.523	58.6
−0.33975			
	0.01	(空气)	
0.33490			
	0.15	1.617	36.6
−0.06682			

该方案的 $f' = 9.9302, l' = 9.6058, Y = 1.0$,外径 $= 2.2, LA' = -0.00027$, $LZA = +0.0040, OSC = 0$。

设 计 指 南

　　注意如下事实是有意义的:这个透镜中的空气间隔取负镜片的形状,相当于一个正的玻璃镜片,产生欠校正球差。增加空气间隔会明显增加带球差,同时在分离过程中减小空气间隔仅会轻微降低带球差。这种分离密接透镜在装配时必须十分小心,尤其是要注意两个镜片的共轴性。

　　在大透镜中,最好将两个镜片分别装在各自的金属环中,旋转螺纹,保证准确地调整间隔,以实现最佳的定位。对于小透镜,由于空气间隔太窄,不便于使用隔圈,最好是将两个镜片安装在一个固定的金属凸缘的两侧,然后再用两个压圈将它们固定。

10.2　平行空气间隔型

　　平行空气间隔型作为分离密接型的变型,可以令两个内侧半径相等,以减少一对样板的成本,同时用改动空气间隔的办法来校正球差。如果彗差过大,则可通过弯曲整个透镜来校正。

　　与前次一样,从弯曲曲线的极大值点出发,即 $c_1 = 0.15$ 和 $c_a = 0.5090$,有 $c_2 = c_3 = -0.3590$。在第 10.1 节中,初始方案的空气间隔取 0.01,有 $\mathrm{LA}' = 0.10566$ 和 $\mathrm{OSC} = 0.00062$(见图 10.1 中的方案 A)。若令这个方案的空气间隔增大到 0.04,并且用通常的 $(D-d)$ 法修改末面半径(见第 5.9.2 节),就得到方案 B:

$$\mathrm{LA}' = -0.01466, \quad \mathrm{OSC} = 0.00305$$

　　然后令整个透镜弯曲增加 0.01(空气间隔保持 0.04),得到 $\mathrm{LA}' = -0.00646$ 和 $\mathrm{OSC} = 0.00201$(方案 C)。与以前一样,将这些数值记在以球差为横坐标、OSC 为纵坐标的双参数图上(见图 10.3)。由图 10.3 显而易见,令弯曲再增加 0.0198 就会接近目标点。实际上,作这样的弯曲之后得到 $\mathrm{LA}' = 0.00014$ 和 $\mathrm{OSC} = 0$(方案 D)。

　　这个有空气间隔的透镜的带球差严重过校正,所以最好将边缘球差取小的负值。因为前面通过空气间隔作试验性的改动时,已知 $\partial\mathrm{LA}'/\partial\mathrm{space} = 4.0$,所以现在可以将空气间隔增加 0.0001。这样得到的方案有如下数据(外径 $= 2.2$):$f' = 10.1324, l' = 9.7012, \mathrm{LA}' = -0.00017, \mathrm{LZA} = +0.00666,$

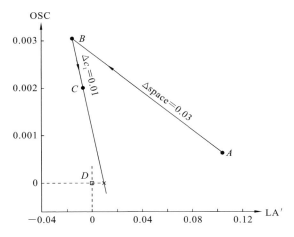

图 10.3 平行空气间隔型齐明透镜的双参数图

OSC=0。要注意,现在的过校正带球差是分离密接型方案的 1.6 倍。这是通常都倾向于采用分离密接型的主要原因(见图 10.4)。不过,平行空气间隔型齐明透镜的空气间隔比较宽,有利于透镜框设计。然而,LA′对空气间隔的变化非常敏感。图 10.4 显示了带色差校正的良好状态。最终设计的方案如下:

c	d	n	V
0.1798			
	0.42	1.523	58.6
−0.3292			
	0.0401		
−0.3292			
	0.15	1.617	36.6
−0.0553			

　　图 10.4 所示的为平行分离式消球差透镜的色球差,几乎全部由初级与二级(三阶与四阶)构成。C 与 F 曲线的色球差曲线近似相同。若消球差透镜的第一个面为非球面,减少 d 光线中的色球差,则出现明显的降低,如图 10.5 所示。注意,球差还存在第三项(七阶)。该实例有力地说明,非球面可导致色球差的显著变化。综上所述,第一个面为非球面,透镜的成像质量较好。同时,正如期望的一样,与带状二级光谱相似,未实现区域色差纠正。

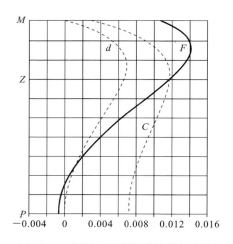

图 10.4　分离式消球差透镜的色球差

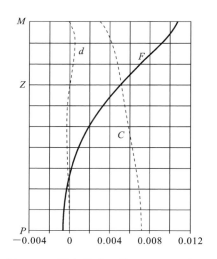

图 10.5　具有非球形首面、平行分离式
消球差透镜的色球差

10.3　齐明双胶合透镜

在第 9.3.5 节中指出,双胶合透镜令 OSC 为零的弯曲状态几乎和球差取极大值的弯曲状态相同。于是,可以找到这样的两种玻璃,即在弯曲状态抛物线的顶点处,使球差曲线刚好达到零,这时的弯曲峰值也将十分接近齐明状态。

我们可以通过计算球差 G 和数,作出薄透镜弯曲变化曲线(见图 7.2),以寻找适当的玻璃对。这里基于这样的事实:实际厚透镜曲线十分接近图 7.2所示的近似薄透镜曲线。在这方面,做几次试算,就可以知道球差曲线随两种玻璃的 V 差值增大或减小而整体地下移。

双胶合透镜只有三个自由度,要分别用于满足焦距、球差和 OSC 要求,显然应把玻璃选择放到最后,以保证满足基于 $(D-d)$ 法的消色差要求。在肖特玻璃手册中冕牌玻璃的品种比火石玻璃的多,所以选定某种火石玻璃,然后试用几种冕牌玻璃,看色差情况如何。选用的火石玻璃是肖特的 SF-9,$n_D=1.66662$,$V_D=33.08$。选三种现存的冕牌玻璃,对其中每一种都取近似值 $c_a=0.3755(f'=10)$。

经过一系列试算,找出在 $f/5$ 处校正球差的 c_3。接着令整个透镜弯曲,经

过几次试算,消除 OSC。然后对边缘光线计算这个齐明透镜的 $(D-d)\Delta n$ 和;
最后,用 $(D-d)$ 法确定冕牌玻璃 V_D 应取何值才能实现完全消色差。对三种
冕牌玻璃中的每一种玻璃重复上述过程,就能够在玻璃图上作出一条适用的
玻璃轨迹线(见图 5.5),如果这条轨迹线正好通过某种实际存在的玻璃,就可
以用它来完成设计。图 10.6 所示的是包含该轨迹的玻璃图的放大部分。

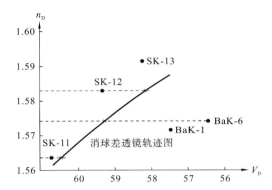

图 10.6 双胶合齐明透镜的冕牌玻璃硅基线,火石玻璃选用 SF-19

上述三种玻璃的试算结果列于表 10.1 中。即使不作玻璃图上的轨迹曲
线(见图 10.6),单纯由表 10.1 中的数据也可以看出,第三种玻璃 SK-11 可以
和上述火石玻璃构成接近消色差的透镜。按照令 $(D-d)\Delta n$ 和等于零的原则
修改末面半径,最后得到如下设计方案:

c	d	Glass	n_D	V_D
0.1509				
	0.32	SK-11	1.56376	60.75
−0.2246				
	0.15	SK-19	1.66662	33.08
−0.052351				

表 10.1 冕牌玻璃选择

冕版玻璃牌号	n_D	$n_F - n_C$	V_D	$\sum(D-d)\Delta n$	完全消色差所需要的冕牌玻璃 V 值
SK-12	1.58305	0.00983	59.31	0.0000365	58.16
BaK-6	1.57436	0.01018	56.42	−0.0000906	59.23
SK-11	1.56376	0.00928	60.75	0.0000083	60.46

该方案中，$f' = 10.3663$，$l' = 10.1227$，LA$' = -0.00010$，LZA $= -0.00176$，OSC$=0.00060$(取外径为 2.2)。采用这个方案必定可以设计出很好的物镜。欠校正的带球差余量很小，只有表 7.3 中的普通消色差透镜的 40%。

设计指南

该区域的极小值是由于采用了折射率比较高的玻璃。对于既定的火石玻璃，若用低折射率的冕牌玻璃，带球差余量就比较大，对于一些中折射率的冕牌玻璃，带球差可降到极小值，然后对高折射率的冕牌玻璃又会再度增大。显然，这里有两种相反的趋势：提高冕牌玻璃折射率会使第一面曲率半径增大，但是却使胶合面的折射率差减小，从而要求这个面的曲率要大。

某些情况下，忽略这些明显的特性，Ditteon 与 Feng 研究了一种分析方法，设计一种消球差双胶合透镜，并发现了一对玻璃元件，称为 FK-54 及 BaSF-52，同时纠正彗差及二次光谱[1]。FK-54(437907)是一种低折射率的冕牌玻璃，BaSF-52(702410)是一种火石材质。该方法降低了抛物面镜的球差(见图 7.2)，但阿贝数具有较大的差异，球差仅具有一个零点，而非两个。由第 7 章可知，彗差为零。将玻璃进行等间距的离散，修正二次光谱。

10.4　齐明三胶合透镜

另一种取得校正 OSC 所必需的自由度的方法，是令双胶合透镜的火石玻璃镜片分裂成两片，置于冕牌玻璃镜片两侧，构成一个三胶合透镜。当然，也可以改为分裂冕牌玻璃镜片，并作同样处理。但是一般来说，分裂火石玻璃的方法比较好。

康拉迪[2]用球差和彗差的 G 和数对这种系统作过十分全面的研究。做这样的分析时，要用到各片的总曲率 c、弯曲参数 c_1 和物距倒数 ν。该三胶合透镜有两个真正的自由度，用 x 和 y 表示，它们分别是火石玻璃镜片的光焦度和整个透镜的弯曲，因而规定 $x=c_1-c_2=c_a$，$y=c_2$。

冕牌玻璃镜片和火石玻璃镜片的总光焦度由通常的 (c_a, c_b) 公式(见式(5-4))确定，这里分别用 C_r 和 F_1 表示。三个薄透镜的参数如表 10.2 所示。其中 $n_a=n_c$ 是火石玻璃的折射率，n_b 是冕牌玻璃的折射率。作透镜截面图以选择适当的厚度时，应注意薄透镜值 c_4 为 $x+y-(C_r+F_1)$。

表 10.2 三胶合透镜的参数公式

	透镜 a	透镜 b	透镜 c
总曲率 (c)	x	C_r	$F_1 - x$
第一面曲率 (c_1)	$y + x$	y	$y - C_r$
物距倒数 (v)	$v_1 = 1/l_1$	$v_1 + (n_a - 1)x$	$v_1 + (n_a - 1)x + (n_b - 1)C_r$

作 G 和数分析时,可知球差表达式是二次的,彗差表达式是线性的。因而问题有两个解。为了减小带球差余量,也是为了加工时在一个盘上安放尽可能多的镜片,选用最强面曲率半径比较长的解(一个"盘"是指将镜片毛坯贴在研磨和抛光的工具上。短半径盘的工作直径小于长半径盘,这意味着,对于一个给定的镜头直径,更多的部件可以安装在较长的长半径盘上[3])。

例如,设计一个低倍的三胶合式显微物镜,倍率 $5\times$,筒长 160 mm,此时焦距应为 26.67 mm。数值孔径 $\sin U'_4$ 为 0.125,故入射光线倾斜度为 $\sin U_1 = 0.025$。采用如下的普通玻璃:

(a) 火石玻璃:F-3,$n_e = 1.61685$,$\Delta n = 0.01659$,$V_e = 37.18$;

(b) 冕牌玻璃:BaK-2,$n_e = 1.54211$,$\Delta n = 0.00905$,$V_e = 59.90$。

有 $V_b - V_a = 22.72$。(c_a, c_b) 公式给出冕牌玻璃镜片和火石玻璃镜片的总光焦度分别是

$$C_r = 0.1824, \quad F_1 = -0.0995$$

康拉迪的 G 和数分析给出如下近似解:

x	-0.088	-0.019
y	$+0.158$	$+0.072$
$c_1 = x + y$	0.070	0.053
$c_2 = y$	0.158	0.072
$c_3 = y - C_r$	-0.0244	-0.1104
$c_4 = x + y - (C_r + F_1)$	-0.0129	-0.0299(或根据 $(D-d)$ 法取 -0.03035)

第一解最强的曲面 $c_2 = 0.158$,第二解最强的曲面 $c_3 = -0.1104$,所以用第二解继续做下去。半径近似为 18.9、13.9、-9.1 和 -33.4,可以作出透镜图,半孔径是 5.0,因为边缘光线的 Y 是 $160\times0.025 = 4.0$。据此确定厚度,分别取 1.0、3.5 和 1.0(见图 10.7),单位都是 mm。

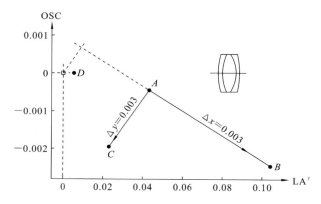

图 10.7　三胶合齐明透镜的双参数图

首先按照 $L_1=-160, \sin U_1=0.025$ 追迹一条边缘光线,照例用 $(D-d)$ 法修改末面半径。计算这条光线的 LA′ 和 OSC(见方案 A)。这时假设孔径光阑在后透镜面上,因而 $OSC=(Ml'/mL')-1$。然后令 x 和 y 作微小的试验性改变。作出以 OSC 为纵坐标、LA′ 为横坐标的双参数图(见图 10.7)。

由图 10.7 可以判断,为了使两种像差为零,只需令初始方案的 x 和 y 作很小的改动,即 $\Delta x=-0.0017$ 和 $\Delta y=+0.0014$。经过这些改动之后得到如下的解:

	c	d	n_D
	0.0527		
		1.0	1.61685
	0.0734		
		3.5	1.54211
	−0.1090		
		1.0	1.61685
$(D-d)$	−0.030667		

有 $L_1=-160$ mm,$\sin U_1=0.025$,LA′$=0.00042$ mm,LZA$=-0.04688$ mm,OSC$=-0.00002$,$l'=30.145$ mm,$1/m=-4.927$,NA$=0.123$。

数值孔径稍小于要求的数值 0.125,为此可以按比率 0.123/0.125＝0.984缩短焦距(即令全部半径按这个比率缩短)。带球差余量很小,远小于瑞利公差 0.21 mm,故可忽略。

10.5　有隐蔽消色差面的齐明透镜

"隐蔽"消色差面的概念是鲁道夫（Paul Rudolph）在 19 世纪 90 年代后期提出的[4]。这种面两侧的玻璃折射率相等，但色散率不同，所以可以用来控制透镜的色差。于是消色差可以放到最后来处理，原有的自由度可用于校正其他像差。

2009 肖特玻璃手册中的一些可用的匹配玻璃对如表 10.3 所示。

表 10.3　适合隐蔽消色差面的匹配玻璃对

		n_D	$n_F - n_C$	V_D	V 差
(1)	N-SK16	1.62032	0.01029	60.28	
	F2	1.61989	0.01705	33.37	23.91
(2)	N-SK14	1.60302	0.00933	60.60	
	F5	1.60328	0.01587	38.03	22.57
(3)	N-SSK2	1.62229	0.01168	53.27	
	F2	1.61989	0.01705	36.43	16.84
(4)	SK-7	1.65103	0.01165	55.89	
	N-BaF51	1.65211	0.01451	44.96	10.93

设 计 指 南

玻璃折射率并不需要精确匹配，因为标准交付的合格退火玻璃实际折射率可能与标准值相差±0.0005％及阿贝数相差±0.8％。在一批合格的退火玻璃中，其折射率对玻璃表所列数值的偏离可达±0.0001；而在一批压制玻璃中，折射率变化大约是以上值的 2 倍。镜头设计者应注意以上影响，因为其可能影响到镜头的整体性能。同时，在较为精密的应用领域，最好在制造透镜元件之前，先利用采购的玻璃的实际融化数据对透镜的曲率及厚度做最终调整（交付玻璃通常配有 ISO 10474 测试报告）。

玻璃测量的精度：折射率为±3×10⁻⁵；色散为±2×10⁻⁵。数据保留小数点后 5 位。报告数据为同批次中采样标本的中值。因此，一批产品中的实际样本值会在以上所述公差内存在变化。许多光学设计程序包含了公差分析功能，一些软件在镜头优化中还具有公差敏感度降低的功能。

作为采用隐蔽面的例子,下面设计一个三胶合齐明透镜。它的第三面是隐蔽的,其余三个半径用来校正球差、彗差,以及保证焦距;最后一面的半径一般按照焦距要求确定。在下面的设计过程中,我们保证焦距10.0,孔径 $Y=1.0(f/5)$,中心厚度取足够大,以保证冕牌玻璃镜片外径2.2,而且能在火石玻璃镜片中加进隐蔽面。冕牌玻璃镜片用 K-5 玻璃($n_D=1.5224$,$\Delta n=0.00876$,$V_D=59.63$)。火石玻璃镜片用表10.3中第(3)组玻璃,按平均折射率 1.6222 作光线追迹。

采用如下的初始系统是合适的:

c	d	n_D
0.16		
	0.42	1.5224
−0.26		
	0.35	1.6222
(按 f' 解出)		

得出最后一面的曲率是−0.069605,有 $LA'=0.01013$,$OSC=0$。现在令 c_1 改变 0.01,得到 $LA'=0.02059$ 和 $OSC=-0.00096$。恢复到原来的方案后,令 c_2 改变 0.01,得到 $LA'=-0.00241$ 和 $OSC=0.00016$。将这些数值记于图 10.8 所示的双参数图上。据此判断应该再令 c_1 改变 0.0022。通过这样的设计,可完成校正球差和彗差。

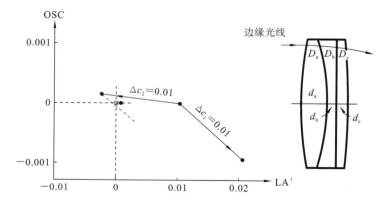

图 10.8　有隐蔽面的三胶合齐明透镜的双参数图

现在要加进隐蔽面以消色差。为此计算边缘光线在两个镜片中的 D 值,并且把第二个镜片的轴上厚度适当地分成两部分,分别为 0.15 和 0.20。将四个面的已知数据列出。已知前面的镜片的 $(D-d)\Delta n$ 值,注意,其余两个镜片的 $(D-d)\Delta n$ 值之和必须与其数值相等且符号相反。还知道后两个镜片的 D 值之和。通过解二元联立方程组,得知透镜 b 的 D_b 应取 0.2779594,透镜 c 的 D_c 应取 0.1650274。各面的 Y 值已知,从而确定 c_3 应取 0.0080508。到此设计完成,列在如下的表中:

c	d	n_D	V_D
0.1622			
	0.42	1.5224	59.63
−0.25			
	0.15	1.62222	36.07
0.008051			
	0.20	1.62218	53.13
−0.066105			

当焦距 $f'=10.0$ 时,有 $l'=9.6360$,$LA'=-0.00008$,$LZA=-0.00232$,$OSC=-0.00005$。将本设计的性能与 10.3 节中的齐明双胶合透镜比较。

10.6 配合原则

如果要设计的齐明透镜孔径很大,以致不能只用一个双透镜时,就应连续采用两个消色差透镜,这样共有四个自由度。两个组元之间的光焦度分配和二者之间的空气间隔是任意的。两个组元的弯曲用于校正球差和 OSC,并且可以采用各种适当的玻璃对。由于两个组元各自消色差,所以纵向色差和横向色差同时自动地得到校正。

康拉迪[5]曾经详细阐述过这种透镜设计方法,专门用于中倍率显微镜物镜中。适当选定前述两个任意量之后,从前到后通过系统追迹一条边缘光线,用 $(D-d)$ 法求出 r_3 和 r_6,然后追迹两条近轴光线,其中一条按照 $l_1=L_1$ 和 $u_1=\sin U'_1$ 从左到右通过前组元,另一条以 $u'_6=\sin U'_6$ 和 $l'_6=L'_6$ 为初始数据从右到左通过后组元。如果能够找到这样的一对弯曲数值的两个组元,即使得这两条近轴光线在它们之间的空气间隔中重合,那么系统的球差和 OSC 就能得到校正。这就是配合原则的含义。

将两个组元试行弯曲时,对前组元不会产生影响,只是对后组元来说,必须采用一致的初始数据。可以断然采用一个固定的 L_4 值(为此每次都适当选

透镜设计基础(第二版)

择两个透镜之间的空气间隔大小),但是对于 U_4 来说,不论取哪一个固定值,都不能和由前组元出射的光线的倾斜角 U'_3 完全一致。所以变成在空气间隔中要实现真实像差的匹配,而不是长度和角度的匹配[6]。就长度而言,总是使 $L_4 = L'_3 - d$,而要求 $l_4 = l'_3 - d$。将这两个等式相减,就知道所选择的两个组元的弯曲应当满足:

$$LA_4 = LA'_3 \tag{10-1}$$

为了使空气间隔中两条近轴光线的倾斜角相匹配,我们近似地使 $U_4 = \sin U'_3$,而要求 u_4 也等于 u'_3。将两者相除,得到

$$OSC_4 = OSC'_3 \tag{10-2}$$

其中,OSC 定义为

$$OSC = u/\sin U - 1 \tag{10-3}$$

这个 OSC 不包含通常的球差和出瞳位置校正因子(参见第 4.3.4 节和 9.3 节),在本书中称为"未校正的 OSC"。回忆我们在前后组件间的空间进行光线斜率角匹配,一个未校正的 OSC 只是方便评价主光线和边缘光线的关系。再次重申,应该根据满足式(10-1)和式(10-2)作为匹配原则,可以肯定的是,透镜系统的像差校正是不完美的。

作为配合原则的示例,下面设计一个数值孔径为 0.25 的 10× 显微镜物镜(长共轭端的入射光线倾斜角是 0.025)。假定物距为 −170 mm,就可以按照要求追迹某一条光线进入系统的前组元。要注意,显微镜物镜总是由长共轭端算到短共轭端的,这是因为长共轭距离固定而短共轭距离不固定。于是长共轭端成了系统的"前方"。这与通常关于显微镜的说法不同,后者将短共轭端看作前方。这是唯一的一次例外,我们不计较这两种说法的差别。

首先要解决的问题是怎样确定两个任意自由度,即两个组元的光焦度分配以及二者之间的空气间隔大小。通常的做法是令近轴光线在每一个组元中受到相等的偏折,将后组元大致放在前组元和它所成的像之间的中点上。这样,对于任何后组元弯曲状态,物距都是 20 mm 左右,我们就取这个数值[7]。

近轴光线的总偏转角是 0.25+0.025=0.275,所以每个组元要令近轴光线偏转 0.1375,于是两个组元之间的光线倾斜角为 0.1125。在令后组元作各种试验性弯曲时,以它作为 $\sin U_4$ 值。两个组元采用如下的普通玻璃:

(a) 冕牌玻璃:$n_e = 1.52520$,$n_F - n_C = 0.00893$,$V_e = 58.81$;

(b) 火石玻璃:$n_e = 1.62115$,$n_F - n_C = 0.01686$,$V_e = 36.84$;

并且有 $V_a - V_b = 21.97$。两个组元的薄透镜参数（见图 10.9）如表 10.4 所示。

前组元

后组元

图 10.9　李斯特型显微镜物镜设计

表 10.4　图 10.9 所示的李斯特型显微镜物镜设计数据

物距/mm	像距/mm	焦距/mm	通光孔径/mm	c_a	c_b	应取厚度/mm
-170	37.77	30.90	8.5	0.1649	-0.0874	3.2,1.0
20.0	9.00	16.36	4.5	0.3116	-0.1650	2.0,0.8

两个组元几种弯曲状态（每种弯曲都用 $(D-d)$ 法求末面曲率半径）的计算结果如表 10.5 所示。将以上两个组元的计算结果并列地作图，如图 10.10 所示。

表 10.5　不同弯曲状态下李斯特型显微镜物镜的像差

前组元

$L_1 = l_1 = -170.0$　　　　　　　　$\sin U_1 = u_1 = 0.025$

c_1	0	0.02	0.04	0.06	0.08
用 $(D-d)$ 法确定的 c_3	-0.08273	-0.06254	-0.04130	-0.01870	$+0.00558$
L_3'	33.149	34.666	35.465	35.567	35.005
LA_3'	-0.1474	0.9529	1.3282	0.8596	-0.6049
未校正的 OSC	0.01164	0.03753	0.03727	0.01360	-0.03567

后组元

$L_4 = 20.00$　　　　　　　　$\sin U_4 = -0.1125$

c_4	0.05	0.10	0.15	0.20	0.25
用 $(D-d)$ 法确定的 c_6	-0.011360	-0.05405	0.01450	0.09511	0.19249
$L_6' = l_6'$	7.3552	7.3700	7.2695	7.0888	6.8570
$\sin U_6' = u_6'$	-0.25862	-0.24760	-0.23939	-0.23259	-0.22588
l_4	18.8706	20.2829	20.7971	20.4545	19.3870
LA_4	1.1294	-0.2829	-0.7971	-0.4545	0.6130
未校正的 OSC_4	0.03222	-0.03055	-0.04323	-0.01363	0.05653

我们的目的是选择 c_1 和 c_4，使 $LA_3' = LA_4$，$OSC_3' = OSC_4$。这就需在图中找寻和四条曲线相接的长方形，它对应的球差和彗差点在同一条水平线上。

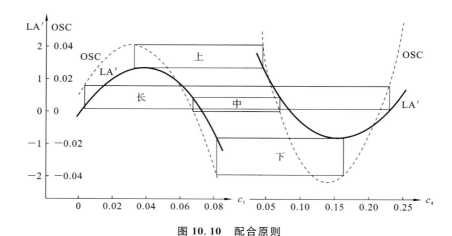

图 10.10　配合原则

这样的长方形有四个,说明这些曲线代表二次式。这四个解列在表 10.6 中。

表 10.6　匹配解

矩形	c_1	c_2	c_3	c_4	c_5	c_6
A(上)	0.032	−0.133	−0.050	0.045	−0.266	−0.119
B(中)	0.067	−0.098	−0.010	0.070	−0.242	−0.091
C(下)	0.081	−0.084	0.007	0.165	−0.147	0.037
D(长)	0.003	−0.162	−0.080	0.228	−0.084	0.147

　　从各方面考虑,我们选用 C 解把设计继续做下去。其他解的面都要强一些,而且 C 解的两个组元都有一个差不多是等凸的冕牌玻璃镜片。于是得到如下初始方案:

c	d	n_e
0.081		
	3.2	1.52520
−0.08394		
	1.0	1.62115
0.00685		
	14.9603	(空气)
0.165		
	2.0	1.52520
−0.14654		
	0.8	1.62115
0.03730		

有 $l'_6 = 7.2095, \mathrm{LA}'_6 = 0.01383, u'_6 = 0.2361, \mathrm{OSC}'_6 = -0.00297$。计算 OSC'_6 时,假定出瞳在 $(l' - l'_{\mathrm{pr}})$ 约等于 17.0 的位置。这样,出瞳约在物镜后顶点以内 10 mm 处。

虽然这个解接近要求,但仍然需要用双参数图改进两个像差。令 c_1 改动 0.001,仍然维持 $(D-d)$ 解和 $L_4 = 20.0$,像差变成

$$\mathrm{LA}'_6 = -0.000829, \quad \mathrm{OSC}'_6 = -0.002404$$

令 c_1 恢复原值,c_4 改动 0.001,得到

$$\mathrm{LA}'_6 = 0.001306, \quad \mathrm{OSC}'_6 = -0.003279$$

由作图得知,应令原来的 c_1 改动 0.001,c_4 改动 -0.01,这样得到

$$\mathrm{LA}'_6 = -0.000403, \quad \mathrm{OSC}'_6 = +0.000474$$

遗憾的是,现在系统数值孔径是 0.2381,而本来应取 0.25,因而令全部曲率半径缩小 4%,得到

$$\mathrm{LA}'_6 = 0.001114, \quad \mathrm{OSC}'_6 = 0.000221$$

再由双参数图可以确定,应当使 $\Delta c_1 = 0.0005$ 和 $\Delta c_4 = 0.002$。这样修改之后得到如下最完善的解(图 10.9 是根据这些数据按比例做成的):

c	d	n_e
0.08578		
	3.2	1.52520
0.08576		
	1.0	1.62115
0.009152		
	13.8043	(空气)
0.16320		
	2.0	1.52520
-0.16080		
	0.8	1.62115
0.02602		

有 $l'_6 = 6.8925, u'_6 = 0.2500, \mathrm{LA}'_6 = 0.000004, \mathrm{OSC}'_6 = -0.000095, \mathrm{LZA}'_6 = -0.00289$。当然,实际上还应当将两个组元作进一步地微小弯曲,以使两个冕牌玻璃镜片变成真正等凸的。这些改变量甚小,对像差没有明显的影响。

带球差公差为 $6\lambda / \sin^2 U'_m = 0.053$,故上述物镜的带球差余量约为瑞利界限值的一半。如要改善这个数值,就应选用折射率比较大的火石玻璃,不过上

述设计方案已经可以了。

设 计 指 南

为获得相匹配的形状,不考虑前后顺序及矩形的个数。在以上实例中,获得 4 个解。然而,或许存在三个、两个、一个或无任何实解,尤其当选择的玻璃非常不规则时。透镜设计人员应对显微镜物镜的数据进行分析,可能存在多个解决方案,相互比较选择最佳方案。当试图设计该系统或其他透镜系统时,采用自动优化设计方案,设计人员应尝试其他方案。这与 7.2 节存在巨大差异,7.2 节中,大部分光学设计在不断探索球差纠正的方法[8]。

注释

1. Richard Ditteon and Feng Guan, Cemented aplanatic doublet corrected for secondary spectrum, OSA Proc. of the International Optical Design Conference, Vol. 22, G. W. Forbes (Ed.), pp. 107-111 (1994).

2. A. E. Conrady, p. 557.

3. 参见 Douglas F. Horne, *Optical Production Technology*, Second Edition, Adam Higler, Bristol (1972); R. M. Scott, Optical manufacturing, in *Applied Optics and Optical Engineering*, Vol. III, Rudolf Kingslake (Ed.), Academic Press, New York (1965). 特别感兴趣的是 Frank Cooke 花费三十年写成的著作: *Optics Cooke Book*, Second Edition, Stephen D. Fantone (Ed.), Optical Society of America, Washington, DC (1991).

4. P. Rudolph, U. S. Patent 576,896, filed July (1896).

5. A. E. Conrady, p. 662.

6. 一种相关的方法,称为 XSYS,可以检测专家组所设计的多种镜头的组成部分,并试图将其中某些"模块"组合以获取一种新的镜头。正如匹配原则使透镜系统的两部分像差相匹配,XSYS 则通过缩放使不同模块的波前相匹配。其目的在于为设计过程确定一个合理的起始点。Donald C. Dilworth, Expert systems in lens design, International Lens Design Conference, George. N. Lawrence (Ed.), *Proc. SPIE*, 1354: 359370 (1990).

7. 如康拉迪所讲授的,使系统前组(见图 10.9)存在轻微过量的偏差是具有一定的理论合理性的,在会聚光束中,此举可能通过适度减小后继透镜光焦度从而减少带光像差。我们可以将光线偏差分配 60% 给前组而 40% 给后组,而非 50:50 分配。

8. 至少两种光学设计程序展示了其有能力使用多种方法在球面条件下校正色差问题,如 CODE V(Optical Research Associates)以及 SYNOPSYS(Optical Systems Design, Inc.)。这些程序分别具有自己的全局探索算法。

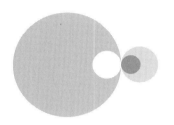

第 11 章
斜光束像差

第 4 章曾经提出了透镜斜光束像差的问题,并在第 8 章中详细讨论了彗差的来源和计算。本章继续探讨这个问题,给出其他斜光束像差(像散、场曲、畸变和横向色差)的计算方法。

11.1 像散和柯丁顿公式

窄光束倾斜地入射到折射面,会产生像散,点光源通过小的透镜孔径所成的像变成一对焦线,图 11.1 给出了这个光束一系列截面的形状。其中一条焦线(弧矢焦线)沿视场径向指向透镜轴,另一条焦线(子午焦线)在视场切向上。两者都垂直于主光线。只要追迹出主光线,这两条焦线的位置就可以计算出来。另一面形成的像散性的像成为第二面的物,这样逐面地通过系统。焦线位置由两个柯丁顿(Coddington)[1][2]公式求出。下面推导这两个公式。

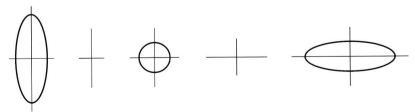

图 11.1　像散焦线

11.1.1　子午像

如图 11.2 所示，BP 是入射主光线，B 是子午物点，与入射点 P 相距 t，它的长度沿主光线测量，按照惯例，若物点在面的左方就取负值。BG 是子午面上邻近主光线的一条光线，这两条光线十分靠近，以致实际上可以把短弧 PG $=r\mathrm{d}\theta$ 看成是折射面的切线。

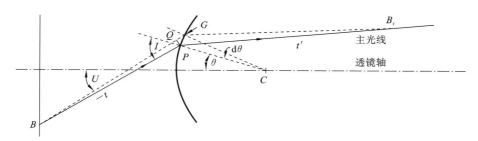

图 11.2　子午焦点

中心角 $\theta=I-U$，因而

$$\mathrm{d}\theta=\mathrm{d}I-\mathrm{d}U \tag{11-1}$$

短线段 PQ 垂直于入射光线，它的长度按下式计算：

$$PQ=-t\mathrm{d}U=PG\cos I=r\cos I\mathrm{d}\theta$$

但是根据式(11-1)，有 $\mathrm{d}U=\mathrm{d}I-\mathrm{d}\theta$，因而 $PQ=-t(\mathrm{d}I-\mathrm{d}\theta)=r\cos I\mathrm{d}\theta$，于是得到

$$\mathrm{d}I=\left(1-\frac{r\cos I}{t}\right)\mathrm{d}\theta \tag{11-1a}$$

对子折射光线也有相应的等式：

$$\mathrm{d}I'=\left(1-\frac{r\cos I'}{t'}\right)\mathrm{d}\theta \tag{11-1b}$$

应用微分折射定律，得到

$$n\cos I\mathrm{d}I=n'\cos I'\mathrm{d}I' \tag{11-1c}$$

将式(11-1a)和式(11-1b)代入式(11-1c)，得到

$$\frac{n'\cos^2 I'_{\mathrm{pr}}}{t'}-\frac{n\cos^2 I_{\mathrm{pr}}}{t}=\frac{n'\cos I'_{\mathrm{pr}}-n\cos I_{\mathrm{pr}}}{r} \tag{11-2}$$

当物点在透镜轴上时，$I'_{\mathrm{pr}}=I_{\mathrm{pr}}=0$，这个等式右边蜕化成折射面的光焦度 $(n'-n)/r$。式(11-2)右边的量可以看成是折射面对于主光线的"斜光焦度"。斜光焦度永远稍大于轴上光焦度。这里提供了一种方便的验算方法。

11.1.2 弧矢像

另一条焦线在弧矢像点 B_s 上。这是由紧靠主光线的一对弧矢（空间）光线所形成的近轴型像。如在第 8.1.1 节中所述，一对弧矢光线所形成的点的像，必定在连接物点和透镜面曲率中心的辅助轴上。利用弧矢光线这个特性，能够推导出确定弧矢焦线位置的第二个柯丁顿公式。

在图 11.3 中，作出了主光线、弧矢物点 B 和弧矢像点 B_s，还有连接 B、C 和 B_s 的辅助轴。因为任意三角形 ABC 的面积等于 $\frac{1}{2}ab\sin C$，并且现在 $S\triangle BPB_s = S\triangle BPC + S\triangle PCB_s$，所以有

$$-\frac{1}{2}ss'\sin(180°-I+I') = -\frac{1}{2}sr\sin(180°-I) + \frac{1}{2}s'r\sin I'$$

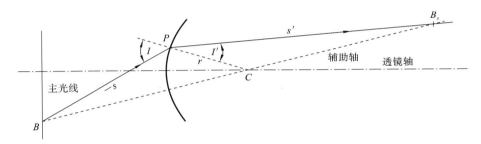

图 11.3　弧矢焦点

于是

$$-ss'\sin(I-I') = -sr\sin I + s'r\sin I'$$

展开 $\sin(I-I')$ 并乘以 $n'/(ss'r)$，得到

$$-\frac{n'\sin I\cos I' - n'\cos I\sin I'}{r} = -\frac{n'\sin I}{s'} + \frac{n'\sin I'}{s}$$

根据折射定律，$n'\sin I'$ 永远可以用 $n\sin I$ 代替。这样取代之后，消去 $\sin I$，给出

$$\frac{n'}{s'} - \frac{n}{s} = \frac{n'\cos I'_{pr} - n\cos I_{pr}}{r} \tag{11-3}$$

式(11-3)中右边的项是折射面的斜光焦度，在子午像式(11-2)中已经出现过。因而子午焦点公式和弧矢焦点公式之间的差别仅在于子午焦点公式中出现 $\cos^2$ 项。

康拉迪[3]也曾经用焦点光程相等的方法直接导出了这两个公式。不过这里用纯几何方法的推导比较容易且可靠。

11.1.3 像散计算

用上述两个公式计算透镜像散时,首先按照要求的倾斜度追迹主光线;再算出由物点到入射点之间的距离 s、t(沿主光线测量)的初始值(请参阅起始公式部分)。

1. 斜光焦度

以后用

$$\phi = c(n'\cos I' - n\cos I)$$

表示曲率为 c 的球面的斜光焦度。如果折射面是非球面,就要按照如下公式计算入射点上的弧矢面曲率和子午面曲率:

$$c_s = \sin(I-U)/Y, \quad c_t = (\mathrm{d}^2 Z/\mathrm{d}Y^2)\cos^3(I-U)$$

二阶导数 $\mathrm{d}^2 Z/\mathrm{d}Y^2$ 可从非球面方程中求得。其余数据取自主光线在折射面上的参数。弧矢面曲率和子午面曲率差别很大是很正常的,甚至会符号相反。

2. 斜间隔

第三步是按照如下公式计算两个相邻面之间沿主光线测量的斜间隔:

$$D = (d + Z_2 - Z_1)/\cos U_1'$$

其中,主光线在各面上的参数 Z 按照下面的公式计算:

$$Z = \frac{1 - \cos(I-U)}{c}$$

或者用

$$Z = G\sin(I-U)$$

计算更好。

3. 弧矢光线

再在每一面上用如下公式追迹弧矢邻近光线:

$$s' = \frac{n'}{(n/s + \phi)}$$

换面公式是 $s_2 = s_1' - D$。

4. 子午光线

追迹子午邻近光线的公式是

$$t' = \frac{n'\cos^2 I'}{n\cos^2 I/t + \phi}$$

换面公式是 $t_2 = t_1' - D$。只要处处把 $n\cos^2 I$ 和 $n'\cos^2 I$ 看成是玻璃的实际折射率,子午光线追迹过程就可以和弧矢光线的一样。

5. 起始公式

若物体在无限远处,则 s 和 t 的起始值都是无穷大。若物体和透镜前顶点相距 B(在左方为负),则需计算(见图 11.4(a))下式:

$$s = t = (B - Z_{pr})/\cos U_{pr} = (H_0 - Y_{pr})/\sin U_{pr}$$

6. 结束公式

追迹了弧矢、子午邻近光线之后,通常希望知道弧矢、子午焦线相对于近轴像平面的轴向距离。这些量由下面的公式给出(见图 11.4(b)):

$$Z_s' = s'\cos U_{pr}' + Z - l'$$
$$Z_t' = t'\cos U_{pr}' + Z - l' \tag{11-4}$$

其中,Z 是主光线在透镜末面上对应的矢高。

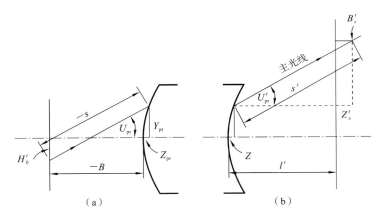

图 11.4 (a) 起始公式;(b) 结束公式

📖 实例

作为上述公式的应用例子,追迹通过一个双胶合透镜(参看第 2.5 节,这些数据已经多次被引用过)的主光线。这条主光线以 $3°$ 的角度入射于前顶点。杂散光计算(按照使用小型袖珍计算器计算的要求)如表 11.1 所示。结束公式给出 $Z_s' = -0.02674$ 和 $Z_t' = -0.05641$,回顾 $l' = 11.28586$(见第 6.1 节)。子午焦线与近轴焦平面的距离约为弧矢焦线的 2 倍,二者都在焦平面内侧。

表 11.1　沿主光线的杂散光计算

c	0.1353271	-0.1931098		-0.0616427
d		1.05	0.4	
n		1.517	1.649	

追迹 3° 的主光线

Q	0	0.0362246		0.0491463
Q'	0	0.0362270		0.0491086
I	3.00000	1.57608		1.67722
I'	1.97708	1.44989		2.76642
U	3.0	1.97708	1.85089	2.94009

余弦表

$\cos I$	0.9986295	0.9996217		0.9995716
$\cos I'$	0.9994047	0.9996798		0.9988346
$\cos U$		0.9994047	0.9994783	0.9986837

面的斜光焦度

ϕ	0.0700274	-0.0254994		0.0400344

斜间隔

Z	0	-0.0001268		-0.0000745
D		1.050499	0.4002611	

弧矢光线

s	∞	20.612450		33.884695
s'	21.662949	34.284956		11.274028

子午光线

$n\cos^2 I$	0.9972609	1.5158524		1.6475874
$n'\cos^2 I'$	1.5151944	1.6479443		0.9976705
t	∞	20.586666		33.836812
t'	20.637165	34.237073		11.244328

11.1.4　求像散像的图解法

在已经追迹出来的主光线上确定弧矢焦点的位置是容易的,因为这个像点在通过物点和折射面曲率中心的辅助轴上。

T·史密斯(T·Smith)[4]认为是托马斯·杨发现了求子午像点的类似方法。杨作折射光线的方法:首先作两个圆心在面曲率中心上的辅助圆,半径

分别是 rn/n' 和 rn'/n（见图 11.5）；令入射光线延长，交第二个辅助圆于 E，然后过 E 和曲率中心 C 连线，交第一个辅助圆于 E'；由 P 至 E' 作的直线就是折射光线。

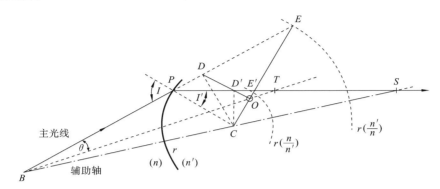

图 11.5　杨求弧矢焦点和子午焦点的方法（$n=1, n'=1.7$）

为了确定入射光线上某一点 B 的子午像，由 C 向入射光线和折射光线作垂直线，分别交于 D 和 D'。DD' 和 EE' 的交点是 O 点。此时 DD' 垂直于 EE'。用作图法求 B 的子午像位置时，以 O 点代替 C 点，由 B 到 O 作直线，它和折射光线的交点就是子午像，而由 B 到曲率中心 C 作的直线决定弧矢像点。

证明上述论断是困难的。最好假定 $\triangle BDO$ 中的角 θ 和 $\triangle BPT$ 中的角 θ 相等。利用这两个三角形的几何关系就可以推导出通常的子午像柯丁顿公式。

11.1.5　三种球差为零的场合的像散

第 6.1.1 节曾经指出，当物体在(a)面上、(b)面曲率中心上、(c)齐明点上时，单个球面不产生球差。第 9.2.1 节还指出，这三个点的 OSC 也等于零。

利用柯丁顿公式很容易说明，若光束倾斜度小，在情况(a)和(c)时，像散贡献将为零；但当物点在面曲率中心时，像散贡献就大，而且表现特殊。例如，正透镜的凸前面产生正像散，而我们原来预料这时候会产生一个前弯的像面。这个结果往往有重要意义，说明了许多反常现象，如惠更斯（Huygens）目镜平子午像面的产生等。

11.1.6　倾斜面产生的像散

如果透镜面倾斜一个给定的角度，就可以用第 2.6 节所述的方法追迹主光线，用通常的柯丁顿公式确定主光线上两个像散像的位置。只是由于不对

透镜设计基础(第二版)

称,透镜轴上方15°(假定)的像散和透镜轴下方15°的像散不相等,要作出像面,并按正、负入射倾斜角追迹几条主光线。

作为例子,引用后面第14.4节的普洛塔(Protar)镜头的方案,算出几条倾斜度不同的主光线的数据。然后假设末面顺时针方向倾斜0.10°(6′),即$\alpha=0.1$。比较图11.6中末面倾斜前后的像面曲线,面倾斜的影响就一目了然。简单地说,它使像面沿反时针方向倾斜,其中子午像面的倾斜和变形比弧矢像面的大。例如,对于特定的视场角(17.2°),求出子午像面倾斜了35.2′,弧矢像面倾斜了13.3′,二者都大大超过了会引起麻烦的像面倾斜量。实际上,一般倾斜5′就能觉察到。对于优良的透镜,通常尽力将偶然的面倾斜限制在1′以内。面倾斜对像面的破坏要比其他加工误差大,装配透镜时要不惜一切代价防止面倾斜。

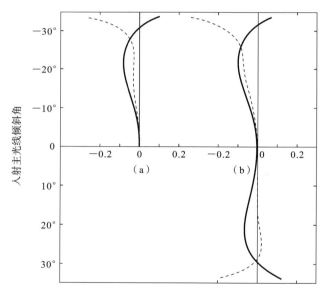

图11.6　普洛塔镜头的像面

(a) 中心对正;(b) 末面顺时针倾斜6′

11.2　匹兹伐定理

经过很简单的考虑就可以知道,正透镜应当有向前弯曲的像面。平的物体上的轴外点比轴上点离透镜远些,因而它的像也应当比轴上像离透镜近些,于是立刻可知像面是向前弯曲的。

这种固有的像面弯曲的准确大小，可以通过下述论证求得。假设将一个小光阑放在折射球面的中心 C 上（见图 11.7），就会使轴外光束沿辅助轴的折射情况和轴上光束一样，自动消除彗差和像散。若光阑足够小，则球差同时消除，就只剩下我们试图计算的基本像面弯曲。

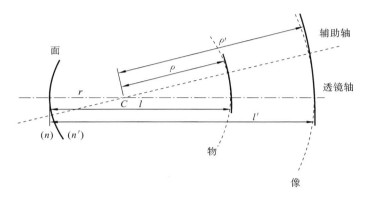

图 11.7 匹兹伐定理

显然，在这种条件下，如果物体的形状是中心在 C 的球面，则它的像必定也是中心在 C 的球面。若物和像的曲率半径分别以 ρ 和 ρ' 表示，则[5]

$$\rho = l - r, \quad \rho' = l' - r$$

对于一个面，$n'/l' - n/l = (n' - n)/r$，所以容易证明

$$\frac{1}{n'\rho'} - \frac{1}{n\rho} = \frac{n' - n}{nn'r}$$

现在可以对透镜每一面写出这个表达式并且相加（这种做法只当假定因某种原因，全部像散都已经消除才是正确的）。对于有 k 个面的透镜，有

$$\frac{1}{n'_k\rho'_k} - \frac{1}{n_1\rho_1} = \sum \frac{n' - n}{nn'r}$$

这个等式表示了像面曲率半径和物面曲率半径的关系（若没有像散）。自然，$\rho_1 = \infty$ 的物平面的像面曲率半径由下面的公式给出：

$$\frac{1}{\rho'_k} = n'_k \sum \frac{n' - n}{nn'r} \tag{11-5}$$

应当注意，正的 ρ 对应的像面有负的矢高，即是向前弯曲的。于是物平面弯曲的像的矢高（没有像散时）由下面的公式给出：

$$Z'_{\text{ptz}} = -\frac{1}{2}h'^2_k n'_k \sum \frac{n' - n}{nn'r} \tag{11-6}$$

这就是著名的匹兹伐定理,我们将会多次引用它,因为设计平视场无像散透镜的唯一办法就是减小匹兹伐和,所以匹兹伐定理主导了平像场照相镜头的设计全过程。

上述几个等式中的连加号内的量称为匹兹伐和,像面曲率半径就是匹兹伐和的倒数。另一个有用的量是匹兹伐比值,它是匹兹伐半径与透镜焦距之比,由下式给出:

$$\rho'/f'=1/f'\Sigma$$

式中:Σ 是匹兹伐和。应注意这里的倒数关系。长焦距透镜的匹兹伐和小,而短焦距的强透镜的匹兹伐和大。

11.2.1 匹兹伐和与像散的关系

可以证明[6],倾斜角很小时,子午像散(由匹兹伐面到子午焦线的纵向距离)是相应的弧矢像散的 3 倍。因此,只要能令透镜的像散等于零,两条焦线将重合于匹兹伐面上,否则在一般情况下二者不重合。不同的倾斜角所对应的子午焦点的轨迹称为透镜的子午像面,类似的还有弧矢像面。最简单透镜的匹兹伐面是向内弯曲的,所以往往可以用来校平子午像面,为此有意引入过校正像散,使弧矢像处于匹兹伐面和子午像之间。然而,设计无像散的平场"消像散透镜"时,必须大大地减小匹兹伐和。

如果因为使用要求而必须设计一个像面向前弯曲的透镜,就可以轻易地消除像散而令匹兹伐和调整到给出必要的像面弯曲状态;反之,如果像面必须向后弯,就难以避免过校正像散。值得注意的是,在某些类型的透镜中,如果匹兹伐和太小,在中间视场角上,两个像散面之间的距离就会变得太大。

许多年前,镜头设计者指出切向光线的像散应该是平坦的,以此获得最小光斑尺寸[7-9]。这在假设所有像差系数为零且主像散为 σ_3、匹兹伐和为 σ_4 时根据式(4-6)和式(4-7)很容易理解。在近轴像平面的弧光线和切向光线误差分别为 $(\sigma_3+\sigma_4)\rho H^2\sin\theta$ 和 $(3\sigma_3+\sigma_4)\rho H^2\cos\theta$。考虑弧矢平场、切向平场和等量均衡场三个基本情况下的近轴成像平面。对于弧矢平场,有 $\sigma_3+\sigma_4=0$ 或 $\sigma_3=-\sigma_4$,这意味着在近轴像平面的残余切向像散为 $3\sigma_3+\sigma_4=-2\sigma_4$。对于切向平场,有 $3\sigma_3+\sigma_4=0$,这意味着 $\sigma_3=-\sigma_4/3$ 且剩余弧矢像散为 $2\sigma_4/3$。当误差被均衡时,切向像散等于弧矢像散,$\sigma_3=-\sigma_4/2$。

在等量均衡场情况下,可观察到剩余弧矢和切向像散值均小于前两种情况。这可能会导致选择这个条件作为最佳的最小光斑尺寸[10]。但是,这样的结论是错误的[11]。作为惯例,镜头设计者将切向像散面调整为平的,然后将图像平面的位置调整到视场的最小边缘模糊。在整个区域的图像是相对均匀的。在均衡场的情况下,中央区域图像的清晰度比切向平场的高得多,而在图像外缘的清晰度则劣于切向平场的[12]。正如 B.K.Johnson 所说,"因此,至于要采用哪一个标准很大程度上取决于镜头的使用要求。"

11.2.2 减小匹兹伐和的方法

减小匹兹伐和的方法主要有四种,在各种照相物镜中都采用了其中一种或一种以上的方法。这些方法也可以应用于各种各样的光学系统。

1. 厚弯月形透镜

如果单透镜的两个曲率半径数值相等而符号相反,则匹兹伐和为零,而透镜光焦度则正比于厚度。在这种透镜中的胶合面对匹兹伐和影响甚微。这个性质已被应用于许多对称镜头中,如达哥(Dagor)镜头和奥多斯蒂玛特(Orthostigmat)镜头中。

2. 分离薄透镜

在包含几个互相远离的薄镜片的系统中,匹兹伐和表示为

$$Ptz = \sum \phi/n \tag{11-7}$$

式中:ϕ 是镜片的光焦度。如果系统中的负光焦度和正光焦度相等,匹兹伐和就可以随意变小。这个特点在许多双分离型透镜中得到了应用(见第 13.2 节)。

3. 负透镜平场镜

图 11.8 中,存在特殊的情况,负透镜接近像面的位置。该透镜对焦距或像差影响较小,但对匹兹伐和影响较大(见第 11.7.4 节)。

显然,有必要在像面前插入正透镜,作为场镜,该透镜对匹兹伐和具有相反的作用。因此,有必要采用具有多个像面的长潜望镜、场镜,降低匹兹伐和。然而,采用与场镜相似的类照相透镜,也可降低匹兹伐和。

需要指出,透镜具有较长的间隔,若两部分均为正,则匹兹伐和增加(与匹兹伐自拍镜相似),因为元件主要为正场镜。换言之,若元件曲率为负(如摄远镜头),则匹兹伐和减小。超摄远镜头的匹兹伐和通常为负,需要采用未纠正的像散来补偿。

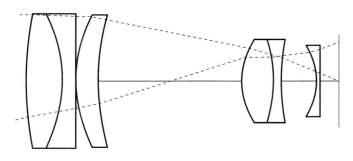

图 11.8　放置于靠近图像平面的负透镜组件

4. 同心透镜平场镜

以上平场镜存在几个根本的问题,很难甚至无法使用。在某些情况下,平场镜需要远离像面。例如,一个红外探测阵列位于真空装置中。Rosin[13]介绍了同心透镜的使用,其中心为发散或会聚近轴光线的交点,如图 11.9 所示。由于近轴光线均垂直于透镜表面,即使增加透镜或更改像面尺寸,像面的位置不变。

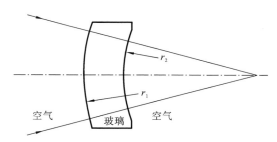

图 11.9　用于子午场平坦化的同心透镜

可见,透镜的像差分布具有如下特性:

- 零球差;
- 零子午及弧矢彗差;
- 零轴上色差;
- 零倍率色差;
- 畸变恒定;
- 弧矢场曲无影响;
- 子午场曲独立。

子午场归一化,符合 $(R_2 - R_1)\left(\dfrac{N-1}{N}\right)$,这表明,该效应是由于透镜的厚

度及曲率中心的间距而产生的。高阶的像差可修正球差、轴上色差、畸变、弧矢彗差、弧矢场曲、球色差、带球差以及弧矢轴外球差。此类情况,像点距离透镜较远,高阶像差较为复杂,称为子午彗差、轴上色差、子午场曲及子午轴外球差。除了这些合理的限制之外,由于平场透镜的几何尺寸,正对像面的透镜曲率将限制场的尺寸。需要注意,由于透镜像差均为零,透镜的空间位置无需太近,应严格控制透镜的像差。

1968 年,发现了同心平场镜[14],并被成功应用,来增强低 f 数、中等视场的热红外光学系统的变化。然而,透镜的精确同心与位置区别于以上透镜,当聚焦在轴向点位置时,界面 R_1 与 R_2 的反射减缓像面上潜在的重影。部分情况下,采用近同心平场镜作为杜瓦窗。由于无需精确的同轴及位置要求,可极大地降低像差,但仍需优先考虑子午切向场曲。

在 3:1 红外变焦透镜中,Mann 采用同心平场镜,在变焦范围内,极大地减少场曲,通常可获得稳定的像散场(见第 11.2.1 节)[15]。针对平场镜,首先设计了变焦透镜,然后在杜瓦窗的位置放置平板。采用计算机编程来放大曲率、平场镜的厚度,通常与轴上像点近乎同心。最终,该系统设计可使衍射接近极限。

图 11.10 所示的为 Rosin 的典型结构,同心平场透镜位于匹兹伐透镜的像面上。在此情况下,遵循减小匹兹伐和及弧矢场曲,而非忽略子午场曲的方法,如图 11.11(a)所示。采用同心平坦透镜,子午场曲率(T)、匹兹伐和(P)与弧矢场曲(S)近似相同,如图 11.11(b)所示。分辨率的均匀性及整个视场的大小获得了本质的改善。同心透镜可放置在前后透镜之间。在此方案中,同轴透镜的半径位于前透镜的焦点处。

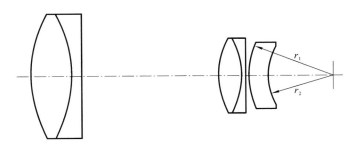

图 11.10 匹兹伐透镜后方的同心透镜

除了透镜的像面,对同心平场透镜的其他部分也进行了介绍。然而,像面

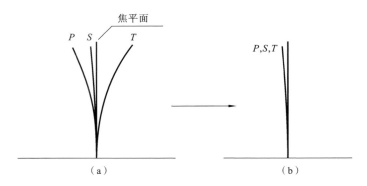

图 11.11 设计具有平坦的弧矢面及子午面同心透镜

(a) 具有平坦弧矢面的原始设计;(b) 采用同心平场镜的子午面,与弧矢面、匹兹伐曲率对应

的空间位置发生转移。另一类同心平场透镜可视为位于像面的固体玻璃板,如图11.12(a)所示,用于像面转移(见 3.4.4 节与 6.4 节),引入像差[16]。通过去除玻璃平板中间部分,获得同心分离透镜[17],也就是平凹透镜后放置平凸透镜,如图 11.12(b)所示。内表面的曲率中心集中在像面位置,玻璃平板也可能包括像面。与这种同心平场元件相结合的透镜设计,应包括厚度等于同心平场透镜的平面间距的玻璃板产生的像差。分离式同心平场透镜具有加工优势,如图 11.9 所示,因为聚焦同心透镜元件的中心为一点是非常困难的。

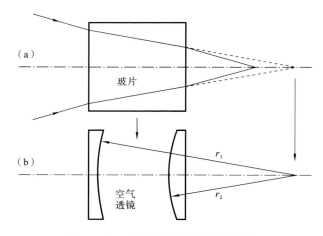

图 11.12 玻璃平板和同心分离透镜

(a) 由玻璃平板引起的像移;(b) 由玻璃平板转化的同心分离透镜

另一个场平坦化的方法[18],则是采用同心透镜聚焦在终止面(朝着像面的为凸面)。通过透镜的光束具有主光线,总是垂直于板的表面,因此产生了恒

定的像差,且为场角的函数。因为确实具有部分负系数,所以影响匹兹伐和,且存在像移。

问题:对于一个同心平场透镜,表明球差、子午与弧矢彗差、轴上色差、倍率色差均为零,畸变及弧矢场曲不受影响。

问题:考虑图 11.11 所示的场图像,采用塞德尔像差系数(σ_3 与 σ_4)解释像散。

5. 新消色差透镜组合

1886 年,Abbe 与 Schott 在德国耶拿研究了钡冕玻璃,该玻璃具有减少匹兹伐和的特性。随后,在 1888 年,Schoder 在他的罗斯同心透镜中采用了此玻璃[19]。这些透镜提供了控制匹兹伐和的方法,采用低色散、高折射率的冕牌玻璃和高色散、低折射率的火石玻璃组合。这正和望远镜双透镜及其他普通消色差透镜所用的玻璃对选择方式相反,所以这种透镜称为"新消色差透镜",现已被普洛塔镜头(见第 14.4 节)等摄影物镜所采用。

11.3　像散误差的说明

正如以上分析,双胶合透镜(见第 2.5 节)存在像散,通过检查图 11.13 中的光线扇形图、图 11.14(a)中的聚焦光线束以及图 11.14(b)中的场曲可以明显地看出这一点。同时,子午与弧矢场存在内向弯曲,最大的带状球差不到 5°处峰值像散误差的 10%。对比 3.5°与 5°处的点,可见像差曲线与 ρ 呈线性关系,曲线的误差比率约为 2:1。

根据研究发现,当 $(H'_{5°}/H'_{3.5°})^2 \approx 2$,像差主要为线性像散,与 ρ 呈线性。独立场的像散系数 σ_3 与 σ_4 具有重要的意义。由式(4-6)与式(4-7)可以很容易计算出 $\sigma_3 \approx 0.79\sigma_4$,这表明,匹兹伐曲线也存在内向弯曲,但位于弧矢面与像面之间。通过研究实际光线的横向像散(见第 4.3.3 节),子午部分满足式:

$$\text{TAST}(\rho, H) = Y(\rho, 0°, H) - Y(\rho, 180°, H) - 2Y(\rho, 0°, 0)$$
$$= -0.053159$$

弧矢部分为

$$\text{SAST}(\rho, H) = 2[X(\rho, 90°, H) - Y(\rho, 0°, 0)] = -0.025650$$

弧矢部分相对更接近于图 11.14 所示。忽略彗差。

为了观察透镜的像散成像过程中会导致何种情况,在透镜设计过程中,采

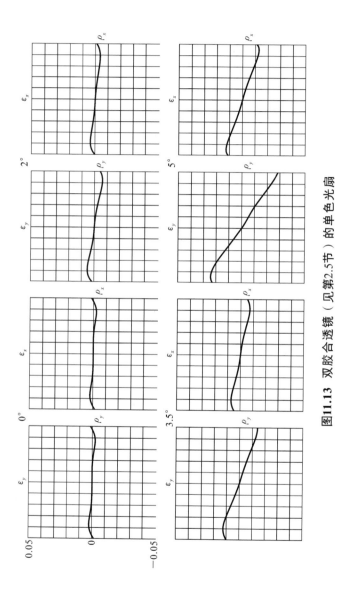

图11.13 双胶合透镜（见第2.5节）的单色光扇

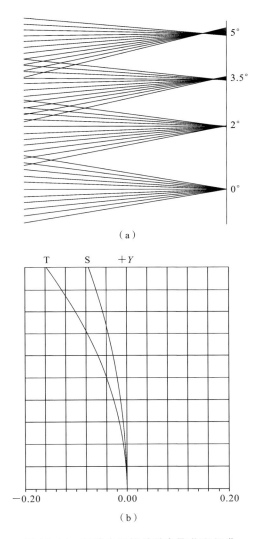

图 11.14 双胶合透镜的单色聚焦和场曲

(a) 双胶合透镜(见第 2.5 节)单色聚焦;(b) 切向和矢状面的场曲线

用软件的分析特性获得模拟图像。图 11.15(a)为原始图像,11.15(b)为成像图像。有力地证明了模糊为场角的二次函数。对比二阶变化,以及与由图 9.9(b)彗差引起的线性变化图像。注意到,在整个中心区域,彗差导致模糊出现二阶的增长。然而,在顶部/底部中心,以及左右两边,图像衰减是相似的,虽然形状不同,但模糊尺寸截然相似。图 11.15(b)相比图 9.9(b),边缘角落的模糊非常严重。

（a）　　　　　　　　　　　　　　　　（b）

图 11.15　（a）原始图像；（b）双胶合透镜的散光效果图

11.4　畸变

畸变是一种独特的像差。它不影响清晰度，而仅仅表现为像点远离或趋向透镜轴的径向移动。畸变的计算方法是，确定主光线和像面的交点高度 H'_{pr}，使它和用近轴公式算出的理想拉格朗日（高斯）像高比较，即

$$畸变 = H'_{pr} - h'$$

远距离物体的 h' 按照（$f \tan U_{pr}$）计算，近距离的物体则按照（Hm）计算，其中，m 是像的倍率。

如第 4.3.5 节所述，畸变是孔径非相关彗差，可以展开成 H' 的幂级数，即

$$畸变 = \sigma_5 H'^3 + \mu_{12} H'^5 + \tau_{20} H'^7 + \cdots \tag{11-8}$$

不过畸变大到需要引用第一项（立方项）以后的项的透镜是很少的。由于是立方关系，畸变一出现就会迅速增大，正畸变（鞍形畸变）使正方形的像的四角向外伸张，负畸变（桶形畸变）则使它们向内收缩。

畸变大小通常用画面角上像高的百分比表示。图 11.16 所示的是有中等鞍形畸变的两种典型情况（分别为 4% 和 10%）。图中的像本来应该是边长为 50 mm 的正方形。图下方说明中的 d 是这个正方形各边中点因畸变而产生的横向移动；r 是像各边的曲率半径，当然这些边本来应当是直的。由图 11.16 可见，4% 是刚刚能觉察的畸变，而 10% 是肯定不能容许的。所以通常畸变公差取 1% 左右，因为少数观察者能觉察出这样小的畸变。对于特殊用途，如航

空测量和地图复制工作,极小的畸变都是不容许的,在设计制造用于这些场合
的透镜时,必须完全消除畸变。

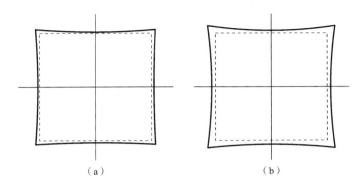

图 11.16　鞍形畸变

(a) 4%,$d=0.50$ mm,$r=676$ mm;(b) 10%,$d=1.25$ mm,$r=302$ mm

11.4.1　畸变的测量

畸变是沿透镜面变化的,难以确定实际像高以及与之比较的理想高斯像
高。有一种测量方法是,拍摄一排在远处物体的像(各个物体的位置对透镜轴
的偏离角度已知),然后测量胶卷上的像高。因为焦距等于像高与张角正切值
之比,于是可以作出焦距与物体位置的关系曲线。将这条曲线外推到物体张
角为零,以确定所谓"轴上焦距",令所有其他焦距和这个焦距比较。若透镜用
于近距离物体,则以物高代替张角,以倍率代替焦距。对一系列物体位置进行
测量,从而求出式(11-8)中的系数 σ_5、μ_{12} 和 τ_{20}。

11.4.2　畸变贡献公式

推导各透镜面的畸变贡献表达式时,再次利用第 6.1 节中的球差贡献公
式,只是以主光线代替边缘光线。因而式(6-3)变为

$$(S'n'u')_k - (Snu)_1 = \sum ni(Q'-Q)$$

其中,大写字母表示追迹主光线所得到的数据。图 11.17(a)说明在最后的像
上有 $S'_{pr} = H'\cos U'_{pr}$,在物方亦有类似等式。若透镜有 k 个面,则

$$H' = H\frac{nu\cos U}{n'_k u'_k \cos U'_k} + \sum \frac{ni(Q'-Q)}{n'_k u'_k \cos U'_k}$$

对于远处的物体,这个表达式的第一项简化为

$$f'(\sin U/\cos U'_k)_{pr}$$

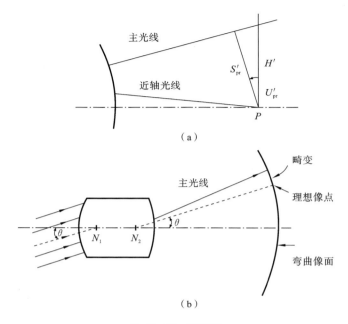

图 11.17　畸变图

（a）像面的基本几何畸变；（b）像面弯曲时的畸变

将这个公式和畸变联系起来，注意到 Dist $= H' - h'$，其中，h' 是拉格朗日像高，等于 $f'\tan U_1$，因而有

$$\text{畸变} = h'_{\text{Lagr.}} \left(\frac{\cos U_1}{\cos U'_k} - 1 \right)_{\text{pr}} + \sum \frac{ni \, (Q' - Q)_{\text{pr}}}{(n'_k u'_k \cos U'_k)_{\text{pr}}} \tag{11-9}$$

注意：该式两部分的大小是差不多的，第一项是由主光线进入和离开透镜时的倾斜角之差引起的，第二项是由各透镜面的贡献产生的。

为了验证这个公式的准确性，取第 2.5 节中被多次引用过的双胶合透镜数据，追迹一条以 $-8°$ 入射于前焦点的主光线，构成一个几乎是完善的远心系统（见表 11.2）[20]。

直接计算像高与计算各面贡献之和的结果符合得很好。对于畸变本身，首先计算

$$h'_{\text{Lagr.}} \left(\frac{\cos U_1}{\cos U'_k} - 1 \right) = -0.0163489$$

令它和各面贡献之和相加，得出畸变是 -0.0618321，再次良好符合。主光线倾斜角的改变提供了畸变的三分之一，其余来自透镜各面。

表 11.2　畸变贡献的计算

c	0.1353271	-0.1931098		-0.0616427	
d		1.05		0.4	
n		1.157		1.649	
		近轴光线			
ϕ	0.0699641	-0.0254905		0.0400061	
$-d/n$		0.6921556	-0.2425713		$l'=11.285857$
y	1	0.9515740		0.9404865	$f'=12.00002$
nu	0	-0.0699641	-0.0457080		-0.0833332
u	0	-0.0461200	-0.0277186		-0.0833332
$(yc+u)=i$	0.1353271	-0.2298783		-0.856927	
		8°主光线 $L_1=-11.76$			
Q	1.6527600	1.7050560		1.7263990	
Q'	1.6947263	1.7117212		1.7233187	
U	8	0.56367		2.10291	-0.50119
		畸变贡献			
$(Q-Q')$	-0.0419663	-0.0066652		0.0030803	
ni	0.1353271	-0.3487254		-0.1413073	
$1/u'_k\cos U'_k$	12.000478	12.000478		12.000478	
乘积	-0.0681528	0.0278930		-0.0052234	$\sum=-0.0454832$

因此 $H'=1.6701438-0.0454832=1.6246606$

　　不过要指出,连加号内的量其实并不是各面贡献的全部。各透镜面的确提供了一个量,以供叠加,但是此外它还对畸变表达式第一项中的出射光线倾斜角有贡献。因此,刚才的说法只有理论上的意义。然而,第 4 章谈论的布尔达克系数没有上述问题。

11.4.3　像面弯曲时的畸变

　　如果透镜设计成像面是弯曲的,畸变的意义就必须明确地加以规定。按照通常的做法,畸变定义为理想像点至主光线交点的径向距离,但理想像是用通过后节点,并且倾斜角与通过前节点的对应光线的倾斜角相等的光线的交点表示的(见图 11.17(b))。于是,

$$畸变=[(Y_2-Y_1)^2+(Z_2-Z_1)^2]^{1/2}$$

式中:下标 2 表示追迹得到的主光线的参数;下标 1 表示通过两个节点的理想光线参数。

11.5　横向色差

　　与畸变类似,横向色差也是通过求出主光线在像平面上的交点的高度来

计算的,只不过现在要比较的是不同波长的两条主光线。这两种波长的光最常用的是氢的 C、F 谱线,当然,必要时也可以规定采用其他谱线。于是,

$$横向色差 = H_F' - H_C'$$

横向色差可以展开成幂级数,不过现在有一次项,这在畸变展开式中是没有的(畸变的一次项是高斯图像高度,见图 4.5):

$$横向色差 = aH' + bH'^3 + cH'^5 + \cdots$$

有人认为,只有第一项才表示横向色差,所有其他项只不过是畸变的色变化。不管如何,横向色差使得透镜轴外的像点色彩模糊。当然,在视场中心不论畸变还是横向色差都将消失。

11.5.1 初级横向色差

前述级数的第一项表示初级横向色差,可以用类似于计算 OSC 的方法计算,不同的是现在是追迹 C、F 光的近轴光线,而不是追迹最亮光线的边缘光线和近轴光线。于是在式(9-4)中以 F 光的近轴光线参数代替原来的边缘光线参数,以 C 光的近轴光线参数代替原来的近轴光线参数,得到

$$CDM = \frac{横向色差}{像高} = \frac{u_C'}{u_F'}\left(\frac{l_C' - l_{pr}'}{l_F' l_{pr}'}\right) - 1 \quad (\text{对近处物体}) \tag{11-10}$$

$$= \frac{\Delta f'}{f'} - \frac{\Delta l'}{l' - l_{pr}'} \quad (\text{对远处物体}) \tag{11-11}$$

式中:$\Delta f' = f_F' - f_C'$,$\Delta l' = l_F' - l_C'$。后者是近轴纵向色差。CDM 是"倍率色差"的缩写,和 OSC 完全相似。

在对称透镜或其他任何光瞳和主平面重合的透镜中,$l' - l_{pr}' = f'$,式(11-11)第二部分变为

$$CDM = (\Delta f' - \Delta l')/f' \tag{11-12}$$

这个等式的分子正好是 C、F 光的后主平面之间的距离。因此,如果这两个主平面重合,就不会有初级横向色差。在设计的前期,计算初级横向色差往往是一种方便的计算方法。当然,到设计的后期,就必须追迹真正的 F、C 光主光线,计算它们在焦平面上的高度差。

前面的关系式的意义可从图 11.18 中了解。在图中作出了 C 光和 F 光的主光线,它们以小的倾斜度分别从各自的主点出射,落到像面上。显然,

$$初级横向色差 = z\tan U_{pr}' = z(h'/f')$$

因而,

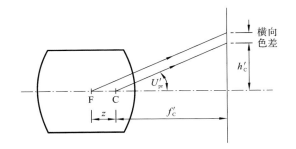

图 11.18　初级横向色差与 z 的关系

$$CDM = 横向色差 / h' = z / f'$$

虽然六个基点依赖于波长,但参考第 3.3.7 小节可知,第七个基点是空间固定波长。正如高阶横向色差可以被认为是畸变色差,所有的彗差和像散像差都是与波长相关的(除非光学系统是全反射)。第 7 章已深入探讨了球差。

11.5.2 （$D-d$）法在斜光束中的应用

费德[21]曾经指出,康拉迪的（$D-d$）法可以应用于通过透镜的斜光束。他指出,如果将光束的每条光线计算 $\sum D\Delta n$,而主光线计算 $\sum d\Delta n$,就可以用纵坐标表示 $\sum (D-d)\Delta n$,用横坐标表示 $\sin U'$,作关系图线。该图线的纵坐标表示各带的纵向色差,斜率表示该带的横向色差。

图 11.19 所示的是一个 $f/2.8$ 三片式镜头(曾在第 8.4.1 节中使用过)0°和 20°光束的图线,其中 $\Delta n = (n_F - n_C)$。轴上光束的图线不是直线,表明有色

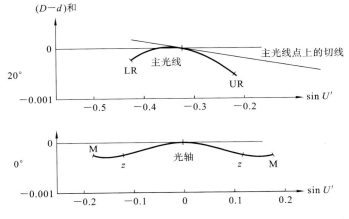

图 11.19　（$D-d$）法应用在通过三片式镜头的轴上光束和斜光束

球差(图 11.20 用通常的方式表达这一点);20°光束的曲线在主光线点上的倾斜(见图 11.19)表示有约为 -0.0018 的横向色差。真正由光线追迹求出的横向色差是 $H'_F - H'_C = -0.00168$。考虑到准确确定主光线点上切线相当困难,应该说这已符合得很好了。

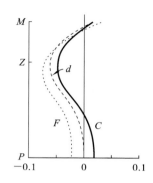

图 11.20 $f/2.8$ 三片式物镜的色球差

11.6 对称原理

全对称系统是系统(包括物和像)的一半和另一半相等的系统,因而系统的前半部绕光阑中心旋转 $180°$,就和后半部重合。

这种全对称系统有几种有趣和有用的性质,即完全没有畸变和横向色差,在透镜的某一带上没有彗差。这是三种横向像差,前半部组元对这三种像差的贡献和后半部组元的贡献大小相等而符号相反。两个半部还各自产生大小相等的纵向像差,只是符号相同,因而是相加而不是相消。

横向像差相消的原因可以从图 11.21(a)中得到解。从光阑中心发出的,任何一条任意波长的主光线,沿两边的路径到达物面和像面,分别在光轴下方和上方的相同高度上和这两个面相交,在整个视场上倍率为 -1.0。因而畸变和横向色差自动消失。

为了演示彗差消失,沿两边的路径追迹光阑上的一对上、下斜光线,它们应相交于 P、P' 点(见图 11.21(b))。然后再通过光阑中心,以适当的倾斜角追迹一条主光线,使它通过 P 点。由于对称性,它还准确通过 P' 点。因而透镜这一带没有彗差,虽然对透镜其他带不能下这样的结论。应当指出,如果在透镜的各半部有彗差,光阑上的主光线就不会平行于原先作好的一对平行的上、下倾斜光线。对称原理是镜头设计者的强大工具,但必须牢记其局限性。

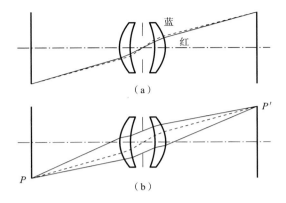

图 11.21　全对称系统的横向像差

(a) 畸变和横向色差;(b) 慧差

设计指南

如果透镜对称但是两个共轭距离不相等,则只有对一切倾斜角,入瞳和出瞳(主光线的入射部分和出射部分分别在其上与光轴相交)位置固定不变时,畸变才是校正好的[22]。

同样,对一切波长的光,入瞳和出瞳位置固定不变,横向色差就消失。这两个条件常称为布乌-苏通(Bow-Sutton)条件。对于彗差则没有相应的结论,只是发现彗差一般会因对称而大为减小,即使共轭距离不相等。应当注意的是,如果畸变和横向色差需要在很宽的倍率范围上校正好(如复制地图用的镜头),则设计者必须着眼于校正主光线的球差和色差,而不是着眼于初级像,必要时应缩小透镜孔径以保证像质。当然,缩小透镜孔径对主光线像差没有影响。

11.7　赛德尔像差的计算

在一些设计工作中,用七个初级(赛德尔)像差来表示各面或薄镜片的像差贡献是有好处的。它的好处是能够指出各种像差来自系统何处,而且计算迅速,以致可以不必作实际光线追迹而在短时间内做出一个近似设计方案。

计算面贡献时,首先从物到像追迹一条近轴光线和一条通过光阑中心的近轴主光线。近轴光线的入射参数值 (y,u) 和近轴主光线的入射参数值 (y_{pr},u_{pr}) 必须和真实透镜所要求的数值对应,即 y 等于第一面上真正的 Y,u_{pr}

等于初级像差所要求的视场角的 $\tan U_{pr}$。采用上述符号,拉格朗日不变量可以写为

$$hnu = n(u_{pr}y - y_{pr}u)$$

11.7.1　面贡献

康拉迪[23]和费德[24]都给出了快速计算赛德尔像差的面贡献公式。我们按顺序计算下面的公式,注意 u'_0 和 h'_0 的下标 0 表示最后像的量,其他符号表示的是计算所针对的面的量。追迹近轴光线和近轴主光线,再用通常的关系式 $(i = yc + u)$ 计算入射角,其中 c 是面曲率半径。于是有

$$K = yn\left(\frac{n}{n'} - 1\right)(i + u')\bigg/2u_0'^2$$

$$SC = Ki^2, \quad CC = Kii_{pr}u'_0, \quad AC = Ki_{pr}^2$$

$$PC = -\frac{1}{2}h_0'^2 c\left(\frac{n'-n}{nn'}\right)$$

$$DC = (PC + AC)(u'_0 i_{pr}/i) = CC_{pr} + \frac{1}{2}h'_0(u'^2_{pr} - u'_{pr})$$

$$L = yn\left(\frac{\Delta n}{n} - \frac{\Delta n'}{n'}\right)\bigg/u_0'^2$$

$$L_{ch}C = Li, \quad T_{ch}C = Li_{pr}u'_0$$

(11-13)

这里按照惯例,c 是曲率;在像差方面,SC 是纵向球差贡献,CC 是弧矢彗差,AC 是弧矢像散(为匹兹伐面至弧矢焦线的距离),PC 是匹兹伐面的矢高,DC 是畸变;$L_{ch}C$ 和 $T_{ch}C$ 分别是透镜面对纵向色差和横向色差的贡献。

两个畸变贡献表达式中,第一个表达式人工计算方便,但是当物体在曲率中心时失效,因为这时 $AC = -PC$,DC 变成不确定的。第二个表达式要计算主光线的 CC 值,因此建议编一个计算 CC 的子程序,然后用近轴光线数据和主光线数据计算。替代面方程的贡献在第 4.4 节中已介绍,其作为缩放因子的像差呈现出横向、纵向和波像差。

11.7.2　薄透镜贡献

对某些薄透镜初始方案来说,把它简化成一列被有限空气间隔相间的薄透镜是方便的。为此用公式组(3-17)追迹前述两条近轴光线,列出每个薄透镜的 $Q = (y_{pr}/y)$ 值。计算分两部分:首先假设光阑在薄透镜上,计算各薄透镜的贡献,然后按照真实光阑位置修正各贡献值;第二步是利用各面的 Q 值。

第一步的计算公式是

$$SC = -\frac{y^4}{u_0'^2} \sum (G_1 c^3 - G_2 c^2 c_1 + G_3 c^2 v_1)$$

$$+ G_4 cc_1^2 - G_5 cc_1 v_1 + G_6 cv_1^2$$

$$CC = -y^2 h_0' \sum \left(\frac{1}{4} G_5 cc_1 - G_7 cv_1 - G_8 c^2 \right)$$

$$AC = -\frac{1}{2} h_0'^2 \sum (1/f) \qquad\qquad (11\text{-}14)$$

$$PC = -\frac{1}{2} h_0'^2 \sum (1/nf)$$

$$DC = 0, \quad T_{ch}C = 0$$

$$L_{ch}C = -\frac{y^2}{u_0'^2} \sum \left(\frac{1}{Vf} \right)$$

只有当薄透镜是复合组元(如薄双胶合透镜或薄三合透镜)时,这些表达式才需要叠加,对单个薄透镜则不必。第 6.3.2 节和 9.3.4 节都提到关于 G 参数的公式。

第二步利用已经算出的 Q 因子($Q = y_{pr}/y$),按照光阑的准确位置计算真正的像差贡献(用星号标记),计算公式如下:

$$SC^* = SC, \quad PC^* = PC, \quad L_{ch}C^* = L_{ch}C$$

$$CC^* = CC + SC(Qu_0')$$

$$AC^* = AC + CC(2Q/u_0') + SCQ^2 \qquad\qquad (11\text{-}15)$$

$$DC^* = (PC + 3AC)Qu_0' + 3CCQ^2 + SC(Q^3 u_0')$$

$$T_{ch}C^* = L_{ch}C(Qu_0')$$

这些表达式通常称为光阑位移公式。应当注意的是,对于光阑位移对彗差剩余的影响,球差必须存在足够的量。以同样的方式,球差和/或彗差必须存在光阑位移以影响像散的大小。如果球差和/或彗差和/或像散存在,则会受到光阑位移的影响。

11.7.3 非球面修正

计算各面赛德尔贡献值时,若遇到非球面,则首先按照顶点曲率半径为 c 的球面计算贡献值,然后加上一组与非球面性有关的修正项。

设非球面取如下形式:

$$Z = \frac{1}{2} cS^2 + j_4 S^4 + j_6 S^6 + \cdots$$

式中:$S^2 = y^2 + z^2$;各 j 值是非球面系数。于是,

$$\text{令 } SC \text{ 加上 } 4j_4\left(\frac{n-n'}{u_0'^2}\right)y^4$$

$$\text{令 } CC \text{ 加上 } 4j_4\left(\frac{n-n'}{u_0'^2}\right)y^3 y_{\text{pr}}$$

$$\text{令 } AC \text{ 加上 } 4j_4\left(\frac{n-n'}{u_0'^2}\right)y^2 y_{\text{pr}}^2 \qquad (11\text{-}16)$$

$$\text{令 } DC \text{ 加上 } 4j_4\left(\frac{n-n'}{u_0'^2}\right)y y_{\text{pr}}^3$$

应当注意,在初级像差中只出现系数 j_4,这是因为高次非球面项只影响高级像差[25]。而且,当光阑在非球面上时,y_{pr} 将为零,受非球面性影响的只有球差。

11.7.4　像平面上的薄透镜

场镜或平场片就是这种情况的例子。这时候不能用前述薄透镜贡献公式,因为光阑和像面不能处于同一个平面上。所以必须回到面贡献公式,并且按照 $y=0$ 的情况让这些贡献值相加。这样做就会发现,处于像平面上的薄透镜有

$$SC = CC = AC = 0, \qquad L_{\text{ch}}C = T_{\text{ch}}C = 0$$

匹兹伐矢高 PC 仍然取原来的值 $-\frac{1}{2}h_0'^2/(f'N)$,其中 N 是玻璃折射率。计算畸变时要当心,它应该是

$$DC = \frac{1}{2}h_0'^2 u_0'\left(\frac{y_{\text{pr}}}{Nf'u_1}\right)\left[\frac{1}{r_1} + \frac{N}{r_2} - \frac{1}{l_{\text{pr1}}}\right]$$

式中:f' 是薄透镜的焦距。畸变贡献除了与薄透镜的焦距、折射率有关之外,还与它的形状有关。

注释

1. H. Coddington, *A Treatise on the Reflexion and Refraction of Light*, p. 66. Simpkin and Marshall, London (1829).

2. 柯丁顿的书已由谷歌图书馆的数字化项目数字化,可在网址 http://books. google. com/ books/download/A_Treatise _on_the_Reflection_and_Refract. pdf？id＝WI45AAAAcAAJ &output＝pdf&sig＝ACfU3U0eX3OvIkczIHZL5iJSyLEFEJza-A 处免费阅读。这 1829 篇可能被高斯和匹兹伐读过的书都在其后十多年做出巨大贡献。那些熟知光学并产生基本兴趣的人都应该读柯丁顿的书。柯丁顿在书中记录了艾里教授和赫歇尔先生被百科全书大都会收录的无价光学论文。

3. A. E. Conrady, p. 588.

4. T. Smith,"The contributions of Thomas Young to geometrical optics," *Proc. Phys. Soc.*,62B:619 (1949).

5. 不要与入瞳坐标混淆。

6. A. E. Conrady,p. 739.

7. A. E. Conrady,pp. 290-294.

8. B. K. Johnson,*Optical Design and Lens Computation*,p. 118,Hatton Press,London (1948).

9. H. H. Emsley,Aberrations of Thin Lenses,p. 194,Constable,London,(1956).

10. B. K. Johnson,pp. 93-118.

11. R. Barry Johnson, Balancing the astigmatic fields when all other aberrations are absent, *Appl. Opt.*,32(19):3494-3496 (1993).

12. 光点大小相等时,视场角为全视场角的 $\sqrt{2/3}(\approx 80\%)$。

13. Seymour Rosin,Concentric Lenses, *JOSA*,49(9):862-864 (1959).

14. R. Barry Johnson,Texas Instruments,Dallas,Texas.

15. Allen Mann,*Infrared Optics and Zoom Lenses*,*Second Edition*,pp. 60-61,SPIE Press, Bellingham,WA (2009).

16. 除了在第 6.4 节讨论的球差外,还存在彗差和像散。

17. See also Section 7.4.3.

18. Donald C. O' Shea,*Elements of Modern Optical Design*,pp. 214-215,Wiley,New York (1985).

19. U. S. Patent 404,506 (1888).

20. 光阑位于双胶合透镜第一面前 11.75 mm 处,这是前面或前焦点的位置,光阑也在入瞳位置。主光线穿过前焦点,并出现在平行于光轴的透镜相应的图像高度处。这是被称为远心的条件。

21. D. P. Feder,Conrady's chromatic condition,*J. Res. Nat. Bur. Std.*,52:47 (1954); Res. Paper 2471.

22. 至少在单色的情况下,当孔径光阑放在透镜光学中心时,入瞳和出瞳位都将位于节点。限制入瞳形状和大视场角的位置关系仍然适用,参见第 3.3.7 节。

23. A. E. Conrady,pp. 314,751.

24. D. P. Feder,Optical calculations with automatic computing machinery,*J. Opt. Soc. Am.*,41:633 (1951).

25. 应该认识到 j_4 和圆锥常数都会影响初级像差。然而,它们并不产生相同的表面轮廓且不能同时在一个特定的表面使用。使用二次曲线常数是最普遍的。任何非球面系数都会影响其自身阶数的变高或变低。

第 12 章
光阑位置是自由度的透镜

显然,光阑从斜光束中选取哪一部分光线,排除哪一部分光线,是随光阑位置而异的。因此,当光阑沿轴移动(当然也可以向一侧移动,但是这里不考虑这种情况)时,某些原来用到的光线会被排除,而另外一些原来被排除的光线又被包括在成像光束中。于是除非透镜是完善的,否则光阑的纵向移动将会改变透镜全部斜光束像差。这对轴上像差是没有影响的——如果光阑孔径随着光阑移动而作必要的改变以保证 f 数不变的话。

12.1 H'-L 图

为了便于研究光阑移动的效果,按照既定的光束倾斜角追迹一系列子午光线通过透镜,并且以各光线与透镜轴的交点和透镜第一面顶点的距离 L 作为横坐标,以此光线在近轴像平面上的高度 H' 作为纵坐标作关系图线。该图线(见图 12.1(a))与第 8.2 节讨论过的子午光线图(见图 8.7)类似,不同的只是现在横坐标符号反过来,使得光束的上界限光线在图线左端,下界限光线在图线右端,如图 12.1(b)所示。令光阑放在某一个位置的意思是选取该图线的一段而解除其他部分。通过光阑中心的光线自然就是用到的光束的主光线。

图 12.1(b)所示的是光阑在前的透镜。从光阑的顶部延伸到图 12.1(a)

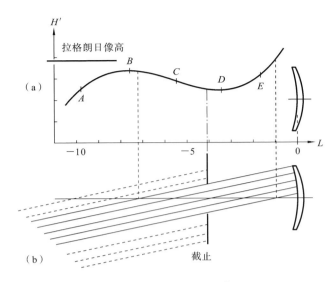

图 12.1　弯月形透镜的典型 H'-L 图线

中的虚线,表示高斯图像平面中主光线的高度。左侧光束的直径被光阑限制,如果倾斜角增加,显而易见当上边缘光线在透镜上部产生渐晕时,下边缘光线能被光阑确定。以上、下边缘光线与光轴交叉点的外部垂直虚线限制的范围内作的 H'-L 图对应的是前述子午光线的光扇图。假设研究的光阑具有直径为 D,并用于限制在倾角 θ 下光束直径,沿轴线与上下边缘光线交点间的距离为 $D/\tan\theta$。在图 12.1 中,这些轴向交点由垂直虚线显示。这个距离以主光线交点为中心。

这个图线告诉我们许多关于像上的像差和光阑沿轴移动时的像差如何改变的信息。应该理解的是,这种技术可以用于任何复杂的透镜,而不仅仅是一个简单的单透镜。现在让我们探讨如何解释 H'-L 图。

12.1.1　畸变

图线上的主光线点从上方或下方偏离拉格朗日像高的高度差是畸变大小的直接度量。如图 12.1(a)所示,主光线点从下方偏离拉格朗日像高,这意味着畸变是负的。

12.1.2　子午场曲

图线在主光线点处的切线的斜率是子午像面的矢高 Z'_t(通常用柯丁顿公式确定)的度量。若切线从左到右上翘,则说明子午像面向前弯曲,因为上界限光线在近轴像平面上的交点低于下界限光线。相反,若切线从左到右向下翘,则说明子午像面向后弯曲,因为上界限光线在近轴像平面上的交点高于下界限光线。若主光线点处的切线是水平的,则说明子午像面是平的。

12.1.3　彗差

图线在主光线点处的曲率是透镜出现子午彗差的标志。若图线被利用部分的两端高于主光线点,则说明有正彗差。在拐点处彗差为零,在这个局部的一点上图线是直线。可以在斜率和曲率都为零的地方找到光阑位置,但这需要有球差存在才可行。

12.1.4　球差

球差的出现表现为图线取立方(S形)曲线的形状。当欠校正时,连接图线被利用部分两端的直线,与主光线点上的切线相比,发现从左到右向上翘得更高;连接图线被利用部分两端的直线,与主光线点上的切线相比,发现从左到右向下翘得更低,则球差被过度校正。

所有这些现象在图 12.1 所示的典型 H'-L 图线中都得到演示。若主光线在 A 处,子午像面将强烈地向前弯曲;若在 B 处,像面平坦,但是有强的负彗差;若在 C 处,彗差为零,但是这时像面向后弯曲;若在 D 处,像面再次变平,只是这时彗差为正;若在 E 处,像面再次强烈地向前弯曲。整个图形是 S 形的,说明有相当大的欠校正球差。

因此,我们得出一个重要结论:若出现球差,则可以用适当选择光阑位置的办法消除彗差。其实这个结论是隐含在第 9.3 节的 OSC 公式中。此外,若有足够大的彗差或球差(或两者都大),则可以用适当选择光阑位置的办法校平子午像面。若用初级(赛德尔)像面表示,这个结论和第 11.7.2 节中的光阑移动公式(见式(11-15))是一致的。

12.2　简单的风景透镜

令单透镜弯曲成各种形状,作各自的 $20°H'$-L 图线,如图 12.2 所示,将会帮助我们解决一些问题。图中焦距都是 10.0,厚度为 0.15,折射率为 1.523。在这些图线中,横坐标值都是从前主点算起的。参数 L 的参考点可以为第一透镜表面的顶点、前主点或设计者任选的其他点。曲线 a,透镜取强弯月形,凹向前方(平行光从前方进入),有大量欠校正球差,因而图线是 S 形立方曲线,

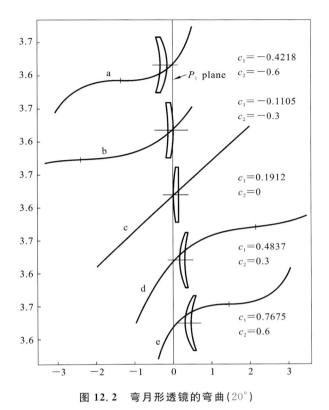

图 12.2 弯月形透镜的弯曲(20°)

包含极大值点、拐点、极小值点的曲线部分(这是我们所感兴趣的部分)靠近
透镜。

将光阑放置于 $H'-L$ 图上无彗差(零曲率点或拐点)的点与切向平场(斜率
为零)点上,并将此位置标记为"刻度"。此时高斯像高为 3.64,因此是负场曲。

图 12.2 中的曲线 b,透镜取弱弯月形,球差很小,没有极大值和极小值。
当光阑在刻度线时,像散是向内弯曲的,彗差是正的。曲线 c,透镜是平凸的,
图线从左到右向上翘,这时没有彗差,球差很小,这时的图线实际上是一条直
线。子午像散呈强烈的向内弯曲。和其他图线对应的透镜是凸向前方的弯月
形透镜,现在将令人感兴趣的区域移到透镜后方,但仍然在透镜凹面一侧。曲
线 d,显示的是球差和一些向内弯曲的子午像散,而没有彗差(拐点)。弯曲更
强的最终曲线显示了更大的球差以及一个轻微的向内弯曲的场。注意,所有
图线在 $L=0$ 处的斜率大致相同。这证实了已经为人们熟知的事实:任何光阑
在镜框上的薄透镜向前弯曲的像面弯曲量是固定不变的,与透镜结构无关。

透镜设计基础(第二版)

由于简单弯月形透镜只有透镜弯曲和光阑位置两个自由度,自然只能校正两种像差。这两种像差总是选彗差和子午场曲。轴上像差(球差和色差)可以用缩小透镜孔径的办法把它减小到必要的程度,一般取 $f/15$,虽然某些短焦距照相机可以开放到 $f/11$。其他像差(横向色差、畸变、匹兹伐和)则只好容许存在,在这样简单的透镜中是无法校正的。厚度和折射率的改变对像差影响很小。

设 计 指 南

设计风景透镜时,必须选用 H'-L 图线在拐点处是水平线的弯曲状态。这样可以保证绘制 H'-L 曲线时在所选定的视场角上彗差得到校正,而且子午像面平坦。当然,对于倾斜度不同的其他光束,像面是会向前或向后弯曲的。

12.2.1　简单的栏后风景透镜

为了满足上述规定的条件,栏后风景透镜第一面的曲率用图 12.2 中的诸例作内插求得,应取 -0.28 左右。这里所用的厚度和折射率的选择余地很少。按照焦距 10.0 求出第二面的曲率,得到图 12.3 所示的 $25°$ H'-L 曲线。它表明光阑必须在透镜前方 1.40 处的 B 点。对于 $f/15$,光阑直径为 0.667。为了容纳 $30°$ 以内的视场,透镜直径应当取 1.80 左右。实际上由于像散大,这种透镜用于离轴 $25°$ 左右以外的视场是不大可能的。这种透镜的参数如下:

c	d	n
-0.28		
	0.15	1.523
-0.4645		

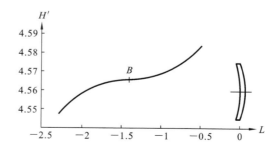

图 12.3　无慧差平视场($25°$)的栏后弯月形透镜的 H'-L 图线

有 $f' = 10.0003, l' = 10.1445, \mathrm{LA}'(f/15) = -0.2725$,匹兹伐和 $= 0.0634$。像散如图 12.4 所示,其值如表 12.1 所示。

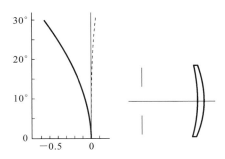

图 12.4 简单的栏后弯月形透镜的像散。矢量场为实心曲线,切线场为虚线曲线

表 12.1 图 12.4 所示的透镜场曲和畸变

视场/(°)	X'_s	X'_t	畸变/(%)
30	-0.584	0.044	-3.34
20	-0.260	0.003	-1.41

如果采用 H'-L 曲线比较平坦的方案,球差将稍微减小,子午像面将向前弯曲。这样会减小像散,但是弧矢像面本来已经严重向前弯曲,这样校正透镜会使弧矢像面向前弯曲得更加厉害。因而上述设计方案几乎是这种简单透镜能达到的最佳状态了。

对于第二个例子,考虑一个焦距为 10,工作于 $f/10$,半视场为 $20°$ 的类似镜头。由于其 f 数明显比前面的例子低(具有更大的光圈),我们将镜头厚度增加 0.40 以保持合理的修剪直径厚度。将入瞳坐标 ρ 设为瞳径的十分之一(这种情况下光阑也是如此)并代入式(4-6)和式(4-8)后,我们可算出真实光线关于像散和彗差的数值。使用这些方程进行透镜缺陷优化设计程序能产生如下设计结果:

c	d	n
-0.192009		
	0.40	1.523
-0.373366		

该镜头有点平坦,具有小视场和 f 数低的特点。光阑到第一顶点的距离是 1.592 或比前面结果大 14%。赛德尔系数为:$\sigma_1 = -0.002047, \sigma_2 =$

0.000000，$\sigma_3 = -0.000659$，$\sigma_4 = 0.002063$，$\sigma_5 = -0.007043$，初始子午像散为 $3\sigma_3 + \sigma_4 = 0.000086$，基本平坦，而弧矢像散与前面透镜的结果是一致的。然后，与前面的透镜相比，畸变从 -1.4% 增加到 -1.9%。

12.2.2 简单的栏前风景透镜

十分凑巧，图 12.2 中曲线 e 有一个水平拐点满足风景透镜的要求，其结构参数如下：

	c	d	n
	0.7675		
		0.15	1.523
	0.60		

有 $f' = 9.99918$，$l' = 9.60387$，$\text{LA}'(f/15) = -0.4729$，光阑距离 $= 0.8641$，光阑直径 $= 0.5830$，匹兹伐和 $= 0.0575$。场曲和畸变的结果如表 12.2 所示。

表 12.2　图 12.5 所示的透镜场曲和畸变

视场/(°)	Z'_s	Z'_t	畸变/(%)
30	-0.603	$+0.074$	$+3.50$
20	-0.246	$+0.005$	$+1.41$

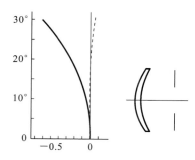

图 12.5　栏前弯月形透镜的像散。
矢量场为实心曲线，切线
场为虚线曲线

透镜直径应当取 1.6 左右(见图 12.5)，使得光线不会以最大倾角进入透镜。注意这个透镜的两个面比前述栏后弯月形透镜强得多。像差余量一般要大些，尤其是球差比后置弯月形透镜(见图 12.4)大得多。尽管如此，通常还是选用栏前风景透镜，因为在焦距相同的条件下，用栏前风景透镜可以使照相机的外形尺寸小些，而且大的栏前透镜起了有效的遮挡作用，能阻止尘埃进入快门机构。为了减小球差，往往用比较平的透镜，但由此造成的向前弯曲的像面必须用一个圆柱形的弯曲片门来部分抵消。这种补偿并不十分好，因为圆柱面不能和球面弯曲的像面配合得很好。

设 计 指 南

　　注意如下现象是有意义的：简单风景透镜保留的球差和色差余量会使景深
显著增大。胶卷相对于透镜的位置准确调整好之后，在从 6 ft(假定)到无穷远的
范围内,任何距离的物体都有某些特定波长和某些特定带的光线在胶卷上清晰成
像。同时其他波长和其他带的光线则有不同程度的离焦。因此,得到的将是叠置
在整个景深范围内不同距离的物体稍为模糊的像上的一个清晰的像。如果曝光
量取偏小值,就可以得到很满意的照片,而且照相机不需要设置调焦机构。

12.3　潜望型透镜

　　在照相技术发展过程中,很早就凭经验发现,将两个相同的风景镜头对称
地放在中心光阑两侧,能消除畸变和横向色差,此时得到的像要比用单个弯月
形透镜所能得到的好。这种透镜称为"潜望型"透镜。

　　设计对称透镜的后半部时,假设在光阑所在的间隔中光线是平行的,这时
自然可以忽略彗差,因为由于对称性它会自动得到校正(至少在一个区域),所
以只需考虑子午场曲。如果透镜的弯曲等于或强于风景透镜,就可以借助
$H'-L$ 曲线选择光阑位置以校平子午像面;而如果它的弯曲弱于风景透镜,则
无法用光阑位置校平像面,这是因为 $H'-L$ 曲线不包含斜率为零的地方。而
且,弯曲越深,光阑越靠近透镜,就能得到更紧凑的系统。

　　让我们采用先前的设计方案中的厚度和折射率,试作一个 $c_1 = -0.8$ 的栏
后弯月形透镜,其结构参数如下:

c	d	n
-0.8		
	0.15	1.523
-0.95198		

有 $f' = 9.99975, l' = 10.41182$,光束倾斜度为 20°时的 $H'-L$ 曲线,如图 12.6 所示。

　　这条曲线说明,若光阑放在距离透镜第一面 -0.85 或 -0.23 的位置,透
镜的子午像面将是平的。我们自然是选择比较近的位置,并且令两个相同的
透镜放在距离第一面 0.23 中央光阑两侧。这样,焦距缩短为 5.3874,所以将
整个系统按照焦距 10 缩放(比例因子 $= 10/5.3874$;请记住,半径是按此值缩
放,而不是曲率),得到的系统如图 12.7(a)所示。

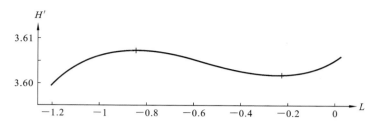

图 12.6　潜望型透镜后组元的 H'-L 曲线（20°）

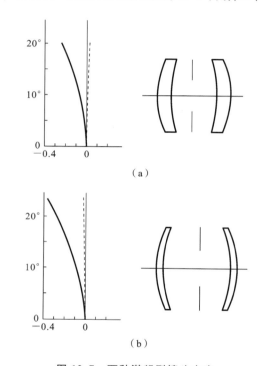

（a）

（b）

图 12.7　两种潜望型镜头方案

c	d	n
−0.51287		
	0.278	1.523
0.431		
	0.427	
	0.427	
−0.431		
	0.278	1.523
−0.51287		

有 $f'=10.00414,l'=9.32841$,光阑直径$(f/15)=0.620$,$LA'(f/15)=$ -0.2959,匹兹伐和$=0.0562$。场曲和畸变如表 12.3 所示。

表 12.3　图 12.7(a)所示的透镜场曲和畸变

视场/(°)	Z'_s	Z'_t	畸变/(%)
19.8	-0.231	$+0.019$	$+0.04$

这里球差和场曲是按照平行光从左端进入系统的情况计算的,但是这个系统却是按照光阑中的光线是平行光线的假设来设计的。这个系统对远处物体的像差和后半部本身单独使用时的像差如此接近,的确令人惊讶。由图 12.7(a)可以清楚地看出,子午像面稍微偏后了一些,因而要稍微减小中间空气间隔以校平子午像面。再者,缩放时镜片不必要地变厚了,所以回头用薄许多的镜片重新设计这个系统是有好处的。

将这个设计方案和原先斯太因海尔(Steinheil)的潜望镜头比较是有趣的,后者的结构属于同一类型。根据冯·罗尔(von Rohr)[1]提供的资料,这种镜头的数据如下:

c	d	n
0.5645		
	0.1316	1.5233
0.4749		
	0.6484	
	0.6484	
-0.4749		
	0.1316	1.5233
-0.5645		

有 $f'=10,l'=9.2035$,光阑直径$(f/15)=0.627$,$LA'(f/15)=-0.355$,匹兹伐和$=0.0615$。像散和畸变如表 12.4 所示。修改后的透镜如图 12.7(b)所示。

表 12.4　图 12.7(b)所示的透镜场曲和畸变

视场/(°)	Z'_s	Z'_t	畸变/(%)
23.4	-0.364	-0.010	$+0.07$

12.4　消色差风景透镜

12.4.1　切瓦列尔(Chevalier)型透镜

这种形式的透镜采用一个火石玻璃在前的消色差双透镜,取微弱的弯月形,光阑在前方,凹面向着远处的物体。

现作为例子,选用下列玻璃:

(1) 肖特 F-10:$n_d = 1.62360$,$V = 36.75$,$\Delta n = 0.01697$;

(2) 肖特 BK-13:$n_d = 1.52122$,$V = 62.72$,$\Delta n = 0.00831$。

对于焦距为 10 时,我们使用式(5-4)算出

$$c_a = -0.2269, \quad c_b = +0.4634$$

假设以等凹火石玻璃镜片为初始方案,规定适当的厚度(实际上这里取得太厚),用 $(D-d)$ 法求末面半径,算出焦距是 10.515。按照焦距 10 缩放之后得到

c	d	n
-0.1189		
	0.28	1.62360
0.1189		
	0.56	1.52122
-0.3424		

有 $f' = 10.00$,$l' = 10.4510$,$LA'(f/15) = -0.162$,匹兹伐和 $= 0.0667$。

下一步是按照 $-20°$ 追迹一组斜光线通过透镜上半部,找出彗差为零的光阑位置(见图 12.8)。这给出了下表中显示的值。

L	H'
0	3.579278
-1.0	3.566382
-2.0	3.577830
-3.0	3.576493

图线拐点在 $L = -1.67$ 处,取 S 形,子午像面显然是向后弯曲的(见第 12.1.2 节)。对几个光束倾斜角用柯丁顿公式追迹,得到如图 12.9 所示的结果(见表 12.5)。

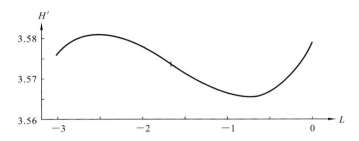

图 12.8 切瓦列尔消色差透镜的 H'-L 曲线$(20°)$

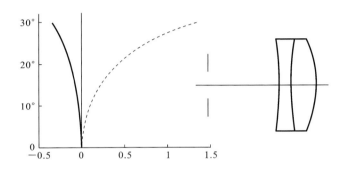

图 12.9 切瓦列尔消色差透镜的像散

表 12.5 图 12.9 所示的透镜场曲和畸变

视场/(°)	X'_s	X'_t	畸变/(%)
30	-0.341	1.325	-4.18
20	-0.134	0.394	-1.84
10	-0.043	0.079	-0.46

　　遗憾的是这种形式的透镜不可能在消除彗差的同时校平子午像面。凹的第一面和中间的色散面都贡献过校正像散,两者大小差不多。令透镜弯曲只不过是增大其中一面的贡献而减小另一面的贡献而已。采用现代钡冕玻璃和折射率相同的火石玻璃的组合,可以构成在单色像差方面与简单风景透镜相似的消色差透镜,中间面只是个隐藏面。另一种解决办法是减弱胶合面,使透镜偏离严格的消色差条件,不过这种透镜成本高于单透镜,因此,这样做很难说是合理的。

12.4.2 格鲁布型透镜

　　1857 年托马斯·格鲁布(Thomas Grubb)[2] 制成一种被他称为阿普兰那

特（Aplanat）镜头的透镜。它是一个冕牌玻璃在前的弯月形消色差透镜。球差主要是由强的胶合面校正的，其后果是要容许彗差或场曲存在，因为两者不能同时校正。格鲁布透镜后来发展成"快速里克梯里尼（Rapid Rectilinear）"透镜，这将在第 12.5.1 节讨论。

12.4.3 采用"新消色差透镜"的风景透镜

"旧"切瓦列尔消色差透镜的胶合面在光束倾斜度大时产生过校正像散。自然，如果采用折射率高于火石玻璃折射率的冕牌玻璃（构成"新消色差镜"），它就会起相反的作用。而且这种折射率组合还有减小匹兹伐和的作用，不过会造成球差显著增大的后果。

新消色差透镜的设计方法完全不同于旧消色差透镜，因为现在是把消色差放到最后做，而按照匹兹伐和以及焦距的要求求出外侧的半径。对于我们选择的玻璃对的折射率，要存在各种不同的色散率与其组合，以供在设计之末做消色差处理时选用。满足这个要求的一对典型的折射率如下：

（1）火石玻璃：1.5348（存在的 V 值为 45.7～48.7）；

（2）冕牌玻璃：1.6156（存在的 V 值为 54.9～58.8）。

首先设想以匹兹伐和 0.03（焦距 10 in）为目标，我们还要估计一个适当的中间面曲率半径和透镜厚度。据此得出初始系统的数据如下：

c	d	n
-0.551		
	0.1	1.5348
0.164		
	0.4	1.6156
-0.5687		

有 $f'=9.9998, l'=10.8865,$ 匹兹伐和 $=0.030$。厚度取得大有助于减小匹兹伐和，而不必用很强的镜片（参见第 11.2.2 节中的"厚弯月形透镜"）。

绘制 $H'\text{-}L$ 图时，采用的光束倾斜角比过去的大，因为新消色差透镜要容纳异常大的视场。图 12.10 中有 $-25°$ 的 $H'\text{-}L$ 曲线。我们看到它的拐点在 $L=-0.326$ 处。像散性场曲也示于该图中。像散曲线也表明它们受到高阶像散和匹兹伐因素的影响。正如在第 11.2.1 节所提到的，当只考虑初级（塞德尔）像差时，从匹兹伐面到子午焦线的纵向距离是相应的弧矢光线像散的 3 倍。

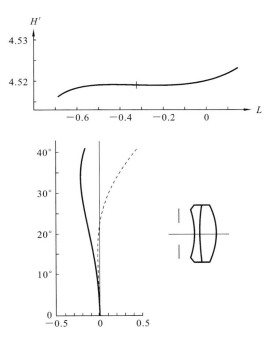

图 12.10 新型消色差透镜的试验方案。矢量场为实心曲线,切线场为虚线曲线

以类似的方式,当产生二阶或五阶匹兹伐项时,从第二匹兹伐面到子午焦线的纵向距离是只考虑初级像差的对应弧矢光线像散的 5 倍[3-5]。场焦点位置可以写为

$$z_t = [(3AST3 + PTZ3)H^2 + (5AST5 + PTZ5)H^4]/u'$$

和

$$z_s = [(AST3 + PTZ3)H^2 + (AST5 + PTZ5)H^4]/u'$$

显然,会聚的中间面应当更强些以令像面向前弯曲,而且匹兹伐和也要小些。因而下一次就以 $c_2 = 0.25$,匹兹伐和 $= 0.027$ 为目标。作这样的改动之后,得到如图 12.11 所示的曲线。

c	d	n
-0.5777		
	0.1	1.5348
0.25		
	0.4	1.6156
-0.57795		

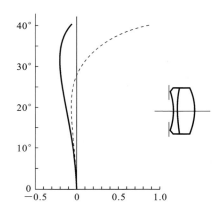

图 12.11 新型消色差透镜的试验方案(第二方案)。矢量场为实心曲线,切线场为虚线曲线

有 $f'=9.99996$,$l'=10.91516$,匹兹伐和 $=0.027$,$\mathrm{LA}'(f/15)=-0.50$,光阑位置 $=-0.102$。场曲和畸变如表 12.6 所示。

表 12.6 图 12.11 所示的透镜场曲和畸变

视场/(°)	Z'_s	Z'_t	畸变/(%)
40	-0.075	0.869	-9.23
30	-0.207	0.027	-4.68
20	-0.130	-0.083	-2.04
10	-0.041	-0.041	-0.46

假设这个方案可以接受,那么最后一步是选定实际玻璃以消色差。用 $(D-d)$ 法试算,得知如下玻璃对很好:

(1) LLF1:$n_e=1.55099$,$\Delta n=0.01198$,$V=45.47$;

(2) N-SK4:$n_e=1.61521$,$\Delta n=0.01046$,$V=58.37$。

当然,应该使用这些特定的透镜来确定设计,因为 n_e 和 V 值有些不同。

上述两个方案哪一个好些,也许还不明显。对于如 $\pm22°$ 那样的窄视场,图 12.10 所示的透镜比较好;而对于如 $\pm33°$ 那样的宽视场,显然是图 12.11 所示的透镜比较好。从这里可以看到,怎样将设计方案作微小改动就会使大视场角上的子午像面有如此大的差异是很有意义的。

球差大无疑是新消色差透镜的缺点。这个缺点被保尔·鲁道夫(Paul Rudolph)在其普罗塔镜头的设计方案中克服了,这将在第 14.4 节讨论。

12.5　消色差双透镜

12.5.1　快速雷克梯里尼镜头

快速雷克梯里尼镜头(又称阿普兰那特镜头)曾经是最流行的照相镜头。这种透镜是对称的,后半部校正球差,像面是平的。为了使结构紧凑,后组元要有大量正彗差。这意味着球差和弯曲的关系图线要上移到零线上方,比通常的望远物镜高得多。为了做到这一点,旧的冕牌-火石玻璃对的 V 差要小,但是希望折射率差大。V 差值取决于要求的孔径和视场大小。对于普通的 $f/6$ 或 $f/8$ 孔径透镜,约为 7.0 的 V 差就可以满足要求,比这个值小的 V 差可以用于设计 $f/16$ 孔径的广角透镜,比这个值大的 V 差可以构成比较长的大孔径透镜,适用于肖像摄影。

这三种方案都已经被不同的厂家采用。起初采用两种火石玻璃,但是大约在 1890 年以后,普遍用普通的冕牌玻璃和轻钡火石玻璃配对(可见第11.2.2节)。

我们选用如下的玻璃对来说明设计方法:

(1) LF-1:n_e＝1.57628,$\Delta n=n_F-n_C$＝0.01343,V＝42.91;

(2) F-1:n_e＝1.63003,$\Delta n=n_F-n_C$＝0.01756,V＝35.87。

阿贝数差是 V_a-V_b＝7.04。设计后组元时,沿用在设计望远镜双透镜中阐述过的方法,只不过由于透镜取强弯月形,开头的 G 和分析没有多大用处,可省略掉。

采用这两种玻璃,按照焦距 10,由 (c_a,c_b) 公式给出,即

$$c_a=1.0577,\quad c_b=-0.8089$$

假设 c_1 约为 c_a 的一半,取负号,作透镜图,令它的直径约等于焦距的十分之一,就可以设定冕牌玻璃镜片的厚度为 0.3,火石玻璃镜片的厚度为 0.1。

作几次弯曲变动,每次用 $(D-d)$ 法对 $f/16$ 光线实现全消色差,得到图 12.12 中的图线。回顾图 7.2 和图 9.4,很明显,我们想要在左边解附近球差和 c_1 的关系曲线,有正彗差,光阑在后面组件的前方。有负彗差的右

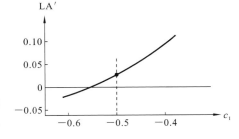

图 12.12　快速雷克梯里尼镜头后组元的弯曲曲线

边解无用,因为它要求光阑在透镜后方,以较平像面。因为这是照相镜头,需要有小量过校正球差以抵消欠校正带球差,如图 12.13(a)所示,所以试以 $c_1=-0.5$ 继续做下去。

这个透镜的焦距为 10.806,$LA_m'=+0.026$,$LZA=-0.0178$。为了找出较平子午场曲的光阑位置,对一系列 L 值作 $20°$ 的 $H'-L$ 图线,即图 12.13(b) 所示。记住,利用填充透镜孔径(假设镜头使用临时光阑)与切向光线的光学设计程序可以很容易地作出该图,然后可观察倾斜状态下切向光线的光扇图。如上所述,横坐标在两个图之中是相反的。极小点落在 $L=-0.2$ 处,L 是从光阑到第一面(凹面)的距离。

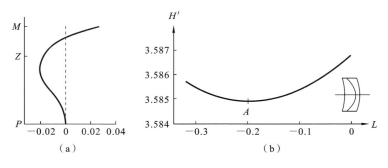

图 12.13 快速雷克梯里尼镜头后组的像差

(a)球差;(b)光束倾斜角为 $20°$ 时的 $H'-L$ 曲线

现在令两个这样的透镜放在一个中央光阑两侧,如图 12.14(a)所示,算出焦距是 5.6676。最好按照焦距 10.0 直接将它缩放,得到如下参数:

c	d	n
0.3974		
	0.1764	1.63003
0.8828		
	0.5293	1.57628
0.2834		
	0.3529	
	0.3529	
−0.2834		
	0.5293	1.57628
−0.8828		
	0.1764	1.63003
−0.3974		

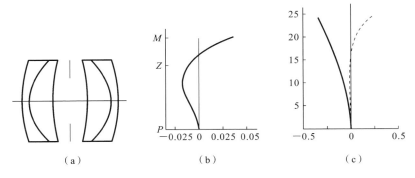

图 12.14　快速雷克梯里尼镜头的最终设计方案

(a) 外观;(b) 纵向球面像差;(c) 像散场曲线的弧矢场是实线,切向场是虚线

有 $f'=10.00,l'=9.0658$,透镜直径=1.8,匹兹伐和=0.0630。对于 $f/8$,无穷远轴上光线有 $\mathrm{LA}'=0.0350$,还知道 $f/8$ 的光阑直径应当是 1.110。$f/11.3$ 带光线给出 $\mathrm{LZA}=-0.0108$,这使我们能够作出图 12.14(b) 中的球差曲线。

为了作出像面曲线,增加两条主光线,它们在光阑空间上的倾斜角分别是 28° 和 12°。透镜之间的光阑空间的主光线倾斜角通常略大于入射或出射倾斜角(参见第 12.5.2 节)。沿这三条主光线追迹,得到弧矢像面和子午像面如表 12.7 所示。

表 12.7　图 12.14(a) 所示的透镜场曲和畸变

外部角度/(°)	光阑上的角度/(°)	Z'_s	Z'_t	畸变/(%)
24.4	28	−0.3411	0.2050	0.09
17.5	20	−0.2013	0.0044	0.04
10.6	12	−0.0789	−0.0196	0.01

两个像面绘于图 12.14(c) 中,与后半部系统十分相似。这种透镜不论球差还是像散都对物距变动十分稳定。这是它被广泛采用的原因之一。

12.5.2　火石玻璃在前的对称消色差双透镜

自然还有一种和快速雷克梯里尼镜头并列的系统,它的后组是一个球差校正好的、火石玻璃在前的消色差透镜。设计这样的透镜时,可以采用和快速雷克梯里尼镜头相同的玻璃对,按照 $f/16$ 作球差和弯曲的关系曲线,自然是采用左边解,彗差是正的(见图 12.15)。对于图中每一点,透镜末面半径都是用 $(D-d)$ 法按照严格消色差要求确定的。按照焦距 10 缩放各面曲率,和前次一样,仍然规定厚度为 0.1 和 0.3。

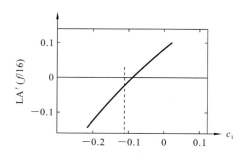

图 12.15　火石玻璃在前的双透镜的球差和弯曲的关系

我们记得,在设计望远镜物镜时,火石玻璃在前的双透镜的左边解的带球差比冕牌玻璃在前的双透镜的左边解小得多(见第 7.2 节)。所以打算将这个方案设计成一个孔径为 $f/4.5$ 的"肖像"镜头,它的视场要比快速雷克梯里尼镜头小一点,于是新镜头的后半部要以 $f/9$ 工作。图 12.15 所示的是 $f/16$ 的像差,我们必须选欠校正球差余量小的弯曲(如选 $c_1 = -0.11$)。这样就得到后半部系统的数据如下:

	c	d	n
	-0.11		
		0.1	1.63003
	0.69		
		0.3	1.57628
$(D-d)$	-0.3489		

有 $f' = 10.0542$,$l' = 10.3008$,匹兹伐和 $= 0.0706$,$\text{LA}'(f/9) = -0.0336$,$\text{LA}'(f/11.4) = -0.0365$,$\text{LA}'(f/16) = -0.0254$。$f/9$ 处的像差余量有意取负的,因为已经知道将两个相似的组元放在中央光阑两侧会使球差向过校正方向变化。自然,末面半径仍用 $(D-d)$ 法确定。

为了确定光阑位置,按照光束倾斜角 $-20°$ 追迹几条光线,作出 $H'\text{-}L$ 曲线,如果 12.16 所示。曲线最小值落在 $L = -0.50$ 处,在这里子午像面是平的。令两个这样的透镜放在中央光阑两侧,如图 12.17 所示,并且按照 $f' = 10$ 缩放之后得到如下数据:

c	d	n
0.19450		
	0.5382	1.57628
−0.38462		
	0.1794	1.63003
0.06132		
	0.8970	
	0.8970	
−0.06132		
	0.1794	1.63003
0.38462		
	0.5382	1.57628
−0.19450		

有 $f' = 10.0$，$l' = 8.4795$，匹兹伐和 $= 0.0787$，$\mathrm{LA}'(f/4.5) = +0.0181$，$\mathrm{LA}'(f/5.6) = -0.0069$，场曲和畸变如表 12.8 所示。

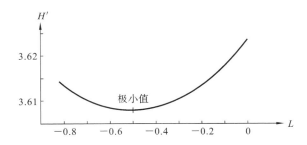

图 12.16　火石玻璃在前的双透镜后组元的 $H'\text{-}L$ 曲线($20°$)

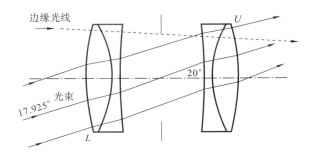

图 12.17　已设计完成的 $f/4.5$ 对称肖像镜头

表 12.8　图 12.17 所示的透镜场曲和畸变

物空间中的角度/(°)	光阑上的角度	Z'_s	Z'_t	畸变/(%)
24.956	28°	−0.496	+0.543	+0.21
17.925	20°	−0.294	−0.021	+0.10
10.798	12°	−0.115	−0.055	+0.03

作出这个系统的像面和像差图,并且使它和快速雷克梯里尼镜头相应的数据作一个有趣的比较(见图 12.18)。从这个比较中就会明白要把上述火石玻璃在前的对称消色差透镜用来做肖像镜头的原因了。

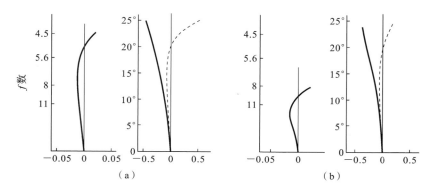

图 12.18　快速雷克梯里尼镜头比较

(a)火石玻璃在前的透镜;(b)冕牌玻璃在前的透镜(RR)

(f'=10 时的球差和像散曲线,弧矢场用实线表示,切向场用虚线表示)

作为最后的校验,按照 17.925°的光束倾斜角追迹一组光线,和已经追迹过的 20°主光线一起,作出 H-$\tan U$ 曲线,如图 12.19 所示。如前所述,进入平行光束的斜光束的倾斜角与透镜两端的空间中的倾斜角稍微不同。这条曲线的两端表示通过光阑上、下顶点的光线。可以看到,下光线很坏,应当遮挡掉。通常在这类透镜中令各面的通光孔径等于轴上边缘光线的入射孔径,后者 Y=1.1111。这个限制截除了许多下部光线,将真正的下界限光线放置在图 12.19 中的 L 点,透镜如图 12.17 所示。同时还使孔径上部减小了一点,上界限光线放置在 U 点。

自然,这个透镜还有小量的负彗差(参见式(4-8)),它的大小是

$$coma_t=\frac{1}{2}(H'_U+H'_L)-H'_{pr}=-0.0182$$

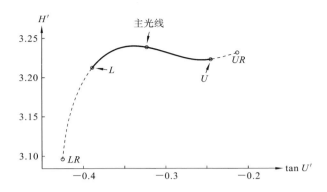

图 12.19　最终得到的系统的子午光线图(视场角 17.9°)

假定弧矢彗差是子午彗差的三分之一,相应的 OSC 是－0.00096,小到可以忽略,更何况这种类型的透镜看来不会用于宽至 17.9°的视场角,参见第4.3.4 节和第 9.3 节。

虽然把这个透镜看成肖像镜头,但是实际上很少这样用,而是很适宜作为一倍(或接近一倍)的传像透镜用在望远镜中,这时由于对称性,彗差和畸变会自动消除(见第 11.6 节)。

12.5.3　长望远传像透镜

在许多望远镜或潜望镜结构形式中,在物镜和目镜之间放进一个一倍或接近一倍的正像系统,用这种方法得到正像。这个正像镜常由两个相同的双透镜对称地放在中央光阑两侧构成。这两个双透镜是校正了球差的。光阑位置选在使像平面平坦处,和快速雷克梯里尼镜头完全一样,不同的只是现在需要的是长系统而不是短系统。

正如在设计快速雷克梯里尼镜头时曾经在第 12.5.1 节指出过的,后透镜彗差越大,为取得平像面要求光阑作的移动量越小,从而传像距离越短。于是,为了长距离传像,就要用彗差很小的消球差透镜。所以选用这样的方案:它的球差和弯曲的关系曲线只有一小部分在横坐标轴上方,而且这个正像镜所用的后组元要有正彗差,以使平像场的光阑位于透镜前方。

参看第 9.3.5 节的正常双胶合透镜的弯曲曲线,我们知道左边解有正彗差,适宜做望远镜传像镜后组。如同设计快速雷克梯里尼镜头那样,追迹几条通过透镜上半部的互相平行的斜光线(现在光束倾斜角可取 4°为适宜),找出平像场的光阑位置。火石玻璃在前透镜的左边解比冕牌玻璃在前的左边解优越得多,因为前者的带球差只有后者的三分之一左右,这里就取前者。这个透镜 H' 和 L 的关系曲线如图 12.20 所示,极小值在 $L=-3.2$ 处,这就是光阑位置。算出光阑在这个位置时,光束倾斜角 $4°$ 的像散是 $Z'_s=-0.0117$,$X'_t=+0.0006$,达到平子午像面要求。因此,将两个这样的透镜装在中央光阑两侧,就能构成一个完美的传像镜(见图 12.21)。

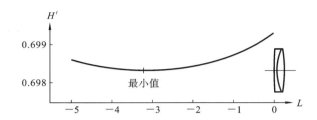

图 12.20　火石玻璃在前的望远镜物镜的 $H'-L$ 曲线(倾斜角 $4°$)

图 12.21　两个火石玻璃在前的物镜构成的望远镜传像系统(光阑位于平场位置)

若要求更长距离的传像,则球差曲线还应降低些。这时可以用在第 10.3 节讨论过的左边解作为后组。这样,光阑位置在透镜前方 9.2 处(按照很小的光线倾斜角 $2°$ 计算),接近前焦点,使系统变成是像方远心传像组。两个这样的系统组合形成 1∶1 远焦像方远心传像组。它用于轮廓投影仪中,工作距离比较长,或者用于管道镜中,这时候可以用到依次排列的四个传像镜,而不必在中间实像上加场镜。这点很重要,因为当使用场透镜时,它必须具有正的功率并且将对场曲产生不利影响。

潜艇上的望远镜中的主传像镜是由一对高度校正好的齐明物镜组成的,两者之间的距离等于它们焦距的 2～3 倍,视场角小于 $1°$。这时只要子午像面是平的,像散就可以忽略。如通常那样,彗差由于对称性而得到校正。

12.5.4　罗斯(Ross)"同心"透镜

可以将两个深度弯曲的新消色差透镜放在中央光阑两侧,构成一个对称物镜,罗斯"同心"透镜就是这种结构的一个典型的例子,施罗德(Schroeder)在 1889 年取得专利。根据冯·罗尔[6]的报导,其后半部结构如下(按照焦距 10 缩放之后):

c	d	n	V
	0.194	（空气）	
−1.94125			
	0.020	1.5366	48.69
0			
	0.071	1.6040	55.31
−1.78358			

有 $f'=10, l'=10.5961, L_{pp}=+0.6166$, 匹兹伐和 $=-0.00618$。玻璃假定是轻火石玻璃 No.26 和重钡冕玻璃 No.20（按照 1886 年肖特玻璃手册）。最近的"现代"肖特玻璃 26 号是 LLF-6，而 20 号是 SK-8。

追迹倾斜角 $-20°$ 的光束上的一组子午光线，作出 H'-L 曲线，如图 12.22（a）所示。显然，平子午像面的光阑位置应当在 $L=-0.237$（A 点）附近，但是罗尔提供的数据是在 B 点，这里 $L=-0.194$，像面稍微向后弯曲（附带说明，

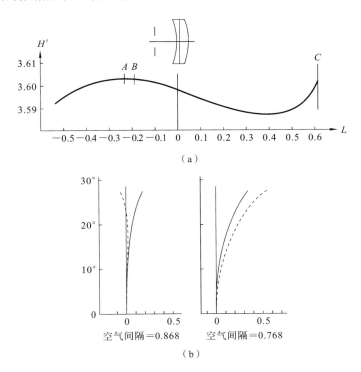

（a）

图 12.22 罗斯同心透镜

（a）后半部的 H'-L 曲线（20°）；（b）全透镜的像散。像散场曲线的弧矢场是实线，切向场是虚线

对一个真正的同心透镜作的测量结果在各方面都和这些数据不一致)。前主点在 C 点。

将两个这样的透镜组合起来,并且按照焦距 10 缩放之后,算出 $f/15$ 的球差是 -0.65,所以不能用于超过 $f/20$ 左右的孔径(球差减小到约 0.27)。取适当的空气间隔(0.868),作出像面曲线,如图 12.22(b)所示,该图中还有按照冯·罗尔的空气间隔数据(0.768)作的像面曲线。弧矢像面向后弯曲,这是不常见的。这自然是由负的匹兹伐和所造成的。中央空气间隔的微小变动对两个像面的影响如此之大是值得注意的。

注释

1. M. von Rohr, *Theorie und Geschichte des Photographischen Objektivs*, p. 288. Springer, Berlin (1899).

2. T. Grubb, British Patent 2574 (1857).

3. R. R. Shannon, *The Art and Science of Optical Design*, pp. 256-257. Cambridge University Press, Cambridge (1997).

4. H. A. Buchdahl, *An Introduction to Hamiltonian Optics*, pp. 66, 132. Cambridge University Press, Cambridge (1970).

5. H. A. Buchdahl, *Optical Aberration Coefficients*, p. 76, Dover, New York (1968). 在式(31.8)中使用极性和非极性系数之间的关系,在式(41.21)中二阶匹兹伐曲率为 $(5\mu_{11} - \mu_{10})/4$。

6. M. von Rohr, p. 234. Also see U. S. Patent 404, 506.

第 13 章
光阑固定的对称
双消像散透镜

13.1 达戈镜头设计

在快速雷克梯里尼镜头出现之后的 25 年间,设计者们试图减小它的匹兹伐和,并消除像散(后者限制了雷克梯里尼镜头在边缘视场的性能),但是都未能获得成功。1892 年德国设计家冯·霍格(von Hoegh)[1] 提出了三点有效的建议:① 在快速雷克梯里尼镜头的火石玻璃镜片中加进一个凸向光阑的会聚面,使半部系统由双透镜变成三合透镜;② 由里到外,距离光阑越远的镜片的折射率要越高;③ 两外侧的面的曲率半径要大致相等,并且使透镜充分加厚以得到必要的焦距和匹兹伐和。他用这种方法制造了著名的"哥茨(Goerz)双消像散镜头",后来改称达戈(Dagor)[2] 镜头,它的消像散视场相当宽(相对孔径为 $f/6.3$)。当然,对称性自动消除了三种横向像差,在两半部中留给设计者校正的只有球差、色差和像散。

作为设计这种透镜的例子,首先选择三种折射率为 1.517、1.547 和 1.617 的玻璃,当然还有其他玻璃可供选用且同样令人满意。具有这些折射率而有不同色散率的玻璃有很多,因而在设计之末可以从玻璃手册中选用适当的玻璃来使透镜消色差。当焦距为 10 时,可以令半部系统取半径 -1、-0.5、$+2$

和以−1作为设计的出发点,用比例作图法确定厚度分别为0.14、0.06和0.19。

这几个厚度实际上稍微小了一点,不过最好令透镜尽可能薄些,以减小大视场角时的渐晕。光阑位置将不作为自由度(因为我们可以校正全部像差而不必调整光阑位置),所以使光阑尽可能靠近透镜,如距离透镜0.125。

我们这样利用后组元的四个半径:按照焦距要求求出r_4之后,改动r_1以达到期待的匹兹伐和。内部的两个面对匹兹伐和贡献甚小。我们发现这种透镜的匹兹伐和的适当值是0.018左右(当焦距为10时)。改动r_2使边缘球差与0.7带的带球差[3]大小大致相等而符号相反,并且选择适当的r_3使以30°角通过光阑中心的主光线的子午像面是平的。

利用上述试验性的初始数据,为了达到期待的焦距和匹兹伐和,c_1必须取−0.78,c_4必须取−0.7748。于是初始系统如下:

c	d	n
	0.125	(空气)
−0.78		
	0.14	1.517
−2.00		
	0.06	1.547
0.50		
	0.19	1.617
−0.7748		

有$f' = 10.0$,$l' = 11.057$,匹兹伐和$= 0.0182$,光阑直径($f/12.5$)$= 0.8$,$LA'(f/12.5) = 0.160$,$LZA(f/17.7) = -0.150$,30°的$X'_t = -0.076$。

图13.1中有这个透镜按比例作的图。意外地,球差尚好,可以接受。只是30°子午像面的向内弯曲超出允许的程度,因而稍微减小c_3,它的适当值是0.486。这样$X'_t = -0.0056$,$X'_s = -0.0686$。按照其他倾斜角再追迹几条主光线,作出系统后半部的像面曲线,如图13.1所示。

把这个看成是满意的后组,令两个这样的透镜组装在一起,缩放成总焦距等于10。给出如下的前半部与后半部对称的关系:

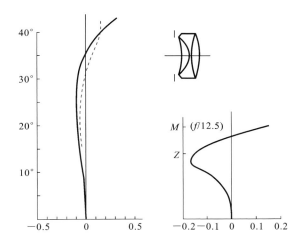

图 13.1 $c_3 = 0.486$ 时达戈透镜后半部的像差($f' = 10$)

c	d	n
0.4464		
	0.3304	1.617
−0.2795		
	0.1043	1.547
1.1502		
	0.2434	1.517
0.4486		
	0.2173	
光阑	后半部关于光阑对称	

有 $f' = 10.0$,$l' = 9.2260$,匹兹伐和 $= 0.0211$,光阑直径($f/6.8$)$= 1.276$,LA'($f/6.8$)$= 0.0001$,LZA($f/9.6$)$= -0.1130$。球差过校正程度比半部系统小得多,可以采用将强面稍微再弯一点的办法改善。

要注意,它的带球差大于相应的快速雷克梯里尼镜头的带球差。这是达戈型镜头最大的问题。像面图如图 13.2 所示,可以看到它和半部系统没有大的差别,只是有小量畸变(30°时约为 0.13%),但可以忽略。

设计的最后一步是选择玻璃以消色差。回头作通过后半部的边缘光线追迹,计算三个镜片各自的 $D - d$ 值。当孔径为 $f/12.5$ 时,它们分别是 -0.27299、$+0.50191$ 和 -0.25560。我们的任务是找出和原设计方案中折射率相近的三种玻璃,它们的 Δn 值应当使 $\sum (D-d)\Delta n = 0$。从肖特玻璃手册中很容易查

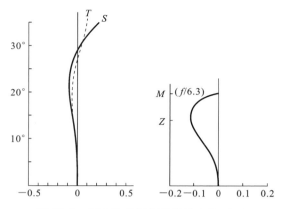

图 13.2 整个达戈透镜的像差($f'=10$)

出,如下玻璃组可以构成消色差组:

(1) KF-3:$n_e=1.51678$,$\Delta n=0.00950$,$V_e=54.40$;

(2) KF-1:$n_e=1.54294$,$\Delta n=0.01079$,$V_e=50.65$;

(3) SF-6:$n_e=1.61635$,$\Delta n=0.01100$,$V_e=56.08$。

这些折射率接近原设计要求,但不准确相等,因而必须用实际玻璃的准确折射率数据重复上述全过程,以求得最后方案。

设 计 指 南

这个镜头是一个很好的例子,可以让镜头设计者了解如何设计具体的参数,如半径和厚度来控制各种像差。通常这些参数不是独立和正交的,但是往往相关性很小。这就是为什么"图像倍增"技术经常要用合理的线性操作在那些案例中。当这些参数相关性更强时,就可以用图14.10所示的非线性方式。

采用光学自动设计程序来设计一个达戈透镜,是手工和程序设计法进行结果比较的一个有趣的练习。很多人会发现,该程序由于没有镜头设计者那种固有思维模式,往往会采取意想不到的路径来求解。通常,程序会尝试使用超过所需控制像差范围的厚度。所以在早期阶段,通常不允许调整玻璃厚度和适当控制组件之间的间距被认为是好办法。

13.2 有空气间隔的双分离型透镜设计

这是指有四个互相分离的镜片的对称系统,如图13.3所示。这种结构是冯·霍格[4]发明的,称为"哥茨 B 型双消像散镜头",后来又改称赛洛(Celor)镜头。后半部的双分离消色差透镜有五个自由度,即两个光焦度、两个弯曲和一个空气间隔,可以用来取得期待的焦距和校正四种像差:匹兹伐和、球差、纵向色差和像散。若将两个这样的透镜对称地组装在中央光阑两侧,则可以校正三种横向像差:彗差、畸变和横向色差。光阑位置不作为自由

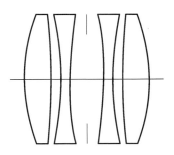

图 13.3 分离型物镜

度,因为已经有足够的变量而不必利用它。不过这个透镜通常是用于远距离物体的,所以可能不得不稍微偏离全对称,以消除彗差余量。

首先确定后组元两个镜片的光焦度和间隔,以求达到期待的透镜光焦度、色差和匹兹伐和值,这样会节省许多时间。这时系统按薄透镜处理,使用了第 11.7.2 节的赛德尔贡献公式(见式(11-14))。设计薄透镜时要求解下列三个关于 ϕ_a、ϕ_b 和 d 的方程式:

$$\sum y\phi = y_a\phi_a + y_b\phi_b = \Phi y_a \text{(光焦度)} \tag{13-1}$$

$$\sum \frac{y^2\phi}{V} = \left(\frac{y_a^2}{V_a}\right)\phi_a + \left(\frac{y_b^2}{V_b}\right)\phi_b = -L'_{ch}u_0'^2 \text{(纵向色差)} \tag{13-2}$$

$$\sum \frac{\phi}{n} = \left(\frac{1}{n_a}\right)\phi_a + \left(\frac{1}{n_b}\right)\phi_b = Ptz \text{(匹兹伐和)} \tag{13-3}$$

利用式(13-1)将 y_b 表示成 y_a 的函数:$y_b = y_a(\Phi-\phi_a)/\phi_b$,代入式(13-2)得到

$$\frac{y_a^2\phi_a}{V_a} + \frac{y_a^2(\Phi-\phi_a)^2}{\phi_b V_b} = -L'_{ch}u_0'^2 \tag{13-4}$$

又根据式(13-3)得到

$$\phi_b = n_b(Ptz-\phi_a/n_a) \tag{13-5}$$

代入式(13-4)得到 ϕ_a 的二次方程

$$\phi_a^2(V_a-V_b n_b/n_a) + \phi_a(Ptz\, n_b V_b - 2\Phi V_a - L'_{ch}\Phi^2 V_a V_b n_b/n_a)$$
$$+ \Phi^2 V_a(1+L'_{ch}Ptz\, n_b V_b) = 0 \tag{13-6}$$

因而由式(13-6)求出 ϕ_a,由式(13-5)求出 ϕ_b,最后用如下公式计算间隔 d:

$$d = \frac{\phi_a+\phi_b-\Phi}{\phi_a\phi_b} \tag{13-7}$$

作为设计这种透镜的例子,我们首先按照焦距为 10、匹兹伐和为 0.030

(0.3%的 f')和纵向色差为零的要求解出后组元。选择玻璃时要当心,若 V 差太大,则负透镜会太弱而不能校正其他像差。下面是一组适当的玻璃:

(1) 钡火石玻璃:$n_D=1.6053$,$n_F=1.61518$,$n_C=1.60130$,$V=43.61$;

(2) 重钡冕玻璃:$n_D=1.6109$,$n_F=1.61843$,$n_C=1.60775$,$V=57.20$。

有 V 差$=13.59$。由上述代数解给出

$$\phi_a=-0.4958, \quad \phi_b=0.5458$$

因为 $\phi=c/(n-1)$,可以算出

$$c_a=-0.8191, \quad c_b=0.8934, \quad d=0.1848$$

至此薄透镜光焦度和间隔设计完毕。

现在我们可以着手确定后半部系统两个薄镜片的弯曲状态以校正球差和像散,但是最好在这样做之前,先加进厚度并且令两个组元组合起来。要确定厚度先要决定做成的透镜的相对孔径,后者取 $f/6$ 较恰当。这样后组元孔径是 $f/12$ 左右,直径取 1.0 是恰当的。于是两个镜片的厚度将是 0.06(火石玻璃镜片)和 0.20(冕牌玻璃镜片)。

初始弯曲状态这样选定:火石玻璃透镜总曲率的 40% 给后组元负镜片的第一面,冕牌玻璃镜片总曲率的 25% 给后组元正镜片的第一面。不过由于有一定厚度,必须令每一个厚镜片按照它的理想薄透镜光焦度缩放,还要调整空气间隔以保持相邻主点之间的理想间隔。最后令光阑距离火石玻璃镜片 0.12,得到的整个透镜数据如下:

c	d	r	n
$c_1=-c_8=0.6788$		(1.473)	
	0.2		火石玻璃
$c_2=-c_7=-0.2263$		(−4.418)	
	0.0756		空气
$c_3=-c_6=-0.4893$		(−2.043)	
	0.06		冕牌玻璃
$c_4=-c_5=0.3262$		(3.065)	
	0.12		空气
(光阑)			

这个透镜的形状按比例画在图 13.3 中。焦距为 5.6496,匹兹伐和(对于 $f'=10$)为 0.04039。取 $Y_1=0.3323$,追迹 F、C 光的 $f/8.5$ 光线,求得带色差

0.03312。匹兹伐和增大是由于透镜有一定厚度造成的。

现在要令匹兹伐和、色差恢复原值,为此改动两个冕牌玻璃镜片的光焦度和两个外侧空气间隔,维持对光阑的对称性而让焦距变动。当然,改动火石玻璃镜片也是同样易行的,但是必须固定采用一种办法,否则不能取得满意的结果。这时使用双参数图会很方便。令带色差作为纵坐标,$f'=10$ 时的匹兹伐和作为横坐标,起始点是 $(0.0404, 0.0331)$,目标点是 $(0.034, 0)$。试令两个外侧的空气间隔改变 0.05,给出色差 $=-0.0016$,匹兹伐和 $=0.0368$,然后令两个火石玻璃镜片两面减弱 2%,得到色差 $=0.0133$,匹兹伐和 $=0.0331$。由图 13.4 可知,应该令初始空气间隔增加 0.061,冕牌玻璃透镜面减弱 1.24%。这种改动使色差变成零,匹兹伐和 $=0.0339$。

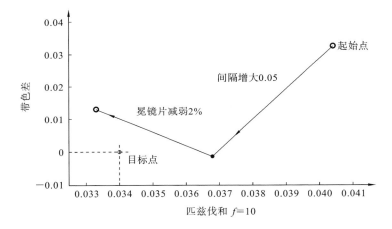

图 13.4 色差和匹兹伐和的双参数图

这时算出

$$LA'=边缘球差=0.1335, \quad 22°的\ X'_s=0.1088$$
$$LZA=带球差=0.0429, \quad 22°的\ X'_t=0.4216$$

我们要求边缘球差和带球差大小相等而符号相反,即 $LA'+LZA=0$,还希望 $X'_t=0$ 以实现平的子午像面。我们用同时弯曲两个冕牌玻璃镜片和两个火石玻璃镜片(参数保持对称性)的办法来实现这个要求。

在图 13.5 所示的双参数图中,我们看到在起始点处 $X'_t=0.4216$,$LA'+LZA=0.1764$。目标点是 $(0,0)$。将冕牌玻璃镜片弯曲 $(\Delta c_1=-0.02)$,使它更加接近等凸形,给出 $X'_t=0.1344$ 和 $LA'+LZA=0.1742$。再将火石玻璃镜片弯曲 $(\Delta c_3=+0.02)$,使它更加接近等凹形,有 $X'_t=0.0254$,$LA'+LZA=$

0.0494。该图线说明，应当取 $\Delta c_1 = -0.0190$，$\Delta c_3 = +0.0282$。作这些改动之后得出 $X'_t = -0.0043$，$LA' + LZA = 0.0022$，都是可以接受的。现在 $f' = 10$ 的匹兹伐和是 0.0341，带色差是 -0.0010，两者都几乎不受我们施于透镜的微小弯曲所影响。

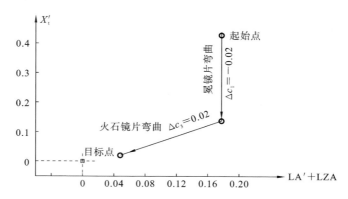

图 13.5　球差和场曲的双参数图

至此，对称系统的结构如下：

c	d	n
$c_1 = -c_8 = 0.6514$		
	0.20	火石玻璃
$c_2 = -c_7 = -0.2425$		
	0.1366	空气
$c_3 = -c_6 = -0.4611$		
	0.06	冕牌玻璃
$c_4 = -c_5 = 0.3544$		
	0.12	空气
（光阑）		

四个纵向像差处于期待值上。现在必须考察横向像差，看它们被透镜对称性消除得怎样。

追迹 C、D 和 F 光的 22° 主光线，求得畸变是 0.474%，横向色差是 0.000362。两者都是正的，所以可以用令小量光焦度由前方向后方转移的办法同时得到改善。将前面的冕牌玻璃镜片两面都减弱 2%，而后面的冕牌玻璃镜片两面都增强 2%，会使畸变减至 0.190%，横向色差减至 -0.00017，现在两者都是可以接受的。只是这些改动对其他像差校正稍有影响，现

在有

$$焦距 = 5.4122$$

$$带色差 = -0.00022$$

$$匹兹伐和 = 0.0341(当 f' = 10)$$

$$LA' + LZA = -0.0158$$

$$X'_s = 0, \quad X'_t = 0.0304$$

因为最后的改动使球差和场曲稍有变化,我们回到图 13.5,用 $\Delta c_1 = -0.0034$ 和 $\Delta c_3 = -0.0027$ 令它恢复原状。这样系统变为

c	d	n_D
0.6350		
	0.2	1.6109
−0.2411		
	0.1366	
−0.4638		
	0.06	1.6053
0.3517		
	$\dfrac{0.12}{0.12}$	
−0.3517		
	0.06	1.6053
0.4638		
	0.1366	
0.2508		
	0.2	1.6109
−0.6610		

有半透镜焦距 $= 5.4212$,带色差 $= 0.00011$,匹兹伐和 $(f' = 10) = 0.0342$,LA' + LZA = −0.0022;对于 22°,$X'_s = -0.0088$,$X'_t = -0.0005$,畸变 = 0.189%,横向色差 = −0.00017,光阑直径 $(f/6) = 0.7896$。现在只有彗差尚未知道,需要确定。

计算彗差最容易的办法是追迹几条斜光线,对 2～3 个光束倾斜角作子午光线图,观察该图线,看它是否取抛物线形状。一般来说,它是混合有立方曲线的形态(因为有斜光束球差存在),以及由内弯或外弯的子午场曲引起的总倾斜。如果抛物线形状不很明显,则彗差量就不大,与其他不可避免地要出现

的像差余量相比,是可以忽略的。然而,如果彗差占主要地位,就必须将它减小,为此将两个冕牌玻璃镜片向同一方向弯曲,而不是如先前校正球差和场曲那样对称于光阑弯曲。

在本例中,子午光线族是按照三个光束倾斜角 $10°$、$16°$ 和 $22°$ 追迹的,如图 13.6 所示。横坐标是光线的 A 值,即每条光线在第一面的切面上的入射高[5]。图中曲线的两个端点要由全透镜的前、后通光孔径决定。

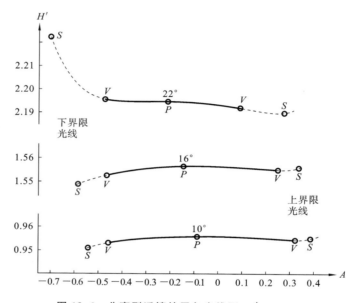

图 13.6 分离型透镜的子午光线图（$f' = 5.42$）

通常这种短焦透镜是按照轴上边缘光线的初始孔径(在本例是 $f/6$ 即 0.904)来决定八个面的通光孔径的。倾斜度不同的光束的界限光线用试算的办法确定,它们是:下界限光线交第一面(r_1)于 -0.452 的高度,上界限光线交第八面(r_8)于 $+0.452$ 的高度。这些界限光线在图 13.6 中以 V 表示,光路如图 13.7 所示。如果没有拦光,上、下界限光线就只受光阑限制,它们在图 13.6 中以 S 表示。可以清楚地看到,出现拦光大有好处,尤其是对 $22°$ 的下界限光线;如果没有这种拦光,高级彗差将会造成不良的不对称光晕。

从图中可以看出,有少量负彗差余量,需将前、后冕牌玻璃透镜作少量负弯曲以消除它。发现 -0.005 的 Δc 已经足以使这三条曲线变直。为了精益求精,再作极微小的弯曲以消除 LA' 和 X_c' 余量,即令 $\Delta c_1 = -0.0005$ 和 $\Delta c_3 = -0.0025$。最后按照焦距 10 缩放,得到如下结构:

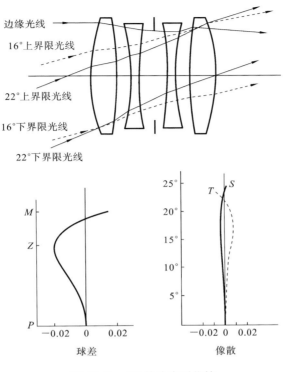

图 13.7 f/6 的分离型物镜

c	d	n_D
0.34138		
	0.369	1.6109
−0.13373		
	0.252	
−0.25288		
	0.111	1.6053
0.18937		
光阑	0.221 / 0.221	
−0.18937		
	0.111	1.6053
0.25288		
	0.252	
−0.13357		
	0.369	1.6109
−0.36091		

有焦距 $f'=10.0, l'=9.1734$，匹兹伐和 $(f'=10)=0.0342$，$LA'(f/6)=0.0143$，$LZA(f/8.5)=-0.0193$；对于 $22°$，$X'_s=-0.0155$，$X'_t=0$，畸变 $=0.218\%$，横向色差 $=-0.0004$；带色差 $=0.0001$。

最后得到这个系统的像差如图 13.7 所示。有趣的是，光焦度和弯曲经过这样一系列的改动之后，半径 r_2 和 r_7 几乎相等。将这两个正镜片中的一个或者二者一同作微小弯曲以使它们相等，在加工方面更经济。

这种分离型物镜性能极佳，可以做到 $f/3.5$ 左右，不过视场限于离轴 $22°\sim24°$。

13.3 双高斯型物镜

数学家高斯曾经指出，望远物镜可以由两个弯月形镜片构成，好处是这样的系统没有色球差。不过这种装置有许多缺点，因而在大型望远镜中并没有得到应用。克拉克(Alvan G. Clark)试图采用这种系统而未能成功，但是他很有见识地认为，两个这样的物镜对称地装在中央光阑两侧，会构成一个很好的照相镜头。他这种想法在 1888 年得到了专利[6]，并且博士伦(Bausch and Lomb)公司在 1890 年至 1898 年间曾经出售一种采用这种结构形式的镜头，称为克拉克镜头。同一结构形式还用于 Ross Homocentric、Busch Omnar 和 Meyer Aristostigmat 等镜头中。柯达公司在它的光焦厄克塔(Wide Field Ektar)镜头中则采用了一种非对称结构。

克拉克提出的这种方案适用于小孔径大视场物镜，设计方法和前一节阐述过的分离型镜头的设计十分相似。不过选用的两种玻璃在 V-n 图上的距离要比上次更远一点，下面是其中的一组：

(1) 重火石玻璃：$n_D=1.6170$，$V=36.60$，$n_F=1.62904$，$n_C=1.61218$；

(2) 重钡冕玻璃：$n_D=1.6109$，$V=57.20$，$n_F=1.61843$，$n_C=1.60775$。

用这两种玻璃，由式(13-5)和式(13-6)可以解出后组元两个镜片的光焦度，这当中假设 L'_{ch} 为零，匹兹伐和比较小，取 0.028(焦距 10)。两个镜片的光焦度比上一次小得多，空气间隔则大得多，有

$$\phi_a=-0.2937, \quad c_a=-0.4760$$
$$\phi_b=0.3376, \quad c_b=0.5526$$
$$d=0.5657$$

因为两个镜片是弯月形的,我们可以令 $c_1 = 1.9c_a$ 和 $c_3 = -0.17c_b$ 作为起始状态。对于孔径为 $f/16$ 的半部系统,可以试将火石玻璃镜片(直径 0.9)的厚度取为 0.1,冕牌玻璃镜片(直径 1.9)的厚度取为 0.3(实际上它比实际需要的厚一点,取 0.23 更好)。和前一节的做法一样,加进厚度之后令每一个镜片按照它原来的光焦度缩放,并且算出必要的空气间隔,以使两镜片相邻主面之间的间隔恢复原值。光阑以放在负镜片前方 0.15 处为合适。

用两个这样的半部系统组成整个透镜,焦距为 6.255,带色差为 -0.00398,匹兹伐和(对于焦距 10)为 0.0249。和上次一样,现在着手用改变两个外侧空气间隔和两个正镜片光焦度(经常保持对称性)的办法校正色差和匹兹伐和。所用的双参数图如图 13.8 所示。

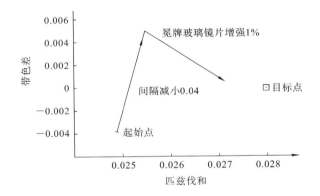

图 13.8 色差和匹兹伐和的双参数图

图 13.8 表明,应该令两个冕牌玻璃镜片加强 1.47%,两个外侧空气间隔减小 0.0466。作这样的改动之后,得到如下的前半部系统(后半部与前半部到光阑中心距离均为 0.15):

c	d	n_D
0.6491		
	0.3	1.6109
0.0952		
	0.1860	
0.4141		
	0.10	1.6170
0.9044		
	0.15	

有焦距 $f' = 6.0810$,孔径 $= f/8$,带色差 $= 0.00015$,匹兹伐和($f' = 10$)$=$ 0.0279。我们认为这样的余量已经满足要求,进而对称地弯曲各镜片,以校正球差和子午场曲。这两种像差现在是[7]

$$f/8\ 球差 = -0.0652$$
$$f/11.3\ 带球差 = -0.0311$$
$$LA' + LZA = -0.0963$$
$$(32°)\ X'_s = 0.1538, \quad X'_t = 0.0937$$

分别弯曲冕牌玻璃镜片和火石玻璃镜片的结果如图 13.9 所示,经过几次试探性计算之后,知道应该令前冕牌玻璃镜片弯曲 0.0128,前火石玻璃镜片弯曲 0.0627,以同时消除球差和子午场曲。经过这样的改动之后,得到

$$焦距 = 5.8951, \quad LA' = -0.0020, \quad LZA = -0.0003$$
$$X'_s = 0.1196, \quad X'_t = -0.0049$$

满足要求。但是我们发现上述弯曲破坏了原先的匹兹伐和与色差的校正,现在匹兹伐和 $= 0.0271$,带色差 $= -0.0067$(焦距 10)。透镜形状的任何改变都会影响全部像差,这是弯月形镜片的特点,这种令人遗憾的特点使高斯型透镜的设计比规格相当的分离型透镜的设计要困难和费时得多。

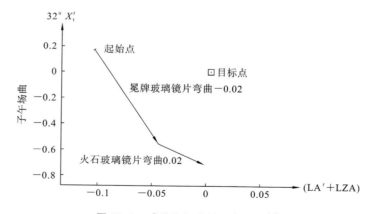

图 13.9 球差和场曲的双参数图[8]

为了消除匹兹伐和与色差的余量,回到图 13.8。图 13.8 表明应该令空气间隔再减少 0.037,令冕牌玻璃镜片加强 0.191%。这些改动反过来又破坏了球差和场曲的校正,因而要再次作微小弯曲,如此反复进行直到四个像差都得到校正为止。得到的系统如下:

c	d	n_D
0.6733		
	0.3	1.6109
0.1183		
	0.145	（空气）
0.4768		
	0.1	1.6170
0.9671		
	0.15	
	对称	

有焦距＝5.9394,匹兹伐和($f'=10$)＝0.0278;对于 32°,X'_s＝0.0674,X'_t＝
－0.0134;LA'＝－0.0015,LZA＝0.0000,带色差＝－0.0008。

最后使畸变和横向色差得到校正,即

32°畸变＝1.28%,　32°横向色差＝0.0014

这是用如下方法实现的:将前面的冕牌玻璃镜片的光焦度的 3% 转移到后面的
冕牌玻璃镜片,得到 0.70% 的畸变和－0.0001 的横向色差。但是这样做破坏
了其他像差的校正,因而要回到原先的双参数图,重复全部设计过程 1～2 次。
最后按照焦距 10 缩放,得到如下系统:

c	d	n
0.38600		
	0.5083	1.6109
0.06787		
	0.2355	
0.28732		
	0.1694	1.6170
0.57670		
	0.2542	
	0.2542	
－0.57670		
	0.1694	1.6170
－0.28732		
	0.2355	
－0.07201		
	0.5083	1.6109
－0.40990		

有焦距 $f'=10.0$，$l'=8.9971$，匹兹伐和 $(f'=10)=0.0279$，带色差 $=0.00030$，$LA'(f/8)=0.00046$，$LZA(f/11)=0.00225$，光阑直径 $(f/8)=0.5149$。结果如表 13.1 所示。

表 13.1　双高斯透镜所示的像散、畸变和横向色差

视场/($°$)	X'_s	X'_t	畸变/($\%$)	横向色差
32	0.0617	-0.1303	0.660	-0.00034
25	-0.0529	0.0586	0.266	-0.00086
15	-0.0456	0.0239	0.065	-0.00064

这个透镜的外形图和像差曲线如图 13.10 所示。由图 13.10 可以看到，与常见的情况不同，带球差是过校正的，此外冕牌玻璃镜片太厚。

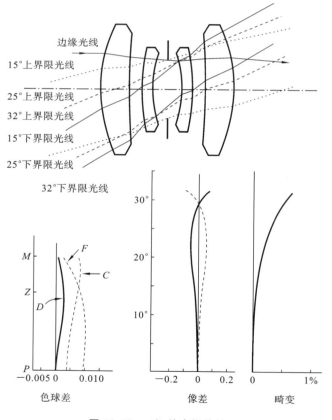

图 13.10　$f/8$ 的高斯物镜

为了完成全部设计，还要确定应该拦光多少，以截除图 13.11 中曲线的两个端部。我们的做法是规定允许曲线对主光线点的最大偏离是 ± 0.025，截除超过这个界限的部分。在图 13.10 所示的透镜图中作出了有拦光时通过的光线。在子午光线图（见图 13.11）上，界限光线用 V 表示，未经拦光时刚好充满光阑的边光用 S 表示。我们看到，15° 光束没有被遮拦。该透镜各面的通光孔径如表 13.2 所示。设计到此完成。

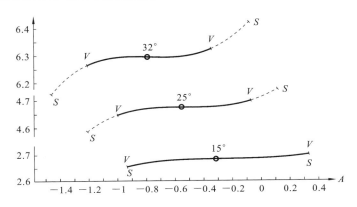

图 13.11 $f/8$ 高斯物镜的子午光线图

表 13.2 $f/8$ 高斯物镜各面的通光孔径

面 序 号	通 光 孔 径
1	1.061
2	0.890
3	0.603
4	0.520
光阑	0.515
5	0.510
6	0.596
7	0.859
8	1.023

如果要使孔径大于 $f/8$，就要加厚负镜片，并且在其中加进消色差面。$f/2$ 的"奥匹克"（Opic）镜头就属于这种类型，李（H. W. Lee）[9] 阐述过他的设计方法。相对于弧矢场曲和切向场曲相交的位置确定高斯像高，霍普金斯[10]

已经表明可以利用布克达尔系数 σ_3、σ_4、μ_{10} 和 μ_{11} 计算成像高度。当然要假设高阶像散是可以忽略不计的。

　　除了这个交叉点的高度,如图 13.2、图 13.7、图 13.10 和图 13.14 所示,两个场曲将迅速发散开来。试图超过这一高度使用透镜将无效。该像高 H_n 是通过联立方程组(4-6)和(4-7)的五阶线性项获得的,即

$$[(3\sigma_3 + \sigma_4)H_n^2 + \mu_{10}H_n^4]\rho = [(\sigma_3 + \sigma_4)H_n^2 + \mu_{11}H_n^4]\rho$$

$$2\sigma_3 H_n^2 + \mu_{10}H_n^4 = \mu_{11}H_n^4 \tag{13-8}$$

$$H_n = \sqrt{\frac{2\sigma_3}{\mu_{11} - \mu_{10}}}$$

设 计 指 南

　　图 13.11 中的子午光线图表明彗差是微不足道的,但是有相当程度的过度倾斜球差存在,并随着倾角的增大而增大。这是所有半月形透镜的典型特征。

13.4　三胶合双高斯透镜

　　如图 13.10 所示,两负透镜采用三胶合透镜代替(见第 10.4 节)。在 20 世纪 50 年代,Altman 与 Kingslake 研究出此类 100 mm 焦长双高斯透镜,如图 13.12 所示。例如,该透镜可应用于瞄准镜中[11],作为 1∶1 的中继透镜或正像透镜。通过分析,空气隔离部分的光束得到准直,透镜的一半位于 $f/7.6$;全透镜工作于 $f/3.8$。

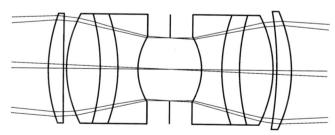

图 13.12　三胶合半月形双高斯负透镜放大单元

　　该设计的主要目的是获得被有效纠正的带状球差及色球差,当作为工艺透镜时,提供适度的视场。当作为望远镜中的正像透镜或中继透镜时,观测者的眼睛可移动,不会导致图像的偏移或模糊,每个视场球差相似。没有采用常见的分离透镜的方法,而是采用三胶合方式取代负透镜。三胶合具有弯月形

胶合透镜$(1.43 < n < 1.60)$,位于双凸与双凹透镜之间,比弯月透镜的折射率至少大 0.08。弯月透镜的厚度用于控制带状球差,增加厚度控制球差,也将导致边缘球差过大。弯月及双凸透镜的玻璃具有相同的阿贝数,透镜设计人员采用无效色差面,即不存在明显的色差变化(见第 10.5 节异色散表面)

调节凹面与正透镜的弯曲度,能有效控制边缘球差,但会影响匹兹伐和。通过调节双凹与弯月透镜之间的胶合面,可以改善轴向色差。通过调节以上无效色差面校正带状球差,调节正透镜的弯曲度校正边缘球差。可见,当改变无效色差面时,边缘球差比带状球差变化快,若表面变化过大,则会校正过当。

另外,通过调节正透镜的弯曲度,能改善边缘球差,边缘与带状球差以相同速率变化,其结果则是带状球差矫正过度。场曲主要由中央空气间隔控制,彗差、畸变、轴向色差通常是改变物镜的前半部,而非后半部。因此,当正透镜不同时,三胶合弯月透镜也存在相似的情况。可见,该透镜结构具有良好的色球差。模型结构范例如下:

c	d	n_d	V_d
36.02			
	3.1	1.157	64.5
418.3			
	0.7		
24.59			
	7.4	1.611	58.8
−45.33			
	3.5	1.523	58.6
−44.52			
	4.3	1.617	36.6
13.42			
光阑	$\dfrac{6.900}{6.900}$		
−13.42			
	4.3	1.617	36.6
44.52			
	3.5	1.523	58.6
45.33			
	7.4	1.611	58.8
−24.59			
	0.7		
−74.42			
	3.1	1.720	29.3
−32.20			

图 13.13 所示的为纵向像差,图 13.14 所示的为场曲与畸变。正如期望,畸变非常小(0.012%),视场较平坦,并具有微弱的向后弯曲。图 13.15 所示的光线特性图形表明,色球差被有效地纠正,尽管 C 光线轴上色差存在少量误差。图 13.15(b)所示的为倍率色差,图 13.15(b)、(c)中存在线性与高阶彗差,以及球面像散。

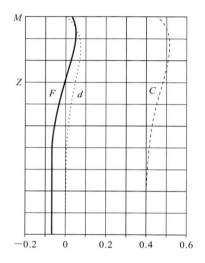

图 13.13　纵向像差

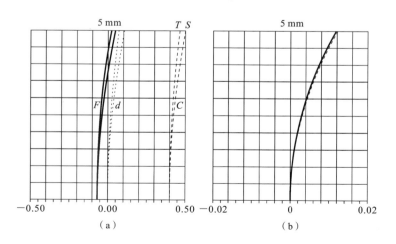

（a）　　　　　　　　　　　　　　（b）

图 13.14　场曲和畸变

（a）各颜色与透镜单位坐标下的子午场曲与弧矢场曲；（b）百分比下的畸变

该透镜可在瞄准镜中作为中继透镜,相比于传统的物镜,该透镜具有两个

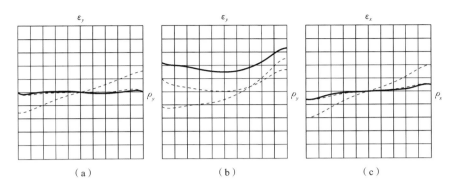

图 13.15　光线扇形图

(a) 轴上；(b)与(c)为 5 mm 的离轴。纵轴刻度为±0.1 mm。

实线＝F 光线,短虚线＝d 光线,长虚线＝C 光线

双胶合、分划、钡冕玻璃棱镜系统、中继透镜及目镜。透镜设计人员通常进行完整系统设计,而非单个透镜的设计。案例中,Altman 与 Kingslake 给定了中继透镜作为整个系统的组成部分,对于所有区域,可有效地校正系统的倍率色差。为实现此目的,允许目镜具有适当的未校正的剩余倍率色差,可与系统其他部分相反的倍率色差匹配。物镜也被较好地校正,因为在十字区域需要获得无色差的图像。

在该特殊系统中,需要替换分划及中继透镜之间的棱镜系统,如果中继透镜后的棱镜系统被替代,将使得矫正更加困难。为了获得平衡的倍率色差,有必要将中继透镜的后端透镜采用高色散、高密度火石玻璃,前端透镜采用低色散冕牌玻璃。同时,需要这些输出透镜的折射率具有显著的差异,但会引起明显的带状球差、色球差及彗差。然而,在每一个负三胶合透镜加入凹凸透镜即可获得较好的矫正。欲深入了解详细的设计思路,可查阅相关专利。

13.5　分离式负双合双高斯透镜

图 13.10 所示的为传统的高斯透镜,采用分离式负双合透镜,双胶合结构正透镜改进了传统的结构,如图 13.16 所示[12]。较好地校正了该 100 mm 焦距的透镜,$f/2$ 处一致放大。透镜的目的则是为了在胶片上打印,对蓝光波长特别敏感,如 435.8 nm。因此,色差校正并非特别重要,除非系统中需要蓝绿光的消色差透镜,绿光用于系统准直。典型的结构如下所示：

c	d	n_d	V_d
66.300			
	17.42	1.75510	47.2
-192.96			
	2.23		
46.049			
	4.7	1.65820	57.2
108.97			
	2.36		
-352.51			
	10.06	1.69873	30.1
33.510			
光阑	5.460 / 5.460		
-33.285			
	12.15	1.61633	31.0
252.60			
	2.18		
-133.01			
	4.63	1.69680	56.2
-50.695			
	0.51		
-138.25			
	10.95	1.68235	48.2
-37.751			
	1.41	1.62032	60.3
-79.381			

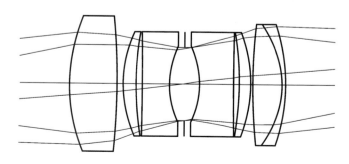

图 13.16 分离式负双胶合,整体放大的双高斯透镜

透镜的基础结构是一对负双胶合透镜,位于中心位置,具有负分离透镜(见 7.4.3 节)。透镜中所有元件采用厚度较大的高折射率玻璃,弱化表面参数简化像差的矫正。如图 13.17 所示,实验表明未纠正球差,朝着透镜轻微移动(大约移动 85 μm)像面可改善轴像质量。

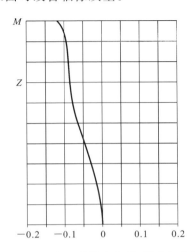

图 13.17 近轴焦点处的纵向像差;横坐标为透镜单位

图 13.18(a)中的像散场曲表明,它们在 5° 处相交,这从根本上限制了视场的范围。场曲向内弯曲,有利于增加离轴分辨率,因为轴上点朝向透镜调焦。图 13.19(a)为调焦后轴上点光线扇形图。观察曲线表明,至少包括 3 阶、5

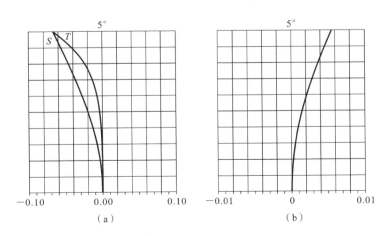

图 13.18 场曲和畸变

(a) 场曲的横坐标为透镜单位;(b) 畸变的横坐标为百分比值点

阶、7 阶与 9 阶球差。

重新调焦后,离轴光线扇形图如图 13.19(b)、(c)所示。图 13.18(b)表明,畸变较小。建议每毫米至少 400 条线模拟透镜像差(200 线对每毫米)。图 13.20 所示的为衍射受限 $f/2$ 透镜的调制传递函数(MTF)、轴上的调制传递函数(MTF)、5°离轴物体的调制传递函数(MTF)。很明显,轴上透镜几乎接近衍射极限,视场的边缘呈现明显的弧矢光扇离轴现象,以及部分低级的子午光扇离轴现象。

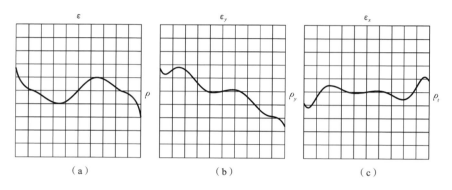

图 13.19 光线扇形图

(a)轴上;(b)(c) 5°离轴,相对近轴焦点移动一0.085 mm,对透镜重新调焦。原始坐标位于±0.01 mm

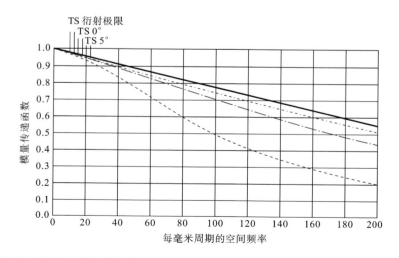

图 13.20 轴上点的调制传递函数,相对近轴焦点移动一0.085 mm,对透镜重新调焦

注释

[1] C. P. Goerz and E. von HÖegh，U. S. Patent 528,155，filed February (1893).

[2] R. Schwalberg 轻松地讲述了达戈尔的创作过程。

[3] 一种在其剩余近轴像面的近轴图像再聚焦技术(见第 6.2 节)。

[4] C. P. Goerz and E. von HÖegh，U. S. Patent 635,472，filed July (1898).

[5] 这些子午光线光扇类似于更典型的光线光扇，其中横坐标是入瞳中的光线截距值。在这种条件下，P 指明每个光扇图中主光线的位置。使用第一切线平面的入射光线坐标 A 的原因是它有助于选择透镜的直径。

[6] A. G. Clark，U. S. Patent 399,499，filed October (1888).

[7] 镜头的最大速度是 $f/8$。0.7 区域指的是 $f/11.3$。

[8] 球面像差在横坐标上的测量值是边缘球差和带状球差之和，目标是使它们具有相等且相反的数值，从而使目标点的球差为零。这个原因在第 13.1 节中有过解释。

[9] H. W. Lee，The Taylor-Hobson $f/2$ anastigmat，*Trans. Opt. Soc.*，25：240 (1924).

[10] Robert E. Hopkins，Third-order and fifth-order analysis of the triplet，*JOSA*，57(4)：389-394 (1962). 本书中推导的 H_n 方程，其中包含了一个印刷错误，应该是 σ_4 而不是 σ_3。

[11] Fred E. Altman and Rudolph Kingslake，U. S. Patent 2,823,583 (1958).

[12] Rudolf Kingslake，U. S. Patent 3,537,774 (1970).

第 14 章
不对称的摄影物镜

14.1　匹兹伐肖像镜头

　　这种历史悠久的镜头是第一个并非凭经验用几个镜片拼凑成的,而是循序设计出来的照相物镜。它由两个相隔很远的薄消色差透镜组成,光阑在中间[1]。这种镜头球差和彗差得到很好的校正,只是由于匹兹伐和没有校正,视场角被像散限制在离轴 12°至 15°以内。还有一种匹兹伐镜头的变型,它主要用在 16 mm 和 8 mm 电影放映机中。此外,如果在紧靠像平面的地方加一个平场镜,这种镜头就变成名副其实的消像散透镜,已被用来构成空中侦察用的长焦距镜头。

　　最初的匹兹伐镜头设计方案(1839 年提出)的前组是一个普通的 $f/5$ 望远镜双透镜。匹兹伐曾经试图把两个相同的透镜对称地放在中央光阑两侧,以将孔径扩大到 $f/3.5$,供当时慢速的达盖尔型干版照相用,只是因为像差不好,他不得不将后组元的两个镜片分离,分别弯曲,以校正球差和彗差。1860年,达尔迈耶(J. H. Dallmeyer)将后组两个镜片位置对调[2],将冕牌玻璃镜片在前面,从而得到一个在视场中部像质优于匹兹伐方案的镜头,但是不可避免地未校正好的像散很大,以至于两种方案实质上没有什么区别。1878 年,冯·伏格特兰德(F. von Voigtlander)[3]发现适当弯曲达尔迈耶型结构的前组元就可以将后组元也胶合起来，正是这样的结构如今作为大孔径的小放映镜头使用。

14.1.1　匹兹伐方案

设计匹兹伐肖像镜头通常是将两个直径相同的双透镜之间的中点附近放置光阑。如果前面的双透镜取通常那种有等凸冕牌玻璃镜片的双胶合透镜结构，上述光阑位置会令前组元的子午像面稍微后弯，为了校正它，要求后组元是比前组稍微弱一点的正组元。我们发现，为了校正球差、OSC 和校平子午像面，必须选用 V 差相当大的玻璃组，按照匹兹伐所用的折射率为 1.51 和 1.57，V 差至少为 18。本例采用如下的肖特玻璃：

（1）冕牌玻璃：K-1，$n_e=1.51173$，$n_F-n_C=0.00824$，$V_e=62.10$；

（2）火石玻璃：LF-6，$n_e=1.57046$，$n_F-n_C=0.01325$，$V_e=43.05$。

V 差是 19.05。

1. 前组元

前组元采用焦距为 10 的薄透镜，通光孔径为 1.8，当系统的实际焦距确定之后，这个孔径可能要重新调整。由薄透镜公式确定前组元两个镜片的总曲率 $c_a=0.63706$ 和 $c_b=-0.30618$。令冕牌玻璃镜片取等凸形，从而得到如下的前组元结构参数：

	c	d	n
	0.31853		
		0.4	1.51173
	-0.31853		
		0.12	1.57046
$(D-d)$	0.086680		

设空气间隔为 2.6，令 10°主光线在 $L_{pr}=2.054$ 处入射，在两个透镜之间的中点上和光轴相交。

2. 匹兹伐后组元

匹兹伐型结构的后组元的设计从如下人为设定的方案开始：

	c	d	n
	0.25		

续表

	c	d	n
		0.12	1.57046
	0.6		
		0.025516	
	0.55		
		0.4	1.51173
$(D-d)$	-0.017292		

有焦距 $f' = 6.1898, l' = 3.9286$，LA$'$($f/3.44$) $= 0.0005$，OSC($f/3.44$) $=$ 0.001944。这里的焦距和像差数据都是对全系统计算出来的。后组元两个镜片之间的间隔要适当选择，使两个镜片在直径 1.8 的边缘上相交。在设计过程中，对每一个中间方案这个间隔都要重算，以保持边缘接触条件。

校正球差和彗差最好的方法是让后组两个镜片分别弯曲，并且作双参数图(见图 14.1)。这个图的数据如下：

(1) 初始方案：LA$' = 0.000449$，OSC $= 0.001944$；

(2) 让火石玻璃镜片弯曲 0.02：LA$' = 0.024885$，OSC $= 0.004688$；

(3) 由 B 开始让冕牌玻璃镜片弯曲 0.02：LA$' = 0.010455$，OSC $= 0.001965$。

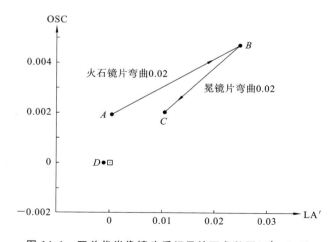

图 14.1　匹兹伐肖像镜头后组元的双参数图($f' = 6.2$)

用通常的方法外推，由于图线异常的直，很快就达到齐明状态（方案 D）：

	c	d	n
	0.27		
		0.12	1.57046
	0.62		
		0.018802	
	0.5841		
		0.40	1.51173
$(D-d)$	0.022038		

有 $f'=6.2206$，$l'=3.9233$，$\mathrm{LA}'(f/3.46)=-0.0009$，$\mathrm{OSC}(f/3.46)=-0.00003$；沿 $10°$ 主光线计算的像面有 $X'_s=-0.0597$，$X'_t=-0.0123$。

为了让像面向后弯曲，要减弱整个后组元。通过几次试算，知道 c_c 应当减小 0.025，经过再次校正球差、色差和 OSC 之后，得到如下方案（E）：

	c	d	n
	0.27		
		0.12	1.57046
	0.595		
		0.023158	
	0.5495		
		0.40	1.51173
$(D-d)$	0.0287696		

有 $f'=6.4012$，$l'=4.0408$，$\mathrm{LA}'(f/3.56)=0.0030$，$\mathrm{LZA}(f/5)=-0.0021$，$\mathrm{OSC}(f/3.56)=-0.00002$，$\mathrm{Ptz}(10)=0.0811$。结果如表 14.1 所示。这些像差绘于图 14.2 中。

表 14.1　方案 E 的像散和畸变

视场/(°)	X'_s	X'_t	畸变/(%)
15	−0.1034	0.1551	0.32
10	−0.0571	0.0007	0.11

最后，作倾斜度为 $10°$ 的子午光线图，以检验上述系统（见图 14.3(a)）。横坐标是各光线在光阑上的高，图中还算出了轴上边缘光线在光阑上的高。然

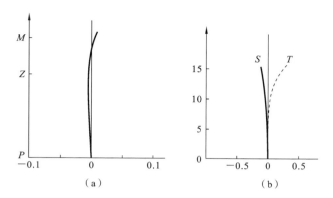

图 14.2 E 方案的像差($f'=6.4$)

(a) 纵向球差;(b) 散光

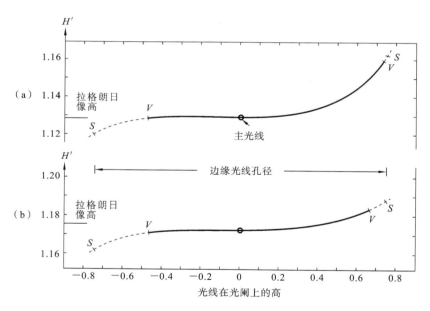

图 14.3 匹兹伐物镜的光线图($10°$光束)

(a) 后组元紧密接触;(b) 后组元有空气间隔

而由于第一面和最后一面的拦光(假定通光孔径为 1.8),图线只有一部分是有效的。经过拦光后的上、下光线用 VV 表示,通过光阑上、下端的界限光线用 SS 表示。应当特别注意,曲线中部是直而且水平的,因为 OSC 得到很好的校正,而且 $10°$ 子午像面平坦。只是由于在后空气间隔中入射角极大,曲线上端陡峭地上升,而且由于同样的原因,$15°$ 子午像面向后弯曲得更厉害。

改善这两点最好的方法是增大后组元两个镜片之间的空气间隔。我们试着将空气间隔取 0.15,然后重复整个设计过程。采用同样的方法,如通常那样作图,得到后组元的最终解(前组元和中间空气间隔与原来的一样)如下:

	c	d	n
	0.25		
		0.12	1.57046
	0.54		
		0.15	
	0.468		
		0.40	1.51173
$(D-d)$	0.0028107		

有 $f' = 6.6685$, $l' = 4.2468$, LA$'(f/3.70) = 0.0012$, LZA$(f/5.2) = -0.0031$, OSC$(f/3.70) = 0.00001$, Ptz$(10) = 0.0804$,结果如表 14.2 所示。

表 14.2　匹兹伐透镜设计的像散和畸变

视场/(°)	X'_s	X'_t	畸变/(%)	横向色差
15	-0.1105	0.0157	-0.95	
10	-0.0553	-0.0002	-0.28	-0.00049

图 14.3(b)是这个透镜的 10° 子午光线图(比例和原来一样)。可以看到,这个方案比原来的方案好得多。事实上,1840 年以后几乎所有匹兹伐肖像镜头后组元的两个镜片之间都有大的空气间隔。图 14.4 是这个系统的截面图和像差图。

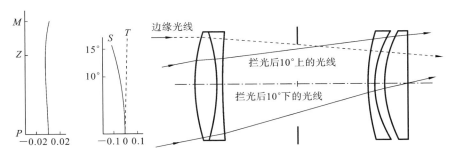

图 14.4　匹兹伐镜头成品

14.1.2 达尔迈耶方案

设计达尔迈耶型镜头可以这样开始:将刚才方案的后组调转过来,用 $(D-d)$ 法求出最后一面的曲率半径,然后追迹必要的光线加以评价。将冕牌玻璃镜片取薄一点(因为在原来的方案中显得太厚了),这时球差显著地欠校正,OSC 过校正,于是作双参数图,用适当弯曲后组元两个镜片的方法校正这两种像差。这个双参数图如图 14.5 所示,它使我们得到如下的后部系统:

	c	d	n
	0.0722		
		0.35	1.51173
	-0.3930		
		0.15	
	-0.4600		
		0.12	1.57046
$(D-d)$	-0.1408571		

有焦距 $f' = 6.9991$,$l' = 4.3100$,LA$'(f/3.89) = -0.0125$,OSC $= -0.00006$;对于 $10°$,$X_s' = -0.0703$,$X_t' = -0.0423$。

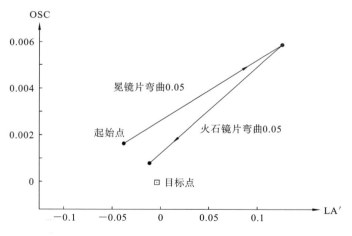

图 14.5   达尔迈耶镜头的双参数图

为了校正向前弯曲的子午像面,令第三片减弱 0.1,这样会使全系统相对孔径减小,所以同时要令前面的通光孔径由 1.8 增大到 2.0。这时要用 $(D-d)$ 法重新计算 c_3 以消色差。这时发现可以利用原来的双参数图。经过试算几次之后,即给出如下的后组元:

	c	d	n
	-0.0741		
		0.35	1.51173
	-0.4393		
		0.15	
	-0.5283		
		0.12	1.57046
$(D-d)$	-0.2880611		

有 $f'=7.3340, l'=4.6524, \text{LA}'(f/3.67)=0.0018, \text{OSC}=0$；对于 $10°$，$X'_s=$ $-0.0481, X'_t=0.0358$。显然,我们在减弱后组元方面做得太过分了,需作折中处理,重新计算。最后得到全系统如下:

	c	d	n
	0.31853		
		0.40	1.51173
	-0.31853		
		0.12	1.57046
$(D-d)$	0.0847414		
		2.6	
	0		
		0.35	1.51173
	-0.411		
		0.15	
	-0.4884		
		0.12	1.57046
$(D-d)$	-0.2114208		

有焦距 $f'=7.1831, l'=4.4796, \text{LA}'(f/3.59)=-0.0014, \text{LZA}(f/5.1)=$ $-0.0136, \text{OSC}(f/3.59)=-0.00007, \text{Ptz}(10)=0.0774$,结果如表 14.3 所示。

表 14.3　达尔迈耶型肖像镜头的像散、畸变和横向色差

视场/(°)	X'_s	X'_t	畸变/(%)	横向色差
15	-0.1278	0.0359	1.54	
10	-0.0599	-0.0049	0.18	0.000692

这个透镜的截面图如图 14.6 所示,图中还有像差曲线。子午光线图如图 14.7 所示,它要比前面比较好的那个匹兹伐方案的子午光线图平坦,只是过大的像散抵消了这个小小的改进。带球差虽然还是小的,但却是匹兹伐型方案的 4 倍左右(前面达尔迈耶肖像镜头被认为是匹兹伐的形式)。

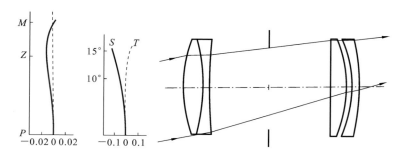

图 14.6 达尔迈耶型肖像镜头的球差和散光图(实线为矢向,虚线为切向)

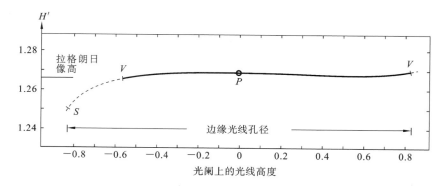

图 14.7 达尔迈耶肖像镜头的光线图($10°$)

14.2 远摄镜头设计

远摄镜头是一种从镜头前顶点到焦面的"总长度"小于焦距的镜头,它用于镜头长度需严格限制的场合。

大多数远摄物镜由一个在前方的正消色差透镜和一个在后方的负消色差透镜组成。给定焦距 F、总长度 kF 和两个透镜之间的间隔 d,就可以算出两个透镜的光焦度(见图 14.8)。因子 k 称为远摄率,一般等于 0.80 左右。

按薄透镜处理,比率如下:

$$\frac{y_b}{y_a}=\frac{f_a-d}{f_a}=\frac{kF-d}{F}$$

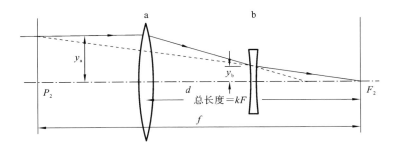

图 14.8　远摄镜头的薄透镜结构(物体在远处)

于是，

$$f_a = \frac{Fd}{F(1-k)+d}$$

对于透镜 b,有 $l = f_a - d$ 和 $l' = kF - d$。因而,

$$\frac{1}{f_b} = \frac{1}{kF-d} - \frac{1}{f_a-d}$$

于是,

$$f_b = \frac{(f_a-d)(kF-d)}{f_a-kF}$$

　　例如,若 $F=10, k=0.8$,就可以作出如图 14.9 所示的两个组元的焦距和间隔 d 的关系曲线。显然,随着间隔增大,前、后透镜都变弱。实际上,当负的后组元位于正的前组元和焦平面之间的中点上时,后组元光焦度达到极小值。不过随着间隔增大,透镜直径必须增大,以减小渐晕。

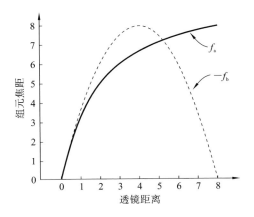

图 14.9　两组透镜光焦距和间隔的关系($F=10$ 和 $k=0.8$)

我们在设计中令薄透镜间隔 d 等于 3.0。这就要求正的前组元焦距 $f_a=6.0$，负的后组元焦距 $f_b=-7.5$。两种色差将在设计之末用选择适当的玻璃色散的办法来控制，所以要选用在现存玻璃中各种不同的色散率可以组合的折射率。因而冕牌玻璃折射率选 1.524，对于这个折射率有 V 值为 51～65 的玻璃；火石玻璃折射率选用 1.614，对应有 37～61 的 V 值。

开始时假定所选用的玻璃是 K-3 和 F-3，参数如下：

(1) K-3：$n_e=1.52031$，$\Delta n=n_F-n_C=0.00879$，$V_e=59.19$；

(2) F-3：$n_e=1.61685$，$\Delta n=n_F-n_C=0.01659$，$V_e=37.18$。

V 差 $=22.01$。于是前组元的 $c_a=0.8615$，后组元的 $c_c=-0.6892$。可以假定前组元的冕牌玻璃镜片是等凸的，而后组元的冕牌玻璃镜片是等凹的。按照通光孔径 1.8（即相对孔径 $f/5.6$），选择适当的厚度，再设半视场角为 10°。对每一个方案都按照规定的焦距 $+6.0$ 或 -7.5 分别确定前组元和后组元的末面半径，按照相邻主点之间的距离为 3.0 的要求确定中间空气间隔的大小。假设光阑在空气间隔中间。所得的初始系统如下：

	c	d	n
	0.4308		
		0.50	1.524
	-0.4308		
		0.15	1.614
（按 f' 要求）	0.04155		
		2.517648	
	-0.3446		
		0.15	1.524
	0.3446		
		0.15	1.614
（按 f' 要求）	-0.023990		

有 $f'=10.0$，$l'=4.5205$，$LA'(f/5.6)=0.3022$，$OSC(f/5.6)=-0.0260$；对于 10°，畸变 $=2.04\%$，$X'_t=-0.0218$。

现在着手改动后组元以校正畸变和子午场曲。为此在双参数图上改动 c_4、c_5，当然，与此同时求出相应的 c_6 和空气间隔 d'_3，以始终保持满足薄透镜远摄条件。发现逐渐改动 c_4 时图线会往回弯曲,而相应于 c_5 的图线是很直的(见图 14.10)。如下的方案接近目标点(畸变$=0.5\%$,$X'_t=0$):

	c	d	n
(不变)	0.4308		
		0.50	1.524
	-0.4308		
		0.15	1.614
	0.04155		
		3.508468	
	-0.7446		
		0.15	1.524
	0.4100		
		0.50	1.614
	-0.310175		

有 $f'=10$,$l'=3.8945$,$\mathrm{LA}'(f/5.6)=0.6093$,$\mathrm{OSC}(f/5.6)=-0.0161$;对于 $10°$,畸变$=0.580\%$,$X'_t=0.0022$。这些改动导致出现相当大的过校正球差,而 OSC 稍微减一点。

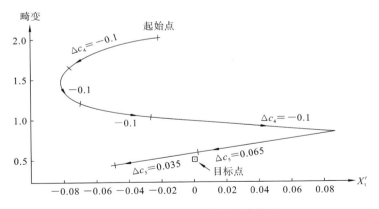

图 14.10 畸变和场曲的双参数图

现在转向前组元改动 c_1、c_2,以校正球差和 OSC 的双参数图(见图14.11)。最接近目标点($\mathrm{LA}'=0.02$,$\mathrm{OSC}=0$)的方案如下:

	c	d	n
	0.4228		
		0.50	1.524
	−0.2888		
		0.15	1.614
	0.0551473		
		3.062479	
（不变）	−0.7446		
		0.15	1.524
	0.4100		
		0.50	1.614
	−0.310175		

有 $f'=10, l'=3.8945, \mathrm{LA}'(f/5.6)=0.1017, \mathrm{OSC}(f/5.6)=-0.00003$；对于 $10°$，畸变 $=0.878\%, X'_t=-0.3247$。

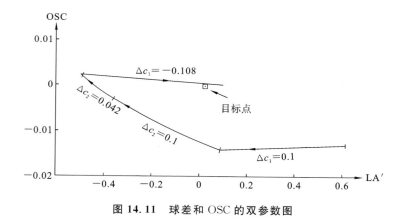

图 14.11　球差和 OSC 的双参数图

至此已经很清楚，上述透镜每一个结构参数的改动都影响每一种像差，因而往返于上述两个双参数图之间反复修改各结构参数是徒劳无益的，因此我们转而求助于解一个有四个未知数的联立线性方程组，每一个方程式的形式如下：

$$\Delta ab = \sum (\partial ab / \partial \mathrm{var}) \Delta \mathrm{var}$$

式中：ab 表示像差，var 表示透镜可变参数（见第 17.1.3 节）。

设 计 指 南

当镜头结构变得更复杂或者各参数和像差之间具有明显的互相关时,我们非常需要利用透镜设计程序或计算机上数学软件包的优化特性。由 Δab_i 引出的方程系统的解法可以是简单的、困难的或不可能的。数值分析中的各种方法已经应用于这种普遍具有非线性和奇异性的问题。

下面举例说明如何尝试解决遇到的各种小问题。当在寻找镜头设计问题的合适解决方案时,会涉及许多参数、像差和约束,有必要借助某种形式的计算机辅助优化。自 20 世纪 50 年代以来,人们在开发最优化算法方面做过很多的努力,包括最小二乘法、最速下降法、加性阻尼最小二乘法、乘法阻尼最小二乘法、全二阶和伪二阶导数阻尼最小二乘法、标准正交化、模拟退火法等。镜头设计师如何分配每个像差(或更一般的说法是系统缺陷)、构造参数范围以及设计计划的重要性不能过分地强调,有时可进行适当调整。

设计计划,是指镜头设计师在设计过程中将要采取的步骤,不同的人对相同设计的规划会有很大的不同。举一个简单的例子,一种设计计划是仅仅让镜头设计程序能完全控制所有参数,且使得运行足够长的时间后程序能找到一种可接受的解决方案。这是许多镜头设计新手的常见方法,并且经常产生令人不满意的结果。另一种设计计划可能是尝试首先控制高阶像差,然后控制低阶像差。因为像差级越高,像差相对于透镜参数越稳定[4,5]。掌握本书中教授的设计方法肯定有助于镜头设计师开发令人满意的镜头。

很久以前,Glatzel[6] 和 Shafer[7] 就讨论了光学系统的应变。Kingslake 经常告诉他的学生,一个精心设计的镜头不仅要有一个可观赏的外观,还应具有优良的性能和/或易于制造和排列。Shafer 的论文则提供了一些对光学系统像差的有用讨论。

顺次令各变数改动一个小量(如 0.1),算出它对四个像差的影响,从而求得如下 16 个系数($\partial ab/\partial \mathrm{var}$):

像差	c_1	c_2	c_4	c_5
LA′	-5.488	-3.180	-0.6211	0.1416
OSC	0.01886	0.11995	-0.03421	-0.00590
畸变/(%)	-3.704	2.357	2.030	-4.021
X'_t	2.807	-2.439	-1.121	-1.274

按照如下的像差变化要求解上述四元联立方程组：

$$\Delta LA' = -0.08 \quad (变成 +0.02)$$

$$\Delta OSC = 0 \quad (已校正)$$

$$\Delta\ 畸变 = -0.38 \quad (变成 +0.5)$$

$$\Delta X'_t = +0.32 \quad (变成 0)$$

得到方程组的解是

$$\Delta c_1 = 0.0438, \quad \Delta c_2 = -0.0333$$

$$\Delta c_4 = -0.0906, \quad \Delta c_5 = -0.0111$$

按照这些量修改透镜结构参数，并且如前述那样按照两个焦距值和薄透镜间隔值确定如下结构参数：

	c	d	n
	0.4666		
		0.50	1.524
	−0.3221		
		0.15	1.614
(f)	0.092643		
		3.12194	
	−0.8352		
		0.15	1.524
	0.3989		
		0.50	1.614
(f)	−0.372419		

有 $f' = 10, l' = 3.74711, LA'(f/5.6) = 0.0248, OSC(f/5.6) = 0.00026$；对于 $10°$，畸变 $= 0.534\%, X'_t = 0.0307$。这些像差差不多都已经校正好，不过最终的系统是由方程组的第二个解（方程的系数相同）给出的：

	c	d	n
	0.4664		
		0.50	1.524
	−0.3208		
		0.15	1.614
(f)	0.0926424		
		3.11078	
	−0.8273		
		0.15	1.524
	0.4083		
		0.50	1.614
(f)	−0.3660454		

有 $f' = 10.0, l' = 3.7618, \text{LA}'(f/5.6) = 0.0211, \text{LZA}(f/8) = -0.0108,$
$\text{OSC}(f/5.6) = -0.00001$;对于 $10°$,畸变 $= 0.50\%, X'_t = -0.0012, X'_s = 0.0261$。

下一步是追迹倾斜角为 $10°$ 的光束的一系列斜光线,作子午光线图以确定最佳光阑位置(见图 14.12)。这个图的横坐标取各光线在第一面上的 Q 值,这样比较方便。曲线下端过分下弯,所以令光阑由原先的中点位置向前移动,使它距离第三面为 0.5。刚好和光阑边缘接触的上、下界限光线用 SS 表示。若令第一面孔径按照 $f/5.6$ 的轴上入射光束直径取值,即 1.786,下界限光线就在 V_1 处。该图线表明,可以放心让后孔径增大到 1.94,使上界限光线在 V_2 处。

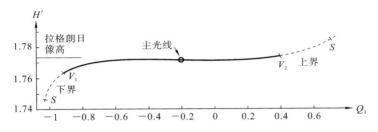

图 14.12 远摄镜头的子午光线图(倾斜角 $10°$)

该图线还说明有小量过校正斜光束球差,对于这种镜头来说这是正常的。现在主光线有起始值 $Q_1 = -0.2$($10°$ 光束),或 $L_{pr} = 1.1518$。保持 L_{pr} 值不变,补充追迹 $7°$ 和 $12°$ 的主光线,得到如表 14.4 所示的轴外像差。这些结果绘制在图 14.13 中。

表 14.4 远摄镜头的像散和畸变

视场/(°)	X'_s	X'_t	畸变/(%)
12	0.0018	−0.1611	0.26
10	0.0322	−0.0241	0.47
7	0.0189	−0.0193	0.35

现在镜头的形状如图 14.14 所示。远摄率为 81.7%。这种结构可以用在 35 mm 照相机的焦距为 120 mm 或更长的镜头上。孔径可以稍微再大一点(尤其是当视场角小于 $10°$ 时)。

为了最后完成设计,还要选择实际玻璃以消色差。在表 14.5 中列出了沿边缘光线四个镜片中的 $(D-d)$ 值,以及第一组玻璃的 $(D-d)\Delta n$ 积。

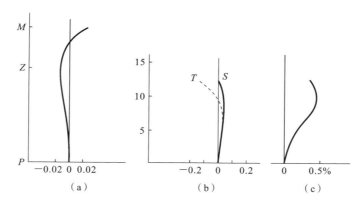

图 14.13　远摄镜头的像差

（a）球差；（b）像散（实线为矢向，虚线为切向）；（c）畸变

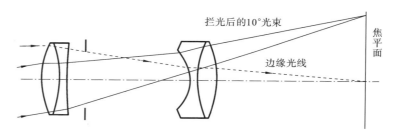

图 14.14　具有 $f/5.6$ 边缘光线和 $10°$ 界限光线的远摄镜头最终方案

表 14.5　远摄镜头第一组玻璃的选择

镜片	a	b	c	d
$D-d$	-0.314961	0.156459	0.073780	-0.045341
玻璃牌号	BK-8	F-3	KF-7	F-3
$n_F-n_C=\Delta n$	0.00818	0.01659	0.01021	0.01659
$(D-d)\Delta n$	-0.0025764	0.0025957	0.0007533	-0.0007522
	0.0000193		0.0000011	$\Sigma=0.0000204$

以与 n_e 的误差大小相等的量值调整这些玻璃的 C、F 光，列出折射率，追迹 C、F 光的 $10°$ 主光线，得横向色差 $H'_F-H'_C=-0.006525$，这个数值太大。横向色差和后组元的纵向色差同号，而和前组元的纵向色差反号，所以显然后组元的 $\sum(D-d)\Delta n$ 更要取正一点，而前组元的 $\sum(D-d)\Delta n$ 则更要取负

一点。

第二组玻璃的计算结果如表 14.6 所示。现在横向色差是＋0.00088,小得多了。用肖特玻璃进一步改善已经不可能,所以认为设计已告完成。当然,还要用所选用的玻璃的实际折射率重复上述最后阶段的工作,方法是按照真实折射率追迹一条近轴光线,调整各面的曲率以令各面后面的光线倾斜角保持原值。这时候出现的微小像差余量可以用再次解四个联立方程式的办法消除。这当中假定前述 16 个改变率系数仍然有效。

表 14.6 远摄镜头第二组玻璃的选择

镜片	a	b	c	d
玻璃牌号	BalK-8	F-3	K-4	BaF-5
n_c	1.52040	1.61685	1.52110	1.61022
V	60.58	37.19	57.58	49.49
Δn	0.00859	0.01659	0.00905	0.01233
$(D-d)\Delta n$	-0.0027055	0.0025957	0.0006677	-0.0005591
	-0.0001098		0.0001086	$\Sigma=-0.0000012$

当然,最初选择玻璃时并无诀窍,用其他玻璃而做出更好的设计方案是可能的。

14.3 变倍镜头

14.3.1 巴洛镜头

1834 年,英国工程师和数学家 Peter Barlow 发现了一种增加望远镜(或显微镜)放大倍数的方法,通常称为远摄适配器。他通过在物镜和其焦点之间放置凹透镜来实现这个功能。图 3.19、图 5.12 和图 14.8 展示了其概念构型。如第 5.7 节所示,系统焦距 F' 由下式给出:

$$\frac{1}{F'}=\frac{1}{f'_a}+\frac{1}{f'_b}-\frac{d}{f'_a f'_b}$$

式中:f'_a 为物镜焦距;f'_b 为巴洛镜焦距;d 是两透镜的距离。在第 3.4.8 节中所述的系统后焦距由下式给出:

$$bfl=F'\left(\frac{f'_a-d}{f'_a}\right)$$

或者用第 14.2 节所述的 $bfl = l' = kF - d$。因此,不管有没有巴洛镜,后截距的变化为

$$d + bfl - f'_a$$

通常,生产的巴洛镜的放大倍率大多为 2 倍($2\times$),很少大于 4 倍($4\times$)。这种透镜通常为消色差双合透镜,其像差经过校正,物像都位于巴洛镜的右侧,且离巴洛镜的距离分别为 $f'_a - d$ 和 bfl。显然,使用巴洛镜会使系统的 f 数以 F'/f'_a 的比率增加。

14.3.2 布拉菲镜头

简单地说,一个布拉菲系统是能使物像位于同一平面的透镜或透镜的组合。单个布拉菲镜头相当于是一个消球差的半球形放大镜,在空气中时提供的放大率为 n^8。值得注意的是,类似的阿米西消球差超半球放大镜不属于布拉菲类型,因为其物和像不在同一个平面内。布拉菲镜头的更一般用途是在不干扰原始系统共轭点基础上改变现有光学系统的放大率(或焦距)。其中一个应用就是对商用印相机的某一固定放大倍率进行调整。为了使同样大小的底片具有打印不同尺寸图像的能力,可以通过插入布拉菲镜头而不需要重新聚焦来改变放大率。

布拉菲很可能是第一个公布每个镜头系统有物像平面重合的两个目标位置[9]。这些位置称为布拉菲点。现有的光学系统可以在无限或有限共轭处操作,从而与布拉菲镜头进行匹配。现有光学系统的像面变为其像面在相同位置的布拉菲镜头虚物面。布拉菲镜头可以被认为是具有正或负以及大于或小于 1 的放大率的中继透镜[10]。Johnson、Harvey 和 Kingslake 开发了一种布拉菲镜头,其在镜头外至少有一个布拉菲点,并且其位置的公式为[11]

$$p = \frac{Z + \sqrt{Z^2 + 4Zf'}}{2}$$

$$p' = p - Z$$

$$m = \frac{p}{p'}$$

式中:p 和 p' 是从布拉菲点到各个主点的距离;Z 是主点之间的距离;f' 是镜头的焦距。构成布拉维镜头的两个透镜的功率可以使用第 3.4.8 节中的公式进行计算,式中的物像距离 s 设置为零。在 Johnson 等人的专利中提出一个经过良好校正的布拉菲镜头:

r	d	n	V
108.5			
	25	1.617	54.9
−44.3			
	4.9	1.689	30.9
−106.4			

其中,放大率为 0.7,$f' = 100$,布拉菲点在 r_3 后的 17.5 处,且两个主点都在镜头内(第一个主点在 r_1 后的 8.085 处,第二个主点在 r_3 前的 24.022 处)。

图 14.15 给出了该镜头的框架图以及有和没有布拉菲透镜的光学系统的边缘光线路径,并且图解了使用布拉菲镜头后像平面仍然保持在相同位置。布拉菲镜头的最终倾斜角度增加约 1.4 倍,这意味着 f 数将减小约 0.7 倍(更短的系统焦距)。Griffith 已经研究了一种可在打印机中使用的高斯光束消色差布拉菲镜头[12]。

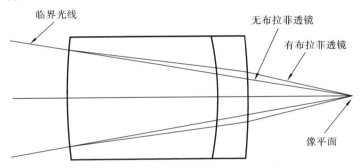

图 14.15 放大率为 0.7 的布拉菲透镜

设 计 指 南

当使用基于计算机的镜头设计程序来设计诸如布拉菲镜头时,创建"虚拟"对象(即会聚光束)的简单方法是使用在虚拟对象位置处聚焦的理想透镜。大多数镜头设计程序提供这样的理想透镜,并且它可能称为理想透镜、完美透镜、近轴透镜等。如果你的程序不包括这样的特性,可以使用第 6.1.8 节中的非球面平凸透镜,因为它们没有球面像差,或者使用抛物面反射镜或椭圆的反射镜(光源与像点分别位于两个焦点上)。当然,如果镜头设计者具有可用的物镜,也可以用来替代以上透镜。应当注意,通常情况下,物镜光学器件和布拉菲透镜是单独设计的,因为布拉菲透镜需要经常移入和移出系统。因此,在没有布拉菲镜头的情况下,物镜光学系统的图像质量必须是在可接受范围内;布拉菲镜头不得降低图像质量。

14.4　普洛塔镜头

1890 年蔡司的保尔·鲁道夫[13]产生一种设想:给新消色差风景透镜加一个前组元以校正球差,这个前组元和快速雷克梯里尼镜头的前组元相似,不过光焦度很小。他的想法是前组元中的强胶合面可以用来校正球差,而对场曲影响很小(因为主光线几乎垂直于这个面)。后组元中的胶合面用于校平像面,与新消色差风景透镜的做法相同。

这样,还有四个曲率半径待定。第四、第六个曲率半径可以用来满足匹兹伐和及焦距要求(与设计新消色差透镜的做法相同),余下的第一、第三个曲率半径用来校正彗差和畸变。最后用选择玻璃的办法控制两种色差。

现在作一个设计例子。首先选择适当的折射率。对镜片 a 和 d 可以设 n_e =1.6135。我们在肖特玻璃手册中查出许多 n_e 接近这个数值的玻璃,它们的 $V_e=(n_e-1)/(n_F-n_C)$,范围为 37.2~59.1。对于镜片 b 和 c,可以类似地选 n_e=1.5146,与它相匹配的 V_e 的范围为 51.2~63.6。适当规定各片厚度:前组元取 0.25 和 0.4,后组元取 0.1 和 0.4;中间间隔取 0.4,光阑在中点上。不要把光阑看成自由度,因为自由度已经足够多,当然,中间间隔最好小一点,以减小渐晕。

第一次试算时可以选 c_1=0.5、c_2=1.2 和 c_5=0.5。按照令前组元远焦的要求算出 c_3,然后用试探法确定 c_4、c_6,以使焦距等于10,匹兹伐和等于0.025。这样得到如下方案 A:

c	d	n
0.5		
	0.25	1.6135
1.2		
	0.4	1.5146
0.417646		
光阑	0.2	
	0.2	
−0.626156		
	0.1	1.5146
0.5		
	0.4	1.6135
−0.572960		

有焦距 $f'=10$, $l'=9.8120$, Ptz $=0.025$, 外径 $=1.5$。图 14.16 是该透镜的截面图。由无穷远出发追迹 $f/8$ 的边缘光线, 以及以 $-20°$ 倾斜角通过光阑中心的主光线, 求得如下的初始像差:

$$\text{LA}'(f/8)=-0.09026, \qquad \begin{cases} X'_s=-0.0610 \\ X'_t=+0.0169 \end{cases} \qquad (\text{当 } U_{pr}=-17.90°)$$

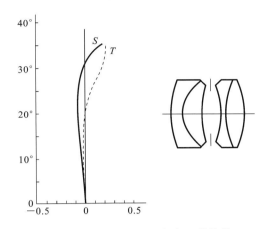

图 14.16　普洛塔镜头方案 B 的像散

因为 r_2 的主要作用是控制球差, r_5 的主要作用是校平像面, 下一步就是分别令 c_2、c_5 单独改变 0.05, 作双参数图, 校正球差和子午场曲。设这两种像差的期待值是 $\text{LA}'=+0.15$, $X'_t=0$。图 14.17 中的双参数图说明, 应当令原来的方案 A 作如下改动:

(1) $\Delta c_2=0.034$, 原来的 $c_2=1.2$, 故新的 $c_2=1.234$;

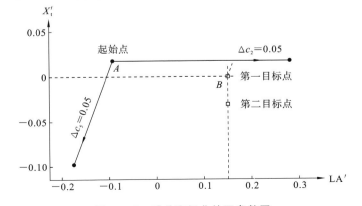

图 14.17　球差和场曲的双参数图

（2）$\Delta c_5 = 0.009$，原来的 $c_5 = 0.5$，故新的 $c_5 = 0.509$。

作这样的修改之后得到方案 B（厚度和折射率保持原值）：

c	d
0.5	
	0.25
1.234	
	0.4
0.410355	
光阑	0.2
	0.2
−0.637781	
	0.1
0.509	
	0.4
−0.579493	

有 $f' = 10$，$\mathrm{Ptz} = 0.025$，$\mathrm{LA}'(f/8) = 0.1361$，$\mathrm{LZA}(f/11) = -0.0724$；对于 $17.91°$，$X'_s = -0.0668$，$X'_t = -0.0023$。

在令 LA'、X'_t 进一步改变之前，必须首先判断目标点是否已经选在最佳处。当然，带球差已经差不多好了，所以保持目标点中的球差 $+0.15$ 不变。但是要想知道场曲的要求，就要再追迹几条倾斜角更大的主光线作像散曲线。由这些主光线得出表 14.7 所示的数据。场曲曲线如图 14.16 所示。由图可以看出，目标点的子午场曲 X'_t 取 -0.03 会好得多。此后就取这个数值（第二个目标点如图 14.17 所示）。

表 14.7　方案 B 的像散和畸变

物空间视场角/(°)	光阑上的视场角/(°)	X'_s	X'_t	畸变/(%)
−35.00	−40	+0.17590	+0.24096	−2.52
−26.62	−30	−0.05139	+0.10503	−1.25
−17.91	−20	−0.06677	−0.00230	−0.51

下一步着手校正彗差和畸变。方案 B 的 OSC 是 $-0.00399(f/8)$，彗差和畸变显然都过大。现在自由变量是 c_1 和前组元光焦度。令近轴光线取 $y = 1$，则前组元光焦度直接由 u'_3 给定，这个角度的任何期待值都可以由解出适当的

c_3 来实现。首先假设 OSC 和畸变都要取零,作第二个双参数图(见图 14.18),
改动 c_1 和 u_3'。这个图说明应当令系统作如下改动:

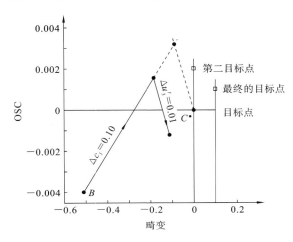

图 14.18 慧差和畸变的双参数图

(1) $\Delta c_1 = 0.1227$,原来的 $c_1 = 0.5$,故应试令 $c_1 = 0.6227$;

(2) $\Delta u_3' = 0.0117$,原来的 $u_3' = 0$,故应试令 $u_3' = 0.0117$。

作这样的改动之后透镜变成如下的方案 C:

c	d	n
0.6227		
	0.25	1.6135
1.234		
	0.4	1.5146
0.570533		
光阑	0.2 0.2	
−0.473548		
	0.1	1.5146
0.509		
	0.4	1.6135
−0.453187		

有 $f' = 10$,$Ptz = 0.025$,前组元光焦度 $= +0.0117$,OSC($f/8$)$= -0.000402$,
畸变($18°$)$= -0.017\%$。

暂时假定畸变的目标值为零是恰当的,但对于彗差要进一步研究。为此,追迹以$-17.23°$入射于透镜上的一组光线,作光线在光阑上的入射高和在近轴像平面上的高度 H' 的关系曲线,如图 14.19 所示。它说明出现若干负的初级彗差,并且由于有正的高级彗差,曲线两端上翘。因为曲线两端可能因拦光而被截除,所以以 OSC($f/8$)等于$+0.002$(而不是零)为目标比较好。以后在双参数图中就以它作为 OSC 的目标点。

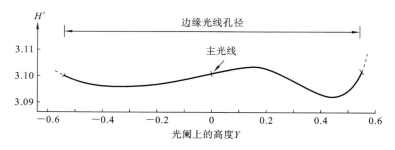

图 14.19 方案 C 的子午光线图($17°$)

方案 C 的球差是$+0.0908$,场曲 $X'_t = +0.1531$。用新目标点,参照第一个双参数图,得到如下的改变量:

(1) $\Delta c_2 = +0.026$,原来的 $c_2 = 1.234$,故应试令 $c_2 = 1.260$;

(2) $\Delta c_5 = +0.0916$,原来的 $c_5 = 0.509$,故应试令 $c_5 = 0.6006$。

作这样的改动之后,得到方案 D:

c
0.6227
1.260
0.564736
-0.4166835
0.6006
-0.435009

有 $f' = 10$,Ptz$= 0.025$,前组元光焦度$= 0.0117$,LA$'$($f/8$)$= 0.1422$;对于 $17.24°$,$X'_s = -0.0704$,$X'_t = -0.0331$。

该方案的球差和场曲值已经可以接受。不过我们发现现在 $f/8$ 的 OSC 变成-0.00313,$17°$的畸变变成-0.009%。可以利用第二个双参数图消除这些像差余量,然后再回到第一个双参数图校正球差和场曲,这样反复几次,直

到全部四个像差都可接收为止。最后得到方案 E:

c	d	n_e
0.6445		
	0.25	1.6135
1.2466		
	0.4	1.5146
0.628369		
光阑	0.2 0.2	
−0.383337		
	0.1	1.5146
0.5856		
	0.4	1.6135
−0.395628		

有 $f'=10$, Ptz $=0.025$, 前组元光焦度 $=0$, LA$'(f/8)=0.1529$, LZA$(f/11)$ $=-0.0487$, OSC$(f/8)=0.00204$。像散和畸变如表 14.8 所示。

表 14.8　方案 E 的像散和畸变

物空间视场角/(°)	光阑上的视场角/(°)	X'_s	X'_t	畸变/(%)
−33.63	−40	+0.08847	−0.27048	−0.676
−29.62	−35	−0.02411	−0.07838	−0.311
−25.54	−30	−0.07381	−0.03227	−0.119
−21.39	−25	−0.08298	−0.03218	−0.028
−17.18	−20	−0.06921	−0.03188	+0.007

这些像差绘成曲线示于图 14.20 中,图中还有 17°子午光线图,供了解彗差。从这些曲线可以知道,应当以约 +0.2% 的畸变(17°)、约 +0.001 的 OSC$(f/8)$ 为目标值。在此后进一步的修改中应当采用这些数值。场曲和球差刚好合适。

下一步是选择玻璃以校正两种色差。我们起初试图分别校正两个组元的 $(D-d)\Delta n$ 和,这是正规的薄透镜处理方法。为此,采用每种适当的玻璃的实际 $\Delta n=n_F-n_C$,忽略了玻璃手册所列的这些玻璃的折射率与至今我们所假定的折射率数值不严格相等的事实。这给出了表 14.9 中的数据。

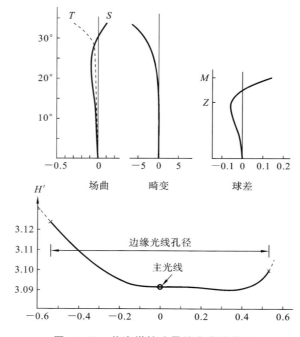

图 14.20   普洛塔镜头最终方案的像差

表 14.9   方案 E 的轴向色差偏差

透镜	玻璃	n_e	Δn	$D-d(f/8$ 光线)	$(D-d)\Delta n$	和
1	SK-8	1.61377	0.01095	0.108126	0.00118398	
2	K-1	1.51173	0.00824	-0.139683	-0.00115099	$+0.00003299$
3	KF-8	1.51354	0.01004	0.151056	0.00151660	
4	SK-3	1.61128	0.01034	-0.158906	-0.00164309	-0.00012649
					总和	-0.00009350

找不到适当的玻璃可以使后组的 $(D-d)\Delta n$ 和减小。

计算 17.18° 的横向色差时,分别给 F、C 光折射率加上一个相同的算术偏差值,它等于我们已为 e 光折射率假定的偏差。这给出了表 14.10 中的数据。

由这些数据得到 $H'_F - H'_C = +0.001086$。任何透镜的横向色差和后组元的纵向色差同号,而和前组元的纵向色差反号。因此,为了同时改善纵向色差和横向色差,必须令前组元的 $(D-d)\Delta n$ 和变正一点。为此要令透镜 1 用一种

表 14.10　方案 E 的横向色差偏差

透镜	玻璃	名义折射率			H'_C	H'_e	H'_F
		n_e	n_C	n_F			
1	SK-8	1.6135	1.60758	1.61853			
2	K-1	1.5146	1.51012	1.51836			
					3.090647	3.091227	3.091733
3	KF-8	1.5146	1.50920	1.51924			
4	SK-3	1.6135	1.60789	1.61823			

V 值比较小的玻璃或令透镜 2 用一种 V 值比较大的玻璃。查阅玻璃手册发现,只能选用 BK-1 代替镜片 2 的 K-1 玻璃,其他全部适用的玻璃的折射率都和我们计算像差时所设的 e 光折射率相差太远。这种玻璃 $\Delta n = 0.00805$,它使前组元的 $\sum (D-d)\Delta n$ 值等于 $+0.00005953$,全系统的 $\sum (D-d)\Delta n$ 值是 -0.00006696,横向色差 $H'_\text{F} - H'_\text{C} = +0.000790$。在没有其他更适合的玻璃可供使用的情况下,我们只好接受这样的像差余量。

当然,最后一步是用实际的折射率 n_e 重复上述设计过程,并且调整通光孔径以实现必要的拦光。

14.5　天塞镜头设计

天塞(Tessar)[14]镜头和普洛塔镜头相似的地方是后组元也是一个新消色差双胶合透镜,只是现在前组元变成一个有空气间隔的双透镜,而不是胶合的旧消色差透镜。普洛塔镜头的前组元的胶合面很强,使带球差大,而天塞镜头中的分离双透镜产生的带球差很小,以致 $f/4.5$ 或更大的孔径完全可能。从另一方面来看,天塞镜头又可以看成是后透镜内部有一个强的会聚面的三透镜组;这个界面有三个作用:减小带球差;减小过校正轴外球差;使中间视场角的弧矢场曲和子午场曲接近。尽管有时提到库克三透镜组(见第 14.6 节)中泰勒发明的天塞镜头,其实际起源是普洛塔镜头,在天塞镜头专利说明书中有提到鲁道夫发明的普洛塔镜头(1890 年)和天塞镜头(1902 年)。

14.5.1　玻璃选择

通常第一、第四个镜片用重钡冕玻璃,第二个镜片用中火石玻璃,第三个镜片用轻火石玻璃。因此,可能的初始值如表 14.11 所示。

表 14.11　天塞透镜的玻璃初始值选择

透镜	玻璃牌号	n_e	$\Delta n = n_F - n_C$	$V_e = (n_e - 1)/\Delta n$
a	SK-3	1.61128	0.01034	59.12
b	LF-1	1.57628	0.01343	42.91
c	KF-8	1.51354	0.01004	51.15
d	SK-3	1.61128	0.01034	59.12

14.5.2　自由度

由于后组元的胶合面是重要的表面,最好规定一个特定值,这里为 0.45,并在整个设计中保持不变。因为不是对称性的,我们必须适当选择已有的自由度来校正七种像差中的每一种,以及保持焦距不变。这无疑会使设计工作变得繁重。如果是用袖珍计算器来做的话,更是这样。

前组元有两个光焦度、两个弯曲、一个空气间隔。第二个空气间隔保持不变,以减小渐晕。后组元则只有两个外侧界面曲率待定。因而共有七个自由度可供校正六种像差,以及保持焦距不变。因而必须用选择玻璃的办法校正第七种像差。

利用各个自由度的方式可以试一试。本章将用如下方式分配自由度:

(1) 镜片 a 的光焦度和镜片 d 的玻璃色散率用于控制两种色差。

(2) 镜片 b 的光焦度按照保证前组元光焦度等于 -0.05(焦距为 -20)的要求确定,供校正畸变用。

(3) 末面曲率 c_7 按照总焦距等于 10 的要求确定。

(4) 调整前面的空气间隔,使匹兹伐和等于 0.025。

(5) 适当选择 c_5 以校正球差。

(6) 余下镜片 a 和 b 的弯曲用来校正 OSC 和子午场曲 X'_t。

初始系统 A 人为地选定如下:

	c	d	n_e
	0.4		
		0.40	1.61128
	0		

续表

	c	d	n_e
		0.3518(Ptz)	(空气)
	−0.2		
		0.18	1.57628
(u'_4)	0.406891		
	光阑	$\dfrac{0.37}{0.13}$	(空气)
	−0.05		
		0.18	1.51354
	0.45		
		0.62	1.61128
(u'_7)	−0.247928		

有 $f'=10$，Ptz$=0.025$。

14.5.3 色差校正

假定这是一个合理的初始系统，然后追迹 e 光的 $f/4.5$ 边缘光线，算出各镜片的 $(D−d)\Delta n$ 贡献，如表 14.12 所示。我们自然可以调整前后组元，使它们各自的 $(D−d)\Delta n$ 和值为零。但是发现这样做的话，横向色差 $H'_F−H'_C$（通过追迹 $17°$ 主光线算出）是大的正值。因为横向色差和后组元的纵向色差同号，所以必须令后组元取相当大的负 $(D−d)$ 和值，而令前组元取等量的正 $(D−d)$ 和值。

表 14.12 方案 A 的色差贡献

镜片	a	b	c	d
$(D−d)\Delta n$	−0.00266942	0.00404225	0.00270365	−0.0387980
	0.00137283		−0.00117615	
			$\Sigma=0.00019668$	

因而我们为镜片 d 选用色散率比较大（即 V 值比较小）的玻璃，以增大后组元的负 $(D−d)$ 和值。这种玻璃是 SK-8，其 $n_e=1.61377$，$\Delta n=n_F−n_C=0.01095$，$V_e=56.05$。折射率的微小改变要求系统作小小的调整，于是得到方案 B：

透镜设计基础(第二版)

c	d	n_e
0.4		
	0.4	1.61128
0		
	0.3421	(空气)
−0.2		
	0.18	1.57628
0.4051605		
光阑	0.37 0.13	(空气)
−0.05		
	0.18	1.51354
0.45		
	0.62	1.61377
−0.2444831		

有 $f'=10$，$l'=8.851896$，$\mathrm{Ptz}=0.025$。$f/4.5$ 的轴上边缘光线给出 $\mathrm{LA}'=+0.30981$ 和 $(D-d)$ 值如表 14.13 所示。

表 14.13　方案 B 的色差贡献

镜片	a	b	c	d
$(D-d)\Delta n$	−0.00266942	0.00405667	0.00272259	−0.00411584
	0.00138725		−0.00139325	
			$\Sigma=-0.00000600$	

　　从纵向色差来看，这个 $(D-d)$ 和值令人十分满意。下一步要检查横向色差。通过追迹 $17°$ 的 F、C 主光线，可知横向色差是 $+0.000179$，也是可以接受的，于是现在两种色差都已经控制好。幸亏色差随弯曲变化很慢，使我们以后致力于弯曲三个组元以校正球差、彗差和场曲时，不会对色差校正产生大影响。

14.5.4　球差校正

　　因为镜片 a 和 b 大致上处于球差最小的状态，企图令它们弯曲来校正球差是徒劳的，因而只好以弯曲后组元（即改动 c_5）来控制球差。此后每一个方案都这样做（用多次试算的方法）。

我们人为地要求 $LA' \approx +0.098$,这会使带球差余量大约是它的一半,当镜头孔径缩小时(这是通常使用中最常遇到的情况),像质会很好。然后用双参数图改变 c_1 和 c_3 以校正 OSC 和 X'_t(见图 14.21)。目标点是这两种像差都等于零的点。

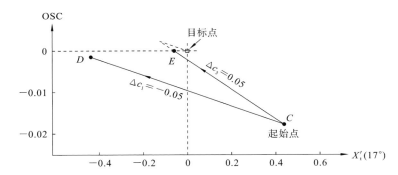

图 14.21 反映天塞镜头前二镜片弯曲影响的双参数图(每次预先校正好匹兹伐和与球差)

调整 c_5 校正方案 B 的球差之后得到方案 C,如下所示。

c	d	n_e
0.4		
	0.4	1.61128
0		
	0.2949	(空气)
−0.2		
	0.18	1.57628
0.3968783		
光阑	$\dfrac{0.37}{0.13}$	(空气)
−0.080		
	0.18	1.51354
0.45		
	0.62	1.61377
−0.2632877		

有焦距 $f' = 10$,$l' = 9.035900$,$Ptz = 0.02499$,$LA' = 0.09724$,$OSC = -0.01778$。追迹以 20°通过光阑中心的主光线,它以 17.3070°从透镜前方出射,像面如下:

角度:17.31°,X'_s:0.0716,X'_t:0.4337,畸变:0.213%

这个畸变小到可以忽略,说明我们选 $u'_4=-0.05$ 大致上是恰当的,以后就按照这个数值做下去。然而负的 OSC 太大,子午像面向后弯得太过分了。

14.5.5　彗差和场曲的校正

为了作双参数图,试令系统 C 改动 $\Delta c_1=-0.05$(得到方案 D),然后令各量恢复原值,返回方案 C,令 c_3 改变 0.05,得到方案 E。这些改动示于图14.21中。用通常处理双参数图的方法,做几次小调整,最后得到方案 F:

c	d	n_e
0.4126		
	0.40	1.61128
0.013442		
	0.2927	(空气)
−0.1366		
	0.18	1.57628
0.464462		
光阑	0.37 / 0.13	(空气)
−0.0571		
	0.18	1.51354
0.45		
	0.62	1.61377
−0.247746		

有焦距 $f'=10, l'=8.9344, LA'(f/4.5)=0.0958, LZA(f/6.4)=-0.0258,$ $OSC(f/4.5)=0, Ptz=0.0250$。结果如表 14.14 所示。

表 14.14　方案 F 的像散和畸变

视场角/(°)	X'_s	X'_t	畸变/(%)
29.74	0.1607	0.1303	−1.42
25.61	0.0102	0.0871	−0.92
21.42	−0.0458	0.0305	−0.56
17.19	−0.0537	−0.0020	−0.32

像差曲线如图 14.22 所示。为了检查彗差,追迹一系列平行于 17.19°主光线的斜光线,作子午光线图(见图 14.23)。我们可以看到,曲线两端下弯,但是中部平直,这表明有负的高级彗差。它不能用故意引入正的 OSC 办法作有

效的校正。校正它的有效得多的办法是造成一定的拦光。如果按照 $f/4.5$ 的轴上入射光束直径限制各面通光半径,图 14.23 中的曲线将从 VV' 处开始被截除,这就几乎消除了全部高级彗差,而像的照度并没有严重减小。图 14.24

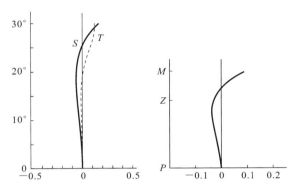

图 14.22　系统 F 的像差

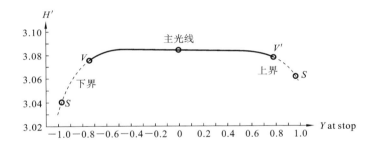

图 14.23　天塞镜头系统 F 的子午光线图

(光线 SS 通过光阑上、下端,VV' 表示经拦光后的界限光线)

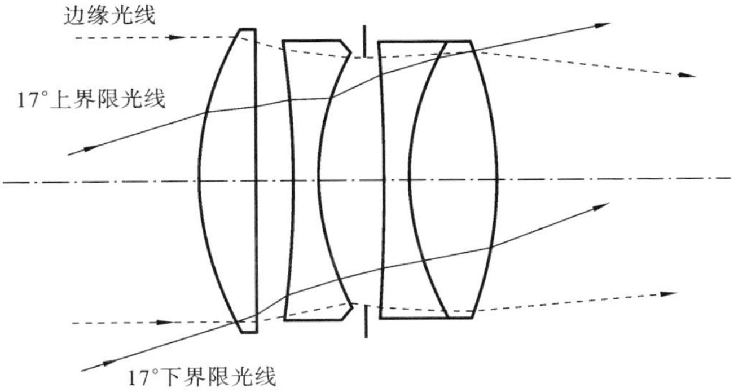

图 14.24　系统 F 的拦光情况(17°光束)

中的透镜孔径就是按这样的原则确定的,图中有倾斜光束的界限光线 VV' 的光路图。

示于图 14.22 中的有像散的两个像面的交点太高,并且像面稍微后弯,因而返回图 14.21 所示的双参数图。在 OSC=0 和 $X'_t=-0.04$ 处做一个新的目标点,它恰巧和方案 E 的很靠近。令 c_1、c_3 稍加调整(当然每次都用 c_5 校正球差,用 d'_2 校正匹兹伐和),得到如下的方案 G:

c	d	n
0.4065		
	0.40	1.61128
0.0069273		
	0.3019	(空气)
−0.1421		
	0.18	1.57628
0.4596089		
光阑	0.37 0.13	(空气)
−0.0579		
	0.18	1.51354
0.45		
	0.62	1.61377
−0.2486575		

有 $f'=10$,$l'=8.925977$,Ptz=0.025,LA$'(f/4.5)=0.1029$,LZA$(f/6.4)=-0.0216$,OSC$(f/4.5)=0$,$\sum(D-d)\Delta n=-0.00001096$,横向色差 $H'_F-H'_C(17°)=-0.00031$。结果如表 14.15 所示。像面和像差曲线如图 14.25 所示。

表 14.15 方案 G 的像散和畸变

视场角/(°)	X'_s	X'_t	畸变/(%)
29.64	0.1224	−0.0283	−1.18
25.55	−0.0148	−0.0064	−0.77
21.38	−0.0619	−0.0257	−0.47
17.16	−0.0635	−0.0430	−0.27

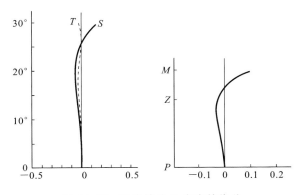

图 14.25　天塞镜头 G 方案的像差

14.5.6　最后步骤

现在要来考察改动胶合面 c_6 的影响。这个面曾经人为地规定为 0.45。下一步,我们以 $c_6=0.325$ 重复整个设计过程。得到的镜头与一方案不同,如下所示。

c	d	n
0.328		
	0.4	1.61128
−0.0757715		
	0.347	(空气)
−0.24		
	0.18	1.57628
0.3564288		
光阑	0.37 0.13	(空气)
−0.135		
	0.18	1.51354
0.325		
	0.62	1.61377
−0.3216593		

有 $f'=10$,$l'=9.20712$,$\mathrm{LA}'(f/4.5)=0.08714$,$\mathrm{LZA}(f/6.4)=-0.03475$,$\mathrm{OSC}(f/4.5)=0$,$\sum(D-d)\Delta n=-0.0000707$,横向色差(17°)=$-0.00121$。结果如表 14.16 所示。

表 14.16　第二种天塞透镜的像散和畸变

视场角/(°)	X'_s	X'_t	畸变/(%)
25.41	0.0408	-0.0905	$+0.12$
21.38	-0.0244	0.0198	-0.04
17.22	-0.0413	0.0157	-0.06

　　这些像差如图 14.26 所示。视场比前一方案的稍小,但是像差令人十分满意。要注意,两种色差都是负的。为了校正它们,要令后组元的冕牌玻璃片的 V 值增大一点,即用 SK-1 玻璃,它的 $n_e=1.61282,V_e=56.74$;或者用 SK-19 玻璃,它的 $n_e=1.61597,V_e=57.51$。镜头设计者应该注意玻璃的选择对设计的影响。

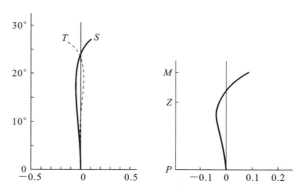

图 14.26　第二个天塞镜头的像差

　　需要研究的主要是图 14.27 所示的子午光线图,应当令它和图 14.23 中前一系统的子午光线图比较。通过比较可以看出,c_6 由 0.325 变到 0.45 的结

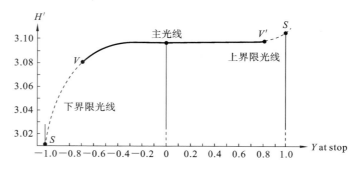

图 14.27　$c_6=0.325$ 的天塞系统的子午光线图(17°)

果是曲线下端上移,并且压低了上端。也就是说,c_6 的增大在已有的负高级彗差之外又引入了若干欠校正的轴外球差,使透镜总的像质得到改善。曲线下端需要比上端截除得更多,当然这取决于边缘光线孔径,显然是不能将它切除掉的。

改善天塞镜头最好的办法是提高折射率,最好是所有各片的折射率都高于 1.6。改变厚度能否取得重大改进呢? 这是令人怀疑的。

14.6 库克(COOKE)三透镜组镜头

英国设计家 H. 丹尼斯·泰勒(H. Dennis Taylor)于 1893 年提出了这种镜头[15]。他的想法很简单:如果物镜是由光焦度大小相等且折射率相同的一个正透镜和一个负透镜组成的,则匹兹伐和将等于零。此时只要令两个透镜之间的间隔取适当大小,这个系统就可以具有任何期待的光焦度。然而他立刻发现,这种排列的极端不对称性会导致不能容许的横向色差和畸变量,于是他令正镜片分裂成两片,将负镜片放在它们之间,从而构成著名的三透镜组镜头(见图 14.28)。他也曾经试图采取另一种排列方式,即将负镜片分裂成两片而将正镜片放在它们之间,但是这种方案远远没有前一种方案理想。

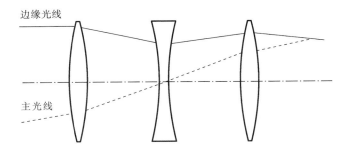

边缘光线

主光线

图 14.28   库克三透镜组镜头

设计三透镜组物镜是困难的,因为任何一个面的改动都会影响各种像差,而如果没有一个根据赛德尔像差要求做出的薄透镜初始设计,三透镜组的设计就更无法进行。我们给每种初级像差余量规定明确的期待值,作出薄透镜初始方案,然后用光线追迹法确定整个厚透镜系统的实际像差。如果某个像差过大,就改变它的初级部分指标,然后再重复整个初始方案的设计过程。下面例子所采用的薄透镜像差余量指标是经过次数不多的这样的选择之后确定的,最后得到的厚透镜系统令人满意。当然,如果要设计的镜头在某个重要指标如孔径、视场或玻璃选择等不同于下面例子的话，就要取另一组赛德尔像差余量指标，但需通过试算确定。

14.6.1　求薄透镜的光焦度和间隔的初始方案

如果将光阑放在系统内负的薄透镜上，就可以求出三个镜片适当的光焦度和间隔，以提供规定的总焦距和初级纵向色差、初级横向色差、匹兹伐和，还要满足一个最后用来控制畸变的条件。后者可以是两个间隔之比、两个外侧镜片的光焦度之比、镜片 a 和 b 组合的光焦度与全系统光焦度之比，或其他类似的指标。因而我们有五个变量（三个光焦度和两个间隔）用来满足五个条件，余下的三个弯曲用来校正其他三个像差：球差、彗差和像散。不这样把像差适当地分成两组（一组只与光焦度、间隔有关，另一组不但与光焦度、间隔有关，而且还与弯曲有关），整个设计工作将会无比复杂而几乎无法完成。

薄透镜初始方案设计的第一部分可以用几种方法来做。这里所用的是 K.施瓦尔茨希尔德（K. Schwarzschild）在 1904 年前后提出的方法，这种方法利用了第 11.7.2 节中表达薄镜片对全系统光焦度、色差和匹兹伐和的贡献公式。现将这些公式顺次列出如下：

$$y_a\phi_a+y_b\phi_b+y_c\phi_c=(u'_0-u_a)=y_a\Phi,\quad u_a=0\text{（光焦度）}$$
$$(y_a^2/V_a)\phi_a+(y_b^2/V_b)\phi_b+(y_c^2/V_c)\phi_c=-L'_{ch}u'^2_0\text{（色差）}$$
$$(1/n_a)\phi_a+(1/n_b)\phi_b+(1/n_c)\phi_c=\text{Ptz（匹兹伐和）}$$

这是关于三个镜片的光焦度的三个线性方程。一旦知道了三个近轴光线高 y_a、y_b 和 y_c，就很容易解出这三个光焦度。若已知焦距和 f 数，第一个光线高 y_a 就可知，而 y_b 和 y_c 则需通过试算，使它们满足其余两个条件——校正横向色差和两个间隔之比 $S_1/S_2=K$。后两个光线高的初始值取 $y_b=0.8y_a$ 和 $y_c=0.9y_a$ 是适当的。

作为例子，我们着手设计一个焦距为 10.0、孔径为 $f/4.5$、视场为 $\pm20°$ 的物镜。假设 $K=1$，采用如下的玻璃：

(a,c)　　$n_D=1.62031$，　$n_F-n_c=0.01029$，　$V=60.28$
(b)　　　$n_D=1.61644$，　$n_F-n_c=0.01684$，　$V=36.61$

在初始方案设计中，我们以如下的一组薄透镜像差余量作为目标值，希望加上适当厚度之后会得到一个校正良好的系统：

$$f' = 10 \qquad 匹兹伐和 = 0.035$$

$$y_a = 1.111111 \qquad 色差 = -0.02$$

$$u_a = 0 \qquad 横向色差 = 0$$

$$u'_0 = 0.111111 \qquad 球差 = -0.08$$

$$u_{pr.a} = -0.364(\tan 20°) \qquad 弧矢彗差 = +0.0025$$

$$K = S_1/S_2 = 1.0 \qquad 像散 = -0.09$$

取 $y_a = 1.111111, y_b = 0.888888, y_c = 0.999999$。解三个光焦度的施瓦尔茨希尔德方程,得到

$$\phi_a = 0.192227, \quad \phi_b = -0.291104, \quad \phi_c = 0.156285$$

近轴光线和通过负透镜中心的近轴主光线参数值如表 14.17 所示。由表 14.17 可知,对于近轴光线有

$$u_a = 0, \quad u_b = u_a + y_a\phi_a, \quad u_c = u_b + y_b\phi_b$$

$$S_1 = (y_a - y_b)/u_b, \quad S_2 = (y_b - y_c)/u_c$$

表 14.17　库克三透镜组的近轴光线追迹

ϕ		ϕ_a		ϕ_b		ϕ_c
$-d$			$-S_1$		$-S_2$	
			近轴光线			
y		y_a		y_b		y_c
u	u_a		u_b		u_c	u'_0
			近轴主光线			
y_{pr}		$y_{pr.a}$		$y_{pr.b} = 0$		$y_{pr.c}$
u_{pr}	$u_{pr.a}$		$u_{pr.b}$		$u_{pr.c}$	

代入本例的已知数值之后得到

$$u_a = 0, \quad u_b = 0.2135856, \quad u_c = -0.0451736$$

$$S_1 = 1.040436, \quad S_2 = 2.459647$$

于是 $K = S_1/S_2 = 0.423002$。这时发现 K 几乎与 y_b 有线性关系,经过两次试算之后得到 $\partial K/\partial y_b = -46.0$。因此,保持原先的 $y_a = 1.111111$ 和 $y_c = 0.999999$,令 $y_b = 0.876380$,就得到

$$\phi_a = 0.153234, \quad \phi_b = -0.296588, \quad \phi_c = 0.200775$$

$$u_b = 0.1702602, \quad u_c = -0.0896636$$

$$S_1 = 1.378661, \quad S_2 = 1.378709, \quad K = 0.999965$$

这样就完满了。然后回到薄透镜追迹表,可以知道对于近轴主光线有

$$y_{pr,a} = \frac{S_1 u_{pr,a}}{1 - S_1 \phi_a} = -0.636244$$

$$y_{pr,b} = 0, \quad y_{pr,c} = -y_{pr,a}/K = +0.636266$$

于是可以用如下关系式确定各片的横向色差贡献:

$$T_{ch}C = -yy_{pr}\phi/Vu'_0$$

得到

$$T_{ch}C_a = 0.0161736, \quad T_{ch}C_b = 0, \quad T_{ch}C_c = -0.0190729$$

横向色差总和为 -0.002899。为了校正它,要改动 y_c,重复全过程。

省略掉中间几步,直接写出如下的最终解:

$$y_a = 1.111111, \quad y_b = 0.861555, \quad y_c = 0.962510$$

$$\phi_a = 0.1684127, \quad \phi_b = -0.3050578, \quad \phi_c = 0.1940862$$

$$u_b = 0.1871252, \quad u_c = -0.0756989$$

$$S_1 = 1.333632, \quad S_2 = 1.333639, \quad K = 0.999995$$

根据 $u_{pr,a} = -0.364$,求出

$$y_{pr,a} = -0.6260542, \quad y_{pr,b} = 0, \quad y_{pr,c} = 0.6260573$$

于是,

$$T_{ch}C_a = 0.0174910, \quad T_{ch}C_b = 0, \quad T_{ch}C_c = -0.0174616$$

因此,薄透镜横向色差为 $+0.0000294$,可以接受。

14.6.2　薄透镜弯曲状态的初始设计

上述三个薄镜片的弯曲状态分别由 c_1、c_3 和 c_5 确定。因为假定光阑是和镜片 b 接触的,所以这个镜片的像散贡献与它的弯曲状态无关。因此,我们采取如下的做法:令镜片 a 取一个任意设定的弯曲值,然后用第 11.7.2 节中的公式算出它的 AC^*。按照 $-\frac{1}{2}h_\theta'^2 - \phi_b$ 算出镜片 b 的 AC,然后按照总像散等于规定值 -0.09 的要求,算出镜片 c 的弯曲值。这样做过之后,转向镜片 b,令它弯曲到给出期待的弧矢彗差 0.0025。这样做绝对不会影响像散。最后,知道了镜片 b、c 的弯曲值,就能够算出三个镜片的球差贡献,在球差和 c_1 值的关系图上记下一点。用不同的 c_1 值重复这个过程几次,就能作出曲线,找出具有期待的薄透镜初级球差值的最终解。

薄镜片对三种像差的贡献由第 11.7.2 节中的公式给出,在其中球差和彗差的公式中出现 G 和数。这些贡献值是弯曲参数 c_1、c_3 和 c_5 的二次式。

对于镜片 a:
$$SC^* = -23.227833c_1^2 + 11.968981c_1 - 2.011823$$
$$CC^* = 1.454188c_1^2 - 1.361274c_1 + 0.292417$$
$$AC^* = -7.374247c_1^2 + 10.006298c_1 - 3.442718$$

对于镜片 b:
$$SC^* = 15.229687c_3^2 + 4.686647c_3 + 1.436793$$
$$CC^* = 0.667069c_3 + 0.095270$$
$$AC^* = 2.020947$$

对于镜片 c:
$$SC^* = -15.073642c_5^2 + 5.519113c_5 - 0.937665$$
$$CC^* = -1.089393c_5^2 - 0.130340c_5 + 0.030780$$
$$AC^* = -6.377286c_5^2 - 3.861014c_5 - 0.528703$$

汇集这些等式,发现当给定 c_1 时,就可以首先从如下的二次方程式中解出 c_5:
$$c_5^2 + 0.6054322c_5 + (1.15633c_1^2 - 1.569053c_1 + 0.2917344) = 0$$
在它的两个解中只有一个有用;另一个解表示一个反常的镜片,它向左极度弯曲,产生非常大的带球差余量(见尾注 7)。

知道了 c_1 和 c_5,就可以按照彗差校正要求,用下面的公式求出 c_3:
$$c_3 = -2.179967c_1^2 + 2.040679c_1 + 1.633104c_5^2 + 0.1953917c_5 - 0.6235753$$

最后,知道三个参数 c_1、c_3 和 c_5 后,就可以按照如下的公式计算球差:
$$LA' = -23.227833c_1^2 + 11.968981c_1 + 15.229687c_3^2 + 4.686647c_3$$
$$-15.073642c_5^2 + 5.519113c_5 - 1.512695$$

取一系列的 c_1 值,算出数据如表 14.18 所示。可见三个镜片是一齐向右弯的。图 14.29 所示的是球差总和与 c_1 的关系曲线,可以从中找出期待的 c_1 值,它对应的球差余量是 -0.08,显然有两个解:
$$c_1 = 0.2314, \quad c_1 = 0.3780$$
我们只用左边的解。因为右边的解所得各面弯曲得比较深,使带球差比较大。根据左边解得到如下薄透镜曲率:
$$c_1 = 0.2314, \quad c_3 = -0.264746, \quad c_5 = 0.015190$$
$$c_2 = -0.040098, \quad c_4 = 0.230124, \quad c_6 = -0.297695$$

表 14.18 弯曲三透镜组的初级球差

c_1	c_3	c_5	初级球差
0.2	−0.308020	−0.042985	−0.311751
0.25	−0.238049	0.043543	−0.013077
0.3	−0.168838	0.105388	0.044583
0.35	−0.100863	0.152719	0.004574
0.4	−0.060233	0.189738	−0.164065

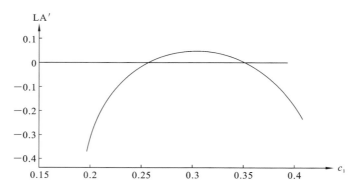

图 14.29 初级球差与 c_1 的关系(已分别用 c_5、c_3 校正场曲和慧差)

14.6.3 实际像差的计算

根据透镜截面图选择适当的镜片厚度后,缩放各镜片,使它们的光焦度准确地恢复到原来要求的薄透镜光焦度,并且求出使相邻主面之间的间隔等于薄透镜间隔的空气间隔之后,得到如下厚透镜系统:

c	d	n_D
0.2326236		
	0.4	1.62031
−0.04031		
	1.051018	
−0.2617092		
	0.25	1.61644
0.227485		
	0.986946	
0.0152285		
	0.45	1.62031
−0.2984403		

有 $f' = 10.00, l' = 8.649082, \mathrm{LA}'(f/4.5) = 0.01267, \mathrm{LZA}(f/6.3) = -0.01051, \mathrm{OSC}(f/4.5) = -0.001302, \mathrm{Ptz} = 0.03801$。结构如表 14.19 所示。

表 14.19　最终三透镜组的像散、畸变和横向色差

视场/(°)	X'_s	X'_t	畸变/(%)	横向色差
24	−0.0386	−0.4338	1.98	0.00195
20	−0.0639	−0.0798	1.09	0.00055
14	−0.0488	+0.0192	0.42	−0.00021

显然横向色差已经差不多校正好。图 14.30 所示的是色球差曲线,它说明球差和色差差不多都已经校正好。图中还给出了两个像散性像面的曲线,从中可以看到,若令薄透镜弧矢像面向正方向稍微移动一点会更好。

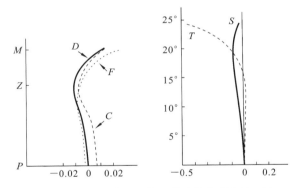

图 14.30　最终的三透镜组镜头的像差($f/4.5$)

为了考察彗差,我们作倾斜度不同的三个光束的一系列斜光线的 H' 与 Q_1 的关系曲线,如图 14.31 所示。每条曲线上的 VV' 表示经受拦光后的界限光线,它们以初始边缘孔径高 1.1111 进入和离开透镜(假设透镜的前后孔径限制在这个数值上),如图 14.32 所示。当光束倾斜角增大时,拦光增加,曲线上端(右边)变短。在每条曲线上标出了计算像散所用的主光线。在主光线点处曲线的倾斜度,表示相应的光束倾斜角的 X'_t。为了改善畸变,可以用不同的 K 值(如 0.9 或 1.1)重复上述设计过程。

总的来看,这是一个很好的方案,在采用这些普通玻璃的三透镜组镜头中是有代表性的。对于大孔径——如 $f/2.8$ 的优质镜头,需要采用折射率高许多的玻璃,如镧冕玻璃和重火石玻璃。在专利文献中可以找到许多适用于各

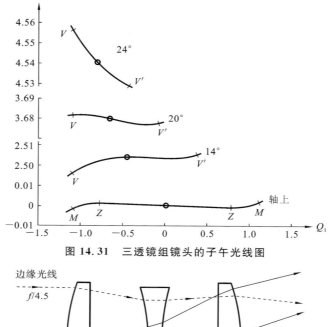

图 14.31 三透镜组镜头的子午光线图

图 14.32 最终的三透镜组镜头设计方案

(图中有 $f/4.5$ 的边缘光线和 $20°$ 光束的界限光线)

种孔径和视场角的三透镜组方案。

14.6.4 三透镜组镜头优化

正如我们之前提到的,丹尼斯·泰勒早在一百年前就发明了库克三透镜组镜头。你可能会问为什么我们还要在这一章花这么多的精力去讨论这种镜头[16]。那是因为这种透镜类型在各种新型系统中频繁使用,如低成本照相机、打印机、复印机以及步枪瞄准镜。聪明的镜头设计师已经能够找到既能提供更好的性能和更低的制造成本,又能满足一定的产品需求的解决方案,这使得看起来简单的透镜结构受到持续关注。透镜系统的成本至少包括以下因素:

- 透镜数量;

- 透镜直径；

- 透镜体积；

- 胶合透镜；

- 半径公差、厚度、离轴、倾斜、楔形等；

- 透镜表面图形和质量；

- 玻璃成本（通常情况下，高指数的玻璃成本高，生产体积大的玻璃成本低）；

- 机械安装的复杂性；

- 聚焦机制的复杂性；

- 涂层。

显然，镜头设计者需要考虑的不仅仅是光学配置和设计的性能。镜头的光学设计占的工作量不到镜头设计师若在整个项目中工作量的一半。

1962 年，霍普金斯出版了一本关于在无穷个三阶解中的某三重解的系统研究专著[17]。他分析了第三阶和第五阶像差。霍普金斯做过一个数据调研，发现提高透镜的折射率对减少像差有很大的成效。

另外，在 20 世纪 50 年代中期，Baur 和 Otzen 对三透镜组摄像物镜进行了改进[18]。他们指出，已知的三透镜组摄像物镜要求两个正透镜的折射率尽可能高，负透镜的折射率尽可能低，以便获得一个小的匹兹伐和；因此，视场压缩后可获取较大的有效图像。而他们发明的结构要求新透镜的半径比现有的三透镜组镜头大，需要较少的玻璃以及更低的制造成本，在性能上有很大的改进。他们指出，对 D 谱线来说，三个透镜的折射率范围应该为 1.72～1.79，且正透镜的阿贝数应该为 45 左右，负透镜的为 28 左右。更特别的是，三个透镜的阿贝数的算术平均值必须满足以下关系式：

$$36 < \frac{V_1 + V_2 + V_3}{3} < 41$$

Baur 和 Otzen 在专利中对达到他们期待的性能所需的其他关系进行了说明，并以光圈为 $f/2.8$、半视场角为 $26°$ 的镜头为例进行了详细分析。

十年之后，Kingslake 提出一种与 Baur 和 Otzen 的三透镜组镜头截然不同的结构，并得到广泛的应用[19]。Ackroyd 和 Price 申请了一项关于广角三透镜组镜头的应用专利[20]。Kingslake 的目标是在比任何现有技术都小的渐晕下尽可能地把有效半视场增大到不低于 $34°$，使用更低成本的玻璃，减小透镜的尺寸,并把镜头的整体长度最小化。

　　到目前为止,最大的半视场角已经达到大约 28°;镜头接近于一个反远距镜头,也就是说镜头的焦距小于从前面透镜顶点到焦平面的距离。它能够将使用的透镜折射率降到 1.61 左右,正透镜的阿贝数降到 59 左右,负透镜的阿贝数在 38 左右。一个具有优质性能的 $f/6.3$ 镜头被设计成带有 35° 的半视场角以及大约 0.3 的渐晕。前透镜、中透镜与后透镜的直径分别大于焦距的 30%、15% 和 18%。Ackroyd、Price 与 Kingslake 一同在柯达工作。他们改进了 Kingslake 的设计,实现光圈为 $f/6.3$ 镜头的半视场角为 34° 且渐晕为 0.58;因此,前透镜、中透镜与后透镜的直径分别大于焦距的 24%、16% 和 23%。然而,实际的满意结果在三透镜组的直径分别保持在焦距的 20%、13% 和 20% 时才能实现。

　　这些透镜的设计者在推进发展一个更小、成本更低和适合大批量生产的广角物镜上有着巨大的贡献。这两个专利为镜头设计者提供了具体和详细的设计指导。图 14.33 描绘了从他们专利中摘录的一个镜头范例。图 14.34 的曲线代表轴上(0°)可接受的球差与色差校正,以及出现在 12° 的一些反向彗差与轻微的矢状像散。在 24°,球差的倾斜主要出现在子午面且矢状面的像散在不断地增加,可以观察到少量的低光线渐晕。在视场的边缘处(34°),所有位置的光线渐晕明显,有必要限制切向像散来防止图像退化。矢状像散也在增加,使得其从欠矫正变成矫枉过正。

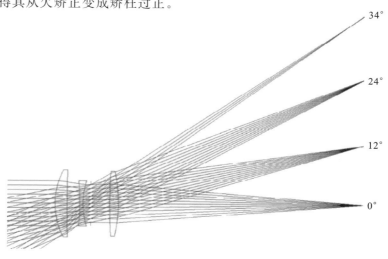

图 14.33　广角三合透镜

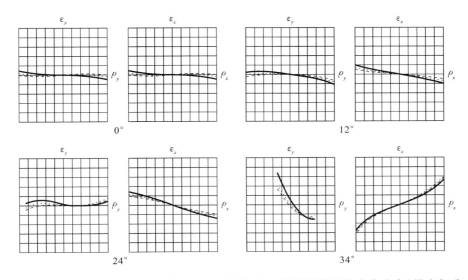

图 14.34 焦距 $f=100$ 且光圈为 $f/6.3$ 的广角三透镜组镜头的光线分布(纵坐标为 ±0.5 透镜单元,实线表示 F 光线,短虚线表示 d 光线,长虚线为 C 光线)

图 14.35(a)中的像散场曲也说明了这样一种现象。切向像散被合理地控制在视场的 86% 左右,矢状面的像散略小一些。在 29°左右,矢状面和切向的曲线相交,然后迅速分开,使得切向像散更加欠矫正而矢状像散更加矫枉过正。还有另外一个例子,它使用高阶的像散差来平衡其低阶项,从而达到更宽

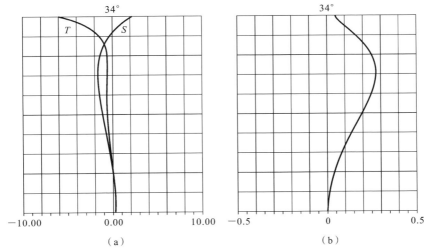

图 14.35 焦距 $f=100$ 且光圈为 $f/6.3$ 的广角三透镜组镜头的场曲(图(a))与畸变(图(b))。场曲以透镜单位表示,畸变以百分比表示

的视场,其交叉高度可由式(13-8)进行估算,其畸变的变化趋势如图 14.35(b)所示。图中 0.25％的畸变完全能够满足此镜头的相关应用。

早在 20 世纪 90 年代,Hiroyuki Hirano 研究了使用成本低、变焦范围广的三透镜组镜头的复印系统,而没有使用更典型的四片式对称镜头作为研究对象[21]。当时,可用的复印镜头的变焦范围为 0.6×～1.4×,f 数为 5.6,总的视场大约 40°。他们研究的新型三透镜组复印镜头结构如图 14.36 所示,它是专利中的五个例子的第三个。这个镜头的焦距为 100 mm,f 数为 6.7,总的视场为 46°。其结构参数为

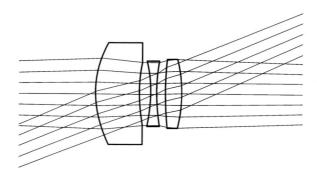

图 14.36 $f = 100$、光圈为 $f/6.3$ 且总视场为 46° 的三透镜组复印镜头

r	d	n_d	V_d
23.662			
	8.418	1.58913	61.2
36.430			
	2.003		
−30.805			
	1.033	1.60342	38.0
30.370			
	1.686		
55.410			
	3.238	1.69350	53.2
−29.366			

Hirano 所做的一项重要创新是使用更低折射率的镜头和可行的最少元件数量达到设计目标。值得注意的是,两个正透镜使用不同的冠形玻璃,并且这三个透镜的折射率与典型的三重透镜相比,每个都不相同。在五个例子中使

用的每个玻璃在 e 谱线的折射率和阿贝数都列于表 14.20 中。

表 14.20 三重复制透镜组的替代玻璃选择

示 例	n_e	V_e
1-1	1.51633	64.1
1-2	1.58144	40.7
1-3	1.69100	54.8
2-1	1.49136	57.8
2-2	1.63980	34.5
2-3	1.74400	44.8
3-1	1.58913	61.2
3-2	1.60342	38.0
3-3	1.69350	53.2
4-1	1.58913	61.2
4-2	1.58144	40.7
4-3	1.67790	55.3
5-1	1.51633	64.1
5-2	1.60717	40.3
5-3	1.72916	54.7

阿贝发现,如果满足条件 $0.08 < n_3 - n_1$,则可以使镜头实现额外的性能改进。在五个示例中,$n_3 - n_1$ 的范围为 $0.09 \sim 0.25$。我们还可以注意到,第一个透镜的厚度很大,用于控制匹兹伐并且实现用于像差控制的表面能量有效分布。

图 14.37 所示的为纵向球差。显而易见的是,由于 e 和 F 谱线在 -0.7 时相交,透镜被适当的球差校正且是消色差的。图 14.38 中的多个曲线表示镜头存在的高阶像差。镜头设计人员把这一项控制在比较合适的范围内。从图中可以看出,切向彗差从 $16°$ 才开始出现,且矢状斜球面像差在 $23°$ 才勉强可以接受。在 $23°$ 时使用适度渐晕可以抑制强的负切向慧差。

图 14.39(a) 中 S 与 T 曲线的相交高度用式 (13-8) 估算后得出的值在 $30°$ 左右,其 Buchdahl 系数为

$$\sigma_3 = 0.0691, \quad \mu_{10} = 0.0698, \quad \mu_{11} = -0.0088$$

这个值明显大于图中观察到的 $20°$。对图 14.39(a) 进行分析表明,至少有七阶切向像散明显存在,其用于使切向场保持基本不变,然而在约 $20°$ 时开始

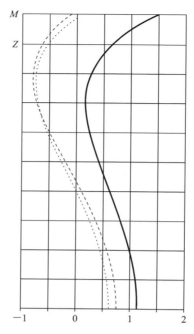

图 14.37　单倍率三透镜组复印镜头的纵向球差。短虚线表示 F 谱线,实线表示
d 谱线,长虚线为 e 谱线,纵坐标的值由焦距 $f=100$ 的透镜得出

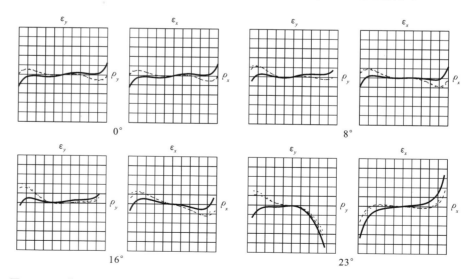

图 14.38　焦距 $f=100$ 且光圈为 $f/6.7$ 的单倍率三透镜组镜头的光线分布(纵坐标为
±0.2 透镜单元,实线表示 F 谱线,短虚线表示 d 谱线,长虚线为 e 谱线)

出现较强的欠校正。这就是用式(13-8)估算偏高的原因。其矢状曲线似乎主
要是第三阶和第五阶散光像散。这是一个有效利用高阶像差以实现设计目标
的良好示例。

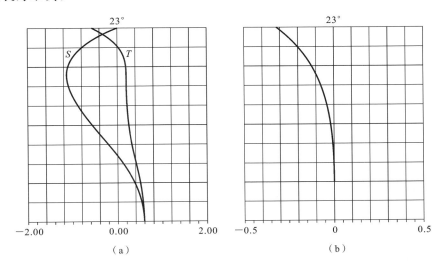

（a）　　　　　　　　　　　　　（b）

图 14.39　焦距 $f=100$ 且光圈为 $f/6.7$ 的单倍率三透镜组复印镜头的场曲（图(a)）
　　　　和畸变（图(b)）。场曲以透镜单位表示，畸变以百分比表示

注释

1. M. von Rohr, *Theorie und Geschichte des photographischen Objektivs*, p. 250. Springer, Berlin (1899).

2. J. H. Dallmeyer, British Patent 2502/1866；U. S. Patent 65,729 (1867).

3. F. von Voigtländer, British Patent 4756/1878.

4. E. Glatzel and R. Wilson, Adaptive automatic correction in optical design, *Appl. Opt.*, 7：265-276 (1968).

5. Juan L. Rayces, Ten years of lens design with Glatzel's adaptive method, in International Lens Design Conference, *Proc. SPIE*, 237：75-84 (1980).

6. Erhard Glatzer, New lenses for microlithography, in International Lens Design Conference, R. Fischer (Ed.), *Proc. SPIE*, 237：310-320 (1980).

7. David Shafer, Optical design and the relaxation response, *Proc. SPIE*, 766：2-9 (1987).

8. R. Barry Johnson, Lenses, in *Handbook of Optics*, *Third Edition*, Vol. 1, Chapter 17, pp. 17.10-17.11, M. Bass (Ed.), McGraw-Hill, New York (2009).

9. Bravais, *Annales de Chimie et de Physique*, 33：494 (1851).

10. James E. Stewart, *Optical Principles and Technology for Engineers*, pp. 68-70, Mar-

cel Dekker，New York (1996).

11. James R. Johnson，James E. Harvey，and Rudolf Kingslake，U. S. Patent 3，441，338 (1969).

12. John D. Griffith，U. S. Patent 5，966，252 (1999).

13. M. von Rohr，*Theorie und Geschichte des photographischen Objektivs*，p. 364. Springer，Berlin (1899). 也可见 Paul Rudolph，U. S. Patent 444，714 (1891).

14. P. Rudolph，U. S. Patent 721，240，filed in July (1902).

15. H. D. Taylor，Optical designing as an art，*Trans. Opt. Soc.*，24：143 (1923)；也可见 British Patents 22607/1893，15107/1895.

16. 该镜头以泰勒担任光学经理的公司命名为库克三重透镜。该公司是库克和约克儿子公司(Cooke & Sons)。该公司将该设计授权给泰勒和霍布森以库克品牌(因为这是他们自己的设计)进行销售。

17. Robert F. Hopkins，Third-order and fifth-order analysis of the triplet，*JOSA*，52(4)：389-394 (1962).

18. Carl Baur and Christian Otzen，U. S. Patent 2，966，825 (1961).

19. Rudolf Kingslake，U. S. Patent 3，418，039 (1968).

20. Muriel D. Ackroyd and William H. Price，U. S. Patent 3，418，040 (1968).

21. Hiroyuki Hirano，U. S. Patent 5，084，784 (1992).

第 15 章
反射系统和折反射系统

球面反射镜，无论是凹面镜还是凸面镜，通常以独立使用或者和透镜相组合的形式用于成像系统中。历史上大多数的大型天文望远镜采用凹面反射镜形成原像，然后经过第二个凹面反射镜（格里哥里（Gregorian）系统）或凸面反射镜（卡萨格林（Cassegrain）系统）传递和放大这个原像；而小型望远镜的物镜一般采用的是消色差透镜。对于显微物镜，有时会采用很小的非球面或球面镜系统。单个反射镜单独使用时，为了校正球差，一般来说它必须是非球面的，但是通过组合两个或更多的反射镜（有时也会采用透镜），就有可能只用球面就能够实现良好的像差校正。维拉（Villa）[1]和加夫里洛夫（Gavrilov）[2]曾经给出过关于反射系统和折反射系统的综述。

15.1　反射镜和透镜的比较

反射镜在许多方面比透镜更具优势，主要表现在：

（1）反射镜可以采用各种材料（甚至用金属）制造，只要这种材料是可以高度抛光的。生产供应的优质光学玻璃块直径不会大于 20 英寸左右，所以任何尺寸大于 20 英寸的光学系统必定是反射系统。通常为了校正像差，我们将反射镜和透镜组合使用，这种系统称为"折反射系统"。

（2）反射镜没有任何色差，因而必要时反射镜可以用可见光对焦而使用在任何紫外或红外波长区域中。而且反射镜不会像透镜那样表现出有选择性的光谱吸收特性，不过要注意，生成对远紫外区反射良好的反射镀层是较为困难的。

（3）反射镜的曲率只有与其光焦度相同的透镜的四分之一，因而反射镜可以具有大的相对孔径却不会带来过多的像差余量。对于一个凹面反射镜来说，它的匹兹伐和是负的。

（4）相继使用几个反射镜往往可以折叠系统而形成一个非常紧凑的空间。

另一方面，反射镜也有许多不及透镜的地方：

（1）一般入射光束都会受到遮挡，从而导致光损耗和衍射像劣化。造成这种现象可能是第二个反射镜或像接收器造成的。如果视场角过大，这种遮挡有可能使全部入射光都被截除掉。

（2）因为全部光焦度集中在一个反射镜面上，它的形状必须精准地符合要求，因为即使是由重力作用或温度变化造成的微小形变也会导致成像质量严重变坏。透镜的扭曲只会引起像差微小的改变，但反射镜的扭曲会改变像的位置，而且使像质剧烈变化。安装大型反射镜时要做到不引起任何扭曲形变是很困难的。

（3）反射系统的视场角一般很小。这样的话可以用增加一个或多个透镜的办法来扩大视场，但与此同时反射镜的许多优点也会因此而丧失。

（4）令人遗憾的是，在大多数反射系统中，来自物体的光可能会不经过反射镜而直接落到像上。如果是在日光下使用，系统中必须设置适当的挡板将这些光遮挡掉。在天文仪器中是不需要设挡板的，因为在夜间整个天空亮度很低。

15.2 反射系统的光线追迹

如果一个光学系统中有球面反射镜，就很容易按照如下的做法，将标准光线追迹方法加以改造，以适应这种系统。各面按照与光线相遇的次序排列，按照通用的符号规则，曲率中心在面的右方时，曲率半径看成是正的。当光线从左到右行进时，间隔 d、折射率 n 和色散系数 Δn 记为正；否则当光线从右到左行进时，曲径半径是负的。按照最终的成像光线从左到右行进的原则决定系统布置的取向,像空间的折射率取正。因此,在某些情况下要把物空间折射率看成是负的;若这样做出现了问题,则可以在系统前面插入一个假想的平面反射镜,使入射光线方向反转。

比如,我们追踪一条近轴光线和一条 $f/1$ 边缘光线通过一个伽博(Gabor)系统(见表 15.1)。这个系统有一个负校正透镜(在前部)、一个凹面反射镜和一个正平场镜,光由无穷远处发出,从右到左进入系统。要注意,作近轴追迹时,乘积 nu 的符号不但与 n 的符号有关,而且与 u 的符号也有关。

表 15.1　折反射系统中的光线追迹

			(mirror)		
c	0.20	0.143	0.1	0.6079	0
d		-0.35	-4.0	5.286	0.6
n	-1.0	-1.545	-1.0	1.0	1.545
			Paraxial		
ϕ		-0.1090000	0.0779350	0.2	0.3313066	0
d/n		0.2265372	4.0	5.286	0.3883495
y		2.0	2.049385	2.282510	0.177515	0.000026
nu	0	0.2180000	-0.0582812	-0.3982208	-0.4570327	-0.4570327
			Marginal($f/1$)		
Q		2.188	2.298947	2.587155	0.1870214	0.0004700
Q'		2.241196	2.289509	2.463413	0.1945020	0.0004302
I		25.9509	9.4244	10.6206	-18.4788	-18.8679
I'		16.4535	14.6544	-10.6206	-11.8382	-29.9757
$\sin U'$	0	-0.1650029	-0.0744115	-0.4306454	-0.3233869	-0.4996328
U'	0	-9.4974	-4.2674	-25.5085	-18.8679	-29.9757

Paraxial $I'=0.000057$　　$f'=4.376054$

Marginal $L'=0.000861$　　$F'=4.379217$

$LA'=0.000804$

15.3　单反射镜系统

15.3.1　球面反射镜

连接物与像的直线能通过球面反射镜的曲率中心,则该球面反射镜是完善的光学系统,没有任何像差。若物点离开曲率中心,则近轴像点就在连接物点和曲率中心的直线上沿相反方向移动(见图 15.1)。由于孔径光阑在反射镜上,系统是对称的,所以物体作少量位移时不会出现彗差。不过会引入若干像散,弧矢像在拉格朗日像点上和近轴像面重合,子午像面则有略微后弯。

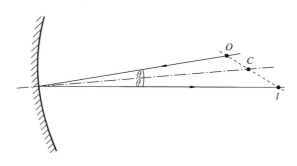

图 15.1　连接物与像的直线通过球面反射镜的曲率中心的球面反射镜

需要注意，单个球面反射镜的焦距刚好等于曲率半径的一半；主点和反射镜顶点重合，节点和曲率中心重合。因为互相叠合的物空间和像空间的折射率数值相等而符号相反，所以两个焦距的符号相同，而从主点到节点的距离则等于焦距的两倍。这个结论对于有奇数个反射系统或折反射系统都能适用。当反射镜个数为偶数，而系统两外侧的折射率符号又相同，则透镜系统原来的规则适用。

当球面反射镜用于远处的物体时，在焦点上会出现欠校正球差和过校正 OSC。这些像差的大小可以从图 15.2 中的光路中求出。

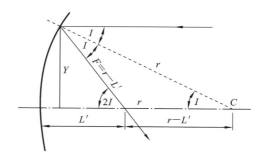

图 15.2　球面反射镜的球差

这里有

$$\sin 2I = Y/(r - L'), \quad \sin I = Y/r$$

因此，

$$\frac{Y}{r - L'} = 2\left(\frac{Y}{r}\right)\left[1 - \left(\frac{Y}{r}\right)^2\right]^{1/2}$$

由此得到

$$L' = r - r^2/2(r^2 - Y^2)^{1/2}, \quad F' = r - L'$$

对半径为 20,焦距 $f'=10$ 的反射镜算出几个点的数据,列于表 15.2 中。

表 15.2　曲率半径为 20 时反射镜的球差和慧差

Y	L'	LA'$=L'-l'$	F'$=r-L'$	OSC	孔径
0.1	9.999875	-0.000125	10.000125	0.000025	$f/50$
0.2	9.999500	-0.000500	10.000500	0.000100	$f/25$
0.5	9.996874	-0.003126	10.003126	0.000625	$f/10$
1.0	9.987477	-0.012523	10.012523	0.002508	$f/5$
2.0	9.949622	-0.050378	10.050378	0.010127	$f/2.5$

这当中标准的 OSC 公式简化成 $(F'/L-1)$,这是因为 $l'_{pr}=0$ 以及 $l'=f'$。应当注意,当孔径小于 $f/6$ 左右的数值时,球差纯粹是初级的,而 $f/5$ 的 OSC 已经达到康拉迪望远物镜公差的 0.0025。当相对孔径小于 $f/10$ 时,单个球面反射镜效果和抛物面反射镜的一样好,而球面反射镜加工成本要低得多。

15.3.2　抛物面反射镜

为了确定没有球差的凹反射镜的准确形状,我们考察从无限远处的轴上物点发出,到达反射镜的平面波面(见图 15.3)。在图 15.3 中,入射平面波面是 PP,在波面轴上部分经过距离 $Z+f'$ 的期间,波面边缘部分经过距离 F',因此,

$$F'=X+f'=[Y^2+(f'-Z)^2]^{1/2}$$

于是,

$$Y^2=4f'Z$$

这显然是顶点半径等于 $2f'$ 的抛物线方程。

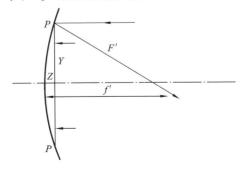

图 15.3　平面波 PP 在抛物面反射镜上的反射

抛物面反射镜的这种性质在几百年前就已经被人们所知,大多数反射望远镜的初级反射镜都采取这种形状。但是这种反射镜却受限于 OSC 过大。它的边缘光线的焦距 F' 为 $[Y^2+(f'-Z)^2]^{1/2}$,它随着 Y 增大而增大,与球面反射镜为远距离处的物体成像的情况一样。张角为 U_{pr} 的物体相对应的彗差按下面的公式给出:

$$(F'-f')\tan U_{pr}=\{[4f'Z+(f'-X)^2]^{1/2}-f'\}\tan U_{pr}=Z\tan U_{pr}$$

如果反射镜孔径小,可以写成 $Z=Y^2/2r^3$,弧矢彗差就变得很简单,即

$$彗差=h'/16(f 数)^2 \quad 或 OSC=1/16(f 数)^2$$

可以由 11.7.2 节的初级或三级彗差表达式推导出同样的结果。例如,在帕洛马(Palomar)望远镜(f 数为 3.3)的主焦点处,在离轴仅 20 mm 处的弧矢彗差就达到 0.115 mm。我们将会看到,不论是球面还是抛物面反射镜,这个 OSC 是相同的,只是两者的球差大不相同。

如果不想让像接收器阻挡光束,可以用所谓离轴抛物面(见图 15.4)。制造这种反射镜,唯一可行的方法是制造一个轴对称的大型反射镜,然后按需要在它上面切割出多个离轴反射镜,这种反射镜用在瓦兹沃什(Wadsworth)反射式单色仪上,还作为纹影反射镜用于风洞中。

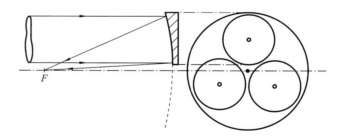

图 15.4 从一个大抛物面镜上切割出三个离轴抛物面镜

15.3.3 椭球面反射镜

前面(第 2.7 节)提及,圆锥截线的方程式是

$$Z=cY^2/\{1+[1-c^2Y^2(1-e^2)]^{1/2}\}$$

式中:c 是顶点曲率,e 是偏心率。对于椭圆,e 在 0(圆)和 1(抛物线)之间。若 a 和 b 分别是椭圆的长、短半轴,则

$$e=[(a^2-b^2)/a^2]^{1/2}, \quad a=1/c(1-e^2), \quad b=1/c(1-e^2)^{1/2}=(a/c)^{1/2}$$

若用两个半轴表示,则顶点曲率 $c=a/b^2$。

凹椭球面反射镜具有有趣的双"焦点"光学性质,即在一个焦点上的物点成像于另一个焦点上而没有像差。两个"焦距"(即从反射镜顶点到两个焦点的距离)是

$$f_1 = a(1-e), \quad f_2 = a(1+e)$$

因此,

$$e = (f_2 - f_1)/(f_2 + f_1), \quad a = \frac{1}{2}(f_1 + f_2), \quad b = (f_1 f_2)^{1/2}$$

所有从同一个焦点发出,经过椭圆上一点到达另一个焦点的光线的光程相等,但各光路上光线放大率等于两部分光程之比,因而这个倍率在曲线上逐点地发生显著变化。这就导致离轴物点有严重的彗差。

如果椭圆按它的顶点处于长的一侧的中点旋转,就得到一个扁球面,"圆锥常数"$1-e^2$ 大于 1.0。不过这种情况很少遇到,因为扁球面在边缘处比球面更强,所以球差变得更糟。

作椭圆时,如图 15.5(a)所示,先在长、短轴上作两个辅助圆,然后随意作通过中心点的横截线。设这条横截线分别和两个圆交于 A 和 B,则通过 A 点的垂直线和通过 B 点的水平线的交点就是椭圆上的点。作几条这样的横截线,就得到足够多的点,用曲线板连成椭圆。还有一种比较简单但是精度比较差的方法,就是算出顶点半径 b^2/a 和 a^2/b,分别以 b^2/a 和 a^2/b 为半径作通过各半轴端点的弧,如图 15.5(b)所示。这些弧几乎相接,两者之间不大的间隙很容易用曲线板连上。最好的办法可能是将两种方法结合起来用。可以通过CAD 软件,简单而精确地作出一个椭圆。

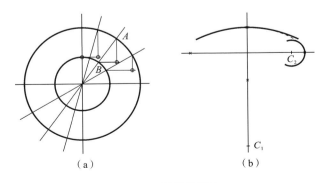

(a)   (b)

图 15.5　椭圆作图法

15.3.4 双曲面反射镜

双曲面反射镜的偏心率大于 1.0,因而圆锥常数 $1-e^2$ 是负的。双曲线有两个分支,双曲面反射镜通常是由双曲线绕它的纵轴旋转而成的,只用了其中一个分支。它可以是凸反射镜或凹反射镜。若是凸反射镜,任何指向内"焦点"的光线经过反射之后将通过外"焦点",两个焦距分别是

$$f_1=a(1-e), \quad f_2=a(1+e)$$

式中:a 是沿轴从反射镜顶点到整个双曲面中心点的距离(见图 15.6)。双曲线两个分支的顶点之间的距离自然是 $2a$。顶点半径为 $a(1-e^2)$,所以 f_1 和 f_2 满足一般反射镜的共轭关系:

$$1/f_1+1/f_2=2/r$$

卡塞格林望远镜采用了一个凸双曲面反射镜,而里奇-赫利梯因(Ritchey-Chretien)装置则采用了一个凹双曲面反射镜。

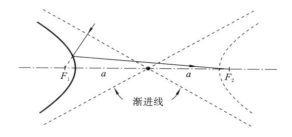

图 15.6 凸双曲面反射镜

($a=38, r=-12.8, e=1.156, f_1=-5.93, f_2=81.93$)

15.4 单反射镜的折反射系统

F. E. 罗斯(F. E. Rose)于 1935[4] 年提出,为了减小这个双透镜的尺寸,使它适当地靠近像,在抛物面反射镜的成像光束中加进一个光焦度接近零、有空气间隙的双透镜,就可以消除慧差。因为透镜是零光焦度的薄消色差透镜,两个镜片可以用同一种玻璃。罗斯发现不可能使三种像差(球差、慧差和场曲)都得到校正,因而在校正慧差和场曲方面做努力,而容许球差出现。虽然用大幅度增加透镜光焦度的方法,可以设计出一个校正球差和慧差的齐明透镜,但是像面肯定会向前弯曲。下面给出这两种系统的例子。

15.4.1 平场的罗斯校正镜

假设有一个抛物面反射镜,顶点半径为 200 mm,焦距为 100 mm,当然球差为零,$f/3.33$ 的边缘光线的焦距是 100.5625。因而当光阑在反射镜上(即 $l'_{pr}=0$)时,反射镜的 OSC 等于 0.005625。追迹主光线进入反射镜,算出 $Z'_s=0$,$Z'_t=-0.00762$。匹兹伐和是 -0.01,得到 $Z'_{Ptz}=+0.00381$。光束倾斜角在这样小的情况下,子午场曲准确等于弧矢场曲的三倍。

接着设计一个罗斯校正镜。将它放在距离抛物面反射镜为 90 的地方。为了避免在 $0.5°$ 视场上有渐晕,校正镜直径要取 5.0 左右。三条光线的初始数据如下:

边缘光线:$U=8.57831°$,$Q=1.49161$;

近轴光线:$u=0.15°$,$y=1.50$;

主光线:$U_{pr}=0.5°$,$Q_{pr}=0.7853882$。

我们从如下的方案开始(用 K-3 玻璃,$n_e=1.52031$,$V_e=59.2$):

	c	d	n
	0		
		0.3	1.52031
	0.1		
		0.089228	
	0.07		
		0.65	1.52031
$(D-d)$	-0.036683		

有 $f'=97.5837$,$l'=9.17044$,$LA'=-0.06648$,OSC $=0.00221$,Ptz $=-0.00771$;对于 $0.5°$,$Z'_s=-0.00024$,$Z'_t=-0.00636$,畸变 $=+0.09\%$。第一个面是平面($c_1=0$),这是人为选定的,始终保持不变。中间空气间隔要按照两个镜片在直径 4.8 处接触的条件通过计算确定。最后一个面的半径用 $(D-d)$ 法按照完全消色差的要求算出。玻璃色散不必知道,因为两个镜片采用相同的材料。

自然,用来校正彗差和校平子午像面的两个变量是 c_2 和 c_3。将它们做微小的改动,作出如图 15.7 所示的双参数图,试探性地计算几次之后,就得到如下的最后的系统参数:

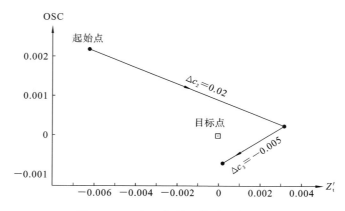

图 15.7   平场罗斯校正镜的双参数图

	c	d	n
	0		
		0.3	1.52031
	0.1169		
		0.149348	
	0.0670		
		0.65	1.52031
$(D-d)$	-0.0576113		

有 $f'=97.4760$，$l'=9.18666$，$LA'=-0.11509$，$OSC=-0.00001$，$Ptz=-0.00736$；对于 $0.5°$，$Z'_s=+0.00153$，$Z'_t=-0.00056$，畸变 $=+0.19\%$。图 15.8 给出了轴上和倾斜光线通过这个系统的光路。

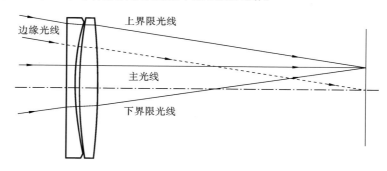

图 15.8   通过罗斯校正镜的光路

上述数据说明弧矢像面稍微后弯,对负镜片采用较高的折射率可能会使它得到校正。但是这个可能性未曾认真探讨过。当然,主要问题是球差余量大,只能用非球面解决。近年来人们在致力于用三片或更多片透镜来校正三种像差。

15.4.2　齐明抛物面校正镜

通过相对地增强两个镜片,可以实现校正球差和 OSC,设计成一个齐明校正镜,只是要付出像面相应地向前弯的代价。正镜片的厚度要增大,中间空气间隔应保持在差不多固定的值上,因为两个相邻面大概相同。

利用如下的初始方案:

	c	d	n
	-0.1		
		0.3	1.52031
	0.1		
		0.1	
	0.1		
		1.1	1.52031
$(D-d)$	-0.1095215		

有 $f' = 97.5847$,$l' = 9.33076$,LA$' = -0.02649$,OSC $= 0.00037$,Ptz $= -0.00674$;对于 $0.5°$,$Z'_s = -0.0139$,$Z'_t = -0.0469$,畸变 $= -0.12\%$。现在令第二个面的曲率人为地固定在 0.1,而改动其余曲率 c_1 和 c_3,并作双参数图(见图 15.9)。反映 c_1 变动效果的图线必定是弯曲的,这不奇怪,因为改动 c_1 意味着曲度和光焦度都会改变,而改动 c_3 仅仅是曲度改变。经过几次试算之后得到如下最终方案:

	c	d	n
	-0.13		
		0.3	1.52031
	0.1		
		0.1	
	0.10387		
		1.1	1.52031
$(D-d)$	-0.1322352		

有 $f' = 98.7691$,$l' = 9.58664$,LA$' = 0.00001$,OSC $= 0.00002$,Ptz $= -0.00791$;对于 $0.5°$,$Z'_s = -0.0196$,$Z'_t = -0.0654$,畸变 $= -0.21\%$。这个

系统若做成大尺寸的就会很重,而且前弯的子午场曲约等于反射镜本身场曲的 9 倍,这当然是我们所不希望看到的。可以试令 c_2 取其他值,但是所得结果没有什么不同。

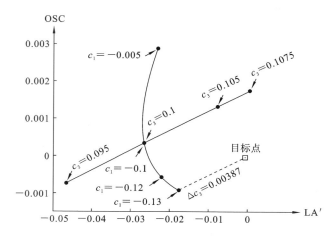

图 15.9   齐明抛物线校正镜的双参数图

15.4.3 曼金反射镜

1876 年法国工程师曼金(Mangin)[5]建议用比较容易制造的球面反射镜

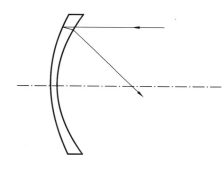

图 15.10   典型的曼金反射镜

代替探照灯中的抛物面反射镜,并且令一片薄的弯月形负镜片和反射镜密接以校正球差(见图 15.10)。

这种系统的设计方法很简单,因为只有一个自由度,也就是镜片的外侧曲率半径,而反射镜的曲率半径已经由系统的焦距决定了。用 K-4 玻璃($n_e = 1.52111, V = 57.64$),经过几次试算,得到如下方案:

	c	d	n
	0.0981		
		0.3	1.52111
(mirror)	0.06544		

有 $f'=10.0155$, $l'=9.82028$, LA$'(f/3)=0.00001$, LZA$(f/4.2)=$ -0.00008, OSC$(f/8)=0.00307$。OSC 小于焦距和孔径相同的抛物面反射镜的一半,但是 F 光和 C 光之间的色差是 0.0564,带状球差可以忽略。因而下一步就是令系统消色差。

如果用由如下玻璃构成的消色差透镜(火石玻璃镜片靠近反射镜一侧):

(1) F-4: $n_C=1.61164$, $n_e=1.62058$, $n_F=1.62848$

(2) K-4: $n_C=1.51620$, $n_e=1.52111$, $n_F=1.52524$

代替上述简单的负透镜,则可以用如下中间界面为平面的方案作为设计的起点(火石镜片与反射镜邻接):

	c	d	n
	0.1		
		0.2	1.52111
	0		
		0.3	1.62058
(mirror)	0.062		

有 $f'=9.8332$, $l'=9.52178$, LA$'(f/3)=-0.02094$,带色差 $F-C=-0.03326$。

作双参数图同时校正球差和带色差,分别令 c_1、c_2 变动 0.01。得到的图线说明应当令 $\Delta c_1=0.1021$, $\Delta c_2=0.01625$。这是一个很大的改进,因为修改后的 LA$'=-0.00705$,带色差 $L'_{ch}=-0.00560$。再作微小调整后得到如下最终系统:

	c	d	n
	0.10636		
		0.21	1.52111
	0.01489		
		0.3	1.62058
(mirror)	0.062		

有 $f'=10.8324$, $l'=10.52127$, LA$'=-0.00007$, OSC$=0.00215$,带色差 $=0.00002$。通过追迹一些其他光线,作出图 15.11 所示的色球差曲线。由图可见,像差余量很小,主要的像差余量是二级光谱。这对于复消色差透镜来说是比较典型的。这种系统如果尺寸做得小的话,可以实际应用。若是大系统,则还是用抛物面反射镜好。

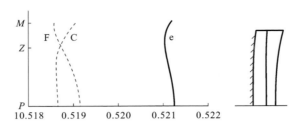

图 15.11 曼金反射镜的色球差

15.4.4 保威尔斯-马克苏托夫系统

第二次世界大战期间,保威尔斯(Bouwers)[6]和马克苏托夫(Maksu-tov)[7]各自独立地提出用同心折反射系统来适应大视场角的想法。这种系统由一个球面反射镜和一个厚校正板组成,三个面有一个公共中心 C 并在光阑中心。这样的系统没有彗差和像散,像在一个球面上,这个球面的中心也是 C。校正板可以在光阑前方,也可以在后方,可以很薄而大幅度地弯曲,或者厚而弯曲较弱(见图 15.12)。不论第一面的半径取任何值,都可以调整厚度达到消除边缘球差的目的,只是带球差余量会随厚度的变化而变化。

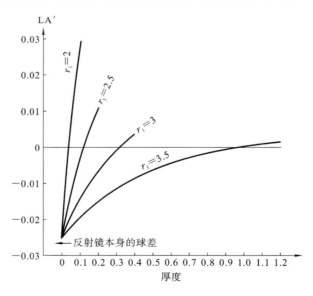

图 15.12 边缘球差和校正板厚度的关系曲线(r_1 取不同值,反射镜半径=10)

理论上来说,这个同心系统的视场角是不受限制的,但是实际上接收面造成的拦光随着视场增大而增大,甚至会没有光进入系统。为了减轻这种效果,相对孔径要随视场增大而增大,除非采用另一种方法,即接收器取窄条的形状,并令它通过孔径中心。

图 15.13(a)给出了四种马克苏托夫校正板的带球差,反射镜半径为10.0,每种方案的 $f/2.5$ 边缘球差都用适当的校正板厚度来校正。四种方案如表 15.3 所示,第三种方案的色差图示如图 15.13(b)所示,图 15.13(c)为系统截面图。

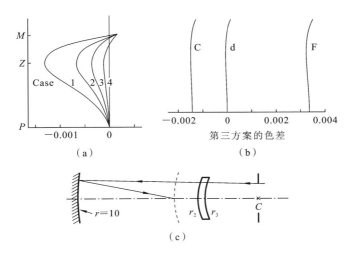

图 15.13　保威尔斯-马克苏托夫系统

(a) 四种 r_1 对应的球差;(b) 第三种方案的色差;(c) 第三种方案的光路图

表 15.3　马克苏托夫系统校正板厚度

方案	r_1	厚度	r_2	焦距	后焦
1	2.0	0.040	2.04	4.9172	5.0828
2	2.5	0.121	2.621	4.8463	5.1537
3	3.0	0.320	3.32	4.7386	5.2614
4	3.5	0.950	4.45	4.5260	5.4740

保威尔斯-马克苏托夫系统的色差很大,而且造成的影响会很严重。为此可运用加校正板消色差的办法来消除它,但是这样会使系统不同心,视场角马上变成有限的了。不过,如果只需要窄视场的话,校正板消色差是一种能够满足需要的办法。

15.4.5　伽博镜头

1941 年全息图的发明者丹尼斯·伽博(Dennis Gabor)[8]获得一种折反射系统的专利权。这种系统和保威尔斯-马克苏托夫系统相似,但并不是同心的,而且紧凑得多,视场窄而相对孔径大。实际上伽博本人提供的例子并不是消色差系统,而下面的例子则用于消色差。

显然,如果没有平场,当前面负的校正镜的 $(D-d)\Delta n$ 和为零时,系统显然是消色差的。因而在消色差方面的唯一要求是使校正镜内边缘光线的长度 D 等于它的轴上厚度。为了实现这个条件,尽可能让镜片厚一些,并且采用折射率适当高的玻璃(如钡冕玻璃)是会有所改善的。和球面反射镜配用时,前面的半径用来校正球差,第二个半径用 $(D-d)$ 法确定。将光阑放在前面的面上,像面后弯,匹兹伐和是负的。经过几次较简单的试算之后,得到如下的系统:

	c	d	n_e
	0.25		
		0.4	1.61282
	0.2347439		
		8.0	(air)
(mirror)	0.06		

有 $f'=8.0383$,$l'=8.59345$,$\mathrm{LA}'(f/1.6)=0.00925$,$\mathrm{LZA}(f/2.3)=-0.00420$,$\mathrm{OSC}(f/1.6)=0.00327$,匹兹伐和 $=-0.1258$。$1°$ 倾斜角的视场有

$$Z'_s=0.00104,\quad Z'_t=0.00064;\quad 畸变=-0.012\%$$

正如伽博在他的专利中所指出的:在靠近像面的地方加进一个正平场镜,负的匹兹伐和就可以轻易地得到消除。这个平场镜可以按照方便的原则取平凸形,当然也可以令它稍微弯曲以校平子午像面。下面是带有这种平场镜的伽博系统的一种可行的初始方案:

	c	d	n_e	Glass
(as before)	0.25	0.4	1.61282	SK-1
	0.2347439			
		8.0		

续表

	c	d	n_e	Glass
(mirror)	0.06			
		8.0		
(field flattener)	$\begin{cases} 0.37162 \\ 0 \end{cases}$	0.1	1.51173	K-1

有 $f' = 7.2231$，$l' = 0.46712$，$LA'(f/1.6) = -0.00651$，$OSC(f/1.6) = -0.00348$；对于 $1°$，$Z'_s = 0.00008$，$Z'_t = 0.00024$，畸变 $= 0.025\%$。平场镜带来小量负的 $(D-d)\Delta n$ 和，易通过微小调整校正镜的第二面半径来消除。第一面也稍微加强一些以消除平场镜带来的过校正球差余量。最后得到如下的系统：

	c	d	n_e
	0.251		
		0.4	1.61282
	0.2348373		
		8.0	
(mirror)	0.06		
		8.0	
	0.37264		
		0.1	1.51173
	0		

有 $f' = 7.1775$，$l' = 0.49554$，$LA'(f/1.6) = 0.00501$，$LZA(f/2.3) = -0.00219$，$OSC(f/1.6) = -0.00468$，$Ptz = 0$；对于 $1°$，$Z'_s = 0.00009$，$Z'_t = 0.00028$，畸变 $= 0.025\%$。

为了了解彗差的情况，要作 $1°$ 光束的子午光线图，如图 15.14 所示，图中还有轴上光束相对应的图线。显然，当负彗差太大时，可以用沿轴移动校正镜的办法消除。这样做对其他像差影响很小，故可以作大的移动，如间隔由 8.0 变到 6.0。这样做会使球差稍微过校正，所以要减弱另一面，并且重新计算 $(D-d)\Delta n$ 和。经过这些改动之后，得到如下结果：

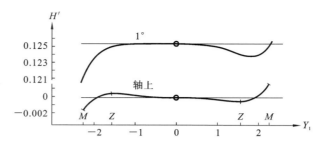

图 15.14　伽博镜头的子午光线图(间隔 8.0)

	c	d	n_e
	0.246		
		0.4	1.61282
	0.2303761		
		6.0	
(mirror)	0.06		
		8.0	
	0.37264		
		0.1	1.51173
	0		

有 $f'=7.2492$，$l'=0.49128$，$LA'(f/1.6)=0.00314$，$LZA(f/2.3)=-0.00299$，$OSC(f/1.6)=-0.00163$，$Ptz=0.00024$；对于 $1°$，$Z'_s=0.00003$，$Z'_t=0.00009$，畸变 $=0.026\%$。两片中的 $(D-d)\Delta n$ 和是 ±0.0000343。最后，作 $1°$ 子午光线图以完成对系统的全部分析工作(见图 15.15)，与原先的方案相比较，它具有显著的改进。

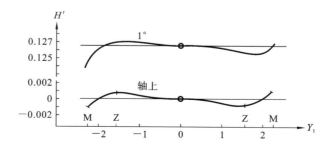

图 15.15　间隔 6.0 的伽博镜头的子午光线图

虽然这个系统已经得到了良好校正，但在结构方面还要做些处理，使成像光线不被校正镜阻挡。图 15.16 所示的是一种可行的安置方式,它在校正镜中间开孔,如果孔径大的话(如 $f/1.6$),这个孔也要很大。为此可以用一个平面反射镜将光束向一侧反射出去,或者往回反射回来穿过凹面反射镜的中部。

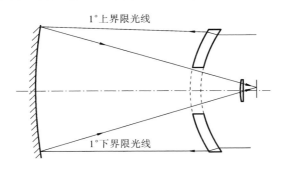

图 15.16 $f/1.6$ 伽博系统的最终方案($\pm 1°$)

伽博系统的不寻常之处在于,六个自由度(五个半径和一个空气间隔)中的每一个几乎都专门用来校正特定的一种像差。第一面控制球差,第二面控制色差;场镜光焦度决定匹兹伐和,它的弯曲则控制场曲;最后,中间空气间隔用来改变彗差。反射率半径自然是决定焦距的。其余两个像差(横向色差畸变)在视场如此小的情况下通常是可以忽略的。如果对横向色差要求严格,就必须让场镜消色差,还要用 c_2 进一步调整色差校正状态。伽博系统中的孔径可以大,但是场角小。这是另一个很好的例子,说明了为什么镜头设计师应该研究被优化的镜头,以了解各种参数是如何影响像差的。盲目调整可能导致效果不佳。

15.4.6   施密特照相机

施密特(Schmidt)照相机[9]由一个凹球面反射镜和放在这个反射镜的曲率中心的一块薄的非球面校正板构成。我们将光阑放置在校正板上,可自动消除彗差和像散,虽然当光束倾斜角较大时,有高级像差出现,但是有效视场能达到的度数,比大多数折射系统大得多。余下的像差是球差,用校正板上适当的非球面校正。色差可以忽略。

描述非球面形状表达式最简单的方法是,选定一个中性带,将它作为非球面上的极小点,在这一点上校正板局部地变成平行板,让通过中性带的光线决定系统焦点;然后从这个焦点开始反过来追迹一条近轴光线,求角度解,以确定非球面的顶点半径。令近轴光线和中性带上的光线光程相等,以此来决定校正板中性带上的厚度。这样我们有三个约束关系可以用来确定非球面多项式中的三项。这三个约束是顶点曲率、中性带的矢高、中性带上面的倾斜角,后者等于零。如果我们需要更高的精度或要求多项式取的项数多于三个时,则可以根据项数要求,从焦点开始反向追迹其他光线,求最小二乘法解。

中性带光线的光路如图 15.17(a)所示。C 点是半径为 r 的凹面反射镜的曲率中心。F 点是中性带光线和光轴的交点所决定的焦点。系统焦距是 FN',后截距是 a。若 θ_0 是像上的中性带光线的斜角,Y_0 是它的入射高,则

$$\sin\frac{\theta_0}{2}=Y_0/r, \quad a=r-r/2\cos\frac{\theta_0}{2}$$

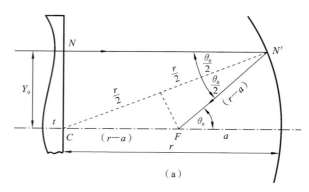

（a）

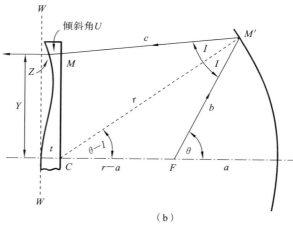

（b）

图 15.17　施密特照相机

（a）中性带；（b）其他带

其他带从焦点开始,以 θ 角开始反追的光线的光路如图 15.17(b)所示。它的反射镜上的入射角 I 由下式给出:

$$\sin I = (r-a)\sin\theta/r$$

为简单起见,设校正板平的一侧准确地在反射镜的曲率中心上,空气中的光路就可以按下式计算:

$$b = FM' = r\sin(\theta-I)/\sin\theta$$

$$c = M'M = r\cos(\theta-I)/\cos(\theta-2I)$$

校正板内的光线倾斜角按下式计算:

$$\sin U = (1/n)\sin(\theta-2I)$$

图 15.17(b)中 WW 线表示物空间的平面波,从这个波前开始到达焦点 F 的任何光线的光程都应当相等。在轴上,这个光程显然等于$(nr+r+a)$,是$[b+c+z+n(t-z)/\cos U]$。令这些光程相等,就得到非球面上任何一点的 z 坐标:

$$z = \frac{a+r-b-c+nt(1-\sec U)}{1-n\sec U}$$

这些光线相应的入射高 Y 按下式计算:

$$Y = MC - (t-Z)\tan U$$

其中,$MC = c\sin I/\cos(\theta-I)$,可以把这些公式用到中性带上,得到

$$b = r-a, \quad c = r\cos\frac{\theta_0}{2}, \quad U = 0$$

【例 15-1】 对于 $r=4.0$ 的 $f/1$ 斯密特照相机,焦距约为 2,边缘光线以高 $Y=1.0$ 入射。可以设中性带在入射高 0.85 处,这里的 $\sin\frac{\theta_0}{2}=0.2125$,$\theta_0=24.5378°$,中性带的焦距是 $F'=\frac{0.85}{\sin\theta_0}=2.046745$,后截距 $a=1.953255$。对于中心带光线有 $b=2.046745$,$c=3.908644$,于是 $Z_0=0.004080$,折射率为 1.523。

然后,我们设校正板轴上厚度为 0.01,由焦点开始反溯近轴光线,求出令近轴光线平行于光轴出射的校正板顶点的曲率。这样求出的顶点的曲率半径应为 $R=45.7416$。近轴焦距为 2.046899。

设三项的多项式的形式为

$$Z = AY^2 + BY^4 + CY^6$$

我们知道 $A=1/2R=0.0109310$。在中性带高上有

$$Z_0 = A(0.85)^2 + B(0.85)^4 + C(0.85)^6 = 0.004080$$

中性带处面倾斜角为

$$dZ/dY = 2AY + 4BY^3 + 6CY^5 = 2A(0.85) + 4B(0.85)^3 + 6C(0.85)^5 = 0$$

联立求解这三个方程,得出三个系数:

$$A = 0.010931, \quad B = -0.00681084, \quad C = -0.00069561$$

算出几个和 Y 值对应的 Z,得到如下作非球面轮廓时用的数据(见表 15.4)。

表 15.4　斯密特相机的非球面校正板形状

Y	Z	Y	Z	Y	Z
0.1	0.000109	0.4	0.001572	0.7	0.003639
0.2	0.000426	0.5	0.002296	0.8	0.004077
0.3	0.000928	0.6	0.003020	0.9	0.004016
				1.0	0.003425

作出这条曲线,就可以看到,中间的凹起比边缘的上翘大得多,所以若稍微降低中性带会更好,如用边缘光线高的 0.80 代替 0.85。

带光线的焦距和近轴焦距差异甚微,使得 OSC 只有 -0.000075,显然是可以忽略的。它可以用将校正板沿轴作微小移动的办法完全消除。

15.4.7　可变焦距红外望远镜

有时将一个望远镜用作宽视场扫描系统的一部分,特别是在红外光谱中。图 15.18 显示了这样的 $f/1.1$ 望远镜,其可以与尺寸约 $75~\mu m \times 75~\mu m$[10,11] 的单个红外检测器的物体空间扫描仪一起在 $8\sim14~\mu m$ 的频谱范围内使用。由于使用物空间扫描,望远镜只需要检测器所需的视场。该反折射光学系统包括双曲线主镜、折叠镜和中继透镜。中继透镜具有由锗制成的两个透镜,并将检测器成像在折叠镜的位置。折叠镜中具有一个孔以允许红外线通过。在这种情况下,对于 105 mm 焦距和 91 mm 直径的主镜,小孔的直径约为 4 mm。小孔处的检测器图像被放大了 2.3 倍。该望远镜可以聚焦在距离主镜 1 m 到无穷远处。

然而,它被优化为在约 2 m 处具有衍射极限性能,但在整个范围内仍然具有近衍射极限性能。

为了实现这一点,主镜被双曲线化,使得当物体距离主镜约 $3~\mu m$ 时,纵向球面像差为零。随着物体距离的增加,球面像差变得不正确,并且对于较小的物距,它会对其过度校正。由于只使用单个检测器,因此设计望远镜的有用视

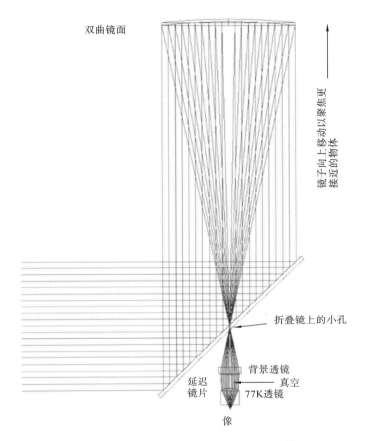

双曲镜面

镜子向上移动以聚焦更
接近的物体

折叠镜上的小孔

背景透镜
真空
77K透镜

延迟
镜片

像

图 15.18　具有可变焦距能力的红外望远镜

场适合 3～5 个检测器，以便在制造过程中简化对准。由于该望远镜旨在用于热红外线，所以折射元件由锗制成，它具有非常低的 8～14 μm 光谱色散。选择该光谱带而不是 8～12 μm 光谱，是因为它通常会在几米的短距离范围内使用，直到超过 14 μm 时，大气吸收就不是问题了。

　　包括中继透镜的两个透镜是低温杜瓦瓶的元件。第一个透镜用作杜瓦窗，处于环境温度。相比之下，第二透镜与红外探测器一起安装在杜瓦瓶冷指上，将其冷却至液氮温度。因此，必须使用冷却时的锗的折射率。此外，两个透镜之间和检测器之间的空间都是真空的，并且应该使用真空折射率而不是空气折射率。在这种特殊情况下，省略使用真空可以通过简单地调整主镜到中继镜头的距离来补偿；然而，缺乏使用锗的低温折射率可能会导致科学灾难。这种望远镜的结构，不包括折叠镜，如下所示：

	r	d	n	Conic constant
主镜	−434.884			−1.49534
		See note	Mirror	
中继透镜 A	115.949			
		−5.2578	Germanium（ambient）	
	47.14596			
		−9.17448	Vacuum	
中继透镜 B	−11.96679			
		−11.2268	Germanium（77K）	
	−4.388507			
		−3.8100	Vacuum	

注:厚度取决于物体距离 Z,由下式给出:

$$d = -246.888 - 167924 \cdot Z^{-1.1448}$$

设计指南

凹面双曲反射镜比球形或抛物面镜更难制造,所以透镜设计者可能不愿意使用这种镜子。在这种情况下,此反射镜实际上在生产中花费大约75%的制造类似的抛物面镜的时间。与大多数非球面透镜或反射镜组件一样,镜头设计师应考虑元件的测试方法和制作方法。在这种双曲镜的情况下,构造了一个简单的双凸透镜,并将其用作零透镜,以使镜片商可以使用普通的刀刃测试方法。

透镜由BK-7玻璃制成,半径为102.354 in 和−98.232 in,厚度为1.000 in。透镜与镜子之间的分离为17.000 in。输入到镜头的准直单色光,图像具有的峰值波峰误差为0.16λ,或施特雷尔比大于0.9。由于镜面采用8～14 μm 的光谱,所以波前误差可以通过波长的比例来衡量。因此,所使用的反射镜具有基本上一致或衍射限制性能的施特雷尔比。

此外,设计光学系统以从相反的方向观看它通常是有帮助的。在这种情况下,透镜设计者可以从检测器位置而不是从物体空间向检测器观察物体空间。在一个更为复杂的系统中,反向观察通常是有用的,以确保不会出现意想不到的渐晕或任何其他问题。

15.4.8　广谱非焦点反射折射望远镜

透镜设计人员发现,设计出可以在可见光和红外光谱宽谱部分同时操作的高倍率无焦望远镜很具有挑战性[12]。这种望远镜经常与某种扫描传感器一起使用,并且要求望远镜的光瞳在外部。这样,传感器和望远镜瞳孔才可以匹配。具有可能性的望远镜配置如图 15.19 所示,包括作为目标的凹面镜和作为目镜或二次光学元件的单玻璃型舒普曼透镜(见第 5.7.2 节)。通过将主镜(目标元件)的焦点定位为与舒普曼透镜(目镜)的内部焦点重合,获得无焦状态。系统的孔径光阑位于初级反射镜,而出射光瞳位置由次级光学器件建立,具有 Schupmann 配置,对孔径光阑进行成像。由于舒普曼透镜具有正光学功率,所以出射光瞳是光阑的真实图像,并位于望远镜的外部。通常,折叠镜将用于允许图像空间光束可访问,并且所得到的遮挡可能相对较小。

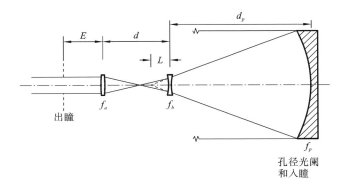

图 15.19　基础无焦反射折射望远镜配置

路德维希·舒普曼(Ludwig Schupmann)探索了设计和建造包含透镜物镜(以及其他变体)的望远镜,以通过构造仅包含单一玻璃类型的物镜来实现广谱上的最小色差[13-15]。应当注意,舒普曼透镜元件之间的大空间允许不同颜色的光线在负元件处略微分离,导致略有色差[16]。

望远镜的放大倍数 $M=-f_s/f_p$,其中,f_s 是次级光学器件的有效焦距。如第 5.7.2 节所述,分离因子 $k=d/f_a$,后焦距 $L=-(k-1)f_s$。次级光学器件的主镜和负透镜之间的距离 $d_p=f_p\pm L$。舒普曼透镜元件的分离距离 $d=\dfrac{f_s k^2}{k-1}$。应特别注意每个参数的符号。经过一些代数运算后,发现出射光瞳和透镜 a 之间的距离为

$$E=\frac{1-M+k}{(k-1)^2}f_s$$

使用这些方程和第 5.7.2 节中的那些方程,无光学系统已被校正了轴向

色差。现在我们强加了匹兹伐总和等于零的条件(或者可能需要的任何值)。由于镜像的匹兹伐贡献与二次光学的相反,我们可以写为

$$-\frac{\phi_a+\phi_b}{n}+\phi_p=0$$

其中,n 是两个透镜的折射率。通过组合上述方程,我们发现

$$M=-\frac{1}{n}\left(\frac{k-2}{k-1}\right) \quad \text{或} \quad k=\frac{nM+2}{mM+1}$$

当匹兹伐和等于零时,出瞳就变为

$$E=[1-M+(nM+2)(nM+1)]f_s$$

尽管对望远镜进行了初级、次级轴向色差和匹兹伐校正,但系统倍率仍是折射率光谱变化的函数。这很简单,有

$$\frac{\partial M}{\partial n}=-\frac{\phi_p}{\phi_s}\frac{\partial \phi_s}{\partial n}$$

$$\frac{\partial \phi_s}{\partial n}=\frac{k\phi_s}{(n-1)(k-1)}$$

因此,放大率的微分变化由下式给出:

$$\frac{\Delta M}{M}=\frac{k}{V(k-1)}$$

该式表明,望远镜将受到横向色差影响,并表示了出射光瞳处,单位主光线角度在物空间中的像差量。这可以用于设置望远镜的有效视场。然而,如果在次级光学器件中将透镜放置在正透镜附近,则可以相当地减轻横向色差[17-19]。

约翰逊提出了一个详细的设计步骤[20],从孔径光阑直径、放大率和出瞳位置的规格开始设计。倍率、光功率、元件分离和折射率都与前述一阶方程参数相关,使得主要和次要轴向色差和匹兹伐被校正,同时潜在地实现了期望的规格。

正如我们前面所提到的,将有限厚度插入薄透镜中经常会扰乱系统的校正。通常使用的技术是以保持第一阶行为衡量所有来自透镜元件的主点的距离。正如我们所看到的,由于镜头"弯曲变化",主点将在空间上移动。透镜设计者可以遵循的一个设计步骤是,首先为最接近出瞳的表面选择曲率c_{1j},然后选择剩余的曲率。

$$c_{2j}=\frac{c'_{2j}}{1+c_{1j}(1-n)(t_j/n)}$$

式中:$j=[a,b]$;t_j 是第 j 个元素的厚度;c'_{2j} 是当 $t_j=0$ 时 c_{2j} 的曲率。从初始设计已经知道,每个薄透镜元件的光焦度为

$$\phi_j=(c_{1j}-c'_{2j})(n-1)$$

目前曲率是已知的,可以使用以下等式来确定厚透镜布局以确定距离曲率顶点的距离,而不是主点的距离。一般来说,将数据输入镜头设计程序或手动追踪系统是最好的选择。使用近轴光线追踪方法,可以制定方程式。从出瞳到 c_{1a} 的顶点的距离是

$$t_E=E-c_{2a}(1-n)\left(\frac{t_a}{n}\right)f_a$$

其中,t_a 是透镜 a 的厚度。c_{1b} 的顶点与 c_{2a} 的距离为

$$t_d=d-c_{1a}(1-n)\left(\frac{t_a}{n}\right)f_a-c_{2b}(1-n)\left(\frac{t_b}{n}\right)f_b$$

而从 c_{2b} 的顶点到主镜顶点的距离为

$$t_p=d_p-c_{1b}(1-n)\left(\frac{t_b}{n}\right)f_b$$

其中,t_b 是透镜 b 的厚度。

望远镜的最终校正可能要求使主镜锥形化并弯曲透镜,以最小化球面像差和 OSC,并且可能稍微偏离间距以校正任何残留的轴向色差。第 6.1.6 节已介绍,二次光学元件中的一个或两个透镜会被分割以提供额外的像差校正。在本章尾注 20 中的参考文献讨论的望远镜示例是一个具有 0.5 的物方视场的无焦望远镜,在 $3\sim12~\mu m$ 光谱工作,其中,$M=-0.05(20\times)$,锗透镜 $f_p=100$,孔径光阑直径为 1.0,$k=2.25$ 且 $f_s=5$。对于单位为英寸的厚镜头配置,主镜是双曲线形,透镜弯曲用于校正像差,并且如前所述添加第三透镜用于横向颜色校正。在整个光谱范围内,轴附近的施特雷尔比率接近一致,在视场边缘约为 0.85。

15.4.9 自校正的一倍系统

有人提出两种很有趣的 1∶1 成像系统,它们都是自动校正全部初级像差的。

1. 戴森(Dyson)折反射系统

戴森折反射系统是一个同心系统(见图 15.20),物和像在同一个平面上分立在曲率中心 C 的两侧[22]。来自 C 的边缘光线按原路返回,自动消除球差和

色差。透镜曲率半径的$(n-1)/n$倍,以使匹兹伐和为零。孔径光阑在反射镜上,构成对称系统,自动校正三种横向像差——像散,在视场中心附近接近零,弧矢相面是平的,子午像面在远离光轴的地方稍微后弯。下面是一个典型的系统:

c	d	n
0		
0.2912046	3.434012	1.523
	6.565988	(air)
(mirror)0.1		

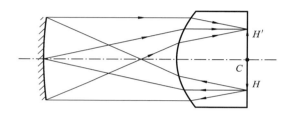

图 15.20 戴森折反射系统

有

$$l=l'=0, \quad m=-1$$
$$H'=1, \quad Z'_s=0, \quad Z'_t=0.01460$$
$$H'=1.5, \quad Z'_s=0, \quad Z'_t=0.08776$$

可以看到,这个系统是远心的,只有主光线在透镜面上有差别:对于 $H'=1.5$ 的主光线,在空气中以 4°左右的入射角入射(在玻璃中是 2.58°)。

Caldwell 设计了一个反射折射继电器系统,在许多方面类似于戴森系统,用于配备双 DMD 投影机中非常紧凑的投影镜头[23,24]。该系统比戴森系统更紧凑,并提供近衍射极限性能。

2. 奥夫纳(Offner)折反射系统

奥夫纳折反射系统[25]和戴森折反射系统类似,只是在凹反射镜和物体之间的中点上放了一个小的凸反射镜,以使匹兹伐和为零,光束在凹反射镜上反射两次(见图 15.21)。孔径光阑在小凹反射镜上,这个系统实质上是远心的。

由于两个反射镜有公共中心 C,置于此处的物点将成像于自身上,且没有像差。不过这只具有理论上的意义,因为整个轴上光束都被第二个反射镜挡

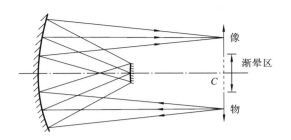

图 15.21　奥夫纳自准直系统

掉。轴外物点渐晕逐渐减小,由于 H 和 H' 等于或大于凸面反射镜的物点,渐晕最终消失。系统对称于光阑,确保了没有彗差和畸变。当然任何一种色差都没有。

余下的像差——像散,对靠近轴的物点是零,弧矢像面是平的,和戴森折反射系统一样。但是,对于远轴物点,子午像面稍微后弯。

下面是这种系统的一个例子:

	c	d
凹	0.1	
		5
凸	0.2	
		5
凹	0.1	

有

$$l=l'=10.0, \quad m=-1$$
$$H'=1, \quad Z'_s=0, \quad Z'_t=0.00205$$
$$H'=2, \quad Z'_s=0, \quad Z'_t=0.03519$$

可以清晰地看到,该系统的像散比戴森折反射系统的小得多,而且因为反射镜和物平面之间的空气间隔大,必要时允许放进平面反射镜,以偏转光束。

15.5　双反射镜系统

从 17 世纪开始,人们在望远镜上采用经典的双反射镜系统。它们或者是格里高利型,由一个凹抛物面主镜和一个凹椭球面副镜构成;或者是卡塞格林型,主镜也是抛物面的,但是副镜是凸双曲面的[26]。作为地面观测用的小型正像望远镜,格里高利型镜流行了一百年。制造精确的凸双曲面几乎是不可能的,所以只有当研磨抛光技术得到改进之后,卡塞格林型才逐渐得到应用。如今卡塞格林望远镜已经遍及各天文台。

15.5.1　采用非球面的双反射镜系统

假定要设计如图 15.22 所示的那样一个简单的卡塞格林系统。主机曲率半径为 8.0,焦距为 4.0,通光孔径为 2.0($f/2$)。副镜曲率半径为 3.0,共轭距离是 -1 和 $+3$,在主镜中央处形成最后的像,倍率为 3,则全系统的焦距是 12.0,相对孔径为 $f/6$。

图 15.22　简单的卡塞格林系统

从采用两个球面反射镜尝试开始,发现欠校正球差余量大。在经典的卡塞格林系统中,这是使主镜取抛物面形(偏心率等于 1.0)、副镜取双曲面形(在本例中偏心率是 2.0)来消除欠校正球差的。这样做足以消除球差,而留下 OSC 余量 0.001736。表 15.5 列出了边缘光线通过系统各面时的光路参数。计算 OSC 时假设光缆在主镜上,它的像距离副镜 $l'_{pr} = -1$。

20 世纪 20 年代末期,里奇(Ritchey)和赫列梯恩(Chrétien)认识到经典的卡塞格林系统产生彗差的原因是边缘光线最后的 U' 值过小,使边缘光线焦距 F' 过长。因此,他们建议放弃通常两个反射镜所取的形状,而采用一种边缘处比较平的形状,经过几次试算之后本例中主镜的偏心率应当由 1.0 增大到 1.0368(弱抛物面),副镜由 2.0 增大到 2.2389。如从表 15.5 中第四组光线追迹数据可以看到,这样的改动完全消除了球差和 OSC。

上述校正良好的系统所要求的反射镜,业余的望远镜制造者一般几乎无法制造,尤其是经典的卡塞格林系统中的凸双曲面。因而业余制造者试图采用达尔-克哈姆(Dall-Kirkham)方案。它的副镜是凸球面镜,主镜是凹椭球面镜。通过几次试算找出在特定情况下这个椭球面应当取的偏心率。在本节的例子中,它应当取 0.839926,如表 15.5 中第五组光线追迹数据表明的那样。显然,这里的实际问题是彗差,其大小等于经典的卡塞格林系统的 5 倍。这样,加强主镜边缘部分(达尔-克哈姆系统正是这样做的)是不对的,应当减弱它,如里奇-赫列梯恩系统那样。不过达尔-克哈姆系统有其附带的好处,它所有的椭球面主镜在车间里配置之前可以用针孔光源来检验,即令针孔光源放在一个焦点上,而在另一个焦点上放一个刀口。在本例中两个焦距分别是4.35 和50.0。

表 15.5 双镜望远系统

c	-0.125		-0.3333333	
d		-3		1
d/n	1		1	
		Paraxial ray		
ϕ	0.25		-0.6666666	$f'=12.0$
d/n		3		
y	1		0.25	$l'=3.0$
nu	0	-0.25		-0.083333
		Spherical surfaces		
Q	1.0		0.2401960	$F'=11.522999$
Q'	0.9843135		0.2435727	$L'=2.806690$
U	0	14.36151		-4.97856
Y	1.0		0.2453707	$LA'=-0.19331$
Z	-0.0627461		-0.0100513	$OSC=0.009013$
		Classical Cassegrain		
e	1.0		2.0	
Q	1.0		0.2461538	$F'=12.020833$
Q'	0.9846154		0.2495667	$L'=3.0$
U	0	14.25003		-4.77189
Y	1.0		0.251309	$LA'=0$
Z	-0.0625		-0.0104710	$OSC=0.001736$
		Ritchey-Chretien		
e	1.0368		2.2389	
Q	1.0		0.2465948	$F'=12.0000$

续表

Q'	0.9846376	0.2500017	$L' = 3.0000$
U		14.24178	-4.78019
Y	1.0	0.2517515	$LA' = 0$
Z	-0.062482	-0.0104896	$OSC = 0$

Dall-Kirkham

e	0.839926		0	
Q'	1.0		0.2444135	$F' = 12.104064$
Q	0.9845275		0.2478498	$L' = 3.0000$
U	0	14.28260		-4.73900
Y	1.0		0.2495620	$LA' = 0$
Z	-0.0625721		-0.0103982	$OSC = 0.008672$

15.5.2 马克苏托夫-卡塞格林系统

许多卡塞格林系统只用球面反射镜,球差用放在入射光束中的弯月形透镜校正。副镜用另一种方法制造,即在校正镜的背面镀上一个铝反射圆盘。

在如下的例子中,假设加进校正镜之前的系统是两个相距 4.0 的反射镜,凹的主镜成像于副镜后方 1.0 单位处,副镜再通过一个孔将最后像形成在主镜后方 1.0 处。主镜的焦距是 5.0,副镜令它放大 5 倍,使总焦距等于 25。近轴光线追迹数据如表 15.6 所示。可以看到在凹反射镜后面的 l' 是 -5.0,加进校正镜之后这个数值应保持不变,以使最后像保持在主镜后方 1.0 处。为此每次改动系统之后需重新计算主镜的曲率。

表 15.6 经典卡塞格林系统

	凹		凸	
c	-0.1		-0.4	
d		-4		1
n	1		-1	
ϕ	0.2		-0.8	
d/n		4		
y	1		0.2	$l' = 5.0$
nu	0	-0.2	-0.04	$f' = 25.0$

设计校正时,从某一个估定的c_1值开始,保持副镜$c_2 = c_4 = -0.4$。追迹近轴光线来找出能实现需求的后截距的c_3,然后再追迹 $f/10$ 的边缘光线,算出球差和由透镜产生的$(D-d)\Delta n$。追迹一条通过镜头前顶点的近轴主光线,求出 l'_{pr},确定 OSC。我们做了如下试探性计算:

c_1	c_3	LA$'$	f'
-0.5	-0.117763	$+14.7$	20.5666
-0.42	-0.101396	-0.4475	23.8626
-0.43	-0.103723	$+0.5673$	23.3938
(Setup A)-0.425	-0.102571	$+0.0397$	23.6259

取最后的方案继续做下去,算出它的带球差是-0.0170,$(D-d)\Delta n$ 值是 0.0000009(无关紧要),还有 $l'_{pr} = -1.204$,给出 OSC $= -0.00226$。

为了了解这个 OSC 余量的严重性,接着我们作出视场角为$-1.5°$的子午光线图(见图 15.23)。这个视场角很小,但是它决定主镜上开孔的大小,如果视场太大,主反射镜上起成像作用的部分将很小。在图 15.24 中画出了上、下界限光线,从中可以看到,主镜上的开孔是决定哪一条光线通过哪一条光线不能通过的决定性因素。从上方沿 1.5°光束看到的系统的前视图如图 15.25 所示。

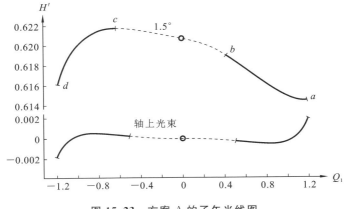

图 15.23 方案 A 的子午光线图

子午光线分为两支,左支是落到主镜开孔下方的光线,右支是落到主镜开孔上方的光线。显然,这个系统有大量负彗差,并且有一定程度前弯的场曲,

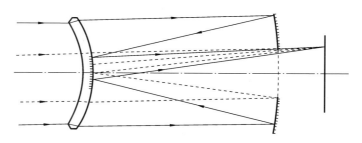

图 15.24　方案 A 的光路图

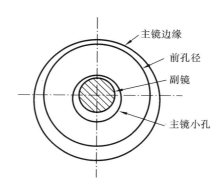

图 15.25　从上方沿 1.5°光束看到的系统前视图

尽管这里柯丁顿像面已经失去意义(因为主光线被副镜遮挡)。匹兹伐和很大(0.5863),主要由副镜产生。

改善这个系统最有效的方法是增大中间空气间隔。因此,我们令它增大到 5.0,但为了保持焦距 25.0,需重新做近轴设计(见表 15.7)。

表 15.7　逐渐分离的卡塞格林系统

c		−0.076	−0.233333	
d			−5	
n	1		−1	1
ϕ		0.152	−0.466666	
d/n			5	
y		1	0.24	$l'=6.0$
nu	0	−0.152	−0.04	$f'=25.0$

加进校正镜之后,要按照 $l'_3 = -6.978947$ 的要求确定主镜曲率,以使像仍然在主镜开孔后方 1.0 处出现。用前述方法最后得到如下系统:

	c	d	n_e	Glass
	-0.249			
		0.25	1.52111	K-4
	-0.233333			
		5.0		
（凹）	-0.0786549			
		5.0		
（凸）	-0.233333			

有 $f' = 23.82816$，$l' = 6.0000$，$LA' = 0.00272$，$LZA = -0.00383$，$OSC = 0.00014$，$Ptz = 0.3046$。

子午光线图如图 15.26 所示，我们可以看到这个镜头已经较完善了，只是像面强烈前弯。为了完全消除匹兹伐和，要求两个反射镜取相等的半径，当中间空气间隔约为 9.0 时，就会出现这种情况。当间隔增大到 12.0 时，副镜就变成平面，此时全部光焦度由主镜产生。系统长度增大，使得彗差校正成为难题。

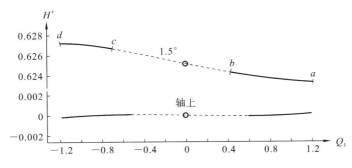

图 15.26　方案 B 的子午光线图

为了减小匹兹伐和而使系统长度适当减短，可以在主镜开孔上加进负的平场镜。因此必须重新确定主镜的曲率半径，使它的后焦点位置恢复到平场镜后方 1.0 处，加进这个负镜片后使焦距增大（现在系统变成一个超远摄像头），而且球差和 OSC 都为正。球差可以通过调整 c_1 来校正，这样得到方案 C：

	c	d	n
校正透镜	-0.24865	0.25	1.52111
	-0.233333		
		5.0	

续表

	c	d	n
主镜	−0.0786009		
		5.0	
次镜	−0.233333		
		5.13	
平场镜	$\left\{\begin{array}{l}-0.5\\0\end{array}\right.$	0.1	1.52111

有 $f' = 30.325, l' = 0.099991, \text{LA}' = 0.01809, \text{LZA} = -0.01401, \text{OSC} = 0.00090, \text{Ptz} = 0.1329$。

这个镜头的 $1.5°$ 子午光线图如图 15.27 所示,同一图中还有轴上像点的子午光线图。这个方案的带球差大得多,正彗差会变得很严重。为此,可以通过略微减小中间空气间隔的办法减小彗差,这样就得到如下表的方案 D:

c	d	n
$\left.\begin{array}{l}-0.28192\\-0.265446\end{array}\right\}$	0.25	1.52111
	4.74	
−0.0837446		
	4.74	
−0.265446		
	4.84	
$\left.\begin{array}{l}-0.5\\0\end{array}\right\}$	0.1	1.52111

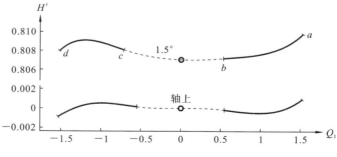

图 15.27 方案 C 的子午光线图

有 $f' = 30.0756$，$l' = 0.0001$，$LA' = 0.03100$，$LZA = -0.02070$，$OSC = 0.00047$，$Ptz = 0.1865$。显然上述改动还不够，因为 OSC 仍然是正的。这个最终系统如图 15.28 所示，它的 1.5°子午光线图如图 15.29 所示。可以看到，缩短系统长度会减小彗差，但是随着带球差显著增大，使 1.5°曲线的端部显著偏离期待的形状。

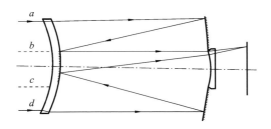

图 15.28　最终方案 D 的光路图

（为简明起见，界限光线 b 和 c 没有作出）

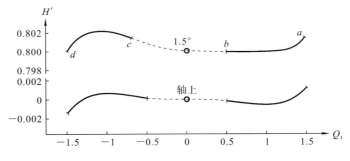

图 15.29　最终方案 D 的子午光线图

这种形式的系统经常被应用在 35 mm 单反相机的长焦距镜头中。平面场对角线长 43 mm。据此很容易求出视场角，现列于下表：

焦距/mm	半视场/(°)
500	2.5
750	1.6
1000	1.2

必须记住的是，这种反射系统需要保证完全的内部遮挡，防止光不经过反射镜反射而直接落在胶卷上，而且几乎不可能加进改变镜头孔径的可变光阑，所以任何曝光控制只能由改变快门速度来实现。

15.5.3　施瓦尔茨希尔德显微镜物镜

卡尔·施瓦尔茨希尔德在 1904 年前后发现,反远摄型的双反射镜系统(即入射平行光首先和凸反射镜相遇,被反射到大的凹面负反射镜上)有值得注意的特点,即如果两个反射镜都是球面的,并且有公共球心 C,则两个反射镜曲率半径之比等于 $(\sqrt{5}+1)/(\sqrt{5}-1)=2.618034$ 的话[27],初级球差、彗差和像散全部自动等于零。利用第 11.7.2 节的初级像差各面的贡献公式,很容易对初级像差证明这个结论。

对于有限孔径,这个系统有很少量的过校正球差,下面是一个例子:

	c	d
(凸)	1.0	
		1.618034
(凹)	0.381966	

有 $f'=0.809017, l'=3.427051, \mathrm{LA}'(f/1)=0.00137, \mathrm{OSC}(f/1)=0.00129$,$\mathrm{LA}'(f/2)=0.00008, \mathrm{OSC}(f/2)=0.00007$。计算时假设光阑在凹反射镜上,$l'_{\mathrm{pr}}=0$,于是 $\mathrm{OSC}=F'l'/f'L'-1$。

不过,若把这种系统用于显微镜物镜,物体就应放在一定的有限距离上,以达到必要的放大倍率。这时为了校正球差和彗差,必须适当减弱凹反射镜的作用,同时两个反射镜保持以 C 为公共中心。当然,其间隔等于 r_1-r_2。经过几次试算,很快就能够知道应当取怎样的间隔值。下面是这种类型的 10 倍物镜的一个例子:

	c	d
(凸)	1.0	
		2.07787
(凹)	0.3249	

有 $L=l=-7.14694, \sin U=u=-0.05, l'=3.89256, m=-0.1$。当 NA$=0.5$ 时,$\mathrm{LA}'=-0.000002, \mathrm{OSC}=-0.000003$;当 NA$=0.35$ 时,$\mathrm{LA}'=-0.000394, \mathrm{OSC}=-0.000382$。

带球差余量小,肯定小于第 6.5.2 节所给出的带球差的公差 $6\lambda/\sin^2 U'_{\mathrm{m}}$,这个公差在本例中是 0.00052(设长度单位是英寸)。图 15.30 是按比例画出的系统图。我们会看到,凸反射镜的直径应等于 0.72 才能让 NA$=0.5$ 的边缘光线通过时，而这却使光束的中央部分无法通过，最下方的光线 NA＝0.19。
凹反射镜上的开孔的直径应当等于 0.56 左右，但是这不是极限的孔径值，可
以略大一点。不过如果太大，就会让多余的光通过，这是我们所不希望发生
的。上述光阑不要太大，以免造成像质严重变坏。

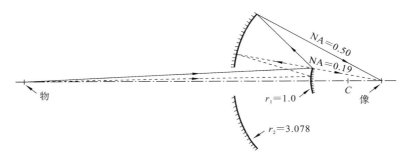

图 15.30　施瓦尔茨希尔德显微镜物镜

15.5.4　三反射镜系统

谢弗（Shafer）[28] 提出了一种有趣的系统，它是经典格里哥林反射系统的
改进型。在这种系统中，边缘光线在光轴两侧等距地在主镜上反射两次，在凹
反射镜上反射一次，最后成像在副镜中心。它的近轴形式如图 15.31 所示。
反射镜曲率半径分别是 10 和 7.5，侧间隔为 7.5，焦距是 −7.5。经过几次试
算之后可知，为了同时校正半孔径为 1.0（即 $f/3.75$）时的球差和 OSC，主镜必
须是偏心率为 0.63782 的凹椭球面反射镜，副镜应当是偏心率为 2.44 的凹双
曲面反射镜。孔径光阑、入瞳和出瞳都在主镜上。因为占整个入射光束线一
半的入射光束中间部分被副镜所遮挡，所以像接收器可以在副镜中间部分占
据它的一半空间，而不会增加遮挡程度。因而上述 $f/3.75$ 系统的视场角是
±1.9°。如果孔径加倍，则视场角也加倍，变成 ±3.8°。

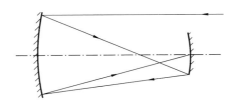

图 15.31　三反射镜系统

15.6　多反射镜系统

在过去的几十年里，人们对于通常情况下具备变焦能力的多反射镜系统开展了许多有趣的研究工作。本节将讨论两种类型的多反射镜系统，即固定焦点型和可伸缩焦点型。

15.6.1　入射光瞳偏离中心的光学系统的畸变

当入射光瞳相对于另一个旋转对称系统光轴发生了偏离，就破坏了正常的对称性，和原系统组成一个平面对称系统。像差不再像在旋转对称系统里出现的那样，在像差扩展方程中也出现了新的像差系数。我们之后将不讨论这种扩展，但现在将研究像差的一般表现。偏心和离心这两个术语会在表述当中交替使用。

图 15.32 所示的为一个偏离中心的光学系统，存在零值、正值和负值的畸变、彗差、像散和匹兹伐值。当光瞳居中，畸变、彗差、像散和匹兹伐值不影响图像的失真度[29]。图 15.33 所示的为一个中心瞳孔直径为 5 的 $f/2$ 光学系统的球差。焦点区域的特写显示在图的顶部，底部包含 5 个焦点位置。这些是我们所经常看到的。现在考虑一个偏离中心焦距为 10 的瞳孔系统，并在 $f/5$ 处工作。

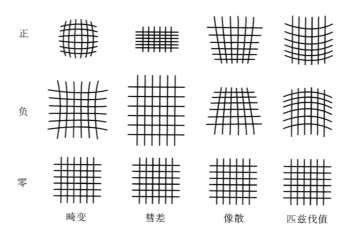

图 15.32　入射光瞳远离中心的光学系统的畸变

图 15.34 给出了 3 个瞳孔偏移量为 2、3、4 以及 4 个离焦位置的球面像差。在零散焦位置，当离焦位置处有像散和彗差的结合时，散点图呈现出彗形形状。

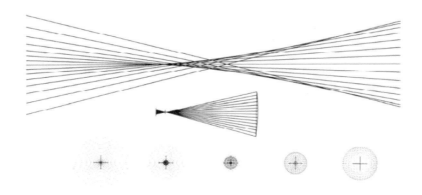

图 15.33　中心瞳孔光学系统的几个离焦位置点处的球面像差

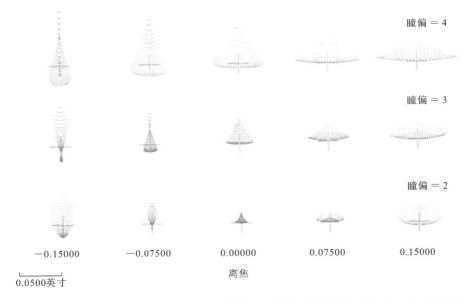

图 15.34　偏离中心的入射光瞳的光学系统中多个散焦和入瞳的偏移位置点的球面像差

　　但是，它们有自己独特的形状。在偏心瞳孔状态下，彗差看起来更像是瞳孔在中心处的情况。图 15.35 所示的为 $f = 10$、$1°$轴光源、瞳孔偏心度为 2 的 $f/5$ 光学系统所呈现的效果。在图的右下角，显示的是具有中心瞳孔的相同系统的彗差，按比例放大了 2 倍。

15.6.2　全反射变焦光学系统

　　沃勒发表了第一篇关于全反射变焦系统的文章[30]。其主要目的是为光线

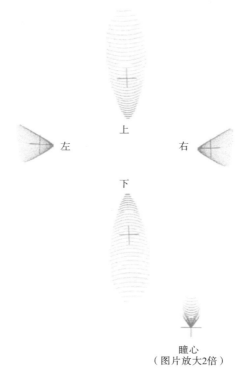

上

左　　　　　　　右

下

瞳心
（图片放大2倍）

图 15.35　非中心入射瞳光学系统的彗点图与具有中心入射瞳的同一系统的彗点图比较

整形和图像处理提供一种手段。这种视野清晰的离轴六反射镜的配置有两个固定的输入和输出的聚焦方式,两套成对的可移动反射镜影响变焦。变焦范围为 30∶1,伴有受限的畸变。

平森在 1986 申请了关于全反射变焦光学系统的第一个专利[31]。该系统有一个居中而模糊的入射光瞳,并且它没有视场偏移。这个专利涵盖了各种构造,包括两个或两个以上的反射镜,例子涵盖两个到六个镜子。由于像差的影响,在实际的设计中需要用到多于两个镜子,以四个反射镜作为一个折中方案。光学系统的一般形式是背靠背的卡塞格林形式。瞳孔形状不常见,随视场角和缩放比例的变化而变化。合理而良好的分辨率可以实现 f 数小于 4。该系统是无补偿的,即图像会随着光学系统的变焦而移动。这两个概念证明四镜原型已经建成[32]。

第一代装置是由球面和圆锥面组成,主镜直径约 4 in。变焦范围为 4∶1,视野范围为 1.5～6 和 $f/3.5$。值得注意的是,望远镜的总长度为 13.5～15.5

in,焦距为 2.5～10 in。第二代反射镜都是圆锥形的高阶非球面中的二级和三级镜。在 $f/3.3$ 和缩放比例为 4：1 时,主镜直径为 4.9 in,装置的总长度比第一代的少 1 in 左右。轴上成像受到衍射限制,并在一定程度上受到离轴彗差的影响。

1989,Rah 和李发表了一篇文章,描述了在变焦范围内维持等光程条件的四镜变焦望远镜[33]。这种被遮挡的光瞳,无补偿的设计采用了卡塞格林-卡塞格林级联结构的球面镜[34]。这意味着表面的顺序是第一主镜、第一次镜、第二主镜和第二次镜,与平森的配置——第一主镜、第一次镜、第二次镜、第二主镜的构成形成对比。伴有 2：1 的变焦范围,f 数从 4 变化到 8,视场(FOV)在整个变焦范围内保持在一个恒定的程度。视场受限于散光。然而,Rah 和李观察到圆锥镜可以用来纠正畸变。需要我们注意的是,这种结构的系统,它的总长度随着变焦而产生很大变化。

1991 年初,库克获得了全反射式连续变焦光学系统的专利。这种遮蔽瞳配置安排了三个反射镜以构成一个消散像[35]。主镜和次镜形成卡塞格林,利用第三个发射镜的运动来影响变焦功能,主要作为一个中继镜。图像未经过补偿,视线随着变焦而变化。该望远镜是为扫描系统而设计的,它有一个较窄的扫描视场和较宽的交叉扫描视场。图像表面平坦并且与光轴有恒定的偏移,而中间图像具有不同的偏移量。所示的基本设计具有 2：1 的变焦,光圈变化从 $f/5.14$ 到 $f/10.2$,焦距从 154.2 到 305.5,入瞳直径为 30,视场偏移 3° 到 1.5°。该系统的结构如表 15.8 所示。

表 15.8 库克设计的全反射 2：1 连续变焦光学系统

表面	半径	圆锥常数	厚度	变焦位置
主镜	-104.067	-0.92298	-39.4831	
次镜	-32.8640	-1.9639	100.005	A：3°
			91.329	B：2.25°
			86.351	C：1.5°
第三级镜	-38.6032	1.0489	-32.847	A：3°
		$A6=0.32497 \cdot 10^{-5}$	-39.065	B：2.25°
		$A8=0.36639 \cdot 10^{-8}$	$-46.062AA$	C：1.5°
像面	Flat			

一年后,科博申请了另一个全反射变焦光学系统的焦距望远镜的专利,这是一种像空间的视场达到几度且变焦范围在 2∶1(1.7×～3.6×)和 4∶1(0.125×～0.5×)内的远焦望远镜[36]。2∶1 的设计是一种紧凑合理的四镜清晰光瞳结构,共轴光学系统采用离轴两个旋转对称反射镜覆盖 0.95°～2°的视场。与库克以前所做的系统不同,它的视场角会集中在光轴上(但在空间上转换)。基本的镜面形状是初级的双曲次级、球形三级和四级镜。要实现缩放功能,需要移动最后三个镜头。在第三反射镜的位置处由主镜和副镜形成中间图像。该设计的一个有趣点是,出射光瞳相对于主镜和光轴保持固定,而位于主镜之前的入射光瞳利用主镜与变焦的不同部分。轴上 80% 几何模糊直径为 0.36 mrad(1.7×)和 0.09 mrad(3.6×)。

科博的第二代光学系统采用了一种主镜固定的三镜光瞳无遮挡装置。它具有 4∶1(0.25°～1°物方空间)的变焦范围,并且位于主镜前面的远程定位入口瞳孔相对于第三反射镜和光轴固定。主镜和副镜都是椭球形,第三反射镜是双曲线形,具备一个共同的光轴和离轴结构。在这种情况下,输出光束通过变焦在第三级反射镜上移动。但是,该设计结构不紧凑,并且第三反射镜的尺寸相对于主反射镜大得多。轴上 80% 几何模糊直径为 0.084 mrad(0.125×)和 0.15 mrad(0.5×)。

同样是在 1992 年,柯尔施研究动态三镜遮挡瞳孔变焦望远镜在行星观测中的潜在用途[37]。本设计拥有 4∶1(0.125×～0.5×)的变焦范围,在 $f/3.3$ 处视场角为 0.5°。变焦时,图像变焦位置和第三镜保持相对固定。主镜和副镜在变焦过程中都会移动。这种设计的独特之处是,动态变形的主镜校正像差和焦点都在变焦过程中介入。望远镜有一个平坦的图像场,基本上没有失真,分辨率很高。

无遮拦瞳孔五镜球面镜变焦望远镜由谢弗在 1993 年设计[38]。光阑位于主镜前面,并且相对于主镜保持固定,而其他镜像和图像在变焦过程中产生移动。视场范围为 8°～3.2°(直径),与之相应的光圈值范围为 3.5～8.75。几何分辨率在整个视场和变焦范围内为 100 μrad。变焦过程中保持准直是比较具有挑战性的要求。

这些反射镜系统中的许多地方都被设计成具有可访问的入口瞳孔位置,以便它们可以与另一个光学系统(如照相机或其他传感器)相耦合。远焦型可用于改变传感器的视场,而焦点型可作为准直器或投影仪,与测试或校准的传感器进行有效地耦合。

15.6.3　离心入射光瞳反射光学系统

1994 年约翰逊为行星科学任务研究了一系列三镜清晰光瞳变焦望远镜[39]。聚光光学系统已经得到开发并经常用在专业化的太空传感器和测试红外传感器的定制化准直器中[40,41],但图像是未补偿的。其装置如图 15.36 所示,体积做到尽可能的小,变焦范围为 $1.5°\sim3°$,运行于 $f/3$ 处,视场大小为 $3°$。口径为 152 mm 的孔径光阑(入射瞳)位于距离主镜约 1.5 m 处。偏心瞳适用于所有的镜共轴光学系统。这些反射镜都具有旋转对称形式,其圆锥曲线的非球面变形可达第十阶。视场中心偏离光轴 $5°$,这意味着所有有用的视场位于望远镜视场的离轴部分,即实际图像区域位于光轴上,光轴偏离不超过 $2°$。

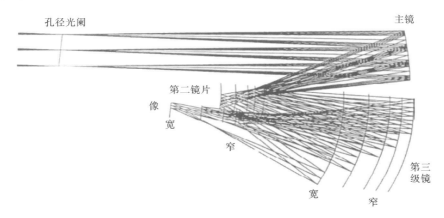

图 15.36　含 2∶1 可变焦范围的三镜清晰光瞳望远镜

如图 15.36 所示,该技术在非球面二级和三级镜不同部分得到使用,应用于变焦过程中的像差控制。图像是一个平场,失真度小于 1%,只有细微的变形误差。这台望远镜也形成中间图像和真实图像出瞳。我们发现,视场角偏移量是在相对较低的 f 数下,实现能在广角变焦时范围高达 6∶1 的关键。另外,在选择参数时必须小心,因为第三级镜的大小和反射镜的运动可能会变得不合要求。

图 15.37 所示的为一个实际系统用作红外准直器的例子。这种装置有一个由主镜和副镜组成的良好的中间图像,由第三镜传递到图像平面。系统还形成一个真正的、可访问的出瞳。该系统的总视野为 $4.4°×4.4°$,焦距为 600

mm,在 $f/4$ 处工作,图像场平坦。输入视场中的中心光束相对于望远镜的光轴偏离 $4°$。

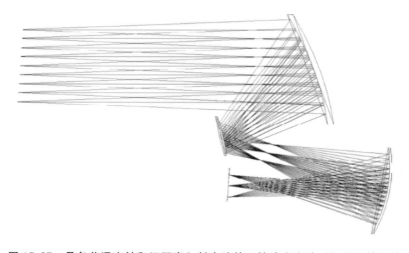

图 15.37 具备普通光轴和远距离入射光瞳的三镜清晰光瞳 $f/4$ 望远镜系统

由图 15.37 可以看出,这个光束是水平的,光学系统是按 4 顺时针方向倾斜的(注意图像平面)。该系统结构如下:

表面	r	t	κ	CA 半径	偏心
光阑		630.428		75	−176.350
主镜	−487.148		−0.818	110	210
		−206.191			
次镜	−153.290		−4.676	40	60
		326.819			
第三级镜	−283.223		−0.233	90	−30
		−319.240			
像面	Infinite			35	−40

第六至第十二阶非球面变形系数如表 15.9 所示。活动对象空间视场位于 $1.8°\sim6.2°$,在高程(y 轴)和方位角 $\pm2.2°$ 处(x 轴)。定义这种非旋转对称光学系统的结构比典型的旋转对称光学系统更复杂。优化这种系统也是如此。

图 15.38 为这台望远镜的准直点阵图,并显示了光通量为 $10~\mu m$ 时的艾里盘直径。正如预期的那样,视场上图像的形状差别很大,但对子午面具有对称性。在视场角变化的情况下,利用二次和三次反射镜的不同部分来实现相对

表 15.9　图 15.37 所示光学系统的非球面系数

非球面系数	主镜	次镜	第三级镜
A6	3.647×10^{-16}	8.273×10^{-13}	-6.127×10^{-14}
A8	-3.812×10^{-21}	-1.206×10^{-16}	6.422×10^{-18}
A10	2.452×10^{-26}	5.437×10^{-21}	3.647×10^{-16}
A12	-2.657×10^{-32}	0.000	0.000

较大的视场。副镜上的光束足迹约占该镜总有效面积的 30%,同样,第三镜上的光束足迹约为 40%。

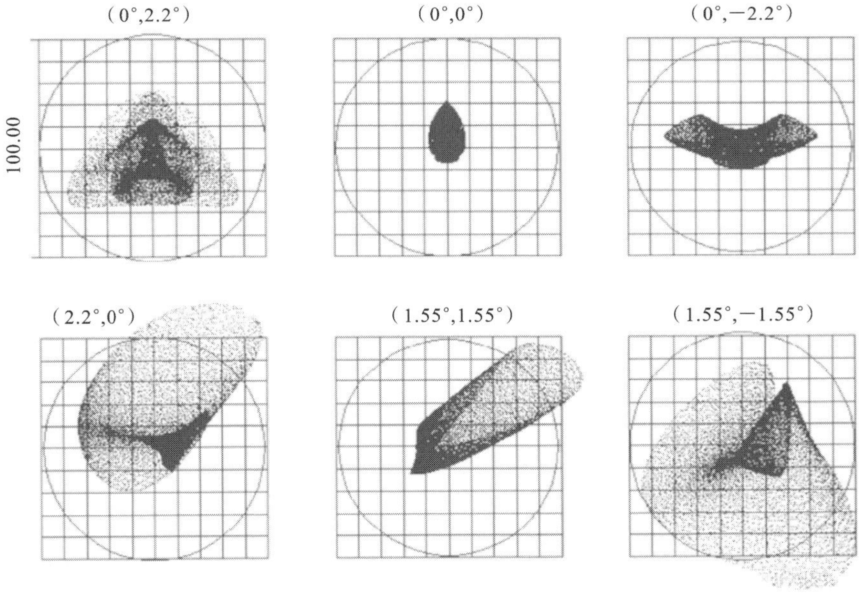

图 15.38　准直点阵图

这个设计实际上是一个 2∶1 的变焦望远镜,但仅仅是为宽视场角的固定焦点而设计的。对于红外光谱,这种类型的望远镜可以用金刚石车削技术制造,并可获得极好的效果。

图 15.39 所示的为另一个小型的三镜无障碍瞳孔望远镜的例子。这种配置有一个可访问的中间图像,由主镜和副镜组成,并由一个平面镜向上折光。光阑在这个像上,由第三面镜传送到图像平面。一个真正的出瞳也由系统组成,但是不能进行访问。虽然结构非常紧凑,但这种配置可以通过包含挡板和

在中间图像上的光阑来实现极好的入射光抑制,在光轴上大约有 20°的倾斜。这个系统的总视场是 1∶1,焦距为 1000 mm,在 f/4 处运作。中心光束输入视场角与望远镜的光轴成±1.5°,也就是说,子午视场是+1°~+2°(斜率为正角)。

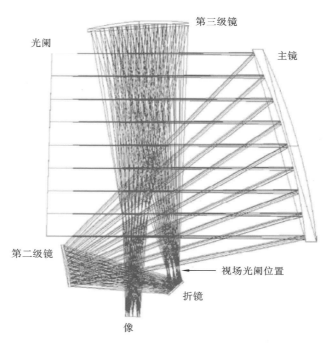

图 15.39 紧凑 f/4 三镜无障碍光瞳望远镜

如图 15.39 所示,中央的光束是水平的,光学系统顺时针倾斜 1.5°。系统的结构如下:

表面	r	d	κ	CA 半径	偏心
光阑	Infinite	630.428	0.000	75	−201.6
主镜	−705.888		−0.801	116.9	209.206
		−289.364			
次镜	−221.581		−3.704	26.9	48.15
		101.448			
45°折叠镜	Infinite			10.3×12.9y	34.83
		−359.333			

续表

表面	r	d	κ	CA 半径	偏心
第三级镜	340.844		−0.176		
		373.439			
像面	Infinite			9.35	−25.7

第十六至第十四阶非球面变形系数如上表所示。

活跃的像方空间视场角位于(y 轴)$1.0°\sim2.0°$的高度,在横向(x 轴)上位于 $\pm0.5°$。定义这种折叠的非旋转对称光学系统的结构比典型的旋转对称光学系统要复杂得多。如前所述,优化此类系统也是很有必要的。

图 15.40 给出了这台望远镜的几何点图,并显示了光通量为 10 mm 时的艾里盘直径。如前一个例子所看到的,视场上图像的形状差别很大,但关于子午面具有对称性。与前例不同,当视场角发生改变时,三个具有能量的镜面,它们的每一块面积都被用于成像。

罗杰斯发明了一种折叠的四镜变焦准直器,可以选择聚焦式或不聚焦式[42,43,44]。需要注意,这台望远镜利用前两个光学系统中的折叠镜作为动力元件。但是,这些光学系统是独立开发的。在之后的讨论中会给两个例子。第一个例子如图 15.41 所示,提供了 2:1 的变焦能力,视场角范围为 $1.5°\sim3°$(平方),与其相应的 f 数范围为 $f/4.3\sim f/8.6$。内部负光焦度镜用于控制扩展视场角的场曲。这种设计的新颖之处在于,"折叠镜"有一个具有弱光焦度、高度非球和高度倾斜的表面,这个面靠近内部成像面。此镜用作视场元件,并对视场像差进行控制。这面镜子的倾斜度大约是 $30°$,它可以使第四面镜子位于光学系统的上方,并形成下方的图像。这个像并没有得到放大的补偿。

第二个例子如图 15.42 所示。它遵循前面望远镜的设计方法。由于本系统是作为准直器,出瞳位于主镜前。缩放比例是 2:1,视场范围为 $1.5°\sim3°$(平方),相对应的 f 数范围为 $f/4.3\sim f/8.6$。出射光瞳直径固定在 100 mm,瞳孔缩小量超过 1200 mm。折叠镜类似于图 15.41 中的折叠镜。RMS 波前误差在 $\lambda=1$ μm 时小于 0.37λ,畸变小于 1.5%。虽然入射光瞳是可访问的(位于源/图像平面附近),但是内部形成的图像并非如此。物/像平面未被补偿,被观察到由于变焦而移动了一定的距离。

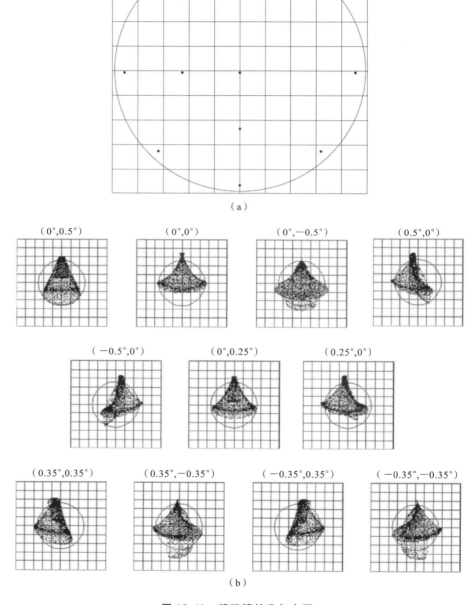

（a）

（0°,0.5°） （0°,0°） （0°,－0.5°） （0.5°,0°）

（－0.5°,0°） （0°,0.25°） （0.25°,0°）

（0.35°,0.35°） （0.35°,－0.35°） （－0.35°,0.35°） （－0.35°,－0.35°）

（b）

图 15.40 望远镜的几何点图

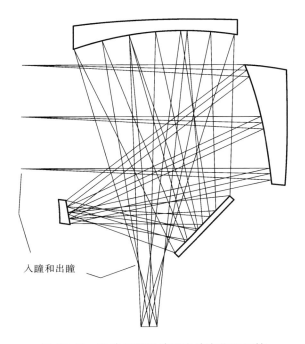

图 15.41 紧凑四镜无障碍光瞳变焦望远镜

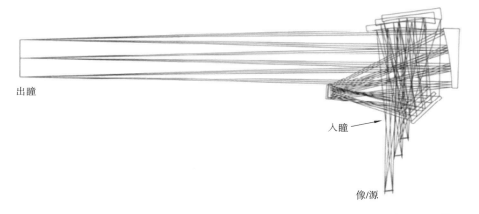

图 15.42 远距离入射光瞳以及可接收出射光瞳的紧凑型四镜无障碍光瞳变焦望远镜

15.7 总结

在这一章中,我们介绍了一系列具有旋转或平面对称性的反射镜和折反镜系统,这些系统具有遮挡和无遮挡的瞳孔。在许多系统中,视场以光轴为中心,而在其他系统中,整个视场远离光轴。视场的这种看似特殊的位置实际上是实现理想的光学性能所必需的。尽管这一章内容全面,但还有更多这样的系统已经被构想和构建,包括由 Marin Mersenne 在 1636 年左右设计的无焦望远镜,它使用同轴抛物面[45]、倾斜组件望远镜[46]、复杂的多镜望远镜,比如 1979 年到 1998 年在六镜 MMT 天文台使用的那些[47]。Wilson 在其书中描述了 MMT 和许多其他望远镜[48]。

在文献和专利文件中还有许多其他例子,如 Rodgers 描述的紧凑四镜无焦望远镜和双出瞳[49]。镜子和折反系统在红外系统和天文科学仪器中经常使用[51,52]。由于能够制造高精度非球反射面,其结构可以是旋转对称或非旋转对称(离轴部分),甚至是自由形式,镜头设计师有机会发明附加镜和折反式系统。

注释

1. J. Villa, Catadioptric lenses, *Opt. Spectra.*,1:57(Mar.-Apr.),49(May-June) (1968).

2. D. V. Gavrilov, Optical systems using meniscus lens mirrors, *Sov. J. Opt. Technol.* (Engl. transl.),34(May-June):392 (1967).

3. 对于傍轴球面镜,这个公式也是一个有用的近似公式,见第 2.4.1 节中的式(2-2)。

4. F. E. Ross, Lens systems for correcting coma of mirrors, *Astrophys. J.*,81:156 (1935).

5. A. Mangin, Me' morial de l' officier du ge' nie (Paris),25(2):10,211 (1876).

6. A. Bouwers, *Achievements in Optics*,Elsevier,New York (1946).

7. D. D. Maksutov, New catadioptric meniscus systems, *J. Opt. Soc. Am.*,34:270 (1944).

8. D. Gabor,British Patent 544,694,filed January (1941).

9. B. Schmidt,Mitt. Hamburg Sternw. Bergedorf,7:15 (1932).

10. R. Barry Johnson, A high spatial and thermal resolution infrared camera for the 8-14 micrometer spectrum, *Proc. EO Sys. Des. Conf.*,221p pages (1970).

11. Ralph B. Johnson, Target-Scanning Camera Comprising a Constant Temperature Source for Providing a Calibration Signal, U. S. Patent 3,631,248 (1971).

12. T. H. Jamieson, Ultrawide waveband optics, *Opt. Engr.*,23(2):111-116 (1984).

13. L. Schupmann, Die Medial-Fernrohre,Druck and Verlag von B. G. Teubner,Leipzig (1899).

14. L. Schupmann,U. S. Patent 620,978 (1899).

15. J. A. Daley,Amateur Construction of Schupmann Medial Telescopes,Daley,New Ip-

swich (1984).

16. 负光焦度元件通常需要从一阶方程确定的光焦度进行轻微调整，以优化色差性能。

17. R. D. Sigler，All-spherical catadioptric telescope with small corrector lenses，*Appl. Opt.*，21(2):2804-2808 (1982).

18. T. L. Clarke，A new flat field eyepiece，*Telescope Making*，21:14-19 (1983).

19. T. L. Clarke，Simple flat-field eyepiece，*Appl. Opt.*，22(12):1807-1811 (1983).

20. R. Barry Johnson，Very-broad spectrum afocal telescope，*International Optical Design Conference*，SPIE，3482:711-717 (1998).

21. Fred E. Altman，U. S. Patent 2,742,817 (1956).

22. J. Dyson，Unit magnification optical system without Seidel aberrations，*J. Opt. Soc. Am.*，49:713 (1959).

23. J. Brain Caldwell，Catadioptric relay for dual DMD projectors，in International Optical Design Conference 1998，Leo. R. Gardner and Kevin P. Thompson (Eds.)，SPIE，3482:278-281 (1998).

24. J. Brain Caldwell，Compact，wide angle LCD projection lens，in International Optical Design Conference 1998，Leo. R. Gardner and Kevin P. Thompson (Eds.)，SPIE，3482:269-273 (1998).

25. A. Offner，New concepts in projection mask aligners，*Opt. Eng.*，14:131 (1975).

26. H. P. Brueggemann，*Conic Mirrors*，Focal Press，London (1968).

27. P. Erdös，Mirror anastigmat with two concentric spherical surfaces，*J. Opt. Soc. Am.*，49:877 (1959).

28. D. R. Shafer，New types of anastigmatic two-mirror telescopes，*J. Opt. Soc. Am.*，66:1114，Abs. ThE-17 (1976).

29. Dietrich Korsch，*Reflective Optics*，Chap. 6，Academic Press，New York (1991).

30. Walter E. Woehl，An all-reflective zoom optical system for the infrared，*Opt. Engr.*，20(3):450-459 (1981).

31. George T. Pinson，U. S. Patent 4,812,030 (1989).

32. R. Barry Johnson，James B. Hadaway，Tom Burleson，Bob Watts，and Ernest D. Parks，All-reflective four-element zoom telescope：design and analysis，*Proc. SPIE*，1354:669-675 (1990).

33. Seung Yu Rah and Sang Soo Lee，Four-spherical-mirror zoom telescope continuously satisfying the aplanatic condition，*Opt. Engr.*，28(9):1014-1018 (1989).

34. 也许应该使用施密特而不是卡塞格林，因为使用了球面镜。

35. Lacy. G. Cook，U. S. Patent 4,993,818 (1991).

36. Reynold S. Kebo,U. S. Patent 5,144,476 (1992).

37. D. Korsch,Study of new wide-field,medium resolution telescope designs with zoom capability for planetary observations, SBIR Phase Ⅰ Final Report, Korsch Optics, Inc. , NASA Contract NAS7-1188 (December 1992).

38. Allen Mann,Infrared zoom lenses in the 1990s, *Opt. Engr.* ,33(1):109-115,Figure 9 (1994); private communication with David R. Shafer.

39. R. Barry Johnson,Unobscured three-mirror zoom telescopes for planetary sciences missions, NASA SBIR Phase Ⅰ Final Report,Optical E. T. C. , Inc. , NAS7-1268 (July 1994).

40. Lacy G. Cook,The last three-mirror anastigmat (TMA)? SPIE CR41,Lens Design,pp. 310-323 (1992). 本文包括反射光学形式的年表和 TMA 研究和专利的优秀总结。

41. Allen Mann and R. Barry Johnson,Design and analysis of a compact,wide field,unobscured zoom mirror system, *Proc. SPIE*,3129:97-107 (1997).

42. J. Michael Rodgers,U. S. Patent 5,309,276 (1994).

43. J. Michael Rodgers,Design of a compact four-mirror system, ORA News Supplement, Winter (1995).

44. Private communications. Drawing and data provided courtesy of J. Michael Rodgers and included with permission.

45. Henry C. King,*The History of the Telescope*,pp. 48-49,Dover,New York (1979).

46. Richard A. Buchroeder,Tilted component telescopes. Part Ⅰ: Theory, *Appl. Opt.* , 9:2169-2171 (1970).

47. Daniel J. Schroeder, *Astronomical Optics* , Chapter 17, Academic Press, San Diego (1987).

48. R. N. Wilson,*Reflective Telescope Optics*,Second Edition,Vols. Ⅰ and Ⅱ,Springler-Verlag,Berlin (2004).

49. J. M. Rodgers,Four-mirror compact afocal telescope with dual exit pupil, *Proc. SPIE*,6342:63421J (2006).

50. R. Barry Johnson and Chen Feng,A history of infrared optics, *SPIE Critical Reviews of Optical Science and Technology*,Vol. CR38,pp. 3-18,Bellingham (1991).

51. Lloyd Jones, Reflective and catadioptric objectives, in *Handbook of Optics*, Second Edition, Vol. Ⅱ,Chapter 18,Michael Bass (Ed.),McGraw-Hill,New York (1995).

52. Richard A. Buchroeder,Application of aspherics for weight reduction in selected catadioptric lenses, NTIC,AD-750 758 (1971).

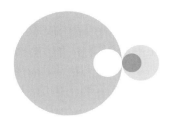

第 16 章
目镜设计

目镜和照相物镜的主要区别在于入瞳和出瞳在光学系统之外,因而目镜镜片的直径要更大。这主要取决于视场角而不是相对孔径。后者是由物镜决定的,与目镜本身的结构关系不大。

从像差校正方面来看,轴上球差和色差通常并不重要,必要时可以由物镜校正。横向色差和彗差必须尽可能地校正好。大多数目镜的匹兹伐和大,导致视场边缘有大量像散出现。这是因为观察者习惯于自然地对轴上视场让眼睛放松调节,只在观察视场边缘时才做必要的调节,所以通常力求使弧矢像面平坦而子午像面后弯。这里的像面指的是包括物镜、传像镜(如果有)、棱镜等在内的全系统共同产生的像面。这种令子午像面稍后弯一点以减小像散的做法,一般会导致弧矢像面前弯。这对于观察者是不利的。当然,如果能找到某种方法减小全系统的匹兹伐和的话,情况会大为改善。但这是难以做到的,因为目镜的焦距短,所以匹兹伐和大,而物镜的焦距比较长,匹兹伐和是比较小的。

为了方便使用,眼点(出射主光线和光轴相交的地方)至少要距离透镜末面20 mm。这在高倍目镜中是难以做到的,且通常要求在内部像面的一端设置强的凹面。在出瞳上还可能有大量球差,随着光束倾斜度增大,使斜光束主光线和光轴的交点逐渐移近透镜末面。于是,眼睛必须前移才能看到视场边缘。这时候眼睛不在观察视场中间部分的最佳位置上,因而产生"肾形阴影",后者随着眼睛的移动而动。弥补这种缺点的方法之一是在目镜某处使用非球面,或者在焦平面上加上非球面校正板,使边缘的主光线在进入目镜之前先发散出去。

任何目镜都有若干畸变,眼睛所看到的是鞍形畸变。它往往是斜光束倍率由出射角和入射角本身(而不是它的正切值)的比值决定而产生的一个量。这时候,外观视场角 24°时的畸变量约为 6%,35°时会达到 10%。不过由于目镜视场是圆形的,这种大小的畸变一般不会使观察者觉得不舒服。

康拉迪已经阐述过一系列简单目镜的设计方法。这些目镜包括惠更斯目镜、冉斯登目镜、凯涅尔目镜(或称消色差冉斯登目镜)、简单消色差目镜和各种胶合的或有空气间隔的三透镜组型目镜。罗新(Rosin)曾经阐述过其他一些比较复杂的目镜[1]。本章我们将讨论所谓军用型目镜这一类优良目镜的设计——它由两个紧紧靠近的双胶合透镜构成。同时还将讨论一种埃尔弗(Erfle)型目镜的设计,它通常用于广角双筒望远镜中。在 15.4.8 节中,一个舒普曼目镜被定义为具有远程出射光瞳的次级或准直光学器件无焦望远镜,也可以被视为望远镜可见视点。Clarke 提供了有关使用这款具有单玻璃型目镜的天文望远镜的重要信息(见第 15 章)。

16.1 军用型目镜设计

在下述军用型目镜的设计案例中,假设焦距为 1 in,通光孔径略大于 1 in 与 10 in 望远镜的双透镜物镜(通光孔径 2 in,即 $f/5$)配用。物镜的实际视场是 2.4°,在人眼处的表观视场约为 25°。要注意的是,如果没有畸变,表观视场将由视场角正切值之比决定,它等于焦距之比,或表示为 $\tan U'_{pr} = 10\tan 2.4°$,这里的 $U'_{pr} = 22.7°$,实际的出射光线倾斜角更接近 25°,伴有约 10% 的畸变。

16.1.1 物镜

对于物镜,我们采用第 10.3 节中描述的齐明双透镜,将它缩放成 $f' = 10.0$(e 光):

	c	d	n_e	
	0.1554			
		0.32	1.56606	SK-11
	−0.2313			
		0.15	1.67158	SF-19
$(D-d)$	−0.0549164			

有 $f'=9.99963, l'=9.76247, \mathrm{LA}'(f/5)=0.00048, \mathrm{LZA}(f/7)=-0.00168,$
$\mathrm{OSC}(f/5)=0.00011$。下一步是按照 $-2.4°$ 追迹上、下界限光线(取第一个顶点
上的 $Y=+1.0$)以及二者之间的主光线,沿主光线按照柯丁顿公式追迹,求得
$$H'_{\mathrm{pr}}=0.419107, \quad X'_{\mathrm{s}}=-0.01455, \quad X'_{\mathrm{t}}=-0.03154$$

16.1.2 目镜设计

设计目镜时,可以采用和物镜相同的玻璃组,并且保持外侧两个面为平
面。起初我们可以令其他面的曲率半径相同。对于规定的焦距 1.0 来说,这
个曲率半径应当取 1.0337。暂定两个冕牌玻璃镜片厚度为 0.4,两个火石玻璃
镜片厚度为 0.1,两个双胶合透镜之间的间隔为 0.05。为了检验这些厚度是否
合适,追迹以 2.4° 进入物镜的下界限光线,发现它和目镜六个面的交点高度是

场镜	目镜
0.5175	0.4877
0.5400	0.4362
0.5490	0.3854

通过作图法(见图 16.1)可知,两个冕牌玻璃镜片的厚度应当分别改为 0.5
和 0.35。这样修改之后,再将 c_4 改成 1.0237,以使焦距恢复原值。

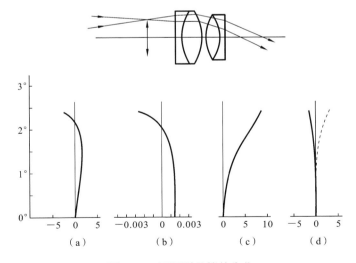

图 16.1 军用型目镜的失焦

(a) 横向色差;(b) 等效 OSC;(c) 畸变;(d) 像散

1. 横向色差

我们第一个任务是追迹 C 光和 F 光的主光线通过全系统(包括物镜),算出在人眼处的横向角色差 $U'_F-U'_C$。为了求得良好的平衡,最好对两个光束倾斜角都这样做。得到的结果如表 16.1 所示。

表 16.1　图 16.1 中军用型目镜的横向色差

视场角/(°)	$U'_F-U'_C/(°)$	弧分
2.4	-0.0505	-3.03
1.5	$+0.0241$	$+1.44$

这时已经将平衡做得很好了,缺憾是照顾了视场中间部分而忽略视场边缘部分。不过我们可以将 c_5 减弱到 -1.0(同时为了保持目镜焦距不变而将 c_4 改为 1.0226),以使 2.4° 的横向色差稍微再减小一点。结果使它等于 $-2.30'$,这在我们可以接受的范围内。

2. 彗差

为了计算彗差,追迹上、下界限光线通过全系统,用式(8-3a)计算它们的交点。该点到主光线的垂直距离用于直接衡量子午彗差。将这个子午彗差除以 3 再除以 H'_{pr},得到"等价 OSC"。同样,最好对两个倾斜角计算这个量,并且力求使二者达到最好的平衡,对边缘视场的要求放松一点,以照顾中间视场。这个系统数值设置如表 16.2 所示。

表 16.2　军用型目镜的彗差

视场角/(°)	L'_{ab}	H'_{ab}	H'_{pr}	$coma_t$	等价 OSC
2.4	-9.6221	4.6920	4.7415	-0.0496	-0.00348
1.5	-147.927	40.2579	40.3045	-0.0466	-0.00039

显然我们要设法使彗差趋近于正值。为此可以将场镜减弱 5%,然后重复校正横向色差和恢复焦距。经过这样修改之后,得到如下的系统:

	c	d	n_e
	0		
		0.1	1.67158
场镜	0.982		
		0.5	1.56606
	-0.982		

续表

	c	d	n_e
		0.05	
目镜	$\begin{cases} 1.07227 \\ -1.03 \\ 0 \end{cases}$	0.35	1.56606
		0.1	1.67158

有 $f'=-1.0000$，$l'=-0.59779$；横向色差：$-2.43'(24°)$，$+1.79'(15°)$；畸变：$8.23\%(2.4°)$，$3.13\%(1.5°)$。计算出的彗差如表 16.3 所示。

表 16.3　改装军用型目镜的彗差

视场角/(°)	$U'_{pr}/(°)$	L'_{ab}	H'_{ab}	H'_{pr}	$coma_t$	等价 OSC
2.4	24.4	-9.7363	4.6896	4.7282	-0.0385	-0.00271
1.5	15.1	-410.79	111.275	111.1386	$+0.1263$	$+0.00114$
					Paraxial：	$+0.00156$

　　假设近轴的 OSC 和中间像的 OSC 数值相等而符号相反，后者是通过追迹一条由出瞳返回目镜的边缘光线求出来的，这样的校正状态是合理的。下一步我们将转向像散。

　　3. 像散

　　系统的像散是通过沿追迹出来的主光线利用柯丁顿公式求得的，追迹计算包括物镜和目镜。结束公式给出自眼点的倾斜距离 s' 和 t'（眼点假设在末面后方 0.7 处）。将 s'、t' 值化成眼睛调节的屈光度数更有意义，做法是将算出来的 s'、t' 值除以 39.37（将英寸化为公尺的常数），并且令符号反过来。最后得到的系统有如表 16.4 所示的结果。

表 16.4　图 16.1 目镜的像散

视场角/(°)	s'	t'	眼睛屈光度		出瞳距离
			s'	t'	L'_{pr}/in
2.4	34.054	-12.076	-1.16	$+3.26$	0.69
1.5	62.94	-136.19	-0.63	$+0.29$	0.76
				Paraxial：	0.81

这里正屈光度表示像面后弯,观察者容易调节适应;负号表示像面前弯。要求观察者的眼睛能调节到无限远以外,然而对于大多数人来说这几乎是不可能的,因此负屈光度应当尽可能小,当然要小于一个屈光度。这个最终系统的各种像差图如图 16.1 所示。

16.2 埃尔弗目镜

如果要求外观视场角接近±35°,就必须减弱前述"军用"目镜两个双透镜的内侧凸面,并且在两者之间加进一个双凸镜片。这种目镜形式在 1921 年由埃尔弗取得了专利权[2]。

由于这种目镜很长,而且通光孔径要比焦距大许多,因此通常要减弱场镜,同时在靠中间像面的一端设一个强的凹面,以此来保证目距尽可能大。这个凹面还有助于减小匹兹伐和(见图 16.2)。

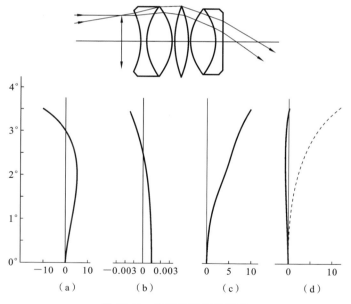

图 16.2 埃尔弗目镜的像差

从以上这些因素出发,我们设定场镜光焦度为 0.1,中间镜片为 0.4,于是目镜自然应当有 0.36 左右的光焦度,以保证总焦距为 1.0。这样的光焦度分配纯粹是人为的,有可能存在其他更好的分配方式。所采用的玻璃组和军用型目镜相同,中间镜片材质用 BK-7。由于自由度多于校正三种像差的需要,

所以可以令某些正镜片取等凸型,以减小加工成本。初始系统如下(和与前节相同的物镜配用):

	c	d	n_e
场镜 $\phi=0.1$	-0.6		
		0.1	1.67158
	0.6		
		0.6	1.56606
	-0.833563		
		0.05	
中间镜 $\phi=0.4$	0.3949		
		0.35	1.51871
	-0.3949		
		0.05	
目镜	0.8175		
		0.6	1.56606
	-0.8175		
		0.1	1.67158
	0.05		

有焦距 $f'=1.0$,$l'=-0.34460$,$2.5°$横向色差$=8.38'$。

  显然,我们首先必须减小横向色差,为此需要增强 c_7,并且按照总焦距要求重新确定 c_6。选定的厚度应当刚好能通过来自物镜的 $3.5°$ 光束。这样得到第二方案如下:

c	d	n_e
-0.6		
	0.1	1.67158
0.6		
	0.6	1.56606
-0.833563		
	0.05	
0.3949		
	0.35	1.51871
-0.3949		

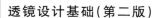

续表

c	d	n_e
	0.05	
0.83321		
	0.6	1.56606
−0.96		
	0.1	1.67158
0.05		

有 $f'=1.0, l'=-0.34987$;横向色差:$-5.67'(3.5°)$,$+5.58'(2.5°)$;等价 OSC:$-0.00301(3.5°)$,$-0.00049(2.5°)$,$0.00057(1.5°)$,-0.00096(轴上)。这里的横向色差大致上已经满足要求,但 $3.5°$ 的横向色差更贴近负值会更有益处,因为这样可以使中间视场的横向色差减小。与上节一样,所谓等价 OSC 按这样的方式计算:对每个光束倾斜度追迹上光线、主光线和下光线,求出上、下光线的交点相对于主光线的高度,即子午彗差,然后除以 $3H'$。这样求轴上 OSC:反向追迹轴上边缘光线,以高度 $Y_1=0.1$ 平行于光轴进入目镜,算出中间像上原来意义的 OSC。然后把眼睛处的等价 OSC 看成是和中间像上的实际 OSC 数值相等而符号相反的量。

显然我们要减小倾角 $3.5°$ 的负 OSC,最简单的做法是增强场镜中的 c_2 面,并且重新调整接目镜内的面以恢复横向色差的校正状态,而用 c_6 使焦距保持不变。还发现稍微加强 c_8 和减小镜片之间的两个空气间隔是有好处的。做完这些修改之后得到如下的方案:

	c	d	n_e
场镜 $\phi=0.1$	−0.6		
		0.1	1.67158
	0.7		
		0.6	1.56606
	−0.846516		
中间镜 $\phi=0.4$		0.03	
	0.3949		
		0.35	1.51871
	−0.3949		

续表

	c	d	n_e
		0.03	
目镜	$\left\{ \begin{array}{l} 0.83941 \\ \\ -0.85 \\ \\ 0.1 \end{array} \right.$	0.6	1.56606
		0.1	1.67158

有 $f'=1.0, l'=-0.37806$；在中间像上：$LA=+0.00612$（欠校正），$OSC=-0.00099$（过校正）。结果如表 16.5 所示。

表 16.5 埃尔弗目镜的成像效果

视场 /(°)	U'_{pr} /(°)	横向色差 /(′)	L'_{ab}	等效 OSC	畸变 /(%)	屈光度		L'_{p1}
						s'	t'	
3.5	33.9	−9.57	−2.32	−0.00150	9.50	−0.09	+11.04	0.57
2.5	24.7	+4.90	−8.93	−0.00012	5.75	−0.51	+3.88	0.64
1.5	14.9	+5.78	−54.20	+0.00068	2.17	−0.27	+0.91	0.69
			Paraxial:	+0.00099		Paraxial:		0.72

这个目镜的特性图如图 16.2 所示。横向色差和等价 OSC 都得到良好的平衡。子午像面肯定是后弯的，而且弧矢像面是平的，这都是我们所期待的结果。改变场曲唯一可靠的方法是用其他玻璃重新设计整个目镜，使内部界面上的玻璃折射率差小一点，而保持大的 V 差，以利于校正横向色差。

16.3 伽利略取景器

被许多照相机所采用的普通平视取景器是一个逆置的伽利略望远镜，其中有一个大的副镜片在前方，一个小的正镜片在靠近眼睛的地方。前镜片的框边起限制取景器视场光阑的作用，当然，由于它不在中间像平面上，会有光阑视差，当观察者的眼睛向一边移动时，就会觉得光阑相对于像在移动。

设计这种取景器时，要规定负镜片的大小、取景器长度、物空间视场角。

通常规定眼睛在接目镜后方 20 mm 处。系统的倍率由既定尺寸决定。轴上倍率由负镜片焦距和接目镜焦距的比值决定,它等于近轴光线平行于光轴进入和离开系统时的光线高度的比值 y_1/y_4。斜光束倍率由 $\tan U'_{pr}/\tan U_{pr}$ 确定,一般沿视场变化,可以使它等于轴上倍率,以消除畸变(见 4.3.5 节)。为此前镜片的第二面可采用非球面(也可以是凹椭球面)。

作为实例,设计一个伽利略取景器,前面的负镜片的对角线长约 30 mm,包容视场±24°,中间透镜间隔 40 mm,眼点距离约 20 mm。开始时为前方的负镜片假设一组合理的数据。追迹一条近轴光线通过这两个镜片(平行于光轴入射)。经过几次试探计算,选定一个小的双凸的接目镜,使系统成为远焦的。以 Q_1 等于 15 mm 的起始值追迹一条 24°主光线,算出斜光束倍率 L'_{pr} 和按照"斜光束倍率-轴上倍率($MP_{oblique}-MP_{axial}$)"计算畸变。

然后用一个凹椭球面代替第二个球面,当然,顶点曲率不变,以免破坏原来的近轴光线参数,凭经验改变它的偏心率,以使畸变得到消除。如果这时候 L'_{pr} 约等于 20 mm,问题就会被解决;否则必须改变 c_2 而重复全过程。

如下的方案是按照上述方法做出的(全部长度单位是 cm):

	c	d	n
椭球面 $e=0.5916$	0.1		
		0.30	1.523
$1-e^2=0.65$	0.38		
		4.00	(air)
	0.089698		
		0.25	1.523
	-0.089698		

有 $L'_{pr}=2.043$;倍率:0.6250(24°),0.6247(15.8°),0.6249(轴上);焦距:前透镜:-6.686,后透镜:10.699。追迹 24°主光线,确定眼点位置之后,就可以通过这个眼点从右到左地追迹其他主光线到达物空间。我们会看到,这个特殊的椭球面完全消除了畸变。系统图如图 16.3 所示。当然,实际上前透镜切割成正方形或长方形,以配合照相机的画幅,和它的垂直视场角及水平视场角配合一致。为保险起见,由取景器决定的视场应稍微窄于照相机本身的视场。

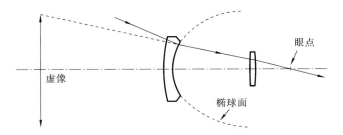

图 **16.3** 伽利略平视取景器

注释

1. S. Rosin，Eyepieces and magnifiers，in Applied Optics and Optical Engineering，R. Kingslake（Ed.），Vol. Ⅲ，p. 331. Academic Press，New York（1965）.

2. H. Erfle，U.S. Patent 1,478,704，filed in August 1921.

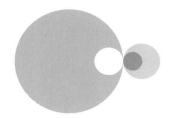

第 17 章
透镜自动校正程序

　　大约 1956 年前,本书前面所阐述的设计方法一直都是透镜设计的唯一途径,但是此后,电子计算机的计算速度已经提高到足以应用在透镜设计领域的程度,于是众多国家的研究人员开始着手解决如何利用高速计算机的问题。这里不单是追迹足够多的光线以评估系统,而且要修改系统以改进它的成像质量。本章主要介绍这种计算机程序是如何设计的,以及如何处理各种"边界条件"[1,2]。

　　使用这种程序时,将一个初始系统输入程序,然后由计算机进行修改,使"评价函数"的计算值下降,向尽可能的最小值接近。初始系统不必是一个特别优良的镜头,往往可以采用一个和期待系统接近的粗糙系统。事实上,某些设计者甚至给计算机提供一组平行平板,让程序在它们上面产生必要的曲面,但用这种方法设计出来的镜头不如使用校正程度较好的初始系统所得到的结果那么好。

　　盲目使用镜头设计程序有时可能会提供有用的结果,但所产生的设计方案可能难以制造或耦合,或者可靠性弱。透镜设计基础的应用将近乎总是形成优选设计,并且还为透镜设计者提供指导以控制/重定向由透镜设计程序所采取的优化路径。例如,在第 7 章中,我们展示了一种球形校正的消色差可以有四种解决方案。对于特定的光学系统设计项目而言,哪种解决方案对于透镜设计程序来说都是难以选择的,因为它不"知道"有多种解决方案。设计师可以利用他的知识，帮助程序遵循更好的设计方向。

也许在未来，知识工程和人工智能将具备足够的能力，实现与镜头设计程序相集成的功能，只需工程师/设计师提供所需的详细要求[3]，就可以为他们提供可接受的设计。通常情况下，即使使用搜索功能空间来找到全局最小值的方法，由一个设计人员实现的设计结果也可能与另一个设计人员的结果非常不同，因为它们具有不同的优点功能。可以说，透镜设计者的技能、经验和创造力在可预见的未来里对镜头设计都将是重要的。

17.1 寻求镜头设计的解决方案

基本的镜头设计优化程序包括光线跟踪、像差生成、约束、优值函数和模块优化。程序还包括各种分析模块，以帮助镜头设计者评估除优点功能以外的进展。在本节中，我们将介绍优化方法，生成优点函数和约束。镜头设计师应仔细研读镜头设计和评估软件的用户手册。结构、术语、参数、优化等方面存在一定的共性，各种程序之间存在着一些微妙和显著的差异，镜头设计师必须将其理解以便成功运用。

17.1.1 像差和自由度个数相等的情况

我们首先考虑简单的情况，即透镜自由度个数和需校正的像差个数都是 N。透镜的自由度或变量指的是面曲率、空气间隔，有时还包括厚度，但改变厚度一般不会有很大的帮助。

我们首先计算初始系统的全部像差。然后顺次令 N 个变量中的每一个都试验性地改变，并且算出各变量的微小改变造成的各像差的变化（在第 14.2 节中设计远摄镜头时曾经用过这种办法）。

为了消除全部像差，我们要解如下形式的 N 个方程式：

$$\Delta ab_1 = \left(\frac{\partial ab_1}{\partial v_1}\right)\Delta v_1 + \left(\frac{\partial ab_1}{\partial v_2}\right)\Delta v_2 + \left(\frac{\partial ab_1}{\partial v_3}\right)\Delta v_3 + \cdots$$

$$\Delta ab_2 = \left(\frac{\partial ab_2}{\partial v_1}\right)\Delta v_1 + \left(\frac{\partial ab_2}{\partial v_2}\right)\Delta v_2 + \left(\frac{\partial ab_2}{\partial v_3}\right)\Delta v_3 + \cdots$$

其中，ab 表示某一种像差，v 表示透镜某一个变量，即自由度。当然，这里有含 N 个未知量的 N 个方程式，于是有 N^2 个系数要通过各变量微小的试验性改变来求得。

如果选定的变量对于改变特定像差是有效果的,则方程组的条件参量较好,N 个方程可以联立求解;如果各方程都是线性的,方程的解将会告诉我们各变量应该改动多少才能使像差产生我们所期待的改变。遗憾的是透镜基本上和物理学中的各种现象一样,是非线性的,因而很可能会遇到这种情况,即至少有一部分计算出来的变量太大而不合用。因而我们取这些改变量的一部分,如 $20\%\sim40\%$,令透镜参数作这样的改动。这样能够得到一个经过改善的系统,但是距离期待的解尚远。然后我们重复上述过程,这时要重新计算 N^2 个系数。因为已经引入的修改改变了全部被追迹的光线的路径,从而改变了各系数。在下一次迭代中,当我们比较接近期待的解时,改变量会小一些,所以可以取它的较大部分,如 $50\%\sim80\%$。经过第三次迭代之后,应该很接近期待的解,因而算出的改变量可以被整个采用。

17.1.2 像差个数多于自由变量个数的情况

假设有 M 个像差而只有 N 个变量,M 大于 N。于是上述方法提供 N 个未知量的 M 个方程,不可能有唯一解。要解的方程可以写成如下简单的形式:

$$y_1 = a_1 x_1 + a_2 x_2 + a_3 x_3 + \cdots$$
$$y_2 = b_1 x_1 + b_2 x_2 + b_3 x_3 + \cdots$$

其中,y_1,y_2,$\cdots$ 是像差期待的改变量;x_1,x_2,$\cdots$ 是变量的改变量;a_1,a_2,$\cdots$ 和 b_1,b_2,$\cdots$ 是通过令变量做微小的试验性改变确定的系数。

虽然不可能求得准确解,但是可以找出一组改变量 x,使像差余量 R 的平方和极小,其中,

$$R_1 = a_1 x_1 + a_2 x_2 + a_3 x_3 + \cdots - y_1$$
$$R_2 = b_1 x_1 + b_2 x_2 + b_3 x_3 + \cdots - y_2$$

显然 R 具有像差的性质。我们的任务在于找出一组 x 值使如下的和数极小化:

$$\Phi = R_1^2 + R_2^2 + R_3^2 + \cdots$$

其中,R 的个数和像差个数相同,x 的个数和变量个数相同。和数 Φ 称为评价函数,我们的目标是尽可能减小它的值。

我们之所以取余量的平方和而不是余量本身,有两个原因。第一个原因是因为全部平方值是正的,我们当然不希望一个负的像差补偿了另一个正的像差。第二个原因是任何大的余量它的平方值也特别大,因而将得到程序最

大的校正,而小的余量的平方会更小而被程序所忽略。最后全部余量都达到差不多相同的数值,像点也就变成尽可能小了。但是,数量 a、b 的值,可以改变许多数量级,这可能导致计算问题,并且所获得的解决方案可能实际上不会产生该透镜配置可实现的最佳图像性能。

17.1.3 "像差"

"什么是像差?"似乎是一个奇怪的问题,但实际上,这对理解优化问题是相当重要的。在此处,我们讨论了许多像差和图像质量的测量。我们可以使用常规的像差,只要它们都以一些可比较的术语表示,如横向测量,但这通常被认为不足以实现可接受的解决方案。

几乎总是希望有比参数变量多得多的缺陷,这将在下面进行解释。已经发现可以追踪许多射线,并将每个射线从像平面中所需位置的偏离视为像差。以同样的方式,可以计算和使用每个射线的光程差(OPD),但是应该记住的是 OPD 和横向射线误差是相关的。OPD 表示波前偏离理想情况的球形,而横向射线误差使用波前的斜率,后者是前者的导数。对于图像缺陷,还可以使用各种形式的色差、差分光线迹线、像差系数、施特雷尔比、MTF、环绕能量等[4]。必须小心地将图像缺陷组合到优点函数中,因为误差的大小可能会大不相同。例如,良好的校正系统的施特雷尔比率和 MTF 略小于整体,而波前误差将是波长的一部分[5]。为了补偿功能特征组成部分的数值差异,同时考虑到对透镜设计者的相对重要性,对每个缺陷分配适当的比重。

17.1.4 方程的求解

为了使评价函数 Φ 达到数学极小值,必须解如下形式的方程组:

$$\frac{\partial \phi}{\partial x_1} = 0, \frac{\partial \phi}{\partial x_2} = 0, \frac{\partial \phi}{\partial x_3} = 0, \cdots$$

方程个数等于透镜变量个数。微分 Φ 的表达式,得到相应的方程组为

$$\frac{\partial \phi}{\partial x_i} = 2R_1 \left(\frac{\partial R_1}{\partial x_i} \right) + 2R_2 \left(\frac{\partial R_2}{\partial x_i} \right) + 2R_3 \left(\frac{\partial R_3}{\partial x_i} \right) + \cdots = 0 \quad (i = 1, 2, \cdots, N)$$

顺次把各 R 对 x_1 的导数代入第一个方程,得到

$$\frac{1}{2} \frac{\partial \phi}{\partial x_1} = (a_1 x_1 + a_2 x_2 + a_3 x_3 + \cdots) a_1 + (b_1 x_1 + b_2 x_2 + \cdots) b_1 + \cdots = 0$$

或

$$x_1 (a_1^2 + b_1^2 + \cdots) + x_2 (a_1 a_2 + b_1 b_2 + \cdots) + \cdots - (a_1 y_1 + b_1 y_2 + \cdots) = 0$$

顺次对 N 个变量中的每一个都作这样的微分,得到所谓正规方程组。它们是联立线性方程组,具有唯一的解。这是勒让德(Le-gendre)在 1805 年发明的最小二乘法。大多数大型计算机中都配有完成上述一系列运算的程序。

17.2　阻尼最小二乘方法

在最优化过程的早期阶段,经常会发觉程序要求某些变量做大的改变,这些变量在下一次迭代中反向变化。为了防止这种振荡,勒文贝格[6](Leven-berg)等人[7,8]提出,评价函数应该改变形式,令它包含各变量 x 的改变量的平方和,即

$$\phi = \sum R^2 + p \sum x^2$$

"阻尼因子" p 起初取大值以抑制振荡,与此同时 p 大,透镜改善就会变慢。每次迭代之后,p 值逐渐减小,直到最后几乎变成无阻尼的单纯的最小二乘方法。这种方法代替了 17.1.1 节中提出的,只取计算出来的改变量中的一部分。

透镜设计是一个极其非线性的优化问题,线性化到最佳程度可以允许合理的结构变化。研究人员在过去几十年中已经探索了一些方案来提供镜头设计优化的数学方法[9]。这些努力的结果表明,最优方案或最小方差公式是被优选的。

为了实现设计的目的,我们发现透镜系统的总体质量通过单值评价函数可以被最好地描述。在实践中使用的典型评价函数不仅包括图像质量因素,而且包括许多结构参数。如果 f_i 表示透镜系统的第 i 个缺陷,则潜在的功能函数包括以下内容:

(i) $\phi = \sum_{i=1}^{M} f_i$

(ii) $\phi = \sum_{i=1}^{M} | f_i |$

(iii) $\phi = \sum_{i=1}^{M} f_i^2$

一般来说,缺陷可以表示为

$$f_i = w_i (e_i - t_i)$$

式中:w_i 是加权因子;e_i 是第 i 个缺陷的实际值;t_i 是第 i 个缺陷的目标值。函

数 f_i 具有设计变量 x_j，x_j 是系统的结构参数。在下面的讨论中，假设有 M 个缺陷和 N 个变量。为了获得最佳结果，理想情况是缺陷的数量超过变量的数量。

最常见的评价函数具有 $\phi = \sum\limits_{i=1}^{M} f_i^2$ 的形式。在矩阵表示法中，

$$\boldsymbol{\phi} = \boldsymbol{F}^{\mathrm{T}} \boldsymbol{F}$$

式中：$\boldsymbol{F}$ 是列向量。在泰勒级数中扩展每个 f_i，忽略高于一阶导数项的项。

$$
\begin{aligned}
\phi &= \sum_{i=1}^{M} \left[f_{0i} + \sum_{j=1}^{M} \frac{\delta f_i}{\delta x_j} (x_j - x_{0j}) \right]^2 \\
&= \sum_{i=1}^{M} f_{0i}^2 + 2 \sum_{i=1}^{M} \left[f_{0i} \sum_{j=1}^{N} A_{ij} (x_j - x_{0j}) \right] \\
&\quad + \sum_{i=1}^{M} \sum_{j=1}^{N} \sum_{k=1}^{N} A_{ij} A_{ik} (x_j - x_{0j})(x_k - x_{0k})
\end{aligned}
$$

式中：$A_{ij} = \dfrac{\delta f_i}{\delta x_j}$。项 $\sum f_{0i}^2$ 是常数，因此被忽略。将剩余项以矩阵形式合并，有

$$\boldsymbol{\phi} = (\boldsymbol{X} - \boldsymbol{X}_0)^{\mathrm{T}} \boldsymbol{A}^{\mathrm{T}} \boldsymbol{A} (\boldsymbol{X} - \boldsymbol{X}^0)$$

这里，

$$f_i = f_{0i} + \sum_{j=1}^{N} A_{ij} (x_j - X_{0j})$$

或者

$$\boldsymbol{F} = \boldsymbol{F}_0 + \boldsymbol{A} (\boldsymbol{X} - \boldsymbol{X}_0)$$

假设线性系统的变化矢量将产生 $\boldsymbol{F}_0$，有

$$(\boldsymbol{X} - \boldsymbol{X}_0) = -\boldsymbol{A}^{-1} \boldsymbol{F}_0$$

由于透镜设计问题是高度非线性的，所以这种解决方案是不大可能实现的。并不是要求每个 f_i 等于零，问题的非线性性质意味着最小化 $f's$ 的残差是更现实的。因此，

$$\frac{\delta \phi}{\delta x_k} = \sum_{i=1}^{M} 2 f_{ik} A_{ik} = 0$$

然后，得

$$\sum_{i=1}^{M} \left[f_{0i} + \sum_{j=1}^{N} A_{ij} (x_j - x_{0j}) \right] A_{ik} = 0$$

或者

$$\boldsymbol{A}^{\mathrm{T}} \boldsymbol{A} (\boldsymbol{X} - \boldsymbol{X}_0) + \boldsymbol{A}^{\mathrm{T}} \boldsymbol{F}_0 = \boldsymbol{0}$$

因此，正确的预测变化矢量为

$$\boldsymbol{X} - \boldsymbol{X}_0 = -(\boldsymbol{A}^{\mathrm{T}}\boldsymbol{A})^{-1}\boldsymbol{A}^{\mathrm{T}}\boldsymbol{F}_0$$

该结果通常提供改进预测，但改变是无阻碍的。一般来说，如果没有某种形式的阻尼，F 中病态（$\boldsymbol{A}^{\mathrm{T}}\boldsymbol{A}$ 接近奇点）和非线性，会导致评价函数的新值比启动系统要差一些。

为了克服这些问题，已经尝试了许多阻尼方案。基本公式是将阻尼项添加到优值函数中以形成新的优值函数。从而，

$$\phi_{\mathrm{NEW}} = \phi_{\mathrm{OLD}} + p^2 \sum_{j=1}^{N} (x_j - x_{0j})^2$$

如果 $\dfrac{\delta\phi}{\delta x_k} = 0$，则加法阻尼最小二乘法的变化矢量变为

$$\boldsymbol{X} - \boldsymbol{X}_0 = -(\boldsymbol{A}^{\mathrm{T}}\boldsymbol{A} + p^2\boldsymbol{I})^{-1}\boldsymbol{A}^{\mathrm{T}}\boldsymbol{F}_0$$

显然，随着 p 值增加，变化矢量分量被衰减。此外，p 以类似的方式影响变化向量的每个元素。

改进的阻尼方法称为乘法阻尼，由下式给出：

$$\boldsymbol{X} - \boldsymbol{X}_0 = -(\boldsymbol{A}^{\mathrm{T}}\boldsymbol{A} + p^2\boldsymbol{Q})^{-1}\boldsymbol{A}^{\mathrm{T}}\boldsymbol{F}_0$$

其中，$\boldsymbol{Q}$ 是具有元件的对角矩阵，有

$$q_j^2 = \sum_{i=1}^{M} A_{ij}^2$$

这具有导致 ϕ 快速变化的阻尼变量的效果。虽然通常情况下似乎很好，但理论上并不合理，因为 q_j 值应该基于二阶导数[10]。

Buchele[11] 讨论了一种阻尼最小二乘法的改进方法。基本上，它与乘法阻尼大体相同，除了在阻尼中使用阻尼矩阵以外：

$$d_{ij} = \frac{\partial^2 f_i}{\partial x_j^2}$$

这意味着对角线项是二阶导数，而非对角线项是偏导数。虽然这种方法应该是相当稳妥的，并且能保持对优值函数振荡的控制，但是计算所有 N^2 个二阶导数项的工作量可能是不合理的。Dilworth 的替代伪二阶导数矩阵方法在实践中证明了合理的计算水平和令人印象深刻的性能[12]。

上述病态和非线性问题实际上会限制优化程序找到"最佳"解决方案的能力。病态调节显示在阻尼最小二乘法中作为限制参数变化大小的短解决方案。为了克服这些难题，格雷[13,14]开发了一种通过从原始参数组中创建一组

正交参数(曲率、厚度、折射率等)来使解矢量正交化的方法。这些正交参数可以被认为是原始参数集的线性组合。当找到解决方案时,病态问题仍然显示为短向量。由于这些解向量是正交的,与常规阻尼最小二乘法中的高度相关的解向量不同,它们被简单地设置为零。然后将每个剩余的向量缩放,直到观察到非线性。灰色正交化过程非常强大,特别是与灰色优点功能一起使用时;然而,已经观察到,一旦设计处于最后阶段,使用传统的阻尼最小二乘法最好是在"粗加工"透镜阶段,然后使用格雷方法。塞佩莱对格雷的优点功能进行了解释,并清楚地说明了像差平衡的过程[15]。

各种其他技术已经应用于包括所谓的直接搜索、最快下降和共轭梯度的镜头优化问题。这些都没有显示出在通常情况下优于阻尼最小二乘法或正交归一化。格拉策尔和威尔逊[16]开发了用于像差校正的自适应方法。基本上,在优化过程中动态调整各种像差的权重和目标,同时尝试将解矢量保持在线性区域内。如第 4 章和其他地方所讨论的那样,与低阶像差相比,高阶像差在结构参数方面的变化更为稳定。格拉策尔和威尔逊首先尝试控制高阶像差,然后纠正下一个较低阶。他们和其他人已经使用这种自适应方法实现了许多成功的设计[17]。

很明显,这些方法都在求解空间的局部区域中的优值函数的最小值,而不是所有解空间中的绝对最小值,即全局最小值。布里克斯纳[18,19]最有可能首先找到全局最小值。他的镜头设计程序基本上是从一系列平板开始,程序被控制以达到最低的评价值[20]。通过程序多次尝试解决方案空间的不同潜在区域,被认为可以找到全局最小值。在 20 世纪 90 年代,随着高计算能力更容易以低成本获得,允许计算机程序搜索全局最小值的方法成为涉及模拟退火、遗传和进化算法、人工智能和专家系统的重要研究课题[21-28]。

虽然经常能获得令人印象深刻的成果,但是透镜设计师仍然需要参与指导并选择程序要遵循的备选路径。值得注意的是,有时这些空间搜索解决方法已经发现了意料之外的新配置。新的制造方法允许制造衍射光学器件。这每一点进步都增加了程序的复杂性和运行能力。只有近年来在一些镜头设计方案中,解决了极化问题[29]。

人们可能会想到一个问题:"镜头设计方案最终能否设计出无需人为干预的光学系统,满足用户的要求呢?"也许可以,但是实现它需要漫长的时间。镜头设计师提供了一个深入而系统的概述,这很难想象一台计算机能够实现。

应该记住的是,设计镜头只是制造光学系统所需的工程活动的一部分。使用的公差、制造方法、机械和热学考虑、抗反射涂层等都是包含在光学系统的总体设计中的复杂因素。

17.3　权因子和畸变平衡

优化程序无法知道哪个像差比另一个更重要,它只能说明像差对优值函数的贡献。透镜设计者需要为像差/缺陷分配权重,使得每个贡献被适当地平衡以实现镜片系统所期望的校正。例如,考虑到轴向单色图像和具有某些闪光的清晰图像中心部分是可接受的,如前一章所述,在这种情况下,每条子午线的加权应朝向边缘射线减小。相对权重可以影响耀斑的数量。

许多镜头设计程序具有默认功能,包括各种图像缺陷项和相关权重。通常这些可以采用粗镜片设计方法,并向一个可接受的设计开始进展。随着设计的推进,镜头设计师通常需要调整权重和畸变交互影响来指导程序实现目标。例如,在设计的早期阶段,使用横向射线像差可能是有益的。随着设计的进行,使用波前错误或 OPD 可能更合适[30]。在某些情况下,设计的最终调整可以使用 MTF、环绕能量或施特雷尔比来进行。当然,有些巧妙的组合可能是很有必要的。

镜头设计师还应注意不要尝试控制不可校正的像差。例如,在第 10 章中讨论的消球差双峰中,我们提到可以校正轴向色差、球面像差及 OSC(彗差)。试图控制散光在这种情况下是很轻率的。

在第 4 章中,我们讨论了平衡畸变。回想一下,在第 6 章(见图 6.3 和第6.18 节)中,我们讨论了如何使用散焦来补偿残余球面像差。还证明了根据镜头设计师的要求,如何平衡三阶和五阶球面像差和散焦来实现几种不同的结果。

17.4　边界条件的控制

除了减小评价函数以改善像质之外,计算机最优化程序还要能够控制几种所谓的边界条件,否则设计的镜头是无法制造的。必须控制的主要边界条件有轴向厚度、边缘厚度、透镜长度、晕影、焦距、f 数、后焦距和总长度。有时也要控制光瞳位置、光阑位置、节点、内部图像位置等。有各种方法来实现这些边界条件的控制。

一种方法是使用拉格朗日乘数,这是一种限制最小二乘优化解以满足约束的方法。这种方法已经被成功地使用。如果镜头设计者指定了一组两个或更多个的约束发生了冲突,则优化程序通常会中止。

与其试图要求程序满足规定的约束,通常优选的是通过缺陷的形式以某种方式将它们包括在优化函数中。例如,考虑到透镜设计者想要保持第 j 个表面的透镜厚度至少为 1.5 个单位,边缘厚度为 0.1 个单位,最大轴向厚度为 5 个单位来控制透镜元件的轴向厚度,缺陷可以写成如下:

$$f_i = w_i(\text{厚度}_j - 1.5) \text{ 或者 } f_i = 0(\text{若为正})$$
$$f_{i+1} = w_{i+1}(\text{边缘厚度}_j - 0.1) \quad \text{或者 } f_{i+1} = 0(\text{若为正})$$
$$f_{i+2} = w_{i+2}(\text{厚度}_j - 5) \text{ 或者 } f_{i+2} = 0(\text{若为负})$$

因此当约束满足时,对优点函数不作贡献。虽然这种方法通常运作正常,但是如果不能正确处理导数,则可能会产生边界噪声,从而导致优化过程的损害。通过使边界上的过渡变得更平缓,可以减轻一阶导数不连续性的问题。

最常见的也可能是重要的限制之一是焦距。正如我们在本书中所解释的那样,有多种方法来确定焦距。最显而易见的方法是将其定义为缺陷,但有时这种方法会降低优化的性能。将主光线的图像高度(以 FOV 的 10%)设置为缺陷可以用于定义焦距。使用部分图像高度的原因是避免在计算焦距时可能导致错误的失真。第三种也常常是首选的方法,是在镜片的最后一个表面上使用曲率求解(见第 2.4.5 节、第 3.1.4 节和第 3.1.8 节),以达到所需的边缘光线倾斜角。

透镜设计师有责任调整大量缺陷的权重,以使镜头达到所需的性能。一般来说,尽可能减少用于控制透镜设计进度的真正需要的缺陷数量是需要遵循的规则。原因很简单:优化功能中存在的缺陷越多,任何给定缺陷对优点功能的影响越小。如果您所使用的镜头设计程序提供了一个选项,可以查看有关设计参数的缺陷的衍生物,那么研究它们将有助于确定是否有更多或更少的缺陷,以及提供指导以改变缺陷的权重。

17.5 公差

与设计优化过程密切相关的是确定设计的公差。建立透镜系统的公差是整个镜头设计项目的主要部分[31]。所有主要的镜头设计程序都提供了大量的工具,用于建立制造公差,包括尝试利用现有的测试板。使用现有的测试板可能需要调整设计以维持性能。一些程序允许透镜设计者在功能函数中包括公差,使得它们降低敏感度。即使对于旋转对称的光学系统,也必须考虑由透镜元件偏心、倾斜和楔形引起的像差[32-36]。

我们已经提到格拉策尔和谢弗各自写了关于将减少光学设计中的应变作为降低公差要求的手段[37]。该原理基本上是将元件表面的射线入射角最小化,这有助于不产生高阶像差,而不是试图减轻这些像差。

17.6 程序的局限性

最优化程序的编制一般使透镜不向评价函数增加的方向变化,哪怕在这样的做法下使用一次迭代就会带来巨大的改进,而且程序不会告诉设计者应当增加镜片或把光阑移到不同的空气间隔中去。不过,如果你是一位有经验的设计者,在经过为数不多的几次迭代之后中止程序执行,检查情况,就会很快领悟到某一个镜片要分裂成两片,光阑要转移,或者某个镜片很弱而不起作用,应当取消。他还可以决定保持某些曲率半径,取某些已有样板的数值而固定不变,使程序只对少数几个变量来修改最后的解。

同时,记住这一点是重要的:计算机最优化程序只能改善提供给它的系统,因此如果有两个或多个方案(如双胶合透镜或李斯特型显微物镜的情况),程序将有可能达到最接近的解,而忽略在别处存在的更好的解。正是由于这个限制,程序使用者很有必要知道存在多少个可能的解,哪一个解是最好的,以此作为设计出发点。

17.7 镜头设计计算开发

用于镜头设计的早期计算机是人类对在每个射线表面的速度高达约 40 s 的子午线进行手动计算[38]。1914 年,C. W Frederick 被 Eastman Kodak 雇用,在公司内部建立了一个镜头设计工厂,由他负责开发适用于镜头生产的镜片设计方法和公式。

在 1937 年,光学研究所的副教授鲁道夫·金斯莱克(Rudolf Kingslake)被邀请加入弗雷德里克(Frederick)的小组,目的在于金斯莱克将在 1939 年作为弗雷德里克(Frederick)的继任者[39],此后几十年,金斯莱克与光学研究所保持着密切的联系。在第二次世界大战期间,金斯莱克的团队设计了许多镜头,这些镜头对于使用人力计算与 Marchant 计算器的战争工作非常重要。在同一时期,罗伯特·霍普金斯(Robert Hopkins)和唐纳德·费德(Donald Feder)作为光学研究所的主要镜头设计师,做出了重要贡献。战争结束后,费德到了美国国家标准局(NBS)[40]。

到 1950 年,光线追踪的程序已经被编写出来,但是人们发现自动设计的问题还是相当困难的。到 1954 年,在哈佛大学、曼彻斯特大学和国家标准局展开了自动设计方面的研究。从 1954 年到 1956 年,费德在 NBS 上探索了各种优化镜头的方法,并取得了有效的成果。他当时协同金斯莱克的工作,不久就开发出了一种新的邦迪克斯 G-15 数字计算机的自动设计程序,该程序演变成 LEAD(镜头评估和设计)程序,于 1962 年开始使用[41]。1950 年通过一个手动倾斜光线追踪单球形表面需要 8 min,而在 G-15 上只需 1 s。到 1970 年,CDC 6600 计算机上的时间降至 50 ms。

在 20 世纪 50 年代,运算能力有限的数字计算机面世(尽管成本高昂)和数字计算机辅助镜头设计的时代诞生了。1955 年,戈登·布莱克(Gordon Black)在《自然》杂志上撰写了超高速偏斜跟踪一文,他指出,英国和美国的几台数字计算机在每个射线表面上达到 1 s 到 2 s,最快的是每个射线表面 1/2 s[42]。

在 20 世纪 50 年代末期和整个 60 年代,世界各地的团体花了大量精力开发镜头设计和评估软件。有些研究在大学开展,而另一些针对自己的使用需求在内部进行。开创性的工作是在伦敦帝国学院、光学研究所、伊士曼柯达、贝灵巧公司、德州仪器、珀金埃尔默等进行的。在英国,NNA 和 Wynne 开发了 SLAMS(最大步骤中的连续线性近似)[43]。唐纳德·费德[44]在伊士曼柯达开发了 LEAD。在光学学院,ORDEALS(光学系统的设计和分析光学程序)是在罗伯特·霍普金斯(Robert Hopkins)的领导下开发的,戈登·斯潘塞(Gordon Spencer)撰写了 ALEC(自动镜头校正)的代码,作为其博士学位论文的一部分,这在后来演变成 FLAIR[45]、POSD(光学系统设计程序)[46]和 ACCOS(自动校正中心光学系统)[47]。

在 1963 年,托马斯·哈里斯(Thomas Harris)在贝灵巧公司工作十年之后,成立了光学研究协会(Optical Research Associates),并在几年后加入了 Daryl Gustafson。他们开发了自己的软件,称为 CODEV,以支持他们的咨询业务,并在 20 世纪 70 年代中期实现了商用。CODEV 迅速在工业界和政府中被广泛接受,并保持成为目前使用的主要方案之一。唐纳德·迪尔沃斯(Donald Dilworth)也在 20 世纪 60 年代开始开发 SYNOPSYS(OPTIC SYStems 的合成),并于 1976 年实现商用。

20 世纪 60 年代是光学设计软件开发的一个激动人心的时期,部分原因是计算机能为设计师提供的计算能力逐年呈指数级增长! 应该指出的是,计算时间是相当昂贵的,输入是通过打印纸卡,而使用大型机的周转时间通常是几天。在 1965 年,IBM 推出了 IBM 1130 计算系统,这是一个适合办公桌面的小型计算机。Spencer 和他的团队开发了 POSD,这是 ALEC 的扩展,用于 IBM 1130,于 1966 年推出。

在德州仪器,我们有一个专门用于大型机镜头设计的 IBM 1130 和由霍华德·肯尼迪(Howard Kennedy)编写的专有 OPTIK 程序。即使与运行 OPTIK 的 IBM 360(每秒约 5000 个光线)相比,POSD 的光线表面缓慢偏斜跟踪每秒为 10 次,但 IBM 1130 要求程序按进程进行,如果发生关键错误,则使用主框架周转时间通常为几天或更长。

1970 年左右,数据控制公司(CDC)拥有名为 Cybernet 的公共数据终端,分布在美国各地的 CDC 7600 计算机网络中,幸运的是其中一个位于得克萨斯州达拉斯。这样做的好处在于,在几分钟内而不是几天内就可以测量完成。此外,光电设计软件在 CDC 计算机上可以以合理的费用进行使用。这个计划包括了 ACCOS、GENII[48] 和 David Gray 的 COP 计划(FOVLY、MOVLY 和 COVLY)。此后不久,德州仪器透镜设计小组的工作区内就安装了一家本地的 CDC 终端,然而生产力的提高并不显著。这种 CDC 能力使得一些最好的光学设计软件可供任何人使用,并且可以将光学设计的过程参与者从只有少数公司扩大为任何能够参与光学业务的公司。

光电设计工具的另一个重要事件发生在 1972 年,惠普推出了 HP 9830A,它看起来像台式计算器,但实际上模糊了计算器和传统计算机之间的区别。编程语言是 BASIC,它具有低于 8 K 字的 RAM 和 31 K 字的 ROM。其功能的一个关键方面是特殊的插件 Matrix 操作 ROM,可以为其开发一个镜头设计程序。

布朗工程公司(TBE)于 1973 年初为我们集团购买了约 10000 美元的 HP 9830A(2009 年约为 40000 美元)。简而言之,我写了 ALDP(A 镜头设计程序),最初的目的是将其用作我们团队中学习如何设计和评估镜头的培训工具。畸变主要基于第 4 章中提出的差异,其容差控制遵循威廉派克为 GENII 开发的方法。优化选择包括加性阻尼最小二乘法、乘法阻尼最小二乘法和正交归一化。值得注意的是,许多设计师使用该程序进行实际的设计工作,而不仅仅是为了进行培训。再次,主机周转滞后时间是其中的一个考虑点。TBE 认为 ALDP 是专有计划,即使关于出版技术文件的任何要求也都拒绝了。不久之后,道格拉斯·辛克莱独立开始为 HP 9800 系列开发镜头设计软件,于 1976 年形成辛克莱光学。该程序被称为 OSLO(光学系统和镜头优化),并被广泛使用。

在 20 世纪 80 年代,个人计算机(PC)变得更加好用而且很多人都能买得起,尽管在 20 世纪 90 年代后期,已经具备较强的计算能力。在此期间,AC-COS、OSLO[49]、GENII(可选择 Gray 的程序)[50,51]、SYNOPSYS[52]、CODE V[53]、SIGMA[54]、EIKONAL[55] 等已移植到 PC 上。

其他一些人专门为 PC 开发代码,最著名的是肯尼斯·摩尔在 20 世纪 90 年代初推出的 ZEMAX(在 Samoyed 命名为 Max 之后),可以说成为应用最广泛的光学设计程序。在这本书的写作中,PC 系统价值几千美元,每秒提供数千万光线的光线跟踪速度,比 40 年前的 IBM 1130 快几百万倍。

人们经常忽视的另一点是,与运行在大型机上相比,PC 每次运行和周转的时间成本是微不足道的。此外,这些基于 PC 程序的能力已经迅速扩展,以处理几乎任何可想象的光学配置,包括包含衍射面、非成像系统、非顺序系统、自由曲面、偏振、双折射材料等的光学配置。此外,这些代码在过去 30 年得到长足发展,以满足难以设计、制造和对准的微光刻镜的不断增长的性能要求[56]。这些程序中包含非凡的分析功能,为设计人员提供通常需要了解和解释镜头行为及其在实际系统中如何执行的工具。随着光学技术的发展,代码开发人员将会意识到,他们的软件将会增强技术创新的模式。

17.8 用于自动镜头设计的程序和书籍

以下镜头设计程序和书籍列表,旨在提供可能有助于使用任何各种软件包的镜头设计师的其他材料。应该注意的是,还有其他软件包具有专门的应用和有限的功能,并且不再出售的,并没有包括在内。无论是否将软件包或书籍列入或排除在下列列表中,作者都无法表达它们的适用性、质量、能力、准确性等。引用的一些书籍专注于使用特定的镜头设计程序；然而，即使您正在使用不同的程序，通过阅读材料仍然可以学到很多东西。

17.8.1　自动镜头设计程序

下面是一些自动镜头设计软件，包括怎样获得这些软件。

● CODE-V-光学研究学会，加利福尼亚州帕萨迪纳市东山麓大道 3280 号，300 室，邮编：99107-3103。

● OSLO-Lambda 研究公司，25 波特路，Littleton，MA 01460。

● SYNOPSYS-Optical Systems Design，Inc.，邮政信箱 247，East Boothbay，me04544。

● ZEMAX-ZEMAX 发展公司，东 112 大道 3001 号，Bellevue，WA 98004-8017 室 202 室。

17.8.2　镜头设计书籍

本学科进一步学习的参考书籍如下：

Michael Bass（Ed.），Handbook of Optics，Third Edition，McGraw-Hill，New York（2009）［包含大量相关章节］。

H. P. Brueggemann，Conic Mirrors，Focal Press，London（1968）.

Arthur Cox，A System of Optical Design，Focal Press，London（1964）.

Robert E. Fischer，Biljana Tadic-Galeb，and Paul R. Yoder，Optical System Design，Second Edition，McGraw-Hill，New York（2008）.

Joseph M. Geary，Introduction to Lens Design，Willmann-Bell，Richmond，VA（2002）.

Herbert Gross（Ed.），Handbook of Optical Systems：Vol. 3，Aberration Theory and Correction of Optical Systems，Wiley-VCH，Weinheim（2007）.

Michael J. Kidger，Fundamental Optical Design，SPIE Press，Bellingham（2002）.

Michael J. Kidger，Intermediate Optical Design，SPIE Press，Bellingham（2004）.

Rudolf Kingslake（Ed.），Applied Optics and Optical Engineering，Vol. 3，Academic Press，New York（1965）［关于目镜、摄影物镜和镜头设计的章节］.

Rudolf Kingslake, Optical System Design, Academic Press, Orlando (1983).

Rudolf Kingslake, A History of the Photographic Lens, Academic Press, San Diego (1989).

Rudolf Kingslake, Optics in Photography, SPIE Press, Bellingham (1992).

Dietrich Korsch, Reflective Optics, Academic Press, San Diego (1991).

Milton Laikin, Lens Design, Fourth Edition, Taylor & Francis, New York(2006).

Daniel Malacara and Zacarias Malacara, Handbook of Lens Design, Marcel Dekker, New York (1994).

Virendra N. Mahajan, Optical Imaging and Aberrations, Part Ⅰ, SPIE Press, Bellingham (1998).

Virendra N. Mahajan, Optical Imaging and Aberrations, Part Ⅱ, SPIE Press, Bellingham (2001).

Pantazis Mouroulis and John Macdonald, Geometrical Optics and Optical Design, Oxford Press, New York (1997).

Sidney F. Ray, The Photographic Lens, Focal Press, Oxford (1979).

Sidney F. Ray, Applied Photographic Optics, Second Edition, Focal Press, Oxford (1994).

Harrie Rutten and Martin van Venrooij, Telescope Optics: Evaluation and Design, Willmann-Bell, Richmond (1988).

Robert R. Shannon, The Art and Science of Optical Design, Cambridge University Press, Cambridge (1997).

Robert R. Shannon and James C. Wyant (Eds.), Applied Optics and Optical Engineering, Vol. 8, Academic Press, New York (1980) [关于非球面、摄影镜头、自动镜头设计和图像质量的章节].

Robert R. Shannon and James C. Wyant (Eds.), Applied Optics and Optical Engineering, Vol. 10, Academic Press, New York (1987) [关于无焦透镜和泽尼克多项式的章节].

Gregory H. Smith, Practical Computer-Aided Lens Design, Willmann-

Bell，Richmond，VA（1998）.

Gregory H. Smith，Camera Lenses from Box Camera to Digital，SPIE Press，Bellingham（2006）.

Warren J. Smith，Modern Lens Design，Second Edition，McGraw-Hill，New York（2005）.

Warren J. Smith，Modern Optical Engineering，Fourth Edition，McGraw-Hill，New York（2008）.

W. T. Welford，Aberrations of Optical Systems，Adam Hilger，Bristol（1986）.

R. N. Wilson，Reflecting Telescope Optics Ⅰ，Second Edition，Springer-Verlag，Berlin（2004）.

注释

1. D. P. Feder，Automatic optical design，Appl. Opt.，2：1209（1963）.

2. William G. Peck，Automatic lens design，in Applied Optics and Optical Engineering，Vol. 8，Chap. 4，Robert R. Shannon and James C. Wyant（Eds. ），Academic Press，New York（1980）.

3. R. Barry Johnson，Knowledge-based environment for optical system design，1990 Intl Lens Design Conf，George N. Lawrence（Ed. ），Proc. SPIE，1354：346-358（1990）.

4. D. P. Feder，Differentiation of raytracing equations with respect to construction parameters of rotationally symmetric optics，J. Opt. Soc. Am.，58：1494（1968）.

5. 这些缺陷实际上是目标值(通常是单位值)减去 Strehl 比率或 MTF 值。

6. K. Levenberg，A method for the solution of certain non-linear problems in least squares，Quart. Appl. Math.，2：164（1944）.

7. G. Spencer，A flexible automatic lens correction procedure，Appl. Opt.，2：1257（1963）.

8. J. Meiron，Damped least-squares method for automatic lens design，JOSA，55：1105（1965）.

9. T. H. Jamieson，Optimization Techniques in Lens Design，American Elsevier，New York（1971）.〔这是一本关于这一主题的优秀专著。然而，直到多年以后，有关全局解决方案的方法才得到广泛的研究。〕

10. H. Brunner，Automatisches korrigieren unter berucksichtigung der zweiten ableitungen der gutefunktion（Automatic correction taking into consideration the second derivative of the merit function），Optica Acta，18：743-758（1971）.〔Paper is in German.〕

11. Donald R. Buchele，Damping factor for the least-squares method of optical design，Appl. Opt. ，7：2433-2435 (1968).

12. Donald C. Dilworth，Pseudo-second-derivative matrix and its application to automatic lens design，Appl. Opt. ，17：3372-3375 (1978).

13. David S. Grey，Aberration theories for semiautomatic lens design by electronic computers. Ⅰ. Preliminary Remarks，J. Opt. Soc. Am. ，53：672-676 (1963).

14. David S. Grey，Aberration theories for semiautomatic lens design by electronic computers. Ⅱ. A Specific Computer Program，J. Opt. Soc. Am. ，53：677-687 (1963).

15. Lynn G. Seppala，Optical interpretation of the merit function in Grey's lens design program，Appl. Opt. ，13：671-678 (1974).

16. E. Glatzel and R. Wilson，Adaptive automatic correction in optical design，Appl. Opt. ，7：265-276 (1968).

17. Juan L. Rayces，Ten years of lens design with Glatzel's adaptive method，Proc. SPIE，237：75-84 (1980).

18. Berlyn Brixner，Automatic lens design for nonexperts，Appl. Opt. ，2：1281-1286 (1963).

19. Berlyn Brixner，The LASL lens design procedure：Simple，fast，precise，versatile，Los Alamos Scientific Laboratory，LA-7476，UC-37 (1978).

20. Berlyn Brixner，Lens design and local minima，Appl. Opt，20：384-387 (1981).

21. Donald C. Dilworth，Applications of artificial intelligence to computer-aided lens design，Proc. SPIE，766：91-99 (1987).

22. G. W. Forbes and Andrew E. Jones，Towards global optimization and adaptive simulated annealing，Proc. SPIE，1354：144-153 (1990).

23. Donald C. Dilworth，Expert systems in lens design，Proc. SPIE International Optical Design Conf. ，1354：359-370 (1990).

24. Thomas G. Kuper and Thomas I. Harris，Global optimization for lens design：An emerging technology，Proc. SPIE，1781：14 (1993).

25. Thomas G. Kuper，Thomas I. Harris，and Robert S. Hilbert，Practical lens design using a global method，OSA Proc. SPIE International Optical Design Conf. ，22：46-51 (1994).

26. Andrew E. Jones and G. W. Forbes，An adaptive simulated annealing algorithm for global optimization over continuous variables，J. Global Optimization，6：1-37 (1995).

27. Simon Thibault，Christian Gagne'，Julie Beaulieu，and Marc Parizeau，Evolutionary algorithms applied to lens design，Proc. SPIE，5962-5968 (2005).

28. C. Gagne′,J. Beaulieu,M. Parizeau,and S. Thibault，Human-competitive lens system design with evolution strategies，Genetic and Evolutionary Computation Conference (GECCO 2007)，London (2007).

29. Russell A. Chipman，Polarization issues in lens design，OSA Proc. International Optical Design Conf.，22:23-27 (1994).

30. Joseph Meiron，The use of merit functions based on wavefront aberrations in automatic lens design，Appl. Opt.，7:667-672 (1968).

31. Jessica DeGroote Nelson,Richard N. Youngworth,and David M. Aikens，The cost of tolerancing，Proc. SPIE,7433:74330E-1 (2009).

32. L. Ivan Epstein，The aberrations of slightly decentered optical systems，J. Opt. Soc. Am.，39:847-847 (1949).

33. Paul L. Ruben，Aberrations arising from decentration and tilts，M. S. Thesis,Institute of Optics,University of Rochester,New York (1963).

34. Paul L. Ruben，Aberrations arising from decentrations and tilts，J. Opt. Soc. Am.，54:45-46 (1964).

35. G. G. Slyusarev,Aberration and Optical Design Theory,Second Edition,Chapter 8,Adam Hilger,Bristol (1984).

36. S. J. Dobson and A. Cox，Automatic desensitization of optical systems to manufacturing errors，Meas. Sci. Technol.，6:1056-1058 (1995).

37. David Shafer，Optical design and the relaxation response，Proc. SPIE,766:2-9 (1987).

38. 本节并非详尽的历史,而是作者 R. Barry Johnson 的简要历史。

39. R. Kingslake,D. P. Feder,and C. P. Bray,Optical design at Kodak,Appl. Opt.,11:50-53(1972).

40. 国家标准局目前被命名为国家标准与技术研究所。

41. Donald P. Feder，Optical design with automatic computers，Appl. Opt.，11:53-59 (1972).

42. Gordon Black，Ultra high-speed skew-ray tracing，Nature,176:27 (July 1955).

43. M. Nunn and C. G. Wynne，Lens designing by electronic digital computer：Ⅱ，Proc. Phys. Soc.，74:316-329 (1959).

44. Donald P. Feder，Automatic lens design with a high-speed computer，J. Opt. Soc. Am.,52:177-183 (1962).

45. 直到 20 世纪 70 年代末,罗彻斯特大学的光学研究所都有。

46. 直到 20 世纪 70 年代末,在 IBM 1130 和 IBM 360 上都有。

47. 由科学计算公司的戈登·斯宾塞和帕特·亨尼西在 20 世纪 60 年代开发,并在 20 世纪

70 年代广泛应用于该行业。

48. 由 Genesee 计算中心的 William Peck 开发。

49. Douglas C. Sinclair，Super-Oslo optical design program，Proc. SPIE，766：246-250 (1987).

50. William G. Peck，GENII optical design program，Proc. SPIE，766：271-272 (1987).

51. David. S. Grey，Computer aided lens design：program PC FOVLY，Proc. SPIE，766：273-274 (1987).

52. Donald C. Dilworth，SYNOPSYS：a state-of-the-art package for lens design，Proc. SPIE，766：264-270 (1987).

53. Bruce C. Irving，A technical overview of CODE Ⅴ version 7，Proc. SPIE，766：285-293 (1987).

54. Michael J. Kidger，Developments in optical design software，Proc. SPIE，766：275-276 (1987).

55. Juan L. Rayces and Lan Lebich，RAY-CODE：An aberration coefficient oriented lens design and optimization program，Proc. SPIE，766：230-245 (1987). ［开发始于 1970 年，后来发展成为 EIKONAL 并作为一个商业程序。］

56. Yasuhiro Ohmura，The optical design for microlithographic lenses，Proc. SPIE，6342，63421T：1-10 (2006).

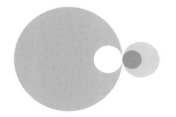

附录

鲁道夫·金斯莱克著精选图书目录

早期

C. Martin 及 R. Kingslake，用希尔格透镜测试干涉仪测量色差，光学学会会刊，ⅩⅩⅤ（4）：213-218（1923-24）。

G. Conrady，傅科刀口检验应用于折射系统的研究意义，光学学会会刊，ⅩⅩⅤ（4）：219-226（1923-24）。

R. kingslake，视觉消色差最小波长的实验研究，光学学会会刊，ⅩⅩⅧ（4）：173-194（1926-27）。

R. kingslake，一种新型的浊度计，光学学会会刊，ⅩⅩⅥ（2）：53-62（1924—1925）。

R. kingslake. 初级像差对干涉仪图样的影响，光学学会会刊，ⅩⅩⅦ（2）：94-105（1925-26）。

R. Kingslake，哈特曼试验的发展近况，Proc. Opt. Conf.，Part Ⅱ：839-848（1926）。

R. Kingslake，干涉图的分析，光学学会会刊，ⅩⅩⅦ（1）：1-20（1926—1927）。

R. Kingslake，在存在球面像差的情况下提高分辨率，皇家天文学会月报，

ⅬⅩⅩⅩⅧ(8):634-638 (1927).

R. Kingslake，"绝对"哈特曼试验，光学学会会刊，ⅩⅩⅨ（3）:133-141
(1927—1928).

R. Kingslake，堪培拉天文台 18 英寸的定天镜，自然(Feb. 18，1928).

研究所期间

R. Kingslake，用于测试摄影镜头的新工作台，美国光学学会杂志，22(4):
207-222(1932).

R. Kingslake 和 A. B. Simmons，一种具有彗差和像散的投影星像的方
法，美国光学学会杂志，23:282-288(1933).

R. Kingslake，照相物镜的发展，美国光学学会杂志，24（3）:73-84
(1934).

R. Kingslake，显微镜物镜像差的测量，美国光学学会杂志，26(6):251-
256 (1936).

R. Kingslake，刀口阴影法球差测量，物理学会会志，49:289-296(1937).

R. Kingslake 和 H. G. Conrady，新型红外线折射仪，美国光学学会杂志，
27(7):257-262(1937).

R. Kingslake，一种用于测试公路标志反射器的装置，美国光学学会杂志，
28(9):323-326 (1938).

柯达期间

R. Kingslake，照相物镜的发展近况，美国光学学会杂志，5(2):22-24
(1939).

R. Kingslake，大口径摄影物镜的设计，应用物理学杂志，11(4):56-69
(1940).

R. Kingslake，业余电影设备镜头，电影工程师协会杂志，34:76-87
(1940).

R. Kingslake，16 mm 投影镜头分辨率测试，电影工程师协会杂志，37:70-
75 (1941).

R. Kingslake，航空摄影镜头，美国光学学会杂志，32（3）:129-134
(1942).

R. Kingslake，从镜头设计师的角度看光学玻璃，美国陶瓷学会杂志，27
(6):189-195 (1944).

R. Kingslake,照相物镜的有效孔径,美国光学学会杂志,35(8):5189-5520 (1945).

R. Kingslake,摄影镜头的分类,美国光学学会杂志,36(5):251-255 (1946).

R. Kingslake,航空摄影镜头的最新进展,美国光学学会杂志,37(1):1-9 (1947).

R. Kingslake,初级彗形图像的衍射结构,物理学会会志,61:147-158 (1948).

R. Kingslake 和 P. F. DePaolis,新型光学玻璃,自然,163:412-417(1949年).

R. Kingslake,变焦镜头的发展,电影工程师协会杂志,69:534-544 (1960).

R. Kingslake,变焦的发展趋势,视角,2:362-373(1960).

R. Kingslake,光学对现代技术和蓬勃发展的经济的贡献,《现代光学期刊》,帝国理工学院光学(1917—1918 和 1967—1968);光学学报,15(5):417-429 (1968).

R. Kingslake、D. P. Feder 和 C. P. Bray,柯达的光学设计,应用光学,11 (91):50-59 (1972).

R. Kingslake,应用光学中的绝境(艾夫斯奖讲座),美国光学学会杂志,64(2):123-127 (1974).

R. Kingslake,我的五十年镜头设计生涯,论坛,光学工程,21(2):SR-038-039(1982).

著作及编著

R. Kingslake,摄影镜头,花园城市书记,纽约(1951 年);第二版,A. S. Barnes,纽约(1963).

A. E. Conrady,应用光学和光学设计,第二部分,Dover Publications,纽约(1960).

R. Kingslake,镜头的类别和投影,科学与工程 SPSE 手册,234-257、982-998,Woodlief Thomas(主编),Wiley Interscience,纽约(1973).

R. Kingslake,徕卡手册之相机光学,第十五版,第 499-521 页,D. O. Morgan.

D. Vestal 和 W. Broecker(编辑)、摩根和摩根,纽约(1973).

R. Kingslake,镜头设计基础,学术出版社,纽约(1978).

R. Kingslake,光学系统设计,学术出版社,纽约(1983).

R. Kingslake,摄影镜头的历史,学术出版社,纽约(1989).

R. Kingslake,摄影光学,SPIE Press,贝林厄姆(1992).

R. Kingslake,纽约罗彻斯特摄影制造公司,乔治伊士曼,罗切斯特(1997).

R. Kingslake(主编),应用光学与光学工程,卷. Ⅰ-Ⅲ,学术出版社,纽约(1965);卷 Ⅳ(1967),卷 Ⅴ(1969).

R. Kingslake 和 B.J. Thompson(编辑),应用光学和光学工程,卷Ⅵ,学术出版社,纽约(1980).